军事科学院智强基金（ZQ2021-01）
国家自然科学基金（21876203） 资助出版

环境修复技术丛书

炸药污染土壤的生物修复

Biological Remediation of Soils Contaminated by Explosives

赵三平　朱勇兵　张　宇　刘晓东　等◎著

電子工業出版社
Publishing House of Electronics Industry
北京·BEIJING

内 容 简 介

本书针对我国的炸药污染土壤问题，基于作者团队多年的研究成果，系统地阐述了炸药污染土壤的环境风险和生物修复技术体系。全书共 7 章，分别介绍了国内外炸药污染土壤修复概况、土壤炸药污染的识别与风险评估、土壤中炸药化合物的赋存状态与生物有效性、炸药污染土壤的微生物修复、炸药污染土壤的植物修复、炸药污染土壤的植物–微生物联合修复、炸药污染土壤的生物堆修复。

本书可供军工特殊场地的管理人员，以及从事土壤污染防治与生态修复的科研人员和工程技术人员参考，也可以作为高校和科研院所研究生的教材或参考书。

未经许可，不得以任何方式复制或抄袭本书之部分或全部内容。
版权所有，侵权必究。

图书在版编目（CIP）数据

炸药污染土壤的生物修复 / 赵三平等著． -- 北京：电子工业出版社，2024. 10. -- （环境修复技术丛书）．
ISBN 978-7-121-50603-1

Ⅰ．X530.5

中国国家版本馆 CIP 数据核字第 2025L337J8 号

责任编辑：李　敏
印　　刷：北京宝隆世纪印刷有限公司
装　　订：北京宝隆世纪印刷有限公司
出版发行：电子工业出版社
　　　　　北京市海淀区万寿路 173 信箱　　邮编：100036
开　　本：787×1 092　1/16　印张：19.25　字数：404 千字
版　　次：2024 年 10 月第 1 版
印　　次：2024 年 10 月第 1 次印刷
定　　价：128.00 元

凡所购买电子工业出版社图书有缺损问题，请向购买书店调换。若书店售缺，请与本社发行部联系，联系及邮购电话：（010）88254888，88258888。
质量投诉请发邮件至 zlts@phei.com.cn，盗版侵权举报请发邮件至 dbqq@phei.com.cn。
本书联系方式：limin@phei.com.cn 或（010）88254753。

《炸药污染土壤的生物修复》
作者团队

赵三平	朱勇兵	张　宇	刘晓东
张慧君	杨　旭	王　强	韩梦薇
董　彬	赖金龙	何　毅	尹茂灵
聂钰淋	聂　果	李东明	刘晶晶
邹　惠	郭　鹏		

前言

近10年来，在国民核生化灾害防护国家重点实验室开放课题、中国科学院重点部署项目、国家自然科学基金项目、军队后勤科研项目、军事科学院智强基金卓越人才项目等的资助下，军事科学院防化研究院联合西南科技大学、中国科学技术大学团队在炸药污染场地的调查、风险评估和生物/生态修复方面开展了系列工作，完成了10多篇研究报告，产出了多篇硕士、博士论文，在国内外期刊发表了20余篇高水平论文，申请了10余项专利。

毋庸讳言，在炸药污染土壤的生物修复方面我们学习借鉴了国外经验。欧美国家在20世纪七八十年代就开始关注炸药污染问题，利用在场地修复领域的技术优势发展了一系列的原位和异位炸药污染土壤修复方法，得出了生物修复是炸药污染土壤最佳修复技术的经验结论。我国学者对炸药废水处理处置技术的研究较为集中，但对炸药污染土壤关注不多，2000年前后有学者开展了炸药污染土壤的生物泥浆等修复实验。近年来，印度学者系统开展了炸药污染土壤的生物修复技术研究并出版了相关著作；欧美国家学者对炸药污染土壤生物修复的关注，从传统的功能微生物/植物的筛选、驯化，已转向生物功能基因的挖掘应用、对梯恩梯（TNT）等炸药超耐受/超累积的转基因微生物、植物的开发等方面。

我国与国外的研究成果相比有一些独特的优势。首先，火炸药产品类型、处置工艺不同，以及地理气候特征、土壤理化性质、场地水文地质条件差异等决定了场地炸药化合物污染特征、污染物生物有效性、耐受性植物/微生物群落、降解功能微生物物种的各不相同，因此不宜用国外经验一以概之。我国的炸药污染调查评估田野数据及调查评估、修复方面的技术创新弥足珍贵，例如，我们将暗场显微散射光谱技术应用于炸药污染物生物有效性的研究中，构建了土壤颗粒对 TNT 的吸附、转化与 TNT 生物有效性之间的构效关系，延伸了对炸药化合物与矿物作用的认识。其次，近年来组学技术在生命科学、环境科学领域应用的爆发式增长，给炸药污染土壤的生物修复研究带来了新的机遇。虽然国内对炸药污染土壤的研究整体上开始得比较晚，但因为具有后发优势，我们在炸药污染场地的调查与风险评估、微生物和植物降解过程中应用了组学思路和方法，取得了对炸药污染土壤的微生态毒理、生物的炸药污染耐受与全降解机制等方面的新认识。最后，合成生物学也给炸药污染土壤的生物修复发展带来了新的契机。欧美国家在炸药污染土壤的转基因植物修复方面已有良好的工作基础。2022 年 10 月，美国国防高级研究计划局启动克瑞斯项目，一是开发利用固有的植物根际微生物群落，通过设计合成群落来提高群落效率，以实现对土壤中 JP-8 燃料和 TNT 污染的自主生物修复；二是开发互补的植物-微生物合成群落，提供明显的信号以实时显示污染物降解进程。由此可见，生物修复在军事特种污染土壤修复方面大有可为。

基于上述原因，我们认为对团队在炸药污染土壤的评估、修复等方面已取得的成果进行系统总结和凝炼，以专著的形式呈现给国内外的同行，发出炸药污染土壤生物修复的中国声音，激发更多国内学者关注炸药污染及其他军事领域特种污染的治理与修复，是非常必要的。

为此，作者团队利用大约一年的时间来统筹本书的组稿和统稿，并经过多轮讨论修改形成了本书的最终框架。第 1 章，炸药污染土壤修复概述，由军事科学院防化研究院赵三平、朱勇兵和中国科学技术大学刘晓东、张慧君（博士研究生，导师刘晓东）执笔；第 2 章，土壤炸药污染的识别与风险评估，由军事科学院防化研究院赵三平、朱勇兵和中国科学技术大学刘晓东、张慧君执笔，中国科学技术大学硕士研究生王哲（导师刘晓东）、博士研究生张海阳（导师刘晓东）参与了部分研究工作；第 3 章，土壤中炸药化合物赋存状态与生物有效性，由军事科学院防化研究院赵三平、朱勇兵，中南大学王强、聂钰淋（硕士研究生，导师王强），西南科技大学何毅执笔，中南大学硕士研究生孟欢（导师王强、赵三平）参与了部分研究工作；第 4 章，炸药污染土壤的微生物修复，由军事科学院防化研究院杨旭（博士研究生，导师习海玲、赵三平）、尹茂灵（硕士研究生，导师张宇、赵三平）、赵三平、朱勇兵、董彬，西南科技大学张宇、赖金龙，中南大学聂钰淋、王强执笔；第5章，炸药污染土壤的植物修复，由西南科技大学张宇、赖金龙，军事科学院防化研究院杨旭、赵三平、韩梦薇执笔；第6章，炸药污染土壤的植物-微生物联合修复，由军事科学院防化研究院韩梦薇、杨旭、赵三平执笔，赖金龙在军事科学院防化研究院博士后在站期间做出了贡献；第7章，炸药污染土壤的生物堆修复，成果源于军事科学院防化研究院朱勇兵负责的科研项目，朱勇兵统筹协调了生物堆修复示范工程全过程，军事科学院防化研究院董彬、聂果、赵三平等参与了场地污染调查、研究方案的设计，中环循环境技术有限责任公司李东明指导了生物堆方案设计，森特士兴环保科技有限公司刘晶晶、邹惠等组织了修复工程的现场实施，北京市科学技术研究院资源环境研究所郭鹏牵头了项目的验收。

全书由赵三平统稿，赵三平、朱勇兵、张宇、刘晓东审阅了全书内容。由于作者水平和知识面有限，对国内外相关工作的借鉴总结挂一漏万在所难免，部分研究工作有待深入，相关结论和观点存在争议在所难免，恳请广大读者指出并欢迎探讨改进。

总结是为了更好地出发。炸药污染场地的生物修复示范应用正在全力推进，基于合成生物学的炸药污染土壤生物修复技术研究已经发轫，期待《炸药污染土壤的生物修复》能够早日出版，也乐见国内其他学者总结出版炸药污染场地治理修复方面的著作。

赵三平、朱勇兵

2024年8月1日于驻壁山下

摘要

近 10 年来，在国民核生化灾害防护国家重点实验室开放课题、中国科学院重点部署项目、国家自然科学基金项目、军队后勤科研项目、军事科学院智强基金卓越人才项目等的资助下，军事科学院防化研究院联合西南科技大学、中国科学技术大学团队在炸药污染场地的调查、风险评估和生物/生态修复方面开展了系列工作，完成了 10 多篇研究报告，产出了多篇硕士、博士论文，在国内外期刊发表了 20 余篇高水平论文，申请了 10 余项专利。我们在上述原创性研究成果的基础上，融汇土壤污染生物修复技术原理和国内外相关研究进展，编写了《炸药污染土壤的生物修复》一书。

（一）炸药污染土壤修复概述

从概述的角度介绍了炸药污染的产生、危害，炸药在土壤环境中的行为，炸药在环境中的迁移转化，以及现有的炸药污染土壤修复技术体系。全球平均每天生产 2000 t 以上的 TNT，产生 20000 m^3 以上的含炸药废水。在炸药的合成与装药、使用、销毁全生命周期内，不彻底的燃烧和不适当的排放行为导致大量炸药化合物进入环境，污染土壤和地下水。常规炸药化合物，如 TNT、黑索金（RDX）和奥克托今（HMX）对哺乳动物和人类有广泛的毒性。其中，TNT 和 RDX 毒性很高且有致癌性，HMX 毒性相对较低；对藻类而言，一般认为 TNT 毒性最强，RDX 的毒性小于 TNT，而 HMX 在其溶解度范围内对细菌和藻类无毒。TNT 及其降解产物对土壤无脊椎动物、脊椎动物和植物具有很强的毒性,主要是损伤其抗氧化系统。

炸药化合物进入土壤环境后会在多相界面发生溶解/沉淀、吸附/解吸、光解、水解、还原、生物降解等复杂的环境行为,TNT 很容易与土壤中的有机质、黏土矿物结合,而矿物质对 RDX、HMX 的吸附量很小,溶解的 RDX、HMX 易随地下水迁移而导致污染扩散。土壤中的炸药化合物,也会在微生物、植物等的生物转化作用下,以及光解、水解和化学还原等非生物转化作用下降解消失。

20世纪七八十年代以来,国外开始关注炸药污染问题,发展了一系列的炸药污染土壤修复方法。按修复方式不同,修复方法可以分为原位和异位两类;按修复原理不同,修复方法可以分为物理修复法、化学修复法和生物修复法。炸药污染土壤的生物修复方法包括微生物法、植物法及两者的结合,其成本低、无二次污染,被认为是炸药污染土壤的最佳修复方法。

(二)土壤炸药污染的识别与风险评估

介绍了土壤炸药污染调查的采样与检测方法,以及典型场地土壤炸药污染调查与风险评估的结果。炸药污染场地中污染分布不均匀、空间异质性大,在有限的工作量前提下,为获取有代表性的表层土壤样品,表层土壤样品可采用系统随机布点法、专业判断布点法、分区布点法、系统布点法等布点采样;军事训练场地可采用决策单元-多点增量布点采样法,以及"十"字形、"T"字形、"工"字形等布点方法布点采样。深层土壤采样需要特别关注未爆弹药的安全风险,可以利用已有剖面、人工挖掘法或便携式采样钻取样。以乙腈作为萃取溶剂的加压流体萃取(PLE)-气相色谱(GC)-微电子捕获(μECD)检测法,具有回收率好、线性范围宽、检测灵敏度高等特点,适用于弹药生产企业、训练场、弹药销毁场等具有不同污染浓度、多污染物混合的土壤炸药污染调查。

对我国典型弹药生产企业场地、军事训练场和弹药销毁场的炸药污染进行了调查,不同的场地呈现不同的污染特征。在某弹药生产企业的测试场地,土壤中污染浓度最高的污染物是 RDX,最高达到了 158 mg/kg,平均污染浓度为 8 mg/kg,其他污染浓度较高的污染物还包括 HMX、TNT。在军事训练场射击区、弹着区,炸药污染通常以 TNT 及其降解产物为主,污染浓度一般低于 5 mg/kg,因为残留在表层土壤中的炸药在生物还原和太阳光作用下降解。废旧弹药拆解和销毁是导致土壤受到炸药污染的重要过程,弹药露天焚烧区土壤中 TNT 浓度最高可达 10^4 mg/kg 以上,其他主要污染物包括 RDX、三硝基苯（TNB）及 TNT 的降解产物氨基二硝基甲苯（ADNT）等。弹药销毁废水的收集和处置过程，可能导致处理装置周围土壤受到污染，TNT 浓度最高可达近 10^3 mg/kg。

不同弹药含有不同的炸药化合物，导致不同功能的地块土壤具有不同的组合污染特征。作为国内军事场地最主要的污染物，土壤中 TNT、RDX、二硝基甲苯（DNT）的含量具有相关性，主要来自梯黑炸药、聚黑炸药燃烧时的残余。HMX 由于生产成本高，用量较少，国内常规弹药销毁场土壤中其污染浓度很低。基于土壤环境基准的风险因子筛查，占标系数 TNT $\gg$ RDX $> 1 \gg$ 2,4-DNT $>$ HMX $>$ 2,6-DNT $>$ NG，TNT 是国内炸药污染场地的主要污染因子，其次是 RDX，两者需要被重点关注。基于健康风险评价的风险因子筛查，在某销毁场中 TNT 是最主要的污染因子，其次是 TNT 的还原产物 4-氨基-二硝基甲苯（4-ADNT）和 RDX，但后两者的健康风险比 TNT 要小得多。某典型销毁场的 TNT 高浓度污染土壤，具有很高的摄入致癌风险（HI=4.13），而其致癌风险达到了可接受标准（1.0×10^{-5}）的 2.45 倍。

（三）土壤中炸药化合物赋存状态与生物有效性

介绍了土壤中组分对 TNT、RDX、HMX 等炸药化合物的吸附机理及其对赋存状态、物理化学性质的影响，详述了 TNT 与土壤颗粒作用的暗场显微散射研究结果，以及土壤中炸药污染物的生物有效性评价方法、实际及模拟炸药污染土壤样品中炸药化合物的生物有效性及影响因素。

对某销毁场污染土壤的分析表明，TNT、RDX、2-ADNT、4-ADNT 和 2,4-二硝基甲苯（2,4-DNT）等主要污染物的含量随着土壤粒径减小而增加，表明细颗粒对炸药污染物有明显的富集特征。土壤对炸药的吸附通常为可逆吸附，其中，有机碳含量起到了关键作用，吸附量顺序为 TNT $>$ RDX $>$ HMX，TNT 的还原产物与土壤有机质形成共价结合产物，导致其持久性增强。在沙漠及干旱地区演习场、训练场等贫有机质土壤中，黏土矿物仍然是影响炸药环境行为的关键因素，炸药化合物被黏土矿物吸附后反应性增强，有利于炸药的降解和消除。TNT 在土壤中被快速吸附老化后，相对纯品其热解开始温度明显升高。

利用 TNT 与 3-氨丙基三乙氧基硅烷（APTES）反应生成有色的 Meisenheimer 络合物影响散射光谱的原理，采用暗场显微散射成像技术对金属、金属氧化物单颗粒吸附 TNT 的动力学机制进行了研究。TNT 在矿物表面的吸附，可以分为 3 种类型：

① TNT 在 SiO_2、Al_2O_3、CeO_2、Fe_2O_3、Fe_3O_4、Pb、CuO 表面以物理吸附为主，通过与 APTES 反应才能有效进行暗场显微散射光谱测量，散射强度明显下降；② TNT 在金属 Cu、Al 表面的吸附为化学吸附，TNT 被还原为胺类，由于胺类无色，因此需要与 APTES 反应才能进行有效测量，反应后会使散射强度明显增加；③ TNT 在 MgO 表面的吸附也是化学吸附，其反应原理为 TNT 与 MgO 的碱性作用产生有色的配合物，使其散射强度下降。暗场显微散射成像技术为污染物与土壤矿物微颗粒，甚至矿物不同晶面相互作用研究提供了新手段。

土壤中炸药污染物的生物有效性评价方法有生物评价法、温和溶剂萃取法等，羟丙基-β-环糊精（HPβCD）萃取的 TNT 与土壤中可微生物降解的 TNT 有较好的对应关系，表明 HPβCD 萃取是 TNT 微生物可利用性的适用评价方法。本章模拟了 TNT 在 3 种土壤中生物有效性的变化，添加 544 mg/kg 的 TNT，快速吸附老化（约 1 d）后，生物有效 TNT 含量依次为黄土＞岳麓山土＞黑土。其中，黑土的有机质含量高，导致其生物有效 TNT 含量最低；黄土中的高岭石矿物对 TNT 的吸附容量小，导致其生物有效 TNT 含量最高。不考虑生物降解因素的影响，TNT 与 3 种土壤作用生成结合态残留的快慢与土壤性质有关，均在 10～20 d 达到稳定。暗场显微散射成像观察到乙腈或 HPβCD 萃取后矿物表面残留的 TNT：对 Al_2O_3、Fe_2O_3、Fe_3O_4 颗粒而言，两种方法萃取后矿物表面残留的 TNT 含量相当；但对 MgO 颗粒而言，HPβCD 萃取后矿物表面残留的 TNT 含量显著高于乙腈萃取后矿物表面残留的 TNT 含量。这表明与 MgO 紧密结合的 TNT，部分可以被乙腈萃取，但 HPβCD 难以萃取被生物所利用——与不同矿物结合的 TNT，其生物有效 TNT 含量的不同，取决于 TNT 与矿物表面的多种作用机制。

（四）炸药污染土壤的微生物修复

在综述了炸药污染土壤微生物修复原理、炸药污染微生物降解机制的基础上，介绍了作者团队在 TNT、RDX 和 HMX 降解菌的筛选与降解机制研究方面的成果，并开展了高浓度 TNT 污染土壤的厌氧生物泥浆修复实验研究。假单胞菌属、肠杆菌属等许多微生物都能降解 TNT，主要有两种途径：通过添加氢化物还原芳香环；对硝基依次还原，参与硝基还原的常见酶有硝基还原酶、PETN 还原酶、异生还原酶、硝基苯还原酶等。

从某弹药销毁场采集的土壤样品中分离出一株菌株能高效降解 TNT 的蜡样芽孢杆

菌（*Bacillus cereus*）T4，当培养基中 TNT 污染浓度为 25～100 mg/L 时，接种 T4 菌株 4 h 后，TNT 降解率为 92.6%～100%，TNT 降解产物参与了细菌氮代谢过程。从市售 EM 菌剂中分离出一株能降解 TNT 的变栖克雷伯氏菌（*Klebsiella variicola*）T5，当 TNT 浓度为 100 mg/L 时，接种 T5 菌株 30 h 后，TNT 降解率达到 100%。采用离子组学、代谢组学对 T4、T5 菌株对 TNT 胁迫的响应机制，以及对 TNT 的降解机制进行了研究，TNT 胁迫导致微生物矿物质元素、能量、氨基酸及碳水化合物代谢紊乱，增强了氨基酸生物合成，并最终表达为某种 TNT 降解酶。

从活性污泥中分离了 RDX 降解菌株克雷伯氏菌属（*Klebsiella* sp.）R3，9 h 后培养基中浓度为 40 mg/kg 的 RDX 的降解率为 71.4%，12 h 后降解达到饱和，RDX 的最终降解率为 81.9%。代谢组学研究发现，在 RDX 胁迫下，R3 菌株碳水化合物代谢物、脂质代谢物、核酸代谢物和氨基酸代谢物表达上调，代谢通路主要涉及糖类代谢、氨基酸合成及分解代谢、脂类代谢和嘌呤嘧啶代谢。

从活性污泥中分离了 HMX 降解菌株阿氏芽孢杆菌（*Bacillus aryabhattai*）H1，24 h 后培养基中浓度为 5 mg/kg 的 HMX 的降解率为 90.9%。在 HMX 暴露下，H1 菌株的氨基酸生物合成代谢通路失衡，细胞加快合成 HMX 转化相关酶用于抵御 HMX 的毒害；同时，糖酵解和戊糖磷酸途径的分解代谢受到显著抑制。在 H1 菌株培养过程中，HMX 及其转化产物可能伴随长期的毒性。

采用实验室生物泥浆反应器，对某销毁场高浓度的 TNT（[TNT]=1.35×10^2～2.83×10^3 mg/kg）污染土壤进行了修复研究实验。添加电子给体和活性污泥，在反应早期（2～4 d）能够显著加快对土壤中高浓度 TNT 的去除，且葡萄糖作为碳源的效果要显著优于甘油；检测到 2-ADNT、2,6-二氨基-4-硝基甲苯（2,6-DANT）、2,4-二氨基-6-硝基甲苯（2,4-DANT）3 种 TNT 硝基还原产物，未检测到 TNT 的三硝基还原产物——2,4,6-三氨基甲苯（TAT）；与土壤中腐殖质结合生成不可提取的结合态残留是 TNT 还原产物的主要归宿，导致可提取检测的还原产物含量仅为初始 TNT 含量的 1/100～1/10。在电子给体充足的情况下，传质限制——非生物有效的 TNT 活化为生物有效的 TNT 是相对缓慢的过程，使微生物对土壤中炸药污染的完全降解受到限制。宏基因组学研究发现，在生物泥浆反应前后，土壤的微生物组成在属级水平上发生了显著分化，并且不同的电子给体诱导了不同的菌群演化，添加葡萄糖和污泥对肠杆菌的影响更大，但在甘油的刺激下，假单胞菌生长迅速。添加生物表面活性剂吐温 80 或鼠李糖脂后，在电子给体葡萄糖的协同下土壤中 TNT 的降解被促进。

(五) 炸药污染土壤的植物修复

介绍了植物对炸药化合物的耐受与吸收、转运机制及炸药污染土壤的植物修复研究进展，筛选了香根草、紫羊茅、红三叶、黑麦草、苜蓿等常用修复植物，采用盆栽实验评估了植物对土壤炸药污染的修复效果，并以苜蓿为模式植物，采用组学技术对炸药化合物的植物毒害效应进行了深入研究。

土壤中 TNT 和 RDX 复合污染对种子发芽率、株高、鲜重等生理指标有显著抑制作用。种子发芽率降低与 TNT 浓度有线性关系，但香根草、黑麦草的种子发芽率受影响比较小，显示了更强的耐受性。污染浓度为 100 mg/kg 的 TNT 污染土壤，供试植物对土壤中 TNT、RDX 的去除率种间差异显著，TNT 的去除率顺序：香根草（74.4%）＞红三叶（68.3%）＞狗尾草（65.8%）＞黑麦草（60.3%）＞苜蓿（48.6%）＞紫羊茅（40.6%）＞苋菜（32.1%）＞向日葵（29.3%）＞菊苣（22.6%）＞狗牙根（21.3%）＞高丹草（17.6%）＞高羊茅（15.8%）。污染浓度为 100 mg/kg 的 RDX 污染土壤，RDX 的去除率顺序：紫羊茅（68.5%）＞黑麦草（64.3%）＞红三叶（62.3%）＞狗尾草（61.8%）＞香根草（55.5%）＞苜蓿（53.6%）＞苋菜（42.1%）＞菊苣（33.9%）＞向日葵（31%）＞高羊茅（28.9%）＞狗牙根（26.8%）＞高丹草（25.6%）。

在盆栽实验中，HMX 的去除率与 RDX 的基本相当，植物对土壤中 HMX 的去除率种间差异显著，污染浓度为 100 mg/kg 的 HMX 污染土壤，HMX 的去除率顺序：香根草（70.9%）＞苜蓿（68.7%）＞黑麦草（66.4%）＞紫羊茅（65.2%）＞狗尾草（62.4%）＞红三叶（59.3%）＞苋菜（40.1%）＞菊苣（31.1%）＞高羊茅（29.4%）＞高丹草（27.8%）＞狗牙根（28.5%）＞向日葵（22.8%）。

通过水培实验研究了 TNT、RDX、HMX 这 3 种常见炸药暴露对苜蓿的毒害效应。TNT 对苜蓿有很强的毒性，氧化损伤程度超过了植物耐受能力，导致根系活性氧失衡，根系发育受到明显抑制；RDX、HMX 对植物萌发、生长、光合作用的影响相对小得多。从组学角度研究发现，植物对 TNT、RDX、HMX 暴露的响应策略整体一致，主要差异代谢产物为脂质和类脂分子、有机酸衍生物、有机含氧化合物等，反映了植物脂质代谢及碳代谢失衡。

(六) 炸药污染土壤的植物–微生物联合修复

介绍了炸药的植物–微生物协同降解机理，根据植物修复和微生物修复研究筛选的降解功能植物和微生物，开展了中低浓度、高浓度炸药污染土壤的植物–微生物联合修复效果对比及适用性评价。

中低浓度炸药污染土壤（浓度约 100 mg/kg），在实验的不同阶段，植物–微生物联合修复对 TNT 的降解率都要优于单独的植物修复或微生物修复，植物–微生物协同效果显著；相对单一的植物修复，植物–微生物联合修复对 RDX 的降解率没有明显的改善，所制备的混合菌剂对植物修复无显著的联合协同效果；对 HMX 污染土壤的修复，植物–微生物联合修复效果要明显优于单独的植物修复或菌剂修复，但几种植物、植物–菌剂组合修复方法对 HMX 的降解率没有明显的差别。

采样自销毁场的高浓度 TNT 污染土壤（[TNT] ≈ 1400 mg/kg）对植物产生了明显的毒害效应，但植物–微生物联合修复后土壤中 TNT 的残留量显著低于自然衰减的土壤中 TNT 的残留量和单一菌剂修复土壤中 TNT 的残留量。炸药污染土壤经植物–微生物联合修复后，相对单一植物修复或单一菌剂修复，土壤酶活性水平上升，反映了土壤氮循环和微生物活动增强，微生物多样性水平上升，土壤基础代谢网络上调。

从多组学视角探索了 EM 菌剂作为植物生长促进细菌，辅助香根草降解土壤中炸药污染的根际微生态效应。香根草–EM 菌剂联合修复对 TNT、RDX 的修复效果优于单一修复模式，香根草修复诱导土壤微生物群落多样性显著增加，香根草–EM 菌剂联合修复产生了近 400 种差异代谢物，主要为脂质和类脂分子、有机氧化合物、有机酸及其衍生物。差异代谢物显著富集通路为半乳糖代谢和 ABC 转运体。在三羧酸循环中，生物修复均引起酮戊二酸代谢上调，但联合修复上调水平优于单一植物修复或单一菌剂修复。

炸药污染土壤的植物–微生物联合修复，提高了修复植物的耐受性和修复效率，但对于不同种类、不同浓度的炸药污染，联合修复效果可能不同。在开展实际场地炸药污染土壤的治理修复时，需要根据场地的气候、土壤物理化学性质、炸药污染物种类和浓度，优化设计植物–菌剂联合修复方案，适时调整农艺措施，切实提升联合修复效果。重金属对炸药污染修复效果的影响，以及炸药污染修复植物、微生物对重金属污染的修复效果有待深入研究。

（七）炸药污染土壤的生物堆修复

生物堆修复技术是传统、高效、实用的有机污染土壤修复技术，在 20 世纪 90 年代已被证明是可以替代焚烧技术的高效、绿色的炸药污染土壤修复技术。针对销毁场以 TNT 为主的土壤污染特征，设计了包括防渗地面、生物堆体主体、抽气通风管网、保温系统、营养液配置及滴灌管网、监测系统、废气处理单元等的生物堆系统，以生活污水处理厂污泥、猪粪、牛粪、玉米秸秆、尿素、有机肥等固态添加剂为原材料，开展了炸药污染土壤的生物堆修复技术验证与工艺优化。针对不同浓度的炸药污染土壤，控制生物堆的配方和工艺参数、反应时间，可稳定实现对土壤中 TNT、RDX 等多种炸药污染物的修复效果达标，并且使渗滤液、尾气得到有效处置，未对周边环境产生不利影响。炸药污染土壤的生物堆修复技术成本低，对污染物种类和污染浓度波动适应性强，修复效果可靠，处理量大，修复周期相对较短，对土壤结构和功能破坏小，工程化运营经验成熟，在炸药和其他含能化合物污染土壤修复中有良好的应用前景。

（八）后记

炸药污染的源头和治理需求将长期存在，军工及特殊用途场地土壤和地下水中炸药污染修复和风险管控任重而道远。本书展望了炸药污染土壤的生物修复需求和前景。

一是发展炸药绿色生产和销毁技术，从源头减少炸药污染的产生。建议在生产阶段使用绿色硝化技术，对弹药工厂生产工艺进行现代化改造，在弹药维修/销毁中使用新工艺并控制污染物的排放，杜绝露天焚烧等污染严重的处理方式。

二是生物修复仍是炸药污染土壤修复的最佳选择。实践表明，生物修复对炸药污染土壤的修复效果良好。在生物修复作用下，炸药降解产物小部分矿化，大部分有机产物对环境仍然有一定的毒性，未来要综合运用稳定同位素示踪、环境分子诊断等技术加深对炸药降解产物矿化行为的认识。炸药特别是新型炸药污染场地修复过程的诊断与评价，修复过程中功能植物/微生物、共生微生物种群的变化，以及土壤物质循环和能量传输的变化等有待深入研究。生物与化学氧化修复工艺的耦合，有可能在成本合理的范围内实现炸药污染土壤修复高效、环境友好等要求的统一。

三是合成生物学的发展为炸药污染土壤修复提供了新的机遇。基因编辑、生物组学等的快速发展，使按照特定目的设计和合成新物种成为可能，赋能了环境污染的生物修复。在炸药的检测、污染控制方面，合成生物学有巨大的应用潜力。美国国防高级研究计划局（DARPA）的克瑞斯（CERES）项目启示，单一菌群或单一植物难以实现对污染物的完全降解，合成功能互补的植物-微生物群落，实现炸药污染的泛在式"预警感知-自主高效降解-可视化修复效果呈现"是炸药污染土壤生物修复的新目标。

Abstract

In the past decade, with the support of the State Key Laboratory of NBC Protection for Civilian (SKLNBC), the National Defense Science and Technology Key Project of the Chinese Academy of Sciences (CAS), the National Natural Science Foundation of China (NSFC), the Military Logistics Research, the Zhiqiang Foundation of the Academy of Military Sciences (AMS) and other projects, the Chemical Defense Institute of the Academy of Military Sciences, together with the teams of Southwest University of Science and Technology (SWUST) and University of Science and Technology of China (USTC), have carried out a series of work in the investigation, risk assessment and biological/ecological restoration of explosive contaminated sites, completed more than 10 research reports, produced many master's and doctoral theses, published more than 20 high-level papers in domestic and foreign journals, and applied for more than 10 patents. Based on the original research results mentioned above, combined with the principles of bioremediation technology and related research progress in China and abroad, we have compiled the book *Biological Remediation of Soils Contaminated by Explosives*.

The main content of the book is as follows.

1. Overview of Soil Contamination by Explosives and Its Remediation

From the overview perspective, this chapter generally introduces the generation and hazards of explosive pollution, the behaviour of explosives in the soil environment, the migration and transformation of explosives in the environment, and the existing explosive-contaminated soil remediation technology system. The explosives industry is the backbone of the national defence industry and has consequential applications in mining, construction, and other fields. The world produces more than 2000 t TNT daily, generating more than 20000 m^3 explosive wastewater. In synthesis, charging, using, and destroying explosives, incomplete combustion, and improper discharge behaviour lead to many explosive compounds entering the environment, polluting soil and groundwater. Among conventional explosive compounds, TNT, RDX, and HMX are widely toxic to mammals and humans, among which TNT and RDX are highly toxic and carcinogenic, while HMX is relatively less toxic; TNT is generally considered to be the most toxic, RDX is less toxic than TNT, and HMX is non-toxic to bacteria and algae within its solubility range. TNT and its degradation products are highly toxic to soil invertebrates, vertebrates, and plants, mainly due to the damage to their antioxidant system.

Explosive compounds usually have good stability, and after these compounds enter the soil environment, they undergo complex environmental behaviours such as dissolution/precipitation, adsorption/desorption, photolysis, hydrolysis, reduction, and biodegradation at the multi-phase interfaces. Among them, TNT effortlessly combines organic matter and clay minerals in the soil, while the adsorption of RDX and HMX by minerals is minimal. The dissolved RDX and HMX migrate with groundwater and cause pollution to spread. Explosive compounds in the soil will also be degraded and disappear under the biological transformation of microorganisms, plants, etc., as well as the non-biological transformation such as photolysis, hydrolysis, and chemical reduction.

Since the 1970s, many countries have begun to pay attention to the problems of contamination by explosives and have developed a series of in-situ and ex-situ remediation methods for explosive-contaminated soil. According to the principle of remediation, they can be divided into physical, chemical, and biological methods. The bioremediation of explosive-contaminated soil includes microbial remediation, phytoremediation and a combination of the two. It is low-cost and has no secondary pollution, and thus it is considered to be the best method for explosive-contaminated sites.

2. Identification and Risk Assessment of Explosive-Contaminated Soils in China

This chapter introduces the sampling, detection methods and results of soil explosive contamination investigation, and risk assessment at typical sites in China. Considering the characteristics of uneven pollution distribution and large spatial heterogeneity of explosive-contaminated sites and the premise of limited workload, to obtain representative soil samples, surface samples can be sampled by using the systematic random distribution method, professional judgment distribution method, partition distribution method, systematic distribution method, etc., and military training sites can adopt "Decision-unit Multi-Increment Sampling" (Du.-MIS) method, as well as cross-crossing, T-shape sampling and other distribution methods. Deep soil sampling requires special attention to the safety risks of unexploded ordnance and can be done using existing profiles, manual excavation, or portable sampling drilling. Using acetonitrile as the extraction solvent, the Pressurized Liquid Extraction-Gas Chromatography-Micro-Electron Capture Detector (PLE-GC-μECD) has good recovery, wide linear range, and high detection sensitivity. It is suitable for soil contamination investigation by ammunition factories, training grounds, and destruction sites.

Soil contamination by explosives from typical ammunition factories, military training ranges and destruction sites in China was also investigated, and different sites showed different pollution characteristics. At an ammunition manufacturer's test site, RDX had the highest concentration of pollutants in the soil, with a maximum concentration of 158 mg/kg and an average of 8 mg/kg soil. TNT and its degradation products are usually the primary explosive contaminants in the shooting area and impact area of military training ranges, which are generally lower than 5 mg/kg because the explosives remaining in the surface soil are rapidly reduced under the action of biological reduction and photodegradation. The dismantling and destruction of old ammunition is the primary process that will result in soil contamination by explosives, and the concentration of TNT in the soil of the open burning area can reach more than 10^4 mg/kg. Other significant pollutants include RDX, TNB and TNT degradation products 4-ADNT and 2-ADNT. The collection and disposal of ammunition destruction wastewater may cause contamination of the soil around the treatment facilities, therefor, TNT concentrations can reach up to nearly 1000 mg/kg.

Different types of ammunition contain different explosive compounds, resulting in different explosive compositions in the soil of sites with various functions and showing different combined contamination characteristics. As the most critical pollutants in domestic sites, the contents of TNT, RDX and DNT in the soil are correlated, and they may mainly come from the residues of composite explosives during the destruction-demolitions. Due to its complex production process and high costs, HMX has a deficient concentration of pollution from general ammunition destruction sites in China. The screening of risk factors based on soil environmental benchmarks showes that the standard coefficients were TNT>>RDX>1>>2,4-DNT>HMX>2,6-DNT>NG. According to the actual investigation results, TNT is the main pollution risk factor of explosive-contaminated sites, followed by RDX, both of which need be paid attention to. Based on the risk factor screening using health risk assessment, TNT was identified as the most significant pollutant at the specific destruction site, followed by 4-ADNT and RDX. However, the health effects of 4-ADNT and RDX were considerably less severe than those of TNT. In a destruction site, high concentrations of soil TNT result in a high risk of ingestion hazards (HI=4.13). The risk of carcinogenicity is also relatively high, reaching 2.45 times of the acceptable standard (1.0×10^{-5}).

3. Species and Bioavailability of Explosive Compounds in Soils

This section introduces the adsorption principle of soil components for explosive compounds such as TNT, RDX, and HMX and its effects on the species and physicochemical properties, the results of dark-field microscopic scattering imaging of TNT and soil particles, and the method for evaluating the bioavailability of explosives in soil. The bioavailability of explosives in soil samples in real sites and simulated samples and the influencing factors were investigated.

The analysis of the contaminated soil samples at the destruction site showed that the concentrations of the primary explosive pollutants such as TNT, RDX, 2-ADNT, 4-ADNT, and 2,4-DNT were inversely proportional to soil particle size, indicating that the fine soil particles had obvious enrichment properties of explosive. The adsorption of explosives by soil is usually reversible, with organic carbon playing a key role, and the adsorption amount follows the order: TNT>RDX>HMX. Compared to soil with high clay content, the soil rich in organic carbon had a stronger adsorption capacity for TNT. In soil having a low content of organic matter, especially in arid and rainless environments such as military exercise grounds and training grounds, clay minerals are still the critical factor affecting the environmental behavior of explosives, and the reactivity of explosive compounds is enhanced once adsorbed by minerals, which is conducive to the degradation and disappearance of explosives. After the ageing of TNT in the soil, its pyrolysis behaviour was affected, and the starting temperature of pyrolysis increased significantly compared with the pure product.

The kinetics and mechanisms of the TNT adsorption on single particles of metals and metal oxides were studied using dark field microscopic scattering imaging, this technique is based on the principle of the influence of colored Meisenheimer complexes on the scattering spectrum of TNT, which is formed by the reaction of TNT with 3-aminopropyltriethoxysilane (APTES). There are three adsorption types of TNT on the surface of particles: ①TNT is physically adsorbed on the surface of SiO_2, Al_2O_3, CeO_2, Fe_2O_3, Fe_3O_4, Pb and CuO, and the addition of APTES can effectively obtain the dark field microscopic scattering spectroscopy, and the scattering intensity is significantly reduced; ②TNT is chemically adsorbed on the surface of Cu and Al, which leads to the reduction of TNT into amines. Since amines are colorless, APTES is added to produce colored compounds to be effectively measured, and the scattering intensity will increase significantly after the reaction; ③The adsorption of TNT by the MgO particle is also chemical, and the interaction between TNT and alkaline MgO happened, which produces colored complexes and reduces the scattering intensity. Darkfield microscopic scattering imaging provides a new method to study the microscopic interaction mechanism between pollutants and soil components, even the different crystal planes of minerals.

Assessing the bioavailability of explosive contaminants in soil includes biological evaluation methods and mild solvent extraction. TNT extracted from soils by hydroxypropyl-β-cyclodextrin (HPβCD) has a good correspondence with the microbial degradable TNT in the soil, indicating that HPβCD extraction is a suitable evaluation method for the microbial availability of TNT. The effects of three soils on the bioavailability of TNT were simulated and appraised, and after ageing for 1d, the bioavailable TNT in loess from Sichuan > soil in Yuelu > mountain black soil from Dunhua. Black soil had high organic matter content, which may be the reason for the low bioavailability of TNT. The bioavailable TNT of Yuelu mountain soil was substantially lower than that of loess because the kaolinite minerals weakened the adsorption of TNT. Regardless of the influence of biodegradation factors, TNT reaches ageing by reacting with the components of the three soils to generate bound residues and will reach stability in approximately 10~20 days; the ageing rate depends on the physicochemical properties of the soil. Darkfield microscopic scattering imaging showed that the TNT remained on the surface of the minerals after extraction by acetonitrile or HPβCD. For Al_2O_3, Fe_2O_3 and Fe_3O_4 particles, the proportions of TNT that remained on the surface after extraction by the two solvents were comparable. However, for MgO particles, the remaining TNT after HPβCD extraction was significantly higher than that after acetonitrile extraction, indicating that some of the TNT tightly bound to MgO could be extracted by acetonitrile but was difficult to extract by HPβCD. That is, the proportion of bioavailability of TNT after combining with different minerals was different.

4. Microbial Remediation of Soils Contaminated by Explosives

Based on reviewing the principle of microbial remediation of explosives-contaminated soil and the microbial degradation mechanism of explosives, we worked on screening TNT, RDX and HMX degrading bacteria and introducing the degradation mechanism. Many microorganisms such as *Pseudomonas, Enterobacteriaceae, Rhodococcus, Mycobacteria, Clostridium* and *Vibrio desthiurium* biodegrade TNT. There are two ways for bacteria-mediated TNT biotransformation: Reduction of the aromatic ring by addition of hydride and sequential reduction of the nitro group, and the enzymes involved in nitro reduction include nitroreductase, PETN reductase, oxidoreductase, nitrobenzene reductase, etc.

A strain of *Bacillus cereus* T4 was isolated and purified from soil samples collected from an ammunition destruction site. When the concentration of TNT in the culture medium was 25~100 mg/L, the TNT degradation rate reached 92.56%~100% after 4 hours of cultivation with T4 bacteria, and its degradation products participated in the bacterial nitrogen metabolism process. A strain of *Klebsiella variicola* T5 was screened and domesticated from a commercially available EM microbial agent. When the TNT concentration was 100 mg/L, the TNT degradation rate reached 100% after 30 hours of inoculation with the T5 strain. Element-omics and metabolomics were used to study the response mechanism of T4 and T5 bacteria to TNT stress and the degradation mechanism of TNT. TNT forces microorganisms into disorders in mineral elements, energy metabolism, amino acid metabolism, and carbohydrate metabolism and increases amino acid biosynthesis, which is eventually expressed as a protease to degrade TNT.

The RDX-degrading strain *Klebsiella* sp. R3 was isolated and purified from the activated sludge from a sewage treatment plant. The degradation rate of 40 mg/kg RDX was 71.4% after 9 h incubation, and the final degradation rate of RDX was 81.9% after 12 h. Metabolomic studies showed that the expressions of carbohydrate metabolites, lipid metabolites, nucleic acid metabolites and amino acid metabolites were up-regulated under RDX stress, and the metabolic pathways were mainly involved in carbohydrate metabolism, amino acid synthesis and catabolism, lipid metabolism and purine pyrimidine metabolism.

The HMX-degrading strain *Bacillus aryabhattai* H1 was isolated and purified from the activated sludge from a sewage treatment plant, and the removal rate of 5 mg/L HMX in the culture medium within 24 h was 90.9%. It is speculated that after HMX treatment, cells will accelerate the synthesis of related HMX convertase to resist the toxicity of HMX. At the same time, the catabolism of glycolysis and pentose phosphate pathway is significantly inhibited. HMX and its transformation products may be accompanied by long-term toxicity during the whole life cycle of the H1 strain.

The bio-slurry treatment of TNT-contaminated soil (1.35×10^2~2.83×10^3 mg/kg) sampled at an ammunition destruction site has been carried out. The addition of electron donors and activated sludge can significantly accelerate the removal of high-concentration TNT in the early stage of the reaction (2~4 days), and the effect of glucose as a carbon source is better than that of glycerol. In the bio-slurry reactor, three nitro-reduced degradation products of TNT, 2-ADNT, 2,6-DANT, and 2,4-DANT were detected, but no 2,4,6-triaminotoluene (TAT). TNT reduction products combined with humus in the soil to form non-extractable bound residues, so the detected contents of ADNT and DANT are 1~2 orders of magnitude lower than that of TNT. In the case of abundant electron donors, mass transfer restriction, the re-activation of non-biologically available TNT/ADNT/DANT to bioavailable TNT/ADNT/DANT, is a relatively slow process, limiting the complete degradation of explosives in soil by microorganisms. Genomics studies showed that the soil microbial composition was significantly differentiated at the genus level before and after the bio-slurry treatment, and different electron donors induced different microbial groups. Glucose and sludge had a more significant, impact on Enterobacteriaceae, while Pseudomonas proliferated under the stimulation of glycerol. With the synergistic effect of the electron donor glucose, Tween 80 or rhamnolipids promoted the removal of total TNT from the soil.

5. Phytoremediation of Soils Contaminated with Explosives

This chapter first introduces plants' tolerance, absorption, and transport mechanisms towards explosive compounds, as well as the research progress in phytoremediation of explosive-contaminated soil. Then, plants such as *Vetiveria zizanioides* (L.) Nash, *Festuca rubra* L., and red clover (*Trifolium pratense* L.), ryegrass (*Lolium perenne* L.), alfalfa (*Medicago*) were selected, and potting experiments were done to evaluate the toxic effects of explosives on plants and the removal effects by plants. Using omics technology, the phytotoxicity effects of explosive compounds on alfalfa were discussed in detail.

The combined contamination of TNT and RDX in the soil had a significant inhibitory effect on the physiological indexes such as seed germination rate, plant height and fresh weight, and the decrease in germination rate was linearly related to the concentration of TNT. Vetiver and ryegrass were less affected, indicating more robust tolerance than other plants. The tested plants' soil TNT and RDX removal rates showed significant interspecific differences. At a pollution level of 100 mg/kg, the removal rates for TNT are: vetiver (74.4%)>red clover (68.3%)>bristlegrass (65.8%)>ryegrass (60.3%)>alfalfa (48.6%)>purple fescue (40.6%)>amaranth (32.1%)>sunflower (29.3%)>chicory (22.6%)>Bermuda grass (21.3%)>Sorghum×Sudan grass (17.6%)>tall fescue (15.8%). At the 100 mg/kg RDX pollution level, the removal rates for RDX are: purple fescue (68.5%)>ryegrass (64.3%)>red clover (62.3%)>bristlegrass (61.8%)>vetiver (55.5%)>alfalfa (53.6%)>amaranth (42.1%)>chicory (33.9%)>sunflower (31%)>tall fescue (28.9%)>Bermuda grass (26.8%)>Sorghum×Sudan grass (25.6%).

The removal efficiency of HMX in the pot experiment was the same as that of RDX. The order of removal efficiency was as follows: vetiver (70.9%)>alfalfa (68.7%)>ryegrass (66.4%)>purple fescue (65.2%)>bristlegrass (62.4%)>red clover (59.3%)>amaranth (40.1%)>chicory (31.1%)>tall fescue (29.4%)>Sorghum×Sudan grass (27.8%)>Bermuda grass (28.5%)>sunflower (22.8%).

Taking alfalfa as the model species, the toxic effects of TNT, RDX and HMX were studied through hydroponic experiments. TNT is highly toxic to plants, and oxidative damage exceeds the compensatory ability of plant roots to resist stress, resulting in reactive oxygen species imbalance, which is the primary toxicity mechanism. At the same time, RDX and HMX have fewer effects on plant germination, growth and photosynthesis. The response strategies to TNT, RDX and HMX exposure were generally consistent, and the primary differential metabolites were lipids and lipid molecules, organic acid derivatives, organic oxygenated compounds, etc., reflecting the imbalance of plant lipid metabolism and carbon metabolism.

6. Phyto-Microbial Combined Remediation of Soils Contaminated with Explosives

In this chapter, we first summarized the synergistic mechanisms of the phyto-microbial remediation on soils with explosives. The phyto-microbial remediation of soil contaminated by medium to high concentrations of explosives was carried out according to the degradation of micro-organisms and plants screened by microbial remediation and phyto-remediation studies.

In the soils contaminated by medium concentrations of explosives (~100 mg/kg), the removal rate of TNT by phyto-microbial remediation was better than that of phyto-remediation or microbial remediation alone, and the synergistic effect between plant and microbial was significant. Compared with the single phyto-remediation, the phyto-microbial remediation had no substantial improvement in the removal of RDX, and there was no significant synergistic effect. As for the bio-remediation effect of HMX, the phyto-microbial remediation was more significant than the phyto-remediation or microbial remediation alone. However, the removal rate of HMX showed no significant difference between plants.

Soils contaminated by high concentrations of TNT (~1400 mg/kg) from an actual site had a significant toxic effect on plants. The residual TNT in the soil after the photo-microbial remediation was significantly lower than that using the natural attenuation strategy and microbial remediation. The level of soil enzyme activity increased compared with the phyto-remediation or microbial remediation, reflecting the enhancement of soil nitrogen cycle and microbial activity, the increase of microbial diversity, and the up-regulation of the soil basal metabolic network under phyto-microbial remediation.

From the multi-omics perspective, the rhizosphere micro-ecological effect of EM® microbial agent as a Plant Growth-Promoting (PGP) on assisting vetiver in the degradation of soil explosives was explored. The remediation effect of vetiver-EM on TNT and RDX was higher than that of the single remediation mode. The vetiver remediation induced a significant increase in soil microbial community diversity, and the combined remediation of vetiver and EM resulted in the production of nearly 400 differential metabolites. The main pathways were lipids and lipid-like molecules, organic oxygen compounds, organic acids and derivatives, and the differential metabolites were significantly enriched by galactose metabolism and ABC transporters. In the Tri-Carboxylic Acid (TCA) cycle, bio-remediation caused the up-regulation of ketoglutarate metabolism. Still, combined remediation's up-regulation level was better than single phyto-remediation or single bacterial remediation.

The combined remediation of plants and micro-organisms for the soils contaminated by explosives improved the tolerance of the plants, and significantly enhanced the remediation efficiency. However, different types and concentrations of explosives may have different combined bio-remediation effects. When carrying out the remediation of explosive contaminated soils in the field, it is necessary to optimize and optimise the plant-bacterial bio-remediation scheme based on the climate, soil physicochemical properties, types and concentrations of explosives on the site, and adjust agricultural measures promptly to improve the effectiveness of combined remediation effectively. The impact of heavy metals on the remediation effect of explosives, as well as the remediation effect on heavy metals by plants and micro-organisms, still needs further study.

7. Remediation of Explosive-Contaminated Soils by Biopiling

Biopiling is a traditional, efficient and practical remediation technology for soils contaminated by organic pollutants. It has been proven to be an efficient green remediation technology to replace soils incineration technology for explosive-contaminated soils in the 1990s. To remediate TNT-contaminated soils in a destruction site, a biopiling system was designed, including impermeable ground, biological reactor body, exhaust ventilation pipe network, thermal insulation system, nutrient solution configuration, drip irrigation pipe network, monitoring system and waste gas treatment system. Removal efficiency verification and process optimization of biopiling remediation technology toward explosive-contaminated soil were carried out using solid additives such as domestic sewage sludge, pig manure, cow manure, corn straw, urea, and organic fertilizer as raw materials. Controlling the composition, process parameters, and reaction time of the biopiling will result in a stable remediation efficiency of various explosives in soils with different concentrations. Moreover, the leachate and exhaust gas have been effectively disposed without adversely affecting the surrounding environment. The biopiling remediation technology for explosive-contaminated soils is cost-effective. It has strong adaptability to pollutant types and concentrations, reliable effect, large treatment capacity, relatively short cycle, minor damage to soil structure and function, and mature engineering experience, thus has a good application prospect in the remediation of soils contaminated by explosives and other energetic compounds.

8. Postscript

The source of explosives pollution and treatment needs will exist for a long time, and there is a long way to go in the remediation and risk control of explosives pollution in soil and groundwater in military sites. The bio-remediation needs and prospects of explosive-contaminated soils are prospected from three aspects.

First, it is necessary to develop green synthesis and destruction technologies for explosives to reduce the production of explosives pollution at the source. It is recommended that green nitrification technologies used in the synthesis stage, with a great significance to reduce pollution. Modernizing the production process of ammunition factories is also an effective way to reduce pollution. It uses new processes in ammunition maintenance and destruction, controlling the discharge of pollutants and eliminating severe pollution treatment methods such as open burning.

Second, bio-remediation is still the best choice for remediation of explosive-contaminated soils. Under the action of bio-remediation, a small part of the explosive degradation products are mineralized. Most organic products still have a specific toxicity to the environment, and the mineralization mechanism is still poorly understood. It is necessary to use stable isotope tracing, environmental molecular diagnosis behaviour of degradation products of explosives' and other technologies to deepen the knowledge of the mineralization behaviour of the explosives' degradation products. The diagnosis and evaluation of the remediation process of explosives, especially new explosives, and the changes in the populations of functional plants/micro-organisms and symbiotic micro-organisms in the remediation process, as well as the changes in the material cycle and energy transfer of contaminated soils, still need to be further studied. The combination of biological and chemical oxidation processes has the potential to achieve the unification of efficient and environmentally friendly requirements for the remediation of explosive-contaminated soils within a reasonable cost.

Third, the development of synthetic biology provides new opportunities for the remediation of explosive-contaminated soil. The rapid development of synthetic biology technologies such as gene editing and bio-omics has transformed biology from "discovery" to "creation", making it possible to design and synthesize new biological species according to particular purposes, and creating new opportunities for bio-remediation of environmental pollution. Synthetic biology also has outstanding potential for application in the detection and contamination control of explosives. The CERES project, founded by the Defense Advanced Research Projects Agency (DARPA) in USA, completed the complete degradation of explosives and revealed that it is difficult for a single microbe or plant to achieve total degradation of explosives and the complete degradation of explosives. The synthesis of phyto-microbial communities with complementary functions can realize the ubiquitous "early warning perception-autonomous and efficient degradation-visual degradation effect presentation" of explosive contamination, the new target for bioremediation of explosives-contaminated soil.

目录

第 1 章 炸药污染土壤修复概述 ·· 1
 1.1 炸药及其环境危害 ·· 1
 1.2 炸药在环境中的迁移转化 ·· 21
 1.3 炸药污染土壤的修复 ·· 36
 1.4 生物修复是火炸药污染土壤修复的最佳路径 ··· 47
 参考文献 ·· 48

第 2 章 土壤炸药污染的识别与风险评估 ··· 63
 2.1 引言 ··· 63
 2.2 炸药污染土壤的采样与检测 ·· 64
 2.3 典型场地土壤炸药污染调查 ·· 74
 2.4 炸药污染土壤风险控制因子识别与筛选 ··· 81
 2.5 小结 ··· 88
 参考文献 ·· 88

第 3 章 土壤中炸药化合物赋存状态与生物有效性 ··· 92
 3.1 引言 ··· 92

3.2 土壤中炸药的赋存状态 ························· 93
3.3 TNT 与土壤颗粒作用的暗场显微散射研究 ··········· 99
3.4 土壤中炸药污染物的生物有效性 ················· 110
3.5 小结 ································· 117
参考文献 ·································· 118

第 4 章 炸药污染土壤的微生物修复 ···················· 123

4.1 引言 ································· 123
4.2 炸药污染土壤的微生物修复概况 ················· 123
4.3 TNT 降解菌的筛选与降解机制 ··················· 129
4.4 RDX 降解菌的筛选与降解机制 ·················· 141
4.5 HMX 降解菌的筛选与降解机制 ·················· 147
4.6 高浓度 TNT 污染土壤的生物泥浆法修复 ············· 152
4.7 小结 ································· 161
参考文献 ·································· 162

第 5 章 炸药污染土壤的植物修复 ······················ 169

5.1 引言 ································· 169
5.2 炸药污染土壤的植物修复概况 ··················· 170
5.3 炸药污染土壤的植物修复效果评价 ················ 175
5.4 炸药化合物对苜蓿的毒害效应 ··················· 183
5.5 炸药污染土壤的转基因植物修复 ················· 189
5.6 小结 ································· 191
参考文献 ·································· 192

第 6 章 炸药污染土壤的植物–微生物联合修复 ················ 197

6.1 引言 ································· 197
6.2 污染土壤的植物–微生物联合修复原理 ··············· 198
6.3 中低浓度炸药污染土壤的联合修复 ················ 202

6.4 高浓度炸药污染土壤的联合修复 ……………………………………… 207

6.5 联合修复的根际微生态效应——多组学视角 …………………………… 212

6.6 小结 ………………………………………………………………………… 222

参考文献 ………………………………………………………………………… 223

第7章 炸药污染土壤的生物堆修复 ……………………………………… 226

7.1 引言 ………………………………………………………………………… 226

7.2 污染土壤的生物堆修复技术原理及应用 ………………………………… 227

7.3 炸药污染土壤修复的生物堆设计 ………………………………………… 231

7.4 生物堆运行与监控 ………………………………………………………… 244

7.5 生物堆修复效果评估 ……………………………………………………… 257

7.6 小结 ………………………………………………………………………… 263

参考文献 ………………………………………………………………………… 263

名词和缩略语 …………………………………………………………………… 265

后记 ……………………………………………………………………………… 271

第 1 章
炸药污染土壤修复概述

1.1 炸药及其环境危害

1.1.1 炸药定义及分类

1.1.1.1 炸药的定义

1. 含能材料

含能材料（Energetic Material）是一类含有爆炸性基团，或含有氧化剂和可燃物，能独立、迅速地进行化学反应，并输出能量的化合物或混合物[1]。根据用途和性质的不同，含能材料可分为火药、炸药、火工药剂和烟火药等。含能材料在国防工业中起着至关重要的作用，它能够为兵器提供能源，是战斗部进行各种驱动和毁伤及爆炸装置的动力。含能材料是各种武器火力系统完成弹丸发射不可或缺的重要组成部分，是国家的重要战略物资。评价含能材料的指标主要有密度、生成焓、感度、氧平衡、爆速和爆压、热稳定性、相容性等。

含能化合物（Energetic Compound）狭义上是由单一分子结构物质组成的含能材料，其分子内同时含有氧化性基团和可燃性元素。氧化性基团包括 -C=C、-C=N、-N=O、-NO$_2$、=C-X 等；可燃性元素则包括碳、氢、硼等。按照功能和性能特点来分，含能化合物可以分为起爆药、高能炸药、含能增塑剂等；按化学结构特点来分，含能化合物可以分为硝胺化合物、呋咱类化合物、硝基芳香烃化合物、硝酸酯化合物、叠氮化合物和全氮化合物等[2]。

2. 炸药

炸药（Explosive）是可用于制作爆炸材料的高含能材料。制作军用混合炸药是含能材料的主要用途。根据是否由单一物质组成，炸药又分为单质炸药和混合炸药。传统炸药包括黑火药、硝化纤维、硝化甘油等。现代炸药主要包括硝基芳香烃类、硝胺类、硝酸酯3类，目前应用最广泛的单质炸药有三硝基甲苯（TNT）、二硝基甲苯（DNT）、环三亚甲基三硝胺（RDX）、环四亚甲基四硝胺（HMX，奥克托金）等。2,4,6,8,10,12-六硝基-2,4,6,8,10,12-六氮杂异伍兹烷（分子式为 $C_6H_6N_{12}O_{12}$），简称六硝基六氮杂异伍兹烷（HNIW），俗称CL-20，由美国海军武器中心于1986年首次合成，其密度高达 2.04 g/cm^3，热稳定性和化学稳定性良好，与大多数黏结剂及增塑剂系统相容，是目前已知能够实际应用的能量最高、威力最强大的非核单质炸药，越来越多地用于导弹等战略武器的装填。

炸药在外界能量作用下起爆的难易程度称为炸药的敏感度，一般称为感度。炸药的感度分为热感度、机械感度、爆轰感度、冲击感度、静电火花感度等。炸药的感度关系到炸药使用的可靠性和安全性，需要在炸药的生产、运输、贮存和使用过程中给予足够重视。不敏感炸药对于加热、撞击、弹药攻击等剧烈的外界刺激表现出良好的稳定性，可以大大提高作战人员、武器装备的生存能力。目前，不敏感炸药主要有2,4-二硝基苯甲醚（DNAN）、3-硝基-1,2,4-三唑-5-酮（NTO）、硝基胍（NQ）。DNAN熔点低、密度高、冲击感度较低，可以作为替代TNT的熔铸载体。NTO也称为硝基三唑，是一种高能、高稳定性炸药，已用在多种弹药装药中，是目前发展最迅速的不敏感炸药。NQ廉价易得，广泛用作火炮发射药的主要组分。

1.1.1.2 常见炸药的物理化学性质

1. 硝基芳香烃类炸药

1）2,4,6-三硝基甲苯（TNT）

2,4,6-三硝基甲苯（Trinitrotoluene，TNT）是最常用的现代炸药，化学式 $C_7H_5N_3O_6$，中文俗名梯恩梯，为白色或黄色针状结晶，无臭，有吸湿性，可以与其他炸药（RDX或HMX）结合使用形成混合炸药。TNT的热性质和化学性质稳定，熔点低，对摩擦和冲击稳定。硝基芳香烃一般只有轻微的水溶性，蒸气压较低。TNT的辛醇–水分配系数（$\log K_{ow}$）为1.86（见表1.1），表明它容易吸附在土壤成分上，并随着这些成分迁移污染地下水。TNT转化后形成的主要产物为2,4-二硝基甲苯（2,4-DNT）、2,6-

二硝基甲苯（2,6-DNT）、2-氨基-4,6-二硝基甲苯（2-ADNT）、4-氨基-2,6-二硝基甲苯（4-ADNT）。研究表明，TNT 的转化产物水溶性较强，可以发生更远距离的传输。

2）2,4-二硝基苯甲醚（DNAN）

2,4-二硝基苯甲醚（2,4-Dinitroanisole，DNAN），化学式 $C_7H_6N_2O_5$，是一种钝感熔铸载体炸药，为白色晶体，具有低氧平衡、低密度、低爆热、低爆压、低威力和高熔点等特点，熔点为 97℃，晶体密度为 1.544 g/cm^3[3]（见表 1.1）。DNAN 的摩擦及撞击感度与 TNT 接近，冲击感度和热感度优于 TNT，尤其是 DNAN 较 TNT 在热安全性方面更钝感，在 100℃以下温度范围内具有良好的热安全性[4]。DNAN 的凝固点和导热系数高于 TNT，而相变潜热和比热容低于 TNT。DNAN 在水中的溶解度为 276 mg/L，比 TNT 等传统炸药低，但高于其他不敏感炸药。DNAN 容易发生光解，产物为 2,4-二硝基苯酚（DNP），降解产物毒性比母体化合物更强[5]。

3）特屈儿（Tetryl）

2,4,6-三硝基苯甲硝胺（2,4,6-Trinitrophenylmethylnitramine），或称四硝基甲基苯胺（Tetranitro-methylaniline，Tetryl），化学式 $C_7H_5N_5O_8$，中文俗名特屈儿（见表 1.1），于 1877 年由 Mertens 首次制备，其结构由 Romburgh 于 1883 年确定，1906 年被用作炸药，第一次世界大战期间被用于装填雷管和用作炮弹的传爆药柱。第二次世界大战中，它曾作为混合猛炸药的组分使用[6]。纯的特屈儿为白色结晶，受光作用变为浅黄色，熔点 131.5℃，沸点 432.11℃，蒸气压 1.17×10^{-7} mmHg，晶体密度 1.731 g/cm^3，冲击灵敏度 h_{50} 为 32 cm，固相生成热为 9.8 kcal/mol[7]，极难溶于水，不吸湿，易溶于苯、二氯乙烷和丙酮，中性，与金属不发生反应。特屈儿的热稳定性较好，机械感度高于 TNT，但低于 PETN（季戊四醇四硝酸酯）和 RDX。

2. 硝胺类炸药

1）环三亚甲基三硝胺（RDX）

环三亚甲基三硝胺（Cyclotrimethylene-trinitramine），化学式 $C_4H_8N_8O_8$，俗称黑索金（Hexogen），通用符号 RDX，又名旋风炸药，遇明火、高温、震动、撞击、摩擦能引起燃烧爆炸，是一种爆炸力极强大的烈性炸药，比 TNT 猛烈 1.5 倍。RDX 热稳定性好，在 110℃加热 152 h，化学稳定性不变，50℃长期贮存不分解，遇稀酸、稀碱无变化，遇浓硫酸分解。RDX 经常与其他炸药结合用于制造军用炸药。纯的 RDX 是一种

表 1.1 常见炸药的理化

分 类	硝基芳香烃类			硝胺类
代号/简写	TNT	DNAN	Tetryl	RDX
中 文 名	2,4,6-三硝基甲苯	2,4-二硝基苯甲醚	2,4,6-三硝基苯甲硝胺	环三亚甲基三硝胺
别 称	梯恩梯	2,4-二硝基茴香醚	特屈儿	黑索金
结 构 式				
CAS 登录号	38082-89-2	119-27-7	479-45-8	00121-82-4
化 学 式	$C_7H_5N_3O_6$	$C_7H_6N_2O_5$	$C_7H_5N_5O_8$	$C_3H_6N_6O_6$
熔点（℃）	80～82	97	130～132	204
水中溶解度（mg/L）	13	276[12]	200	42
质量密度 ρ（g/cm³）	1.5～1.6	1.34	1.57（19℃）	1.82
蒸气压 p（1 atm, 20℃）	7.2×10^{-9}	6.44×10^{-7}（25℃）	1.17×10^{-7} mmHg	5.3×10^{-12}
亨利定律常数 K_H（bar m³/mol）	1.1×10^{-8}～4.57×10^{-7}	5.5×10^{-4}[16]	2.79×10^{-11}[17]	1.96×10^{-11}～6.3×10^{-8}
辛醇–水分配系数（logK_{ow}）	1.86	1.58[19]	1.64	0.86
外观与气味	黄色片状，有苦杏仁味	无色至黄色结晶性粉末	白色或黄色晶状粉末	白色或灰色粉末，无味
毒性效应	LD_{50}=660 mg/kg（小鼠）[22]；LD_{50}=1038 mg/kg（雄性蜥蜴）[22]；LC_{50}=222.4 mg/kg（安德爱胜蚓）[23]；LC_{50}=277 mg/kg（赤子爱胜蚓）	LD_{50}=199 mg/kg（大鼠）[24]；LC_{50}=6.7 mg/kg（模糊网纹蚤）；LC_{50}=13.7 mg/kg（蚤状溞）[25]	LC_{50}=1.1 mg/kg（美国红鱼）[7]；LC_{50}=0.37 mg/kg（糠虾）[7]；LC_{50}=0.030 mg/kg（陀螺纤毛虫）	LD_{50}=70～200 mg/kg（啮齿动物）[26]；NOEC(U)=756 mg/kg（安德爱胜蚓）[7]；LC_{50}=586 mg/kg（赤子爱胜蚓）[7]；NOEC(U)=1000 mg/kg（线蚓）[7]
备 注	LC_{50}：半数致死浓度；LD_{50}：半数致死剂量；NOEC（U）：无可观察效应浓度（无上限），是指在当前研究条件下尚未确定一个可观察的有害作用的浓度上限；NOEC：无可观察效应浓度；LOEC：最低可观察效应浓度			

性质和毒理学参数

硝胺类		硝酸酯		
HMX	CL-20	NTO	NQ	PETN
环四亚甲基四硝胺	六硝基六氮杂异伍兹烷	3-硝基-1,2,4-三唑-5-酮	硝基胍	季戊四醇四硝酸酯
奥克托今			硝基胍	太安
026914-41-0	135285-90-4	932-64-9	556-88-7	78-11-5
$C_4H_8N_8O_8$	$C_6H_6N_{12}O_{12}$	$C_2H_2N_4O_3$	$CH_4N_4O_2$	$C_5H_8N_4O_{12}$
276～280	350	161	239	141
5	3.86、2.91[13]	16642[14]	3800[15]	43
1.96	2.61	1.93[8]	1.55[11]	1.77
4.3×10^{-17}	—	—	1.6×10^{-4} (bar)[11]	1.36×10^{-13}
2.6×10^{-15}	—	0.37～1.03[9]	7×10^{-6}[18]	1.2×10^{-11}
0.061	1.92[20]	0.82、-1.19[21]	0.148[18]	1.61
白色或灰色粉末,无味	白色结晶性粉末	白色粉末	白色结晶性粉末	白色四方晶体
LC_{50}=842 mg/kg（赤子爱胜蚓）[7] NOEC (U) =711 mg/kg（安德爱胜蚓）[7] NOEC (U) =21750 mg/kg（线蚓）[7]	EC_{50}=53.4 mg/kg（安德爱胜蚓）[27] LC_{50}=0.1～0.7 mg/kg[28] EC_{50}=0.08～0.62 mg/kg[28] LC_{50}=18 mg/kg[29] NOEC=6.8 mg/kg[29]（线蚓）	LOEC=5.0 mg/L（蝌蚪）[30] LOEC=2690 mg/L（单细胞绿藻）[31] IC_{50}=57 mg/kg（模糊网纹蚤）[31]	NOEC (U) =3320 mg/kg（胖头鱥）[25] NOEC (U) =1550 mg/kg（大麻哈鱼）[25] LC_{50}=2698 mg/kg（模糊网纹蚤）[25]	NOEC (U) = 32 mg/kg（单刺拟美丽猛水蚤）[7] NOEC (U) = 49mg/kg（大水蚤）[7]

稳定的白色结晶固体，熔点为 204～206℃，在水中溶解度低，易溶于丙酮。RDX 的 $logK_{ow}$ 为 0.86（见表 1.1），土壤成分对其吸附率低，故地表残留的 RDX 容易向下迁移导致地下水污染。由于 $logK_{ow}$ 较低，因此其生物积累一般仅限于水生生物。

2) 环四亚甲基四硝胺（HMX）

环四亚甲基四硝胺（Cyclotetramethylenete-tranitramine），化学式 $C_4H_8N_8O_8$，俗名奥克托今（Octogen），通用符号 HMX，是一种高熔点烈性炸药，由六亚甲基四胺、硝酸铵、硝酸和醋酸等制成，熔点为 281℃，密度为 1.96 g/cm³（见表 1.1），无吸湿性，稳定、无色、少量溶于水，HMX 的 $logK_{ow}$ 为 0.061，为白色结晶状粉末，有 α（正斜方）晶型、β（单斜）晶型、γ（单斜）晶型和 δ（六方）晶型 4 种晶型，其中，β 晶型应用最广泛。HMX 爆速、热稳定性和化学稳定性都超过 RDX。由于其机械感度比 RDX 高，熔点高，且生产成本昂贵、难以单独使用，因此现仅用于少数导弹战斗部装药、反坦克装药、火箭推进剂的添加剂，以及作为引爆核武器的爆破药柱等。

3) 3-硝基-1,2,4-三唑-5-酮（NTO）

3-硝基-1,2,4-三唑-5-酮（3-Nitro-1,2,4-triazol-5-one，NTO），化学式 $C_2H_2N_4O_3$，是一种高密度钝感炸药，热稳定性好，其爆炸性能与传统炸药 RDX 相当，与 TNT、RDX 和 HMX 等炸药相容性良好。NTO 晶体密度为 1.93 g/cm³[8]，$logK_{ow}$ 较低（为 0.37～1.03），与土壤有机成分吸附不强烈[9]。NTO 分子结构中存在较活泼的氢键，致使其表现出较强的酸性，可以与金属离子形成 NTO 金属盐，也可以与碱性有机化合物反应生成 NTO 有机含能离子盐[10]。

4) 硝基胍（NQ）

硝基胍（Nitroguanidine，NQ），化学式 $CH_4N_4O_2$，为白色结晶性粉末，具有微弱咸味和苦味，不易燃，是灵敏度极低的炸药，但其爆速较大。在燃烧室压力稳定的情况下，NQ 能够降低推进剂的火焰温度，可以作为固体火箭推进剂的主要成分。NQ 的晶体密度为 1.55 g/cm³，熔点为 232℃，沸点为 195.15℃，闪点为 86.5℃，分解温度为 250℃，溶解度为 3800 mg/L，蒸气压为 $1.6×10^{-4}$ bar[11]。

5) 六硝基六氮杂异伍兹烷（CL-20）

六硝基六氮杂异伍兹烷（Hexanitrohexaazaisowurtzitane，HNIW），学名为 2,4,6,8,

10,12-六硝基-2,4,6,8,10,12-六氮杂异伍兹烷，俗称 CL-20（见表 1.1），外观为白色结晶状粉末，是具有多环笼形硝胺结构的高能量密度化合物，由美国的尼尔森（Nielson）博士于 1987 年首先制得，主要用作推进剂的组分。晶体密度为 2.61 g/cm³，沸点为 1392.7℃，闪点为 796.1℃，折射率为 1.954。CL-20 的氧平衡为-10.95%，最大爆速、爆压、密度等都优于 HMX，能量输出比 HMX 高 10%～15%。它在常温常压下有 4 种晶型：α晶型、β晶型、γ晶型、ε晶型，其中以 ε 晶型的结晶密度最大、最为实用。

3. 硝酸酯类炸药

季戊四醇四硝酸酯（Pentaerythritol Tetranitrate，PETN），化学式 $C_5H_8N_4O_{12}$，中文俗名太安是由俄文 TЭH 音译得到的（见表 1.1）。PETN 主要作为一种单质炸药，也是一种心血管药。PETN 为白色结晶，熔点为 141.3℃，晶体密度为 1.77 g/cm³，不吸湿，不溶于水，易溶于丙酮，爆发点为 225℃（5 s）（见表 1.1）。

1.1.2 炸药化合物的环境危害

1.1.2.1 炸药污染的产生

1. 合成与装药过程中排放的炸药污染物

火炸药行业是国防工业的支柱，在采矿、建筑等领域也有大量的用途。近年来，地区冲突不断，进一步刺激了对火炸药的需求。作为使用最广的单质炸药，同时是炸药污染土壤中最主要的污染因子，TNT 在军用弹药和民用爆炸器材中应用广泛，其需求呈现不断扩大之势，全球平均每天生产 2000 t 以上 TNT，每天有 20000 m³ 以上的弹药废水被排放到环境中。统计数据显示，2022 年全球 TNT、RDX、HMX、CL-20 的产量分别为 782500 t、5400 t、7600 t、2400 t，预测 2029 年其产量将分别增长至 1100000 t、8900 t、11400 t、5790 t。2019 年，我国 TNT 的产量为 182200 t；2022 年，我国 TNT 的产量增长至 194200 t；预测 2029 年我国 TNT 的产量将增长至 286100 t（见图 1.1）。

火炸药生产过程中产生的污染物除了合成所涉及的原材料，还包括大量的中间产物、副产物等。以 TNT 合成为例，三硝基甲苯的生产过程分为 3 个阶段：用混合酸硝酸和硫酸硝化甲苯，除去杂质，提纯成品并干燥、包装。在硝化环节，用硝酸、硫酸混合物与甲苯反应，先制成一硝基甲苯，再制成二硝基甲苯，最后制成三硝基甲苯，将不纯的硝化产物洗去废酸，并使之结晶。硝化后，洗涤TNT的酸性黄色洗涤水、TNT生产过程中产生的酸性水，属于工艺酸性水的应循环使用。在传统的TNT生产工艺中，硝化中除生成2,4,6-三硝基甲苯（对称TNT或α-TNT）外，还生成一些不对称三硝基甲苯和其他副产物，要得到合格的TNT产品，必须对TNT粗品进行精制。用亚硝酸钠洗去同分异构的TNT和水溶性磺酸盐，用亚硫酸盐处理所产生的红色废水。红色废水成分非常复杂，除含有二硝基甲苯磺酸盐（DNTs）外，还含有TNT、DNT、四硝基甲烷和大量杂质，用气相色谱已经测出TNT生产过程中产生的红色废水中有近40种化合物，是TNT生产炸药废水的主要来源。

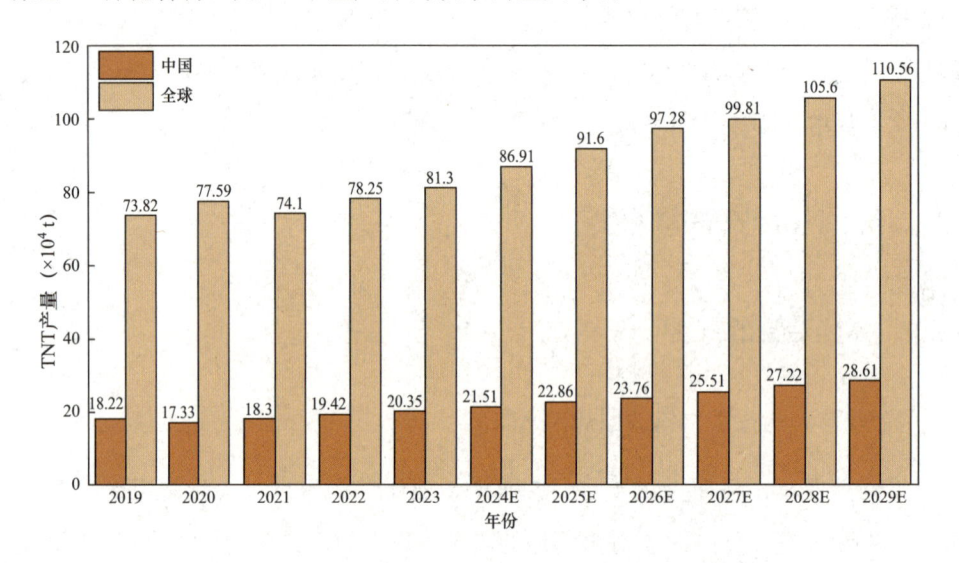

图1.1　2019—2029年全球及中国TNT产量统计及预测

注：2024年以后为基于2023年的预测数据。

生产车间空气环境可能受到蒸气与粉尘、甲苯、一硝基甲苯、二硝基甲苯及氮氧化物的污染。当进行采样、测量装置内液面高度等操作时，设备的密闭性受到破坏，设备中的空气可能逸散出来，硝化时空气中TNT浓度为0.007～0.2 mg/m^3；用热水除去不对称异构体时，空气中TNT浓度可能超过1.5 mg/m^3。在潮湿环境中，TNT蒸气迅速沉积在设备、管道及墙壁表面上。在TNT精制过程中，冲洗地面、洗刷设备、废药回收及事故排放等，都会产生一定量的碱性废水，设备表面、墙壁及窗玻璃的洗液中TNT含量为0.09～1.95 mg/L[32]。制片、干燥、包装等工序，采用湿法除尘也会产生含炸药粉尘、废水。

弹药装药环节也会产生含炸药废水。所谓弹药装药，是依据规定的动能需要，按照一定的工艺要求，将一定量的火药、炸药、烟火药及火工药剂等填充到弹药有关零部件中的操作过程或最终结果。根据弹药种类和炸药性质不同，装药的工序和内容也不尽相同，但一般分为"装药前炸药及弹体准备→弹体装药→药柱加工与固定→弹体零件装配→弹体外表面防腐处理→弹体装药的最后加工"6个环节[33]。在炸药准备和药柱加工过程中，炸药直接裸露在空气中进行加工，会散落至工作台面、地面及设备上，产生固体废弃物。炸药的熔化和晶化过程产生含炸药成分的挥发性气体，对工作台面、地面和设备上的废渣进行清洗，利用水浴除尘器对集尘装置收集的废气进行处理时均会有炸药废水的产生。装药工人下班前的洗浴污水和工作服的清洗废水、装药防护用品洗涤废水，以及装药生产区内的其他废水等都是弹药装药废水的来源[34]。

在火炸药生产工业发展早期，生产事故多发，加上污染防治意识不强、处理设施不完善，大量固体废物、废水处理不达标甚至未经过处理直接排放到环境中，导致炸药工厂生产场地和周围地块受到污染，土壤中TNT含量最高可达50 g/kg（土），甚至在土壤中形成了TNT的结晶块（见图1.2）[35]。

图1.2　污染场地上发现TNT的结晶块[35]

为了促进火炸药工业生产工艺和水污染治理技术进步，以及防治火炸药生产和弹药装药行业工业废水对环境的污染，我国制定了火炸药行业废水排放的国家标准。

《兵器工业水污染物排放标准 火炸药》（GB 14470—2002）规定的排放标准为：SS 为 70 mg/L，COD 为 100 mg/L，BOD$_5$ 为 30 mg/L，TNT 为 2.0 mg/L，DNT 为 2.0 mg/L，RDX 为 1.0 mg/L（见表 1.2）。《弹药装药行业水污染物排放标准》（GB 14470.3—2011）规定的装药行业的排放标准为：SS 为 50 mg/L，COD 为 60 mg/L，BOD$_5$ 为 20 mg/L，TNT 为 0.5 mg/L，DNT 为 0.5 mg/L，RDX 为 0.2 mg/L（见表 1.3）。火炸药废水中的污染物大部分含有硝基，一般难以生物降解甚至不可生物降解。国内外处理弹药废水的方法主要包括物理方法、化学方法和生物方法。物理方法主要包括吸附法、萃取法、膜分离法等；化学方法主要包括化学沉淀法、电化学法、化学还原法和焚烧法等；生物方法包括活性污泥法、静置生化法、氧化塘法和厌氧生化法等。

表 1.2 火炸药产品允许排水量和污染物最高允许日均排放浓度 [36]

类别	产品、原料工艺、规模	排水量（m³/t）	污染物最高允许日均排放浓度（单位：mg/L，色度、pH 除外）									
			色度（稀释倍数）	悬浮物（SS）	5 日生化需氧量（BOD$_5$）	化学需氧量（COD）	总硝基化合物		黑索金（RDX）	硝化甘油（NG）	铅（Pb）	pH
							梯恩梯（TNT）	二硝基甲苯（DNT）				
硝化甘油系火炸药	硝化甘油	7.0	50	70	30	100	—	3.0	—	80	1.0	6~9
	双基发射药	5.0										
	硝化甘油类炸药	2.0										
	固体火箭推进剂	9.0										
粉状铵梯炸药	年产量 >6000 t	0.8	50	40	30	100	0.5			—	—	6~9
	年产量 ≤6000 t	1.0	50	70	30	100	0.5			—	—	6~9
硝化棉	以精制棉为原料	200	50	70	30	100				—	—	6~9
	以棉短绒为原料	450	50	100	60	150				—	—	6~9

（续表）

类别	产品、原料工艺、规模	排水量（m³/t）	污染物最高允许日均排放浓度（单位：mg/L，色度、pH除外）									
			色度（稀释倍数）	悬浮物（SS）	5日生化需氧量（BOD₅）	化学需氧量（COD）	总硝基化合物		黑索金（RDX）	硝化甘油（NG）	铅（Pb）	pH
							梯恩梯（TNT）	二硝基甲苯（DNT）				
单质炸药	黑索金	30	50	70	30	100	—		3.0	—	—	6~9
	梯恩梯	2.5	50	70	30	100	5.0		—	—	—	
火炸药工业废酸浓缩	真空法浓缩硫酸	1.0	50	70	30	100	5.0		—	—	—	6~9
	硫酸法浓缩硝酸	7.0	50	70	30	100				—	—	
	硝镁法浓缩硝酸	300										

备注：(1) 在车间或车间处理设施排放口取样；(2) 该工艺在与锅式浓缩结合时排放值参照附录计算

表1.3 弹药装药行业水污染物特别排放限值及基准水量[37]

序号	污染物项目	排放限值		污染物排放监测位置
		直接排放	间接排放	
1	pH	6~9	6~9	企业废水总排放口
2	色度（稀释倍数）	40	100	
3	5日生化需氧量（BOD₅）	20	60	
4	化学需氧量（COD）	60	200	
5	总磷	1.0	3.0	
6	总氮	20	50	
7	氨氮	15	40	
8	阴离子表面活性剂	1	5	
9	石油类	3	10	
10	悬浮物（SS）	50	100	
11	梯恩梯（TNT）	0.5	0.5	车间或生产设施废水排放口
12	二硝基甲苯（DNT）	0.5	0.5	
13	黑索金（RDX）	0.2	0.2	
14	基准排水量（m³/d）	20		排水量计量装置位置与污染物排放监测位置一致

2. 使用时排放的炸药污染物

炸药因起爆装置起爆不完全或主装药的不均一性等出现爆燃、低速爆轰（病态爆轰）或爆轰不完全现象，从而产生未爆炸药残留是较为常见的。即使是均相炸药，其在正常爆轰的情况下也会产生一定量的残留物[38]。一般来说，有机单质炸药爆炸威力大，爆炸反应相对完全，例如，TNT 发生爆炸后生成 CO_2、H_2O 和 N_2，其爆炸残留物主要是未爆的少量炸药原体。炸药各组分的配比是按反应完全的情况确定的，但实际爆炸时往往会出现部分反应不完全现象。比如，炸药的颗粒较大，而爆炸反应时间又非常短，有的成分没来得及反应。另外，炸药中的各成分在反应中的敏感程度不同，也会产生反应不完全现象，在炸药中掺入某些钝感成分，也会影响炸药爆炸反应的完全性。在半埋式地面爆炸条件下，单质炸药 TNT、RDX 和 HMX 中，只有 TNT 爆炸产生的残留物能被检测到；主成分为 RDX 的混合炸药 C4、JH2、PBXRDX、B 炸药，其爆炸后能检测出残留的 RDX；HMX 及混合炸药 JO941、PBXHMX 爆炸产生的 HMX 残留量低于方法检测限，只有 OCTOL 产生的残留物中能检测到 HMX 成分。这表明，炸药的爆速越高，爆轰越完全，爆炸残留物越少[39]。

对军用弹药的测试表明，在实弹射击模式下，榴弹炮、迫击炮和手榴弹烈性炸药填充物由于高阶爆轰反应，炸药残留物很少，99.997% 以上的 RDX、TNT 已反应，残留的 RDX、TNT 小于 0.003%。未反应的炸药以细颗粒（直径 <50 μm）沉降地面，在地表土壤中的含量约为 10 μg/kg。因此，实弹训练对靶场土壤的炸药输入量很小。不过，当采用 C4 炸药对未爆弹药静态引爆时，残留的炸药则在百分级水平，残留炸药的颗粒物直径从大于 0.1 mm 至几毫米不等，导致地面炸药残留量在 mg/kg 水平，这表明采取静态引爆对大型弹药进行处理，有可能造成场地炸药污染[40]。训练场等实弹射击场地土壤中的炸药最终通过地表径流或地下水，对周围的湖泊和生态系统造成影响（见图 1.3）。

训练演习和作战会产生大量的未爆弹药（Un-Exploded Ordnance，UXO）等，除了爆炸风险，弹体经过碰撞破裂和长期腐蚀，也会成为炸药的点状污染源。Taylor 等[42]对 42 枚未爆炸弹药周围的土壤进行了采样，发现有 8 枚发生了炸药泄漏，其中，4 枚弹壳穿孔或破裂，3 枚被腐蚀，1 枚为部分引爆的子弹，基于此可以利用炸药及其转化产物在土壤中的相对浓度来确定泄漏未爆弹药的新旧（见图 1.4）。

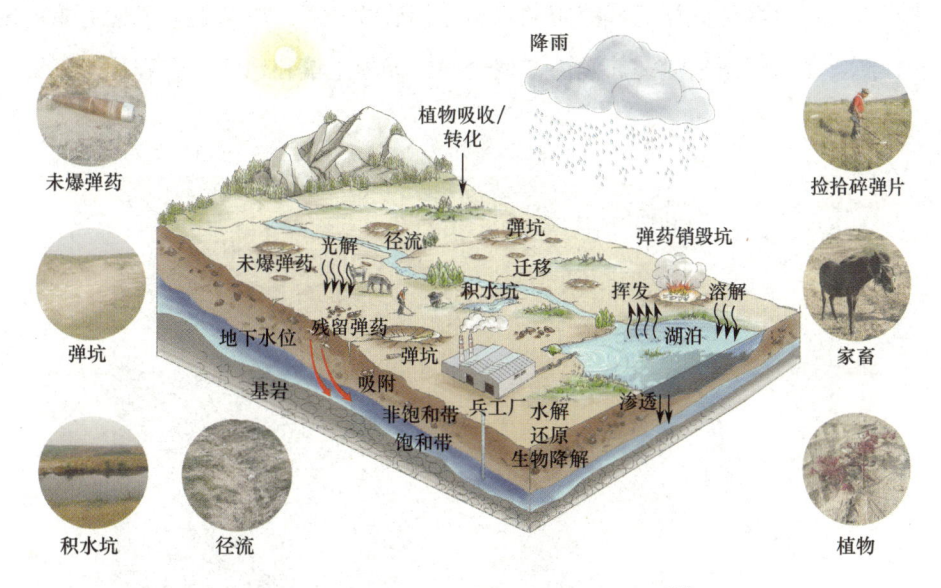

图1.3　训练场地炸药污染的发生和发展[41]

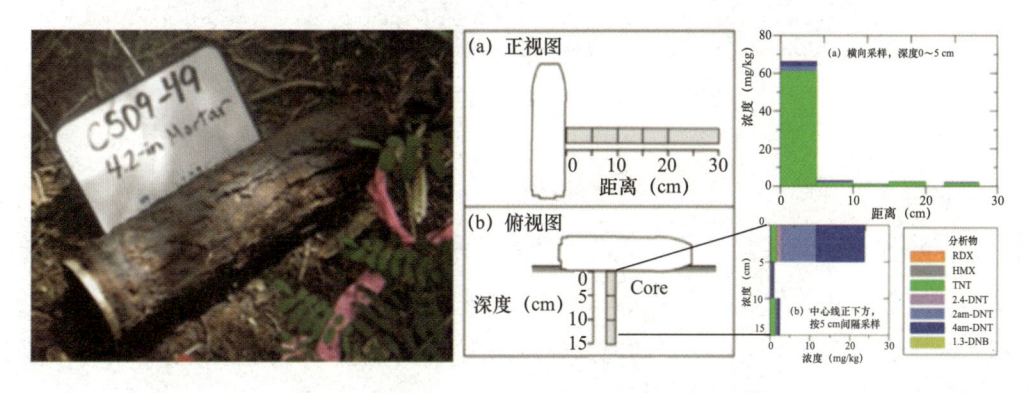

图1.4　未爆弹药周围土壤中炸药的泄漏情况[42]

3. 弹药销毁中排放的炸药污染物

大型废旧弹药销毁一般包括"弹药解体→倒药→炸药回收→残渣/弹体/引信销毁处理"等环节。倒药是利用热水或高温蒸汽加热使弹体中装填的炸药溶化流出的过程。在倒药过程中，热水或蒸汽与炸药直接接触，炸药冷却析出回收后，大量炸药溶解或以粉末状分散在废水中，会产生大量的倒药废水。该废水色度高、炸药含量高、毒性大、不易生化降解。倒药废水经沉淀后，采用氧化塘、芬顿法（Fenton法）等方式进行处理，沉淀池的炸药残渣定期收集进行后续处理。废水池、氧化塘等，使用时间长，防渗不严或发生泄漏、漫溢，就会导致周围土壤和地下水受到炸药污染（见图 1.5）。

图1.5　某弹药销毁场弹药销毁废水池

子弹等小型弹药，以及其他安全性较低或不具有炸药回收再利用价值的废旧弹药，则采取直接引爆或焚烧的方式进行销毁。弹药销毁的常用方法主要有焚烧（见图 1.6）、爆炸、化学分解、紫外线氧化、微波等离子体/电子束处理等。其中，焚烧和爆炸销毁因技术要求低，是目前国内外应用较普遍的技术；其他销毁方法的技术要求和经济成本相对较高，目前尚停留在实验阶段或小规模尝试性应用阶段[43]。

1.1.2.2　炸药化合物对哺乳动物和人类的健康效应

TNT、RDX 和 HMX 对哺乳动物和人类有广泛的毒性[44]。但相对而言，TNT 和 RDX 毒性更高，且有致癌性，被美国环境保护署定义为潜在的人类致癌物。美国环境保护署推荐的饮用水中 TNT、RDX 和 HMX 的浓度限值分别为 0.002 mg/L、0.002 mg/L 和 0.4 mg/L。美国毒物和疾病登记处对炸药化合物对哺乳动物的毒性进行了深入研究，对小鼠、大鼠和狗的研究表明，TNT 暴露可能导致各种不良健康影响，包括心血管、胃肠道、血液学、肝脏、肾脏、免疫、神经、生殖、发育、遗传毒性和致癌作用[45]。

在 14 d 内对白足鼠每千克体重施用 601 mg 的 TNT，虽然未观察到个体死亡，但一些非特异性免疫指标，包括脾脏质量增加都与 TNT 暴露剂量有关[46]。对刚毛棉鼠的给药研究结果表明，肝酶和溶血性贫血可能是指示场地爆炸物污染的生物标志物[47]。RDX 的慢性毒性效应表现为大鼠体重减轻、神经和肝脏损害，RDX 达到一定剂量会造成大鼠胃肠道和肺部充血，啮齿动物的半数致死浓度（LD_{50}）为 70～200 mg/kg/d[26]。在动物实验中，高剂量 HMX 可能会对胃肠道和肾脏产生不利影响，并导致肝毒性。在小鼠、大鼠和兔子实验中，口服（100 mg/kg/d）或皮肤暴露（165 mg/kg/d）时观察到对肝脏和中枢神经系统的有害影响；大剂量 HMX（> 4000 mg/kg/d）暴露后可能会出现轻微的血液学影响，包括血红蛋白堆积、细胞体积减小及高铁血红蛋白增多[48]。

图1.6　某弹药销毁场弹药露天焚烧残渣

对人类和脊椎动物来说，环境中炸药化合物的暴露途径包括吸入、摄入和皮肤吸收。对于人类健康而言，TNT 一般与人体肝功能异常、视力和视野受损有关。TNT 暴露的其他症状包括皮炎、呕吐、贫血、中毒性肝炎和尿液变色。流行病学研究表明，RDX 暴露会导致癫痫发作和抽搐等神经系统疾病。人类接触 RDX 的其他症状包括恶心和呕吐，而动物接触 RDX 有轻微的肝、肾影响[49]。RDX 的毒性作用已在包括哺乳动物和鸟类在内的各种实验动物中得到充分证明[50]。关于 HMX 的毒性研究有限，其毒性机制尚未被完全了解，美国环境保护署将 HMX 列为对人类的非致癌物质。关于 HMX 暴露对人体健康的影响，现有数据有限。硝酸甘油产品会导致头晕、头痛、恶心、低血压、抽搐、心律失常，甚至死亡。

1.1.2.3 炸药化合物的生态毒性

1. 对细菌和藻类的毒性

通常用费氏弧菌（*Vibrio fischeri*）发光细菌毒性检测（Microtox）来评估炸药化合物及其转化产物的毒性。Dodard 等[51]研究指出，TNT 的毒性比其降解产物大，毒性随着进一步转化为单氨基和二氨基产物而降低；而二硝基甲苯（DNT）的毒性因硝基的位置而异，2,6-二硝基甲苯（2,6-DNT）的毒性大于 2,4-二硝基甲苯（2,4-DNT）。一般认为，在土壤中常见的单质炸药化合物中，TNT 毒性最强，RDX 的毒性小于 TNT[52]，而 HMX 在其溶解度范围内对细菌无毒。羊角月牙藻（*Selenastrum capricornitum*）和裂片石莼（*Ulva fasciata*）生长抑制、发芽、繁殖长度和细胞数量实验获得的 TNT 的半抑制浓度（IC_{50}）与发光细菌毒性检测获得的毒性相似，但与费氏弧菌的实验结果相比，2,4-DNT 和 2,6-DNT 对藻类产生了更大的毒理学效应。藻类生长实验获得的 RDX 的 IC_{50}（通常为 8.1～12 mg/L）仅为使用发光细菌毒性检测法获得的 1/4 左右[53]。

近年来，组学技术被广泛应用于炸药化合物的微生物生态毒性评价。16S 微生物多样性直接反映生境代谢进程、物质循环及渗透调节[54]。研究发现，TNT 暴露下驱动能量代谢的关键物种为变形菌门（*Proteobacteria*），反映了该类微生物具有抵御污染物毒害及利用污染物中碳氮源参与自身生命活动的能力[55]。TNT 暴露导致水体中主要抑制微生物类群为 *Elsteraceae*，这一发现将有助于解析污染场地微生物群落演替、互利共生及捕食寄生进程[56]。

代谢组学对于研究微生态体系功能响应及代谢途径具有重要意义。水体生境微生物通过呼吸作用持续进行物质交换、能量转化、养分循环[57]。TNT 和典型中间产物对水体代谢网络有显著干扰，干扰水平依次为 2,4-DANT > TNT > 4-ADNT > 2-ADNT。其中，污染暴露显著诱导脂质和类脂质分子代谢异常，反映水体微生物膜结构组分、储能/供能机能及氧化应激损伤[58]。污染暴露对水体微生物核苷酸、碳水化合物、氨基酸代谢损伤的内在影响机制，涉及 61 种关键代谢物，将对水体微生物信号传导、能量回馈、催化运输造成不利影响[59]。污染暴露显著响应的富集通路为二硝基甲苯降解，反映水体微生物能抵御逆境并逐渐代谢有害污染物，进而维持生态稳定与生命活动进程[60]。

宏基因组测序可用于解析环境微生物的物种组成、群落结构、系统进化、基因功能和代谢网络。TNT暴露后水体病毒丰度显著上调，反映TNT和中间产物均诱导水体生态损伤风险增加[61]。同时，TNT和中间产物对水体柄杆菌属细胞周期功能的显著干扰，导致周期调节蛋白、信使系统及细胞增殖分裂水平异常。污染暴露显著抑制水体微生物氧化磷酸化功能途径，涉及电子传递链路反应中还原态烟酰胺腺嘌呤二核苷酸（NADH）脱氢酶，导致能量通过呼吸链供给二磷酸腺苷（ADP）与无机磷酸合成三磷酸腺苷（ATP）的偶联反应受阻，这可能是污染物对微生物生态毒害效应的内在机制。

2. 对无脊椎动物的毒性

炸药化合物及其降解产物对海洋、淡水和陆地无脊椎动物的急性毒性引起了人们的关注。美国海军设施工程服务中心开发了海洋孔隙水和沉积物毒性实验，以受精、胚胎发育和幼体存活为终点，评估了炸药化合物对海胆（*Arbacia punctulata*）、好转虫（*Dinophilus gyrociliatus*）和糠虾（*Mysidopsis bahia*）的毒性。对海胆而言，胚胎发育实验比受精实验更敏感，其TNT的IC_{50}分别为12 mg/L和超过10^3 mg/L。当以受精作为毒理学终点时，TNT转化产物2,4-DNT、2,6-DNT具有低毒性，但2,6-DNT对海胆胚胎发育具有高毒性，IC_{50}的范围为0.029～36.9 mg/L。TNT对好转虫和糠虾的IC_{50}为0.98～7.7 mg/L，DNT的毒性仅为TNT的1/5～1/3。RDX对海胆、好转虫、糠虾表现出低毒性；TNT对好转虫卵的IC_{50}为26 mg/L。在用水蚤（*Daphnia magna*）和加标水进行的存活实验中，TNT毒性最强（IC_{50}为0.8～11.9 mg/L）。DNT异构体对无脊椎动物的毒性趋势与发光细菌毒性检测的微生物毒性趋势一致，2,6-DNT的IC_{50}是2,4-DNT的2倍。蚯蚓也是常用的土壤中炸药化合物的毒性评估模式动物。当以存活率为毒理学终点时，TNT对安德爱胜蚓（*Eisenia andrei*）、赤子爱胜蚓（*Eisenia fetida*）和线蚓（*Enchytraeus crypticus*）的IC_{50}范围为132～570 mg/kg，2-ADNT和4-ADNT对其的IC_{50}分别为201～228 mg/kg、99～111 mg/kg。对美洲蟋蟀（*Acheta domesticus*）繁殖的研究发现，TNT及其代谢产物在土壤中的相对毒性依次为TNT＞2-ADNT＞4-ADNT＞2,4-DNT。此外，毒性与土壤的质地有关，炸药在砂土中的毒性要高于在砂质壤土中的毒性。

3. 对脊椎动物的毒性

通常用蝾螈（*Ambystoma tigrinumr*）来评估炸药污染土壤对脊椎动物的毒性。对蝾螈而言，皮肤暴露是其从污染土壤中吸收 TNT 的主要途径。经过暴露，在蝾螈的皮肤和肝脏中检测到了微量 TNT，在肝脏和肾脏组织中检测到了 2,6-DNT。皮肤被认为在 TNT 的初级还原中是重要的。当蝾螈暴露于 1 mg/kg 的 TNT 污染土壤中，并喂食同样暴露条件下的蚯蚓时，与对照组相比，体重的增加、器官质量与体重的比、脾脏吞噬细胞的功能、外周血液学参数均无显著差异。各种鱼类也被用于炸药化合物的毒性评估。杂色鳉（*Cyprindon varietus*）幼苗暴露于 TNT、RDX、HMX 及 TNT 降解产物 2-ADNT 和 2,4-DANT 时，由于 TNT 及其降解产物的消除速度快，而 RDX、HMX 的生物累积潜力极低，这些化合物对鱼类的毒性很小。在 RDX 对斑马鱼（*Danio rerio*）幼鱼的致死率实验中，两组不同实验的 96 小时 IC_{50} 分别为 22.98 mg/L 和 25.64 mg/L，致死效应的无可观察效应浓度（NOEC）分别为 13.27±0.05 mg/L 和 15.32±0.30 mg/L，最低可观察效应浓度（LOEC）分别为 16.52±0.05 mg/L 和 19.09±0.23 mg/L；而在脊椎畸形率实验中，96 小时 IC_{50} 估计为 20.84 mg/L，NOEC 和 LOEC 分别为 9.75±0.34 mg/L 和 12.84±0.34 mg/L[50]。TNT 的急性毒性大于 RDX，许多鱼类的 IC_{50} 为 0.5～8.2 mg/L。

4. 对植物的毒性

在有限的公开报道中，用于炸药化合物植物毒性评价的指标有根伸长、幼苗出苗率、生物量和光合作用等参数。虽然炸药化合物会影响黑麦草和拟南芥的根，但很少有研究能确定炸药化合物对植物的 NOEC、LOEC、EC_{20} 或 EC_{50}。TNT 的 NOEC 范围为 50 mg/kg（菜心、大麦、大麦）～150 mg/kg（燕麦）。对于苜蓿（*Medicago sativa*）、十字绣线菊（*Echinochloa crugall* L.）和多年生黑麦草（*Lolium perenne* L.），TNT 的 EC_{20} 范围为 43～62 mg/kg，而 DNT 的植物毒性（EC_{20} 为 3～24 mg/kg）比 TNT 更大。TNT 代谢物对多年生黑麦草的 EC_{20} 为 3.75 mg/kg[62]，而大麦不受 HMX（EC_{20} 高达 1866±438 mg/kg）的影响[63]，多年生黑麦草不受 RDX（EC_{20} 高达 1540 mg/kg）的影响[64]。2015 年，英国约克大学的 NeilBruce 等发现，TNT 对植物的毒害是通过线粒体的单脱氢抗坏血酸还原酶 6（MDHAR6）发生的，TNT 在线粒体 MDHAR6 的作用下产生硝基自由基（·ONOO-），硝基自由基又能与氧气分子作用，产生超氧阴离子自由基（·O_2^-），从而导致细胞氧化损伤，而 MDHAR6 突变的拟南芥可以在高浓度

TNT 污染土壤中正常生长[65]。

1.1.3 国内外炸药污染土壤现状

1.1.3.1 国外炸药污染土壤现状

炸药污染土壤在国内外普遍存在，已成为污染场地重要的一类。在美国有约 1500 万英亩的土地受到炸药污染，30 个场地被美国环境保护署列入重点关注的场地名录[66]，其中爱德华兹营是典型的炸药污染场地[67]。加拿大国防训练基地土壤和水中 TNT 的污染程度分别达到 200 g/kg 和 100 mg/L[68]。在欧洲和亚洲等地区，可能存在更多这类受污染土地。早期的军工厂周围通常都会有大面积的土壤和地下水受到炸药的污染。目前，已经有很多研究报道了土壤、地下水和地表水中的炸药污染情况，国外典型炸药污染场地土壤中炸药污染物浓度如表 1.4 所示。

表 1.4 国外典型炸药污染场地土壤中炸药污染物浓度

国家	场地	炸药化合物	炸药污染物浓度（μg/kg）
美国	迫击炮低阶爆炸区	TNT	58（最大值）
		RDX	940（最大值）
		HMX	220（最大值）
		2-ADNT	2（最大值）
		4-ADNT	3（最大值）
	手榴弹落弹区	TNT	2（最大值）
		RDX	170（最大值）
		HMX	93（最大值）
	落弹区	TNT	314000（最大值）
		RDX	1400（最大值）
		HMX	110（最大值）
		2-ADNT	90（最大值）
		4-ADNT	700（最大值）
		2,4-DNT	33（最大值）
		NG	51（最大值）
韩国	射击场地	TNT	659160（最大值）
		RDX	128510（最大值）
		HMX	2740（最大值）

（续表）

国　家	场　地	炸药化合物	炸药污染物浓度（μg/kg）
加拿大	航空武器训练场	TNT	500000（最大值）
		RDX	6000（最大值）
		HMX	1470（最大值）
		2,4-DNT	760（最大值）
		1,3,5-TNB	4810（最大值）
		2,6-DNT	270（最大值）
		NG	3590（最大值）
	军械拆解场地	RDX	11400（平均值）
		HMX	1800（平均值）
		2,4-DNT	491000
	反坦克武器训练场	TNT	390000（最大值）
		HMX	1620000（最大值）
		NG	4450000（最大值）
南斯拉夫	地雷埋藏区	TNT	75（最大值）
		1,3-DNB	68（最大值）
		2,4-DNT	823（最大值）
		4A-DNT	542（最大值）
		2A-DNT	873（最大值）

1.1.3.2　国内炸药污染土壤现状

在中国大约有 $1.5×10^5 m^3$ 的土壤被 TNT 红色废水污染，其中主要含有二硝基甲苯磺酸盐（DNTs）[69]。山西大同某化工厂主要生产炸药等特殊制品，长期的排污造成土壤受到炸药及弹药废水的严重污染，土壤呈酸性，植物生长困难，朱沛瑶等[70]设计了生态修复措施。甘肃某化工集团污染土壤，当土壤淋洗液水土比为 1∶1 时，得到的土壤淋洗液呈黑红色不透明状，COD = $4.6×10^4$ mg/L，BOD_5 = 31 mg/L，B/C = 0.007[71]，可见受测试土壤污染相当严重。Zhao 等[72]研究发现，西北某弹药生产企业场地，蒸发池表层土壤中 DNTs 浓度超过 1000 mg/kg，在垂直方向上，污染物浓度随着土壤深度加深而增大，DNTs 主要吸附在第 3 层（6.0～8.0 m）（见图 1.7），表层土壤（0～1.5 m）和下层土壤（1.5～6.0 m、6.0～8.0 m）的致癌风险均高于 $1×10^{-6}$，表层土壤的非致癌风险大于 1。关于训练场和销毁场的炸药污染报道相对较少，本书作者团队采用乙腈加压流体萃取后经气相色谱-电子捕获检测器检测，从某弹药销毁场表层土壤中检测出 13 种炸药及其降解产物，主要是 TNT 及其降解中间产物氨基二硝基甲苯（ADNT），TNT 最高浓度可达 $8.7×10^4$ mg/kg；Tetryl 的浓度为 $10^2 \sim 10^3$ mg/kg；RDX 的最高浓度可达 $2×10^2$ mg/kg；HMX 的检出率约为 70%，平均浓度小于 10 mg/kg。

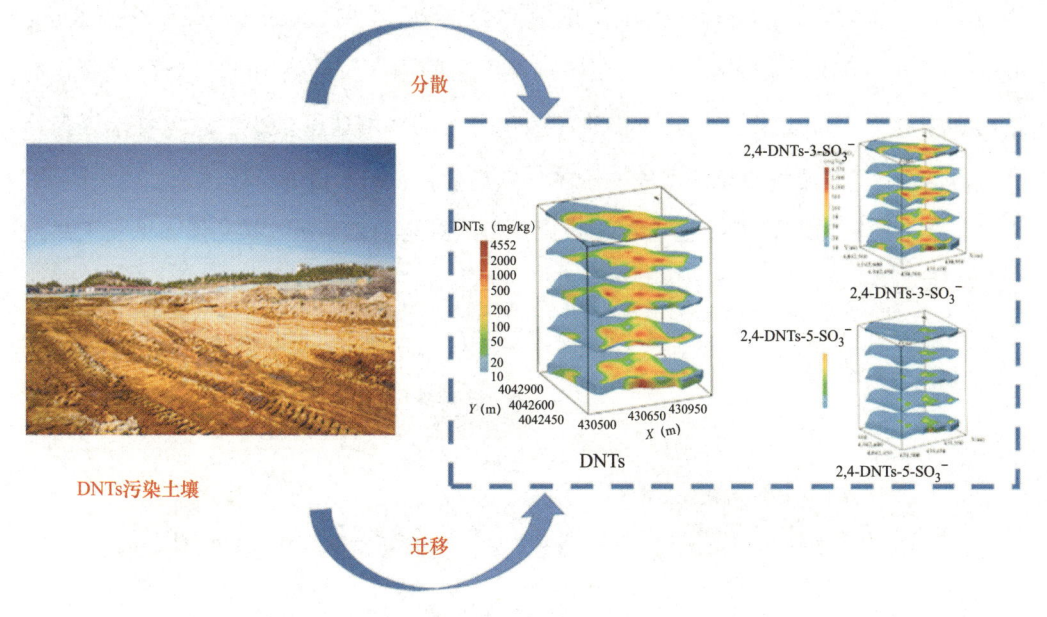

图1.7 某弹药生产企业场地DNT污染状况[72]

1.2 炸药在环境中的迁移转化

炸药化合物通常具有较高的稳定性，其进入环境后会在土−水−气多相界面发生溶解/沉淀、吸附/解吸附、光解、水解、还原、生物降解等复杂的环境行为[41]（见图 1.8）。TNT 容易与土壤有机质（SOM）结合从而对土壤造成污染[73]，土壤矿物质对RDX、HMX 的吸附量小，溶解的 RDX、HMX 很容易随地下水迁移而导致污染扩散[44]。另外，环境中的炸药化合物，在微生物降解、植物吸收和转化等生物转化作用，以及光解、水解等非生物转化作用下降解消失。

1.2.1 炸药化合物的多相界面分配行为

1.2.1.1 溶解/沉淀

溶解是炸药化合物进入土壤后环境行为的起点，是影响其在场地中迁移传输的关键。TNT、RDX 和 HMX 在水中的溶解度均很低,溶解度依次为 TNT>RDX>HMX。温度、表面接触面积、混合速率对这 3 种物质在水中的溶解速率影响较大。当温度为 10℃时,TNT、RDX 和 HMX 的溶解速率分别为 0.0087 mg/min·cm^2、0.0063 mg/min·cm^2 和 0.0013 mg/min·cm^2。在一定温度区间内,每升高 10℃,炸药化合物的溶解速率就会增加 1 倍[74]。呈固态的炸药化合物的溶解速率很小,意味着未爆弹药(UXO)若不及时清理,将会向环境持续释放炸药化合物,造成持续污染。温度降低,水分蒸发,溶解状态的 TNT 等会沉淀析出,形成炸药颗粒甚至块状晶体(见图 1.2)。

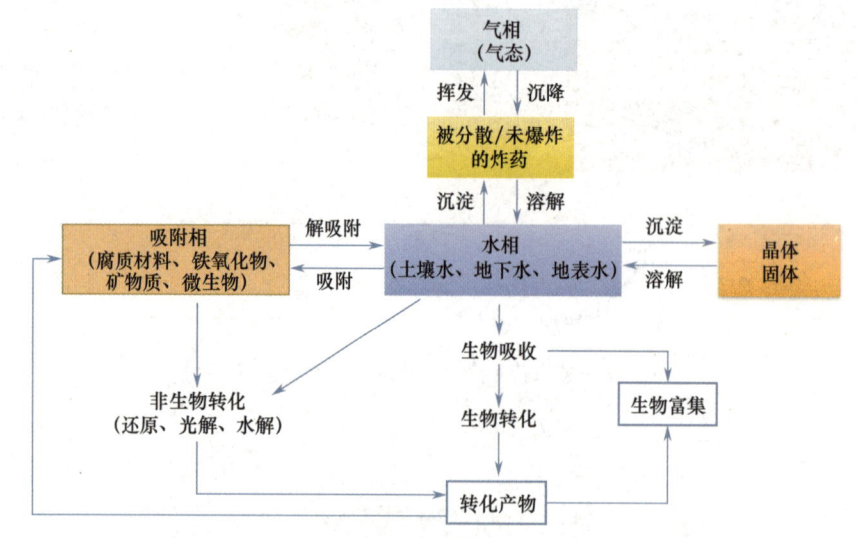

图 1.8 炸药在环境中的归趋(根据参考文献 [41] 重绘)

1.2.1.2 挥发

化合物可以通过挥发从液相以蒸气的形式进入气相,挥发程度由亨利定律常数(K_H)决定。当化合物的 K_H >10^{-5} atm·m^3/mol 时,易从液相中挥发出来。TNT、RDX 和 HMX 的 K_H 为 10^{-15} ~ 10^{-7} atm·m^3/mol,表明这 3 种物质溶解于水中时,都不易挥发进入大气。TNT、RDX 和 HMX 在环境温度下(0 ~ 40℃)蒸气压很低(通常为 10^{-17} ~ 10^{-8} atm),其升华作用可以忽略不计。生产车间空气中 TNT 污染主要是反应器内高温 TNT 蒸气的逸散导致的。

1.2.1.3 吸附 / 解吸附

土壤等固定相对炸药化合物的吸附影响溶解态炸药化合物随流动相的迁移扩散。

黏土矿物类型、可交换阳离子量、官能团种类和有机碳含量均会影响炸药化合物在环境中的吸附（见表 1.5）。土壤对炸药化合物的吸附量顺序为 TNT>RDX>HMX，富含有机碳的土壤对 TNT、RDX 和 HMX 的吸附能力更强[75]。因此，溶解的 HMX 和 RDX 可以穿过土壤不饱和带并渗透到地下水中，经常可以在地下水中检测到 RDX 和 HMX，却检测不到 TNT。Jenkins 等[76]在反坦克火箭训练场地下 120 cm 处检测出 HMX，但在 15 cm 深处就检测不到 TNT 和 RDX 了。郝全龙等[77]研究了富里酸对 TNT 的吸附-解吸附行为，发现富里酸对 TNT 有较强的吸附能力（吸附系数 K_f=2.24），比有机膨润土对 TNT 的吸附性能要好（吸附系数 K_f=1.81）[78]，吸附能力主要与富里酸的网状结构及亲水基和疏水基的比值有关。炸药化合物还原生成的胺类衍生物可以通过固定化机制[如与土壤有机质形成-NH-C(O)-共价键发生不可逆的化学吸附]增强其被吸附能力，从而减小迁移速度[79]。Sheremata 等[80]指出，随着氨基官能团的增加，炸药化合物的吸附性越来越强，TNT 的吸附系数小于其分解产物 4-氨基-2,6-二硝基甲苯（4-ADNT），而 4-ADNT 的吸附系数又小于 2,4-二氨基-6-硝基甲苯（2,4-DANT）。但也有研究认为，有机碳含量对溶解的硝基芳香化合物和硝胺化合物的吸附几乎没有影响，甚至有负面影响[81]。TNT 的转化产物常常与土壤有机质共价结合，无法被提取，可能导致土壤对 TNT 的吸附能力被高估。

不同黏土矿物对 TNT 的吸附能力具有明显差异，例如，蒙脱土对 TNT 的吸附能力远远大于高岭土，TNT 在两种土壤中的土-水分配系数 K_d 分别为 156 L/kg 和 1.0 L/kg[82]。吸附还受黏土表面可交换阳离子类型和数量的影响[83]。黏土中的铁氧化物不能吸附硝基芳香化合物，甚至产生负面影响，可能是铁氧化物覆盖了黏土表面，阻碍了硝基芳香化合物在黏土矿物上的吸附[84]。

RDX 和 HMX 是杂环化合物，其极性更强，$\log K_{ow}$ 更小，也更不易被黏土矿物吸附。Tucker 等[85]观察到，RDX 的土-水分配系数 K_d 与土壤有机碳含量存在显著的线性关系，可以用线性吸附等温线描述其具体的吸附过程，这表明有机质疏水分配是土壤对 RDX 的主要吸附机制。与 TNT 不同，RDX 与土壤之间的吸附作用几乎都是不可逆的共价结合反应。与硝基芳烃类似，对沉积物的研究中也没有观察到氧化铁含量对 RDX 吸附性的影响，去除铁氧化物并不影响土壤细颗粒物对 RDX 的吸附性[86]。HMX 在土壤中的吸附行为与 RDX 类似，但土壤中有机碳含量不会显著影响 HMX 的吸附性，当土壤中有机碳含量为 8.4% 和 0.33% 时，HMX 的土-水分配系数 K_d 分别为 2.5 mg/L

和 0.7 mg/L[87]。Lingamdinne 等[88] 研究了稻壳生物炭去除废水中 TNT 和 RDX 的能力，稻壳生物炭与两种化合物主要是弱静电相互作用，且吸附能力取决于废水的酸碱性，当 pH 从 2.0 升高到 6.0 时，吸附能力会随之减小。

表 1.5 土壤对硝基芳香化合物吸附量的影响因素

影响因素	吸附能力	参考文献
黏土矿物类型	蒙脱土（156 L/kg）> 高岭土（1.0 L/kg）	[82]
可交换阳离子类型	$K^+/NH_4^+ > Ca^{2+}/Na^+/Mg^{2+}/Al^{3+}$	[83]
有机碳含量	有机碳含量越高，吸附效果越好	[75]
官能团种类	氨基官能团越多，吸附能力越强，例如，2,4-DANT > 4-ADNT > TNT	[79] [80]
铁氧化物	无影响甚至产生负面影响，阻碍黏土矿物的吸附	[84]

1.2.2 炸药化合物的环境转化

土壤中的炸药化合物可以在光解、水解等作用下生成一系列的含氮产物；深层土壤和地下水中的炸药可以被还原为苯胺类物质，并可能进一步转化。土壤微生物以 TNT 作为碳源和（或）氮源，或者以共代谢的方式实现对 TNT 的降解，产物以苯胺类衍生物为主。硝胺类炸药 RDX 和 HMX 的生物降解和矿化效率通常高于硝基芳烃类炸药 TNT[73]。

1.2.2.1 光解

光解是由直接或间接光照引起的化合物转化过程。直接光照引起的化合物转化是指化合物直接吸收光能发生转化，这一过程受波长和光强度的影响；间接光照引起的化合物转化是指通过光敏化合物（如过氧化物、臭氧、腐殖质化合物）将能量转移，使目标化合物发生转化[89]。由于炸药化合物溶解度较低，会在土壤表层残留多年，因此光解对于表层土壤中炸药化合物的自然衰减是一个不可忽视的过程。例如，RDX 能吸收波长约为 330 nm 的光辐射，因此其可以被太阳光中的中波紫外射线（波长 280～315 nm）和长波紫外射线（波长 315～400 nm）降解[90]。

TNT 光解反应包括甲基的氧化、硝基的还原和二聚体的形成，产生硝基苯、苯甲醛、氧化偶氮二羧酸和硝基酚[53]；RDX 颗粒暴露在汞灯下也会发生光解[91]，产物有氧化偶氮化合物、NH_3、NO_2^-、NO_3^-、N_2O 和 HCHO 等（见图 1.9）[89]。

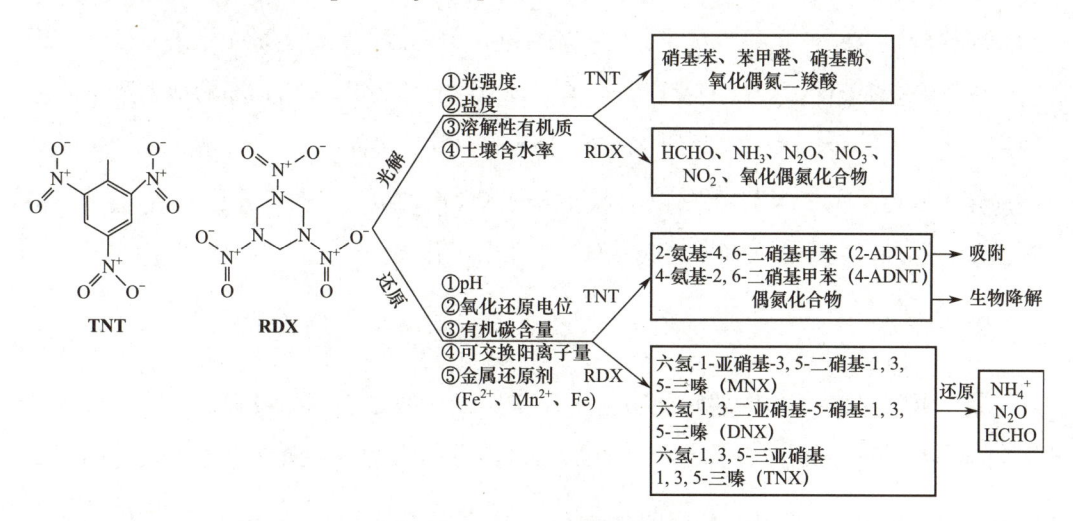

图 1.9　TNT 和 RDX 的光解和还原过程

太阳光强度、盐度、土壤含水率和溶解性有机质都会影响炸药化合物的光解过程，其中，光强度与纬度、海拔、时间及云量的变化紧密相关。Spanggord 等通过实验测定的 RDX 半衰期比使用模型预测的半衰期长 20%～160%[92]，这是因为实验地点的纬度（46.9°N）比模型预测使用的纬度（40°N）更高，天空中云量覆盖度也更大，太阳光透过率减小，RDX 光解速率变慢。但 Bordeleau 等 2010—2011 年在相同地点的研究结果正好相反[90]，因为模型中采用的紫外线辐射数据来自 1970 年之前，但 1970 年之后大气对流层形成了巨大的臭氧层空洞，臭氧主要吸收太阳短波辐射。太阳短波辐射强度的变化可能在整个光谱中并不明显，但是从光解的角度来看，太阳短波辐射强度的增加可以显著提高吸收该波段太阳光化学物质的降解作用，这是 RDX 光解速率更快的原因。Im 等[93]证明，当土壤含水率从 0% 分别增加到 50% 和 100% 时，TNT 光解速率分别增大 7 倍和 21 倍。海水中 TNT 的光解作用受盐度的影响显著，盐度越大，光解速率越快[94]。

炸药化合物在环境中的存在形式也会影响光解速率，溶解态化合物比颗粒态化合物的光解速率快[90]。天然光敏剂和光催化剂的存在也会影响 TNT 的光解。一方面，光敏剂和光催化剂会限制紫外射线在水中的透过率从而降低光解速率；另一方面，它们可以通过吸收辐射并将能量转移给炸药化合物从而提高光解速率。张文通等发现，加入 TiO_2 催化剂能使土壤中浓度为 500 mg/kg 的 TNT 的去除率从 36% 提高到 95% 以上[95]。

深入研究炸药化合物光解产物的毒性及光解速率是有必要的，因为这关系到其光解产物是否会在环境中累积。研究表明，日光照射能降低 RDX 对水生生物的毒性[96]。相对于炸药化合物，光解产物的毒性可能更低，但仍然可能会造成一定的威胁，如产物 NO_3^- 在有氧条件下会长期存在。目前，加拿大的多个军事训练场的地下水中均检测到了 NO_3^-[97]，因为许多军事训练场附近还存在其他可能的 NO_3^- 来源，几种来源的共同作用使地下水中 NO_3^- 的总浓度超过饮用水允许的最大浓度，并且 NO_3^- 是水生植物重要的氮源，大量输入有可能造成地表水富营养化。

1.2.2.2 水解

水解是有机化合物中的官能团与水反应形成新的 C-O 键的过程，中性土壤条件下硝基芳香化合物和芳香胺类化合物都不容易发生水解[74]。向水或土壤系统中添加 NaOH 或 $Ca(OH)_2$，调节 pH>10 可以促进 TNT 水解，水解程度随着 pH 的升高而增大。当 pH=12 时，TNT 浓度的降低超过 95%；而当 pH=11 时，TNT 浓度仅降低了 25%[98]。虽然自然环境中难以达到这么高的 pH 条件，但是碱性水解作为一种修复炸药污染土壤的技术已经得到了广泛应用[53, 99]。

在碱性条件下，RDX 和 HMX 也会发生水解。Sviatenko 等[100]观察到，HMX 在 pH>10 时 C-N 键会断开，发生水解，产物主要为 4-硝基-2,4-重氮丁醇、甲酸盐、HCHO、NO_2^-、N_2O 和 NH_3，但水解速率较低；当 pH 升高至 11～13 时，HMX 的水解速率会显著加快。

1.2.2.3 还原

含有硝基官能团的炸药化合物易发生非生物还原反应，将硝基还原为氨基[53]，该过程主要受环境 pH、氧化还原电位、有机碳含量、可交换阳离子量、可膨胀黏土和金属还原剂（Fe^{2+} 和 Mn^{2+}）的影响，并且需要铁氧化物、黏土矿物或有机大分子作为催化剂。

目前，已经有很多研究报道了铁［如磁铁矿、亚铁、零价铁（ZVI）］还原 TNT、RDX 和 HMX 的过程[101-103]。在蒙脱土或高岭土存在的情况下，Fe^{2+} 对 TNT 的转化速率随 pH 的升高而增大，产物主要为胺类化合物和偶氮化合物，最常见的是单氨基化合物，如 2-ADNT 和 4-ADNT[104]，但这些芳香多胺类物质都很稳定，一般不会被铁进一步还原，需要通过生物降解或吸附处理，大孔树脂对这些还原产物的吸附率可以达到 94.7%[105]。还原态可溶性有机质可以将电子传递给硝基芳香化合物，促使其还原降解[106]。氧化还原条件会影响炸药化合物的转化，TNT 溶液在强还原条件下（Eh = −150 mV）下反应 1 d 就会完全消失，但是当 Eh = 500 mV 时，需要 4 d 才能转化完全[107]。

RDX 可以被磁铁矿悬浮液中的 Fe^{2+} 依次催化还原为亚硝基中间体（MNX、DNX、TNX）和最终产物（NH_4^+、N_2O 和 HCHO）[108]，并且随着 pH 的升高，磁铁矿上吸附的 Fe^{2+} 越多，RDX 的转化速率也更快。目前，相关研究已经证明了零价铁在土壤或水环境中还原 TNT 和 RDX 的潜力[109, 110]。Terracciano 等进行的批量实验和柱实验发现，在 pH 较低（4.0±0.1）的情况下，ZVI 对 RDX 的去除率可以达到 99%，还原产物主要为 HCHO、NO_3^- 和 NH_4^+，处理后废水的可生物降解性大大增加[110]。

关于 HMX 的还原转化研究相对较少，但已有的研究发现氧化还原条件和 pH 对 HMX 的影响较小，零价铁还原 HMX 的转化速率也显著低于还原 TNT 和 RDX 的转化速率。Park 等[111]发现，阳离子表面活性剂可以促进 HMX 的溶解，提高转化速率，但是当 RDX 存在时，HMX 的还原转化可能会受到抑制。

1.2.2.4 微生物降解

微生物（细菌和真菌）在好氧和厌氧条件下均可以降解 TNT、RDX 和 HMX。微生物降解可导致化合物的矿化或生成其他产物。这些产物有可能进一步发生聚合、共价结合和络合反应[53, 112]。

1. TNT 的微生物降解

Kalderis 等[53]、Juhasz[74]对 TNT 的微生物降解途径进行了详细综述，微生物通常以 TNT 分子作为碳源和（或）氮源，或者作为替代底物以共代谢的方式实现 TNT 的降解。来自肠道细菌的硝基还原酶可将 TNT 还原为胺类衍生物（2-ADNT、4-ADNT、2,4-DANT 和 2,6-DANT）（见图 1.10）[68]，这些胺类衍生物通过生物或非生物过程进一步转化。在好氧条件下，胺类衍生物通过生物或非生物过程继续降解生成偶氮化合物、氧化偶氮化合物、氢化偶氮、酚类酰基化衍生物（见图 1.11）[53]；在绝对厌氧状态下，胺类衍生物会生成 2,4,6-三氨基甲苯（2,4,6-TAT），进一步转化为三羟基甲苯、多酚、对甲苯酚和乙酸[53]（见图 1.12）。但在实际环境中，上述胺类衍生物可能会与土壤发生共价结合，从而限制了进一步反应的可能性。此外，来自大肠杆菌 PB2（*Enterobacter cloacae* PB2）的季戊四醇四硝酸还原酶和来自荧光假单胞菌的异生素还原酶 XenB 不仅可以还原硝基官能团，而且可以让氢化物加成到芳环上并释放

NO_2^- [113]，但该过程释放氮的机理仍然不是很清楚，解析 TNT 复杂的环裂解和矿化途径仍然是主要的研究目标。

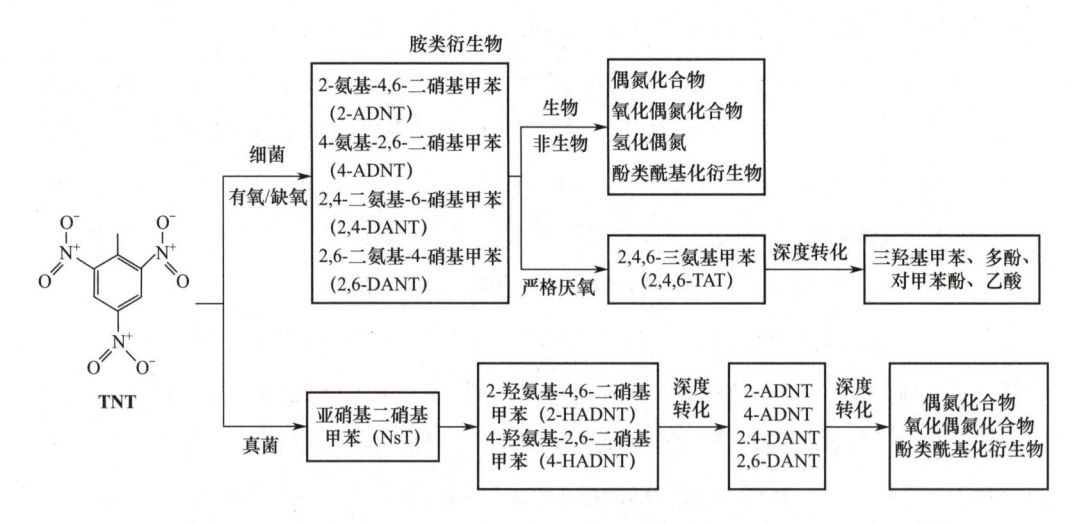

图1.10　TNT生物降解过程及转化产物

除了上述细菌，很多研究证明真菌能通过非特异性细胞外酶系统（木质素过氧化物酶、锰过氧化物酶、漆酶）的作用矿化 TNT（见图1.10）。例如，各种担子菌矿化 TNT 的程度为 5%～15%[53, 74]。黄孢原毛平革菌属（*Phanerochaete chrysosporium*）是目前研究最多的 TNT 降解真菌，这种真菌对 TNT 的降解率可达 80%，且对高浓度的 TNT（1000 mg/kg）表现出良好的耐受性[114, 115]。反应首先将 TNT 还原成亚硝基二硝基甲苯（NsT），并进一步转化为羟氨基二硝基甲苯（HADNT）、2-羟氨基-4,6-二硝基甲苯、4-羟氨基-2,6-二硝基甲苯、氨基二硝基甲苯（ADNT）、二氨基硝基甲苯（DANT）；随后与其他真菌共同作用将 ADNT 和 DANT 转化为偶氮化合物、氧化偶氮化合物、酚类酰基化衍生物，偶氮化合物在微生物作用下会被矿化[53]。TNT 的好氧降解途径和厌氧降解途径分别如图1.11 和图1.12 所示。

2. RDX 的微生物降解

RDX 和 HMX 的微生物降解和矿化效率通常高于 TNT，这是因为 TNT 具有芳香性，电子稳定性也更高。环硝胺的微生物降解机制主要有以下几种：①硝胺自由基的形成和硝基的破坏；②硝基官能团的还原；③直接酶促裂解；④ α-羟基化；⑤中间体自发分解产生 NO_2^-、N_2O、HCHO 或 HCOOH 等最终产物[116]。酶促反应最容易使环硝胺的 N-N 键断裂，形成硝胺和 HCHO，硝胺通过非生物过程转化为 N_2O，HCHO 通过生物过程转化为 CO_2[117]。

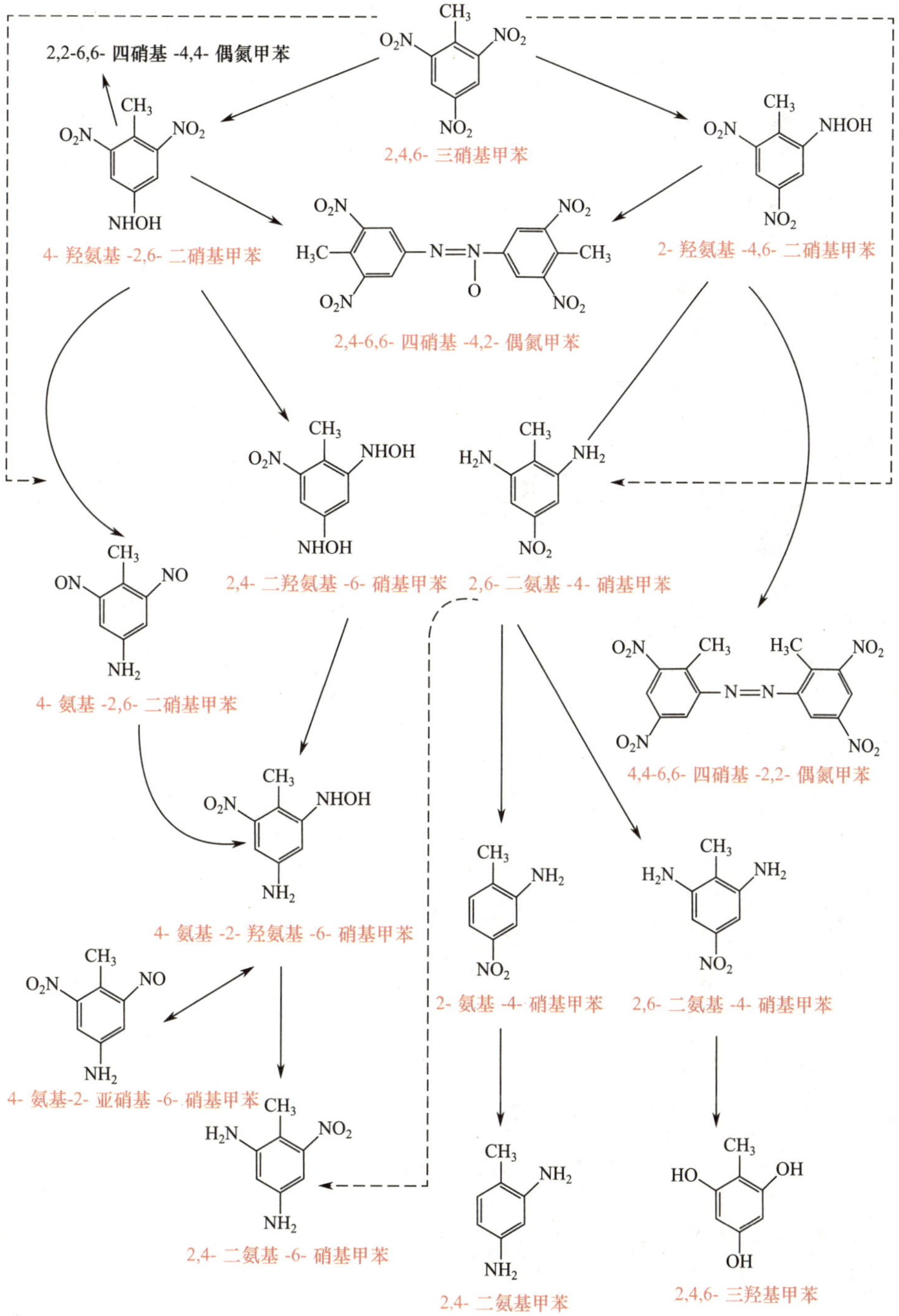

图1.11　TNT好氧降解途径[53]

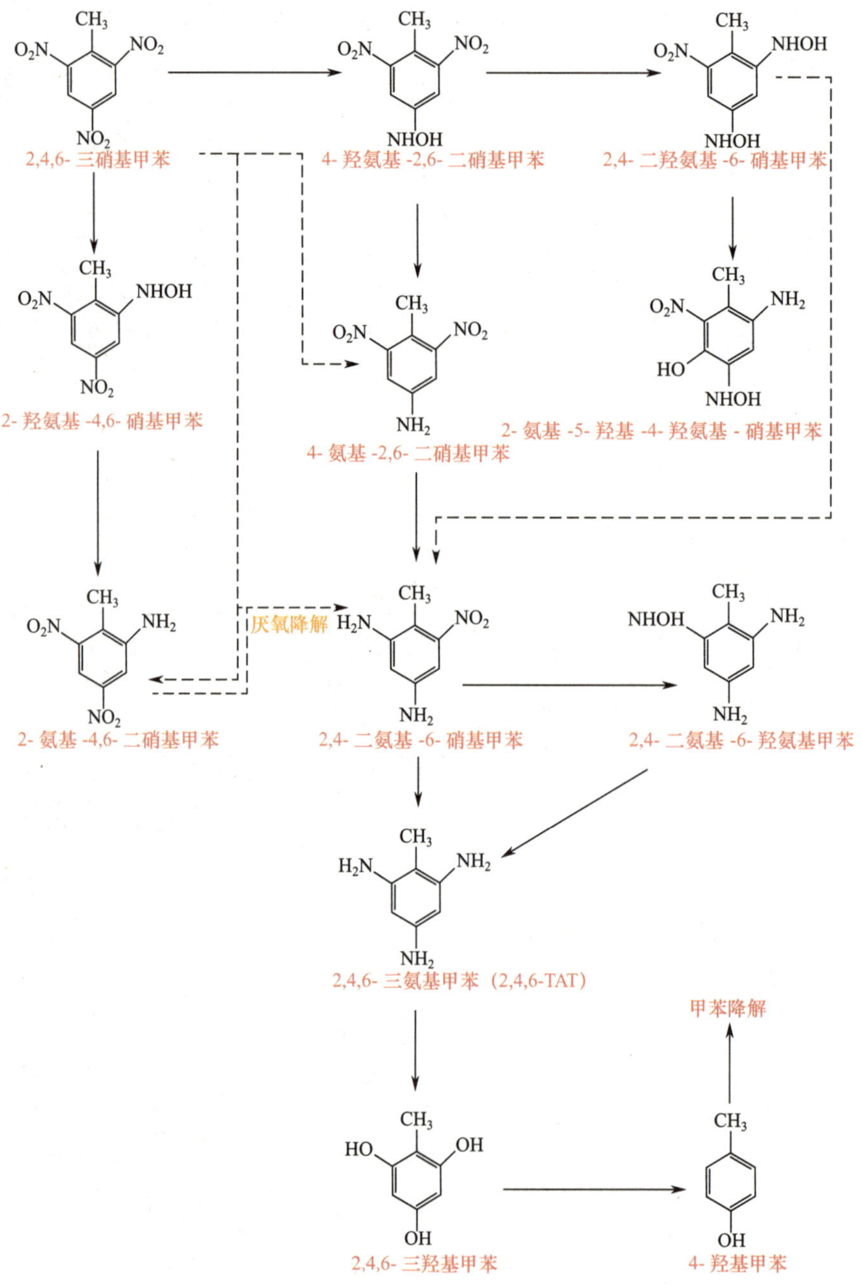

图1.12 TNT厌氧降解途径

许多从RDX污染土壤中分离出来的棒状杆菌科（*Corynebacterium*）微生物可以代谢RDX[118, 119]。在光照条件下，红球菌（*Rhodococcus*）在72 h内可以完全降解RDX[120]。在厌氧降解和好氧降解两种途径中，RDX降解都是由反硝化水合作用下的环裂解引发的，常见的中间体包括 MNX（六氢-1-亚硝基-3,5-二硝基-1,3,5-三嗪）、DNX（六氢-1,3-二亚硝基-5-硝基-1,3,5-三嗪）、TNX（六氢-1,3,5-三亚硝基-1,3,5-三嗪）、MDNA（亚甲基二硝胺）和 NDAB（4-硝基-2,4-二氮杂丁醛），进一步转化的最终产物为 $HCOO^-$、NO_2^-、NO_3^-、HCHO、CH_3OH、CH_4、NH_3、CO_2、N_2O（见图1.13）[121]。

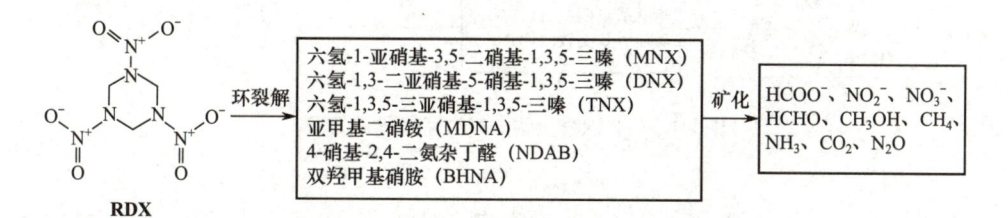

图1.13 RDX微生物降解过程及转化产物

Yang 等首次报道了 RDX 的好氧降解[122]，并鉴定了 3 种纯棒状杆菌菌株，它们以 RDX 作为唯一的氮源维持自身代谢，最高效的菌株可以在 32 h 内去除培养基中 0.18 mM 的 RDX。相较于好氧降解，RDX 在厌氧条件下更容易降解，Hawari 等利用几种污泥进行降解实验[123]，发现厌氧污泥降解 RDX 的速率最快，在 2 d 内可以使 0.27 mM 的 RDX 浓度降低 90%。

3. HMX 的微生物降解

HMX 既可发生厌氧降解，又可发生好氧转化，其过程与 RDX 类似。已经有文献报道了污泥、土壤、海洋沉积物中的 HMX 可以被微生物降解[124-126]，首先将硝基还原形成亚硝基中间体（1-亚硝基-3,5,7-三硝基-1,3,5,7-四氮杂环辛烷、1,3-二亚硝基-5,7-二硝基-1,3,5,7-四氮杂环辛烷、1,5-二亚硝基-3,7-二硝基-1,3,5,7-四氮杂环辛烷），然后亚硝基中间体进一步转化为 HCHO 和 N_2O，最终矿化为 CO_2（见图1.14）[74]。Hawari 等还提出了另一种涉及环氧化的 HMX 降解途径[127]，该途径会使亚甲基二硝胺（MDNA）/双羟甲基硝胺（BHNA）瞬时生成，这些产物可以进一步转化为 N_2O 和 HCHO，再通过反硝化或产甲烷作用转化为 N_2、CO_2 和 CH_4。Nagar 等分离了一种来自爆炸污染土壤的动性微菌属的菌株 S5-TSA-19，该菌株 20 d 内可以降解 70% 的 HMX[124]，降解遵循一级反应动力学，半衰期为 11.55 d。Perumbakkam 等研究发现，绵羊的瘤胃微生物也可以降解 HMX，HMX 在绵羊全瘤胃液中培养处理 16 h 后，HMX 分子完全消失，在这一过程中对 HMX 起解毒作用的关键微生物是普雷沃菌属[128]。

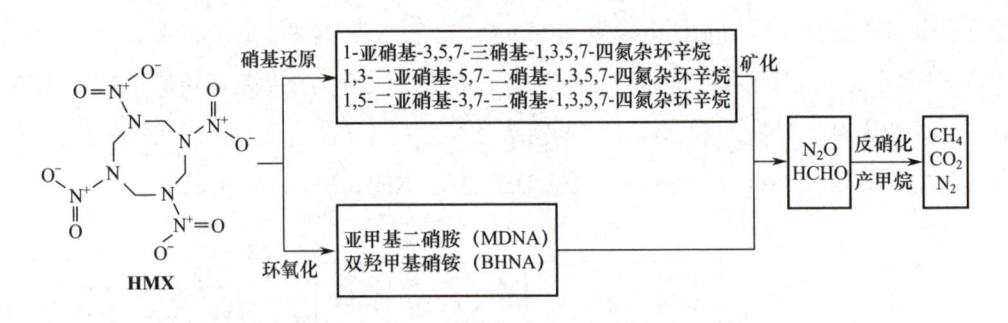

图1.14　HMX微生物降解过程及转化产物

由于炸药化合物的微生物降解性，微生物修复技术已广泛应用于炸药化合物污染环境治理。Jugnia等发现向污染土壤中添加废甘油可以促进RDX的微生物降解[129]。在爆炸污染场地也经常可以检测到降解RDX的Xpl A酶/Xpl B酶，表明污染土壤中存在对RDX耐受的微生物，具有污染场地生物修复的潜在价值[118]。

此外，向污染土壤中注入一些添加剂可以促进TNT的微生物修复。Vasilyeva等提出，使用活性炭可降低TNT的毒性，增加微生物对高污染土壤的修复潜力[130]。在TNT原位厌氧微生物降解时，向土壤中添加碳源（如乳酸、乙醇等）可以提高TNT的降解速率和降解程度。无机盐、淀粉、葡萄糖、表面活性剂等物质也可以提高微生物对炸药的降解能力[131]。

1.2.2.5　植物吸收和转化

1. 植物对炸药化合物的吸收和转化

植物对炸药化合物的吸收和转化程度取决于植物的种类、土壤中炸药污染物的浓度，以及炸药化合物的生物可利用性。目前，研究人员至少研究了45种植物对炸药化合物的吸收和转化，包括杨树、农作物、香根草和湿地植物等[132, 133]。不同植物对炸药化合物的吸收存在很大的差异，大多数植物对TNT的吸收转运不明显。Adamia等研究了8种植物对TNT的同化作用[134]，发现大豆（*Glycinemax*）对TNT的吸收能力最强，且TNT主要分布在植物根部组织中，在还原性辅酶NADH和NADPH存在时，硝基还原酶将TNT还原为羟氨基二硝基甲苯（HADNT）、氨基二硝基甲苯（ADNT）和二氨基硝基甲苯（DANT）。Das等发现香根草茎中硝基还原酶的活性随TNT暴露时间及其初始浓度的增加而增强[132]。与TNT相反，RDX和HMX在植物组织中的吸收转化很明显（见图 1.15），杂交杨树（*Populus deltoides x nigra*, DN34）在含有 RDX 的溶液中培养 48 h 后，90.9% 的 RDX 被转移到叶片中，4.4% 的 RDX 被转移到茎中，仅有 3.9% 的 RDX 被保留在根中。和杂交杨树一样，RDX 在柳枝稷（*Panicum vigratum Alamo*）中也容易发生转运，但 RDX 在叶片和根中分布得更加均匀，在根和叶片中的占比分别为 41.9% 和 58.1%[135]。综合文献报道，TNT、RDX 和 HMX 在植物中的吸收转化模式如图 1.15 所示。

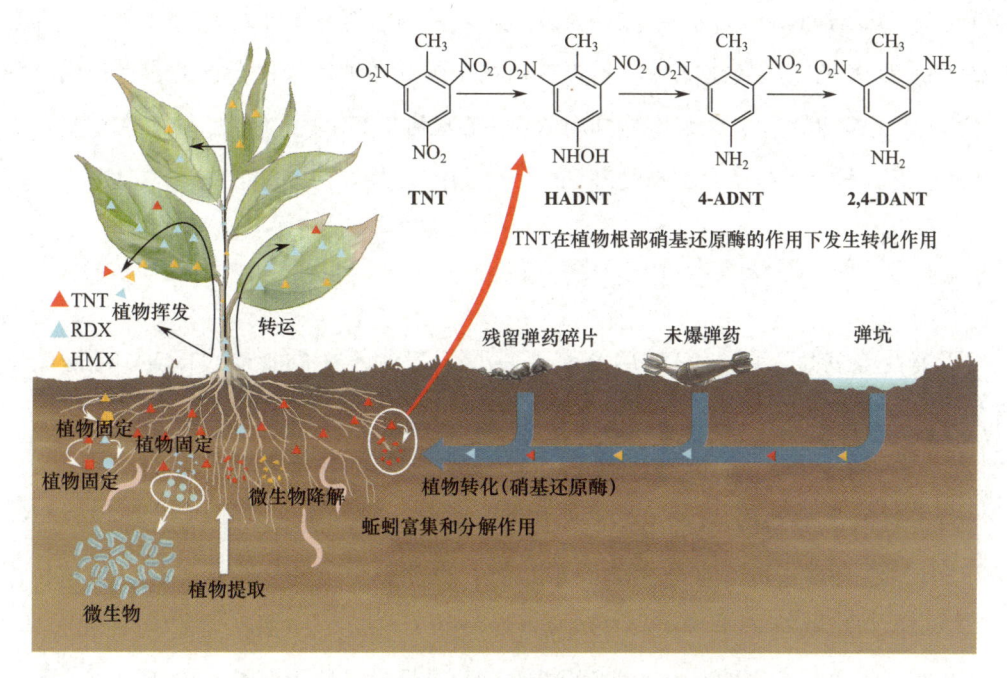

图1.15 TNT、RDX和HMX在植物中的吸收转化模式

2. 转基因植物对炸药的吸收和降解

虽然植物对 RDX 的吸收率很高，但植物降解 RDX 的能力较低，RDX 有可能随食物链传递。酶能在植物体内转化 TNT，但其对 TNT 的解毒能力仍然有限。为解决这些问题，研究人员将能降解炸药化合物的细菌基因植入植物中，用于污染场地的植物修复[116, 136, 137]。Zhang 等将编码细菌硝基还原酶的 nfsI 基因在烟草中表达，发现这种转基因烟草对 TNT 的耐受性、同化和解毒能力都明显增强[138]。相较于野生植株而言，转基因拟南芥植物对 TNT 的耐受性和转化能力显著提高，野生植株和转基因植株

吸收 TNT 的速率分别为 1.219 mL/g/h 和 2.297 mL/g/h，转基因植株中硝基还原酶的活性也更高[139]。RDX 在环境中的移动性较好，容易迁移至地下水中，造成地下水污染。Zhang 等让柳枝稷和匍匐草本植物表达降解 RDX 酶的基因，发现两种转基因植物不仅提高了对 RDX 的吸收转化能力，且在叶片中的累积量更低，更重要的是转基因柳枝稷还能有效阻止根际区域 RDX 的浸出，避免 RDX 污染地下水[140]。

RDX 和 TNT 往往同时出现在受污染的场地，如果要有效地将 RDX 清除，就必须强化植物对 TNT 的耐受性。Zhang 等将表达 Xpl A 酶和 Xpl B 酶及 nfsI 的基因植入西部麦草（*Pascopyrum smithii*）中，发现这种转基因植物不仅可以对 TNT 解毒，而且提高了对 RDX 的吸收转化能力，累积在植物中的这两种炸药化合物的含量都明显降低[141]。这也是业界首次研究出能同时降解 RDX 和 TNT 的可应用的转基因植物，展现了植物联合转基因技术在原位处理和修复炸药污染方向的巨大前景。

1.2.3 新型炸药化合物的环境行为

更高能量密度、更高安定性的炸药是军事工业不懈的追求。IMX-101 是美军目前最常用的钝感弹药之一，其含有 40%～45% 的 2,4-二硝基苯甲醚（DNAN）、18%～23% 的 3-硝基-1,2,4-三唑-5-酮（NTO）和 35%～40% 的硝基胍（NQ）。

由于较低的溶解度，DNAN 在土壤表面留存的时间更长[12]。与其他爆炸物一样，DNAN 在环境中既存在非生物降解过程，也存在生物转化途径。在零价铁作用下，DNAN 可以被还原为 2-ANAN[19]，光解产物为 NO_3^-、HCHO、HCOOH 和 2,4-二硝基苯酚（DNP）[19]。Halasz 等发现了新的 DNAN 光解产物甲氧基-二硝基苯酚，其是由 DNAN 光解产物甲氧基-硝基苯酚进一步转化生成的[142]，但目前研究人员对甲氧基-二硝基苯酚的毒性尚不清楚。Temple 等通过土壤柱实验和静态实验观察到 DNAN 在有机质含量高的土壤中 6 d 内就会被完全降解[24]，主要产物为 2-氨基-4-硝基苯甲醚（2-ANAN），以及痕量的 4-氨基-2-硝基苯甲醚（4-ANAN），在严格厌氧条件下还会生成 2,4-二氨基苯甲醚（DAAN）[19]。目前，业界已经报道了几种可以降解 DNAN 的微生物，例如，芽孢杆菌（*Bacillus*）好氧降解 DNAN，假单胞菌株（*Pseudomonas* sp.）FK357 和红球菌（*Rhodococcus imeechensis equi*）RKJ300 能矿化 DNAN。TNT、DNAN 及其降解产物在环境中溶解度的顺序为 TNT < DNAN < 2-ANAN < 4-ANAN < DAAN，$logK_{ow}$ 的顺序为 DAAN < 4-ANAN < 2-ANAN < DNAN < TNT。作为一种硝基

芳香化合物，DNAN 中的-NO_2 被-NH_2 取代会增强化合物与土壤之间的不可逆吸附，导致生物利用度降低。因此，尽管 DNAN 比 TNT 更易溶解，$logK_{ow}$ 更小，但其与土壤的不可逆吸附作用使其比 TNT 的毒性更小[19]，与 RDX 的毒性相当，对大鼠的 LD_{50} 为 199 mg/kg[24]，但 DNAN 的光解产物 DNP 的毒性增强，当土壤中 DNAN 的浓度大于 5 mg/kg 时，黑麦草的发芽率也会受到抑制[143]。

钝感炸药在不完全爆炸时会有大量的离子型化合物 NTO 沉积在土壤表面，且 NTO 的溶解度很大[144]，因此，准确测定 NTO 的吸附系数和转化速率对于预测 NTO 的环境行为至关重要。NTO 在环境中通常带负电荷，因此带负电荷的黏土矿物对 NTO 的吸附能力较低，吸附系数与土壤 pH 成显著负相关，NTO 在环境中会随着降雨向下层土壤甚至地下水迁移[145]。NTO 可以吸附在带正电荷的针铁矿上[146]。目前报道的可降解 NTO 的微生物主要为青霉菌（Penicillium sp.）和地衣芽孢杆菌（Bacillus licheniformis），NTO 可以作为地衣芽孢杆菌的单一氮源被降解，生成 3-氨基-1,2,4-三唑-5-酮（ATO）、尿素、NO_2^-、NO_3^- 和 CO_2[147, 148]。Madeira 等对 NTO 进行了连续厌氧–好氧微生物降解研究[149]，发现 NTO 在厌氧条件下发生矿化释放无机氮，转化率达到 93.5%，产物 ATO 在好氧条件下可以被完全降解。NTO 的毒性比 DNAN 低，对模糊网纹溞（Ceriodaphnia dubia）、绿藻（Chlorophyta）和蝌蚪有低毒性，但在一定程度上会抑制大鼠的生殖能力[30, 150]。

NQ 的溶解度介于 DNAN 和 NTO 之间，不会被土壤矿物显著吸附，因此其可以快速迁移至地下水中。光解作用是 NQ 主要的自然衰减过程，在 40°N 表层土壤中 NQ 的光解半衰期范围为 0.6 d（夏季）～2.3 d（冬季）[18]，光解产物为胍、尿素、氰基胍和 NO_2^-[151]。与 DNAN 一样，NQ 在高有机质含量的土壤中会受微生物降解的影响，尤其是厌氧微生物降解，半衰期为 4 d，终产物为氰胺，其毒性比 NQ 更强，值得关注[18]。Perreault 等研究发现贪噬菌属（Variovorax）VC1 在葡萄糖和琥珀酸盐存在条件下可以好氧降解 NQ，产物为 NH_3 或 N_2O[152]。

目前，一些研究报道了植物对新型炸药的吸收和转化作用。Richard 等研究了植物对 DNAN、NTO 和 NQ 的吸收和转化作用，处理 225 d 后，土壤中 3 种化合物的降解率都达到了 96% 以上[153]。Panja 等对香根草（Chrysopogon zizanioides）进行了连续培养实验；DNAN 和 NQ 的降解率分别达到 96% 和 79%[154]。NQ 主要分布在植物的茎和叶片中；DNAN 仅有 3% 从根部转移到茎部，但研究发现在拟南芥属（Arabidopsis）

植物中其会转化生成 2-ANAN[155]；NTO 在植物的根和芽中均未检测到，表明 NTO 在植物组织中更容易发生转化。

2,4,6,8,10,12-六硝基-2,4,6,8,10,12-六氮杂异伍兹烷（HNIW，也称 CL-20），是 20 世纪 80 年代合成的一种新型含能化合物，是目前已知能量密度最高、威力最大的非核单质炸药，其表现出一定的生殖毒性，对环境的危害越来越受到关注。Balakrishnan 等研究了 CL-20 在 pH 为 10～12.3 时的水解特征[156]，发现 CL-20 脱除 2 个硝基后生成了 HCOOH、NH_3 和 N_2O，但没有和 RDX、HMX 一样生成 HCHO 和 4-硝基-2,4-二氮杂丁醛（NDAB）。斯蒂文斯理工学院环境工程中心对 CL-20 的环境行为进行了初步研究[157]，认为在温度为 15～50℃时 CL-20 的溶解度非常有限，经过 63 d 的分枝杆菌培养，CL-20 的含量下降了约 25%，而在没有经过微生物接种的矿物土壤中 CL-20 的含量也下降了约 20%，表明非生物作用在 CL-20 的降解中占了很大部分。Robidoux 等发现，在不同的土壤中，CL-20 对蚯蚓的致死浓度不同，同时表现出了一定的生殖毒性[158]。Szecsody 等研究了 CL-20 在表层沉积物中的吸附和氧化降解行为，发现沉积物和矿物质对 CL-20 的吸附量很小，导致溶解性的 CL-20 随地下水迁移扩散的风险较大，但 CL-20 在层状硅酸盐黏土、含云母和铁锰氧化物矿物的沉积物中的降解速率较快[159]。研究表明，土壤中的有机质会吸附 CL-20，且被吸附的 CL-20 不会发生氧化还原转化，因而进一步降低土壤中 CL-20 的降解速率[160]。但 Szecsody 等认为，CL-20 降解中间体可能不足以减小其对环境的影响，因为许多中间体化合物及其毒性仍然未知[159]。

1.3 炸药污染土壤的修复

欧美发达国家自 20 世纪七八十年代以来就开始关注炸药污染问题，并利用在场地修复领域的技术优势发展了一系列原位和异位炸药污染土壤修复方法，并开展了修复工程实践（见图 1.16）[161]。按修复的方式来分，炸药污染土壤的修复可以分为原位（In Situ）修复和异位（Ex Situ）修复两种。从修复原理来分，炸药污染土壤的修复包括物理修复法、化学修复法和生物修复法 3 类[53]。炸药污染土壤的生物修复法包括微生物修复和植物修复两种[44, 162-165]，其成本低、无二次污染，但修复周期长，对深层土壤和地下水的原位修复适用性差。

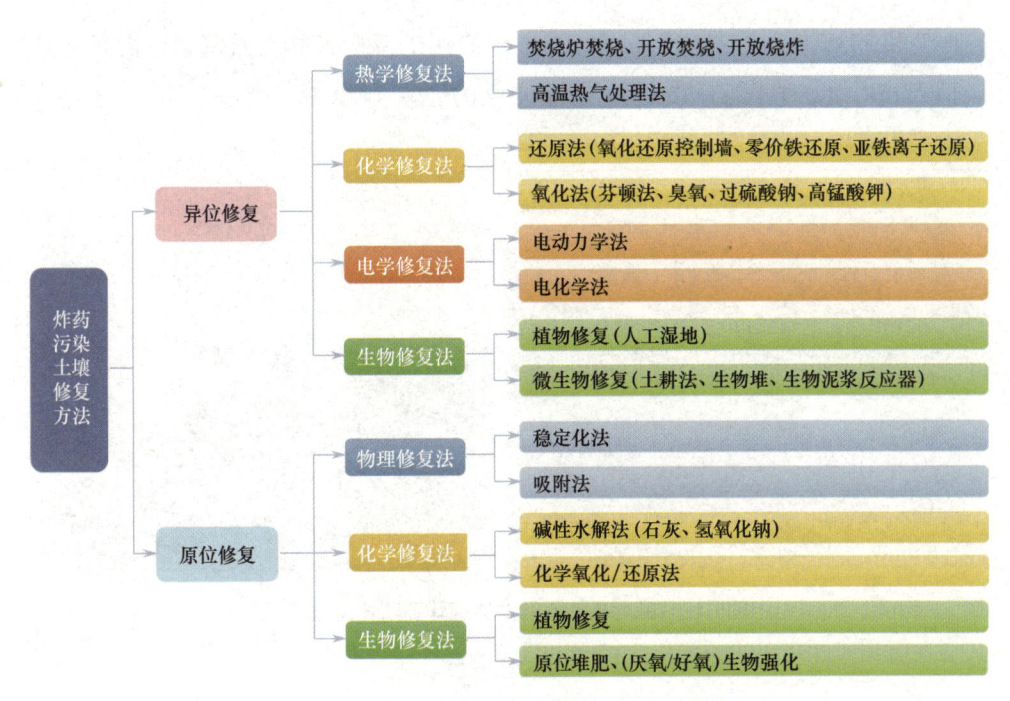

图1.16　炸药污染土壤的原位修复、异位修复方法[161]

1.3.1 原位修复技术

1.3.1.1 原位物理修复

原位物理修复见效快，可用于高浓度炸药污染土壤的修复，它们在修复中的表现并不依赖环境条件，但原位物理修复通常会导致污染物发生相转移，从而导致二次污染。原位物理修复技术包括原位稳定化法、原位吸附法。生物炭可以作为吸附材料，吸附去除污染水中的硝基炸药及重金属[166]；添加改性生物炭 10 d 以后，土壤中 β-环糊精可提取的炸药污染物含量降低了 90% 以上[167]。

1.3.1.2 原位化学修复

1. 碱性水解法

石灰是常用的土壤改良剂，炸药可以在碱性条件下水解，因此石灰改性法也是可行的炸药污染土壤修复方法。3% 的石灰质量分数足以将各种实验土壤的 pH 提高到 10 以上。TNT 和 RDX 相对容易水解，而 HMX 和 TNT 的降解产物更难降解，需要更高的 pH，即当 pH = 12 时才能有效去除，因此更强的烧碱（NaOH）也是炸药污染土壤修复的选项（见图 1.17）。

图 1.17　采用碱性水解法处理炸药污染土壤[168]

2．原位化学氧化/还原法

原位化学氧化法是成熟的有机污染土壤修复方法，已有约 30 年的应用经验。在炸药污染土壤修复实践中，常用的氧化体系主要有高锰酸钾（$KMnO_4$）、H_2O_2/O_3、H_2O_2/UV、O_3/UV、Fenton 试剂等。美国能源部在 Pantex 工厂进行了单井注入/抽出实验，当 $KMnO_4$ 的质量浓度为 7000 mg/L 时，所有炸药化合物显著降解，RDX 的降解半衰期估计为 7 d。RDX 和 $KMnO_4$ 的启动反应有两种：在中性条件下，从亚甲基碳中脱去氢原子，然后进行水解和脱羧；在碱性条件下，RDX 的亚甲基氢电离，导致硝基释放，并在三嗪环上形成双键，最终 $KMnO_4$ 将使 RDX 完全矿化。

Fenton 试剂是最常用的有机污染修复高级氧化试剂，适合 Fenton 试剂处理的条件通常为 pH ≤ 7.8，碱度不高于 400 mg/L（以 $CaCO_3$ 计），地下水深度低于地面 152.5 cm，水力传导度高于 10^{-6} cm/s。Fenton 试剂修复炸药污染土壤的例子不多，Geo Cleanse International 公司在美国科罗拉多州普埃布洛化学仓库进行了 Fenton 修复现场测试，2 d 内将 $1.66×10^4$ L 12.5% 的 H_2O_2 与催化剂共同注入测试区，26 d 后 HMX 被完全降解，RDX 浓度降低了 60%，硝基芳香化合物的含量减少了 72%～100%。

臭氧（O_3）具有很强的氧化性，也是常用的原位化学氧化修复试剂。将美国能源部 Pantex 工厂渗流带土壤（6～10 m 深）填充在土柱中，然后用 O_3 处理，在 1 d 内

RDX 矿化率达到 50%，在 7 d 内 RDX 矿化率达到 80% 以上，11%～28% 的土壤水体积分数对矿化作用几乎没有影响，且 O_3 反应产生的 RDX 降解中间产物比未经处理的 RDX 更具生物降解性。

过硫酸盐（$S_2O_8^{2-}$）是土壤化学氧化修复中最常用的氧化剂，也被尝试用于处理炸药污染场地[53]。热活化的 $S_2O_8^{2-}$ 在破坏 RDX、HMX 和 TNT 方面有效，但铁活化的 $S_2O_8^{2-}$ 几乎没有降解效果；石灰处理可以去除 98% 的 TNT、75% 的 DNT 和 80% 的多氯联苯，单独使用 $S_2O_8^{2-}$ 与在石灰处理后使用 $S_2O_8^{2-}$ 的效果相当。$S_2O_8^{2-}$ 和碱活化的 $S_2O_8^{2-}$ 能矿化 RDX。

原位化学还原是硝基芳香化合物常用的修复方法之一。零价铁（Fe^0）具有降解土壤中炸药的潜力，用含有质量浓度为 100 g/L 的 Fe^0 溶液处理 32 mg/L 的 RDX 溶液，可在 72 h 内从溶液中完全去除 RDX；在 2 g/L 或更低的 Fe^0 浓度下，处理产生的 RDX 转化产物是水溶性的，并且不会被 Fe^0 强烈吸附。作为渗透性反应墙（Permeable Reaction Barrier，PRB）的填料处理炸药污染地下水，是 Fe^0 在炸药污染土壤和地下水修复领域的可能应用方式之一。

1.3.1.3　原位生物修复

1. 植物修复

植物修复（Phyto Remediation）利用植物就地清除土壤沉积物、污泥、地表水和地下水中的污染物，如重金属、有机物和炸药等。植物可以通过植物稳定化、植物挥发、植物提取等多种机制来修复污染土壤[169, 170]。许多植物，如柳树、杨树、松树、云杉和桦树等都可以将 TNT 吸收入组织。许多谷物和草本植物，如水稻、玉米、小麦、向日葵等都可以转化 TNT[73]，香根草、谷仓草、印度麦芽草都是潜在的 TNT 污染土壤修复植物[171, 172]。施加尿素，香根草对 TNT 的去除得到了改善[173]。植物修复技术对气候的依赖性较高，具有季节性，再加上植物对污染物的耐受浓度不高，修复后植物根部的处置问题等都限制了植物修复技术的应用。

2. 生物强化

生物强化（Bio-Augmentation）是指将炸药降解微生物接种到受污染的土壤中，通过微生物作用降解炸药化合物。接种的微生物可以是单一的微生物物种，也可以是微生物群落。生物强化的基本原理是，本土微生物可能缺乏降解炸药化合物的能力，或者由于暴露在高浓度的炸药污染中而受到抑制，为了加快修复，可以采用生物强化来减少微生物曲线的滞后阶段，进而削弱炸药污染。生物强化中引入的微生物可以从受污染的场地或历史污染场地分离得到，也可以通过人工筛选驯化或转基因工程获得。Labidi 等使用从阿特拉津污染土壤中分离的三叶根瘤菌来修复 TNT 污染的土壤[174]，生物强化能使 TNT 在 2 d 内降解 60%。

3. 生物刺激

土壤中污染物的生物修复效果通常取决于营养元素、pH、温度、水分、土壤质地特性、有效氧和污染物浓度等各种因素。污染土壤中存在的本土微生物的修复潜力可以通过生物刺激（Bio-Stimulation）来增强，包括添加限制性营养元素和电子给体，如氮、磷或碳，以刺激本土微生物的生长。生物刺激是炸药污染土壤常用的生物修复技术，糖蜜是生物刺激最常用的碳源，其他常见的碳改良剂包括奶酪乳清和废甘油。Boopathy 在 Joliet 陆军弹药厂 TNT 污染土壤的原位修复中使用了各种含碳有机物作为共代谢基质，当无外加碳源时，TNT 浓度没有下降；添加琥珀酸的修复效果也不理想；而糖蜜是本土微生物利用和分解 TNT 的良好碳源[175]。

1.3.2　异位修复技术

1.3.2.1　异位热学修复

热学修复通常用于爆炸物的销毁，也可以用于炸药污染土壤的处理。热空气净化可用于受炸药污染的砖石或金属的处理，用热气流加热到 260℃ 使炸药污染挥发，并在加力燃烧室中燃烧。焚烧可用于受炸药污染的土壤和碎片、含有其他有机物或金属的爆炸物、火工品、散装爆炸物、未爆弹药、爆炸废物和自燃废物的处理，以及含有沙子、黏土和污泥等介质混合物的处理。美国陆军将焚烧炸药含量低于 10% 的土壤作为非爆炸物进行处理，美国陆军环境中心证明炸药含量低于 10% 的土壤不会导致爆炸。

美国陆军主要使用回转窑处理炸药污染土壤。在回转窑中，土壤被送入主燃烧室或回转炉。主燃烧室中的气体温度范围为 427～649℃，土壤温度范围为 316～427℃，主燃烧室内的停留时间约为 30 min，可以通过改变回转窑的转速来改变停留时间，在主燃烧室中有机成分将被破坏。主燃烧室内的废气进入二次燃烧室，二次燃烧室的高温

（>2000℃）会进一步破坏残留的有机物。二次燃烧室内的气体进入急冷罐，废气被冷却到大约 200℃，并通过文丘里洗涤器和一系列袋式除尘器处理后排放。

1.3.2.2 异位化学修复

炸药污染土壤的化学氧化/还原修复方法也可以在异位方式下进行，其优势是处理周期短、成本相对较低。例如，可以在土壤搅拌器中喷洒 50% 的 H_2O_2，对土壤中的炸药污染物进行快速氧化；Fe^0 也可以作为静态土壤堆的填料，处理大量的炸药污染土壤。对美国内布拉斯加州军械厂 RDX 污染土壤的初步研究工作表明，Fe^0 与潮湿土壤混合可以在静态非饱和条件下转化 RDX，单次添加 5% 的 Fe^0，静置 12 个月后，其对初始浓度为 3600 mg/kg 的 RDX 的去除率可达 57%。

1.3.2.3 异位电学修复

电解也是发展中的炸药污染土壤修复方法，其优势在于：与化学修复相比具有相对较低的成本、能够模块化设计与运行；与光解、热学修复相比，电解具有相对较高的能源效率。TNT 可以在网状玻璃碳阴极上发生电化学还原，而 RDX 可以在厌氧和有氧条件下电解转化，降解效率随着电流（20～50 mA）和搅拌速度（630～2040 rad/min）的增加而提高。在电解和碱性水解法相结合的修复中，约 75% 的 RDX 在阴极附近通过电解转化，约 23% 的 RDX 在阴极附近通过碱性水解法处理。

1.3.2.4 异位生物修复

1. 人工湿地

人工湿地是将污染土壤有控制地投配到人工建造的湿地上，利用土壤、人工介质、植物、微生物的物理、化学、生物协同作用，对污染土壤进行处理的一种技术。人工湿地也是常用的炸药污染土壤修复技术，美国米兰陆军弹药厂的地下含水层受到 TNT 和 RDX 污染，选用 3 种水生植物、4 种湿地植物，分别独立培养 7 d、13 d，结果地下含水层中的 TNT 被完全去除，但地下含水层中 RDX 的去除速率不如 TNT[176]。

2. 生物堆

生物堆将污染的土壤与一定量的填料混合后砌成堆垛，辅以适当的通气和营养元素补充措施，土壤中的微生物在适宜条件下进行新陈代谢的同时将污染物转化或分解（见图 1.18）。生物堆填料的作用是改善土壤结构，增加氧气补充效果。微生物新陈代谢所产生的热量能使生物堆内部的温度达到 30～60℃，较高的温度能促进微生物的降解过程，达到较理想的修复效果。与市政垃圾混合堆肥是常用的处理方法，实验发现采用好氧条件、35%（w/w）TNT 污染的土壤、5%（w/w）牛粪、5%（v/w）微生物悬浮液，15 d 的生物堆肥对模拟的污染土壤中 TNT（初始浓度为 5000 mg/kg）的去除率可达 99.99%[177]。美国俄勒冈州赫米斯顿的尤马蒂拉陆军仓库、华盛顿州班戈的美国海军潜艇基地、印第安纳州克兰的海军水面作战中心和加利福尼亚州赫朗的山岭军事基地等利用堆肥处理技术成功将大量受污染的土壤转化为富含腐殖质的安全土壤。

图 1.18　炸药污染土壤的生物堆处理

3. 生物泥浆反应器

生物泥浆反应器是指将污染土壤加水混合成泥浆，调节 pH 并加入一定量的营养物质、表面活性剂和氧气至适宜条件，在满足微生物所需氧气的同时，使微生物与污染物充分接触，加速污染物的降解（见图 1.19）。美国路易斯安那陆军弹药厂炸药污染土壤中，TNT 的浓度为 4000～10000 mg/kg，RDX 的浓度为 800～1900 mg/kg，HMX 的浓度为 600～900 mg/kg，总有机质含量为 4%～5%，平均 pH 为 6.5。实验室规模的 2 L 生物泥浆反应器在 20～22℃下运行，土水比为 20%（w/v），每周添加一次糖蜜（0.3%，v/v）作为共代谢基质，每天空气曝气 10 min，连续搅拌 182 d 之后，土壤中 TNT 的浓度逐渐下降至 50 mg/kg 以下，即超过 99% 的 TNT 被降解，RDX、HMX 的降解率也都在 90% 以上[164]。谯华开发了一种高效的 TNT 污染土壤生物泥浆反应器修复技术，1000 mg/kg 的 TNT 污染土壤，在经生物泥浆反应器厌氧修复 5 d，以及好氧补充修复 2 d 后，能满足 TNT 浓度 17.2 mg/kg 的标准限值要求，且对 TNT 污染土壤具有稳定化、腐殖化修复效果[178]。

图1.19　厌氧生物泥浆工艺在美国弗吉尼亚州约克镇硝基苯类污染土壤修复中的应用[164]

4. 土耕法

土耕法（Land-Farming）是指将待处理的土壤铺在事先经过处理的不透水平地上，土层的厚度通常为 15～40 cm，定期翻耕起到混合搅拌作用并提供充足的氧气，利用土壤中微生物的代谢作用去除污染物（见图 1.20）。美国路易斯安那陆军弹药厂高浓度炸药污染土壤，经过 182 d 的土耕法修复后，TNT 的平均浓度小于 1250 mg/kg 的土壤中 TNT 的去除率为 82%，但 RDX 和 HMX 的去除率要小得多[164]。

图1.20　挖掘后使用土耕法修复炸药污染土壤[35]

1.3.3 强化微生物修复

1.3.3.1 土壤中炸药的乳化提取

TNT等炸药进入土壤后与有机质、黏土矿物结合形成结合态残留物，化学反应活性、生物有效性大大降低，难以被常规的生物修复方法降解，微生物修复效率低下，但在一定条件下有可能被再活化释放产生环境风险[179]。

使用生物表面活性剂有助于提高土壤–水界面的解吸动力学、生物降解动力学，其在炸药污染土壤修复中的应用将是研究关注的重点[180,181]。加拿大国家研究委员会和加拿大国防部的联合研究组，在一个退役的军事靶场通过甘油注入有效地诱导了强还原条件（Ev：–205 ～ –4 mV），增加了有机碳（10 ～ 729 mg/L）和脂肪酸（0 ～ 940 mg/L）的含量，RDX（初始浓度为17 ～ 143 μg/L）的浓度快速降低到低于检测限（0.1 μg/L），在没有检测到常见的厌氧亚硝基降解中间产物的情况下RDX被完全去除（见图1.21）。16S rRNA分析表明，在厌氧条件下，地杆菌属（*Geobacter* spp.）的富集与RDX的亚硝酸盐代谢中间产物之间存在相关性[182]。

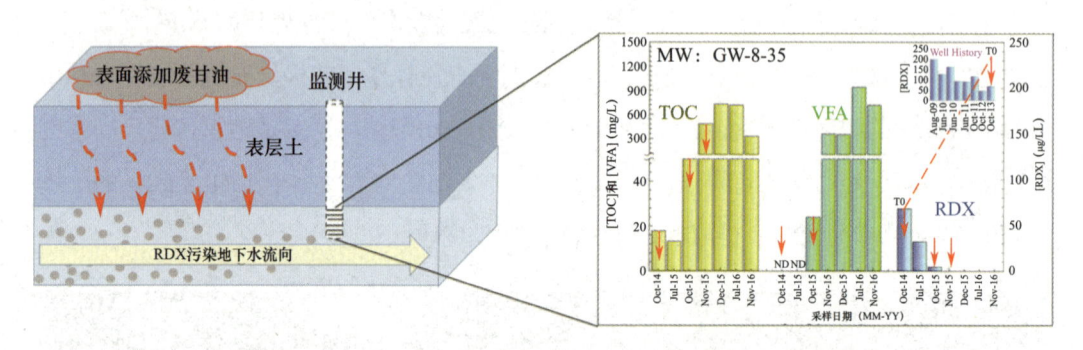

图1.21 强化还原环境以增强对地下水中RDX的生物降解[182]

美国APTIM Federal Services公司研究了在低pH含水层中使用乳化油生物屏障和缓释型pH缓冲剂修复RDX、HMX和高氯酸盐（ClO_4^-）污染的可行性。在垂直于污染羽流的方向上设置了一道33 m宽的生物反应墙。乳化油注入后，pH升高，溶解氧含量和氧化还原电位降低，高氯酸盐、RDX和HMX含量比上游地下水中的含量降低90%以上，3种污染物的一级反应速率常数约为0.1/d，表明具有pH缓冲作用的乳化油生物屏障是去除浅层地下水中炸药化合物和高氯酸盐的有效方法[183]。

美国陆军工程研究和发展中心 Michalsen 等[184]利用戈登氏菌（Gordonia sp.）KTR9 菌株和荧光假单胞菌（Psedomonas fluorescens）I-C 菌株进行了现场规模的细胞迁移实验。其对氧化还原条件、RDX 最终产物、各种 RDX 降解动力学和生物标志物的综合评估表明，I-C 菌株和 KTR9 菌株能够快速降解 RDX。

1.3.3.2 固定微生物

使用固定降解功能的微生物是一种有效的 TNT 污染修复策略，可用于废水、污染地表水/地下水的修复。固定化细胞/生物过滤器的优势在于，产生的有毒物质的影响较小，酶的活性更强，易于设计成连续的工业线。微生物细胞密度的增加和其他生理变化，以及微生物固定化提高了生物降解过程的效率[185]。使用木炭和聚苯乙烯固定化芽孢杆菌（Bacillus sp.）YREII 菌株，可以有效地去除 TNT[186]。

1.3.3.3 微生物/化学耦合修复技术

常用的高级氧化修复试剂如高锰酸钾（$KMnO_4$）对土壤中硝基苯类化合物的去除作用有限。美国亚利桑那大学的 Madeira 等[187]采用生物还原与化学氧化相结合的方式，经过生物还原预处理，高锰酸钾对 NTO 的氧化效率明显提高并实现了部分矿化，在场地修复中应用前景良好（见图 1.22）。Madeira 等[188]首次报道了能够完全矿化 NTO 降解子体 ATO 的微生物。

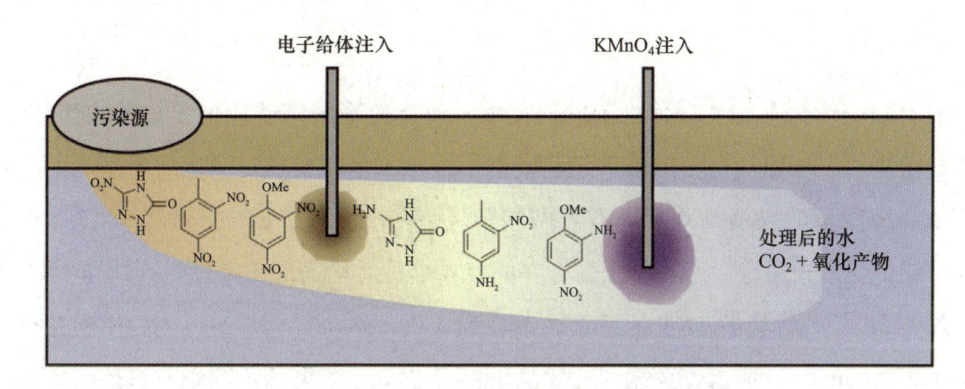

图 1.22　生物还原+化学氧化处理地下水中硝基苯类化合物[187]

1.3.3.4 新型钝感炸药污染的生物修复

硝基胍（NQ）、2,4-二硝基苯甲醚（DNAN）和 3-硝基-1,2,4-三唑-5-酮（NTO）是

钝感炸药的常用配方。与传统炸药 TNT、RDX 相比，NQ（溶解度为 3800 mg/L）和 NTO（溶解度为 $1.66×10^4$ mg/L）的高溶解度使其对水体的污染风险较高。加拿大国家研究委员会研究了 DNAN、NQ 和 NTO 在水溶液中的光解的速率，发现混合光解的速率低于单独光解的速率，且 DNAN 混合光解时脱硝反应和产物的再硝化反应同时发生，产生了多种甲氧基二硝基酚[142]。美国陆军工程研究和发展中心研究发现，在自然光照下，NQ、DNAN 和 NTO 的环境半衰期分别为 0.44 d、0.83 d 和 4.4 d，相对光解速率 NQ > DNAN > NTO，其中，DNAN 和 NTO 的光解速率分别为 NQ 的 1/57 和 1/115[189]。NQ 降解产物（胍、亚硝酸盐、氨、亚硝基胍和氰化物等）的毒性大于 NQ 本身的毒性，亚硝酸盐和氰化物是导致毒性的主要降解产物，但各种降解产物的分项毒性之和仅占总毒性的 25%，表明其他未经确认的 NQ 降解产物对毒性起主要作用，并且混合物之间可能发生了协同毒理学相互作用加剧了毒性[190]。

Arthur 等[191]采用柱状实验和 HYDRUS-1D 模型，评估了新型钝感弹药配方 IMX-101 和 IMX-104 中单质成分的溶解和运输，发现高溶解性的 NTO 和 NQ 在淋洗液中具有高浓度的初始峰值，而在拖尾液中的浓度通常较低且更恒定。DNAN 转化形成氨基还原产物 2-氨基-4-硝基苯甲醚（2-ANAN）和 4-氨基-2-硝基苯甲醚（4-ANAN）。在低有机质含量的土壤中，DNAN 也经历了显著的阻滞和转化，其自然衰减的潜力比 NTO 和 NQ 更强。

1.3.3.5 自清洁炸药

在不影响炸药存储和爆炸性能的前提下，将炸药降解细菌或孢子掺杂到炸药中，当炸药爆炸后，残留炸药中的降解细菌或孢子接触了水和空气，微生物繁殖从而将炸药降解，即所谓的自清洁炸药。双发酵梭菌（*Clostridium bifermentans*）KMR-1 孢子以液体或干燥形式保存，所有孢子配方在储存 4 个月后均表现出良好的活性和 TNT 生物降解能力[192]。将降解 TNT 的恶臭假单胞菌（*Pseudomonas putida*）GG04 和芽孢杆菌（*Bacillus sp.*）SF 掺入炸药中，在室温下储存 5 年，结果显示其未对炸药爆炸速度等产生影响，但加水 5 d 后炸药全部降解[193]。与革兰氏阳性菌相比，革兰氏阴性菌对 TNT 的耐受性更强，是自清洁炸药的理想候选组分[194]。作为一种从 TNT 源头控制污染的思路，将炸药降解微生物或孢子掺杂到炸药中，关键是要找到耐干旱并能够形成孢子的 TNT 降解微生物，并能够优化细菌冷冻干燥程序。

1.4 生物修复是火炸药污染土壤修复的最佳路径

炸药污染土壤的物理修复法未能实现真正意义上的治理，只是将污染物从一种存在形式转化为另一种存在形式。化学修复法处理速度快，适用污染物浓度范围较宽，但可能会产生二次污染。综合国内外研究和工程经验来看，生物修复无疑是目前火炸药污染土壤的最佳修复方法[195-197]。

在生物修复中，炸药降解产物小部分矿化，大部分有机产物对环境仍然有一定的毒性，但目前对其矿化机制知之甚少，可综合运用同位素示踪、代谢组学等技术加深对炸药降解产物矿化行为的认识。生物修复过程的诊断不能单纯以炸药化合物浓度的下降为唯一指标，因为炸药降解过程中存在毒性增强的现象。炸药是污染物也是营养源，将炸药转化为生物能够利用的氮源，有利于污染土壤的功能恢复。炸药污染土壤的受监控自然衰减实际上包括生物修复、物理修复、化学修复等多种修复因素。炸药，特别是新型炸药污染场地修复过程的诊断与评估，以及修复过程中修复功能植物/微生物、共生微生物种群的变化、污染土壤的物质循环和能量循环变化等，还需要进行深入的研究，应通过系统调控以实现修复效率的最优化。

单独的生物修复或化学氧化都难以彻底地修复土壤和地下水中的炸药污染。将生物还原和化学氧化结合起来，可以实现钝感炸药的高效矿化[187]。生物修复与化学氧化工艺的有机结合，很有可能在成本合理的范围内实现炸药污染土壤的高效、环境友好修复。

合成生物学在环境污染的生物修复领域前景广阔[198-200]。单一的基因改造微生物可能难以实现对特定环境污染的彻底修复，结合了代谢组学理论的多功能菌群是可期待的方向。合成生物学在炸药污染土壤修复方面的探索已经发轫，需要构建并开发炸药降解功能酶的生物基因资源库，利用合成生物学方法制备出能够按需复制，并且高效、特异地降解炸药污染化合物的合成生物学产品（如酶制剂、超级细菌等），大大提高生物修复的效率和环境安全性。

军事科学院防化研究院：赵三平，朱勇兵
中国科学技术大学：刘晓东，张慧君

参 考 文 献

[1] 束庆海，金韶华，陈树森. 含能化合物化学与工艺学 [M]. 北京：国防工业出版社，2020.

[2] 覃光明，葛忠学. 含能化合物合成反应与过程 [M]. 北京：化学工业出版社，2011.

[3] 蒙君煚，周霖，曹同堂，等. 2,4-二硝基苯甲醚（DNAN）基熔铸炸药研究进展 [J]. 含能材料，2020，28(01)：13-24.

[4] 王红星，王晓峰，罗一鸣，等. DNAN 炸药的烤燃实验 [J]. 含能材料，2009，17(02)：183-186.

[5] TEMPLE T, LADYMAN M, MAI N, et al. Investigation into the environmental fate of the combined Insensitive High Explosive constituents 2,4-dinitroanisole (DNAN), 1-nitroguanidine (NQ) and nitro-triazolone (NTO) in soil [J]. Science of The Total Environment, 2018, 625: 1264-1271.

[6] AKHAVAN J. Introduction to Explosives [M]//AKHAVAN J. The Chemistry of Explosives. The Royal Society of Chemistry, 2022: 1-27.

[7] SHUKLA M, BODDU V M, STEEVENS J A, et al. Energetic materials From Cradle to Grave [M]. Springer Cham, 2017.

[8] 张凯，高尚，李加荣. 三种新型 3-硝基-1,2,4-三唑-5-酮有机盐的合成与性能 [J]. 火工品，2022，(04)：43-48.

[9] MARK N, ARTHUR J, DONTSOVA K, et al. Adsorption and attenuation behavior of 3-nitro-1,2,4-triazol-5-one (NTO) in eleven soils [J]. Chemosphere, 2016, 144: 1249-1255.

[10] 汪洪涛，周集义. NTO 及其盐的制备、表征与应用（续）[J]. 化学推进剂与高分子材料，2006，4(6)：28-32.

[11] PICHTEL J. Distribution and fate of military explosives and propellants in soil: A review [J]. Applied Environmental Soil Science, 2012.

[12] TAYLOR S, WALSH M E, BECHER J B, et al. Photo-degradation of 2,4-dinitroanisole (DNAN): An emerging munitions compound [J]. Chemosphere, 2017, 167: 193-203.

[13] JENKINS T F, BARTOLINI C, RANNEY T A. Stability of CL-20, TNAZ, HMX, RDX, NG, and PETN in moist, unsaturated soil [R]. The U.S. Army Engineer Research and Development Center, 2003.

[14] SZECSODY J E, GIRVIN D C, DEVARY B J, et al. Sorption and oxic degradation of the explosive CL-20 during transport in subsurface sediments [J]. Chemosphere, 2004, 56(6): 593-610.

[15] MIRECKI J E, PORTER B, WEISS JR C A. Environmental transport and fate process descriptors for propellant compounds [R]. The U.S. Army Engineer Research and Development Center, 2006.

[16] BODDU V M, ABBURI K, MALONEY S W, et al. Thermophysical properties of an insensitive

munitions compound, 2,4-dinitroanisole [J]. Journal of Chemical & Engineering Data, 2008, 53(5): 1120-1125.

[17] STUCKI H. Toxicity and Degradation of Explosives [J]. CHIMIA International Journal for Chemistry, 2004, 58: 409-413.

[18] HAAG W R, SPANGGORD R, MILL T, et al. Aquatic environmental fate of nitroguanidine [J]. Environmental Toxicology and Chemistry, 1990, 9(11): 1359-1367.

[19] HAWARI J, MONTEIL-RIVERA F, PERREAULT N, et al. Environmental fate of 2,4-dinitroanisole (DNAN) and its reduced products [J]. Chemosphere, 2015, 119: 16-23.

[20] MONTEIL-RIVERA F, PAQUET L, DESCHAMPS S, et al. Physico-chemical measurements of CL-20 for environmental applications: Comparison with RDX and HMX [J]. Journal of Chromatography A, 2004, 1025(1): 125-132.

[21] TOGHIANI R K, TOGHIANI H, MALONEY S W, et al. Prediction of physicochemical properties of energetic materials [J]. Fluid Phase Equilibria, 2008, 264(1-2): 86-92.

[22] JOHNSON M S, REDDY G. Wildlife Toxicity Assessment for 2,4,6-Trinitrotoluene (TNT) [M]//WILLIAMS M A, REDDY G, QUINN M J, et al. Wildlife Toxicity Assessments for Chemicals of Military Concern. Elsevier, 2015: 25-51.

[23] ROBIDOUX P Y, HAWARI J, THIBOUTOT S, et al. Acute toxicity of 2,4,6-trinitrotoluene in earthworm (Eisenia andrei) [J]. Ecotoxicology and Environmental Safety, 1999, 44(3): 311-321.

[24] TEMPLE T, LADYMAN M, MAI N, et al. Investigation into the environmental fate of the combined Insensitive High Explosive constituents 2,4-dinitroanisole (DNAN), 1-nitroguanidine (NQ) and nitrotriazolone (NTO) in soil [J]. Science of The Total Environment, 2018, 625: 1264-1271.

[25] BURTON D T, TURLEY S D, PETERS G T. Toxicity of nitroguanidine, nitroglycerin, hexahydro-1,3,5-trinitro-1,3,5-triazine (RDX), and 2,4,6-trinitrotoluene (TNT) to selected freshwater aquatic organisms [R]. MARYLAND UNIV COLLEGE PARK AGRICULTURAL EXPERIMENT STATION, 1993.

[26] BANNON D I, WILLIAMS L R. Chapter 4 - Wildlife Toxicity Assessment for 1,3,5-Trinitrohexahydro-1,3,5-Triazine (RDX) [M]//WILLIAMS M A, REDDY G, QUINN M J, et al. Wildlife Toxicity Assessments for Chemicals of Military Concern. Elsevier, 2015: 53-86.

[27] ROBIDOUX P Y, SUNAHARA G I, SAVARD K, et al. Acute and chronic toxicity of the new explosive CL-20 to the earthworm (Eisenia andrei) exposed to amended natural soils [J]. Environmental Toxicology & Chemistry, 2004, 23(4): 1026-1034.

[28] DODARD S G, SUNAHARA G I, KUPERMAN R G, et al. Survival and reproduction of enchytraeid worms, Oligochaeta, in different soil types amended with energetic cyclic nitramines [J]. Environmental toxicology and chemistry, 2005, 24(10): 2579-2587.

[29] KUPERMAN R G, CHECKAI R T, SIMINI M, et al. Toxicities of dinitrotoluenes and trinitrobenzene freshly amended or weathered and aged in a sandy loam soil to Enchytraeus crypticus [J]. Environmental Toxicology and Chemistry: An International Journal, 2006, 25(5): 1368-1375.

[30] STANLEY J K, LOTUFO G R, BIEDENBACH J M, et al. Toxicity of the conventional energetics TNT and RDX relative to new insensitive munitions constituents DNAN and NTO in Rana pipiens tadpoles [J]. Environmental Toxicology and Chemistry, 2015, 34(4): 873-879.

[31] HALEY M V, KUPERMAN R G, CHECKAI R T. Aquatic toxicity of 3-nitro-1,2,4-triazol-5-one [R]. 2009.

[32] 刚葆琪. 三硝基甲苯生产的劳动卫生与工人健康状况 [J]. 国外医学参考资料（卫生学分册），1978，(01)：51-52.

[33] 何卫东. 火炸药应用技术 [M]. 北京：国防工业出版社，2020.

[34] 朱瑶琼. 生化法处理 TNT 和 RDX 弹药装药混合废水的工艺研究 [D]. 南京：南京理工大学，2012.

[35] GERTH A, HEBNER A. Risk Assessment and Remediation of Military and Ammunition Sites[C]. proceedings of the Advanced Science and Technology for Biological Decontamination of Sites Affected by Chemical and Radiological Nuclear Agents, Dordrecht, 2007.

[36] 中国兵器工业集团公司，中国兵器工业第五设计研究院. 兵器工业水污染物排放标准 火炸药 [S]. 国家环境保护总局，国家质量监督检验检疫总局，2002: 12.

[37] 北京中兵北方环境科技发展有限责任公司，中国兵器工业集团公司. 弹药装药行业水污染物排放标准 [S]. 国家环境保护总局，国家质量监督检验检疫总局，2011: 12.

[38] 王曙光，杨力，易建坤. 凝聚相炸药爆炸残留物形成机制分析及残留量估算 [J]. 火工品，2008，(03)：4-7.

[39] 陈栋，易建坤，吴腾芳，等. 多种军用炸药半埋式地面爆炸残留物分布现象实验研究 [J]. 火工品，2009，(01)：1-5.

[40] HEWITT A D, JENKINS T F, RANNEY T A, et al. Estimates for Explosives Residue from the Detonation of Army Munitions [R]. Cold Regions Research and Engineering Laboratory，U.S. Army Engineer Research and Development Center, 2003.

[41] 张慧君，朱勇兵，赵三平，等. 炸药的多相界面环境行为与归趋研究进展 [J]. 含能材料，2019，27(07)：569-586.

[42] TAYLOR S, BIGL S, PACKER B. Condition of in situ unexploded ordnance [J]. Science of The Total Environment, 2015, 505: 762-769.

[43] 史明明，万丽强，陆鹏，等. 国内外报废弹药处理技术发展现状 [J]. 火工品，2022，(03)：75-80.

[44] SINGH S N. Biological Remediation of Explosive Residues [M]. Springer, 2014.

[45] ATSDR. Toxicological Profile for 2,4,6-Trinitrotoluene [R]. Agency for Toxic Substances and

Disease Registry, U.S. Department of Health and Human Services, Public Health Service, 1995.

[46] DILLEY J V, TYSON C A, SPANGGORD R J, et al. Short-term oral toxicity of 2,4,6-trinitrotoluene in mice, rats, and dogs [J]. Journal of Toxicology and Environmental Health, 1982, 9(4): 565-585.

[47] REDDY G, CHANDRA S A M, LISH J W, et al. Toxicity of 2,4,6-TrinitrotoIuene (TNT) in Hispid Cotton Rats (Sigmodon hispidus): Hematological, Biochemical, and Pathological Effects [J]. International Journal of Toxicology, 2000, 19(3): 169-177.

[48] ATSDR. Toxicological Profile for HMX [R]. Agency for Toxic Substances and Disease Registry, U.S. Department of Health and Human Services, Public Health Service, 1997.

[49] ATSDR. Toxicological Profile for RDX [R]. Agency for Toxic Substances and Disease Registry, U.S. Department of Health and Human Services, Public Health Service, 1995.

[50] MUKHI S, PAN X, COBB G P, et al. Toxicity of hexahydro-1,3,5-trinitro-1,3,5-triazine to larval zebrafish (Danio rerio) [J]. Chemosphere, 2005, 61(2): 178-185.

[51] DODARD S G, RENOUX A Y, HAWARI J, et al. Ecotoxicity characterization of dinitrotoluenes and some of their reduced metabolites [J]. Chemosphere, 1999, 38(9): 2071-2079.

[52] SUNAHARA G I, DODARD S, SARRAZIN M, et al. Ecotoxicological Characterization of Energetic Substances Using a Soil Extraction Procedure [J]. Ecotoxicology and Environmental Safety, 1999, 43(2): 138-148.

[53] KALDERIS D, JUHASZ A L, BOOPATHY R, et al. Soils contaminated with explosives: environmental fate and evaluation of state-of-the-art remediation processes (IUPAC Technical Report) [J]. Pure & Applied Chemistry, 2011, 83(7): 1198-1203.

[54] C. B A, STEFANO M, JOHANNES R. The mechanisms underpinning microbial resilience to drying and rewetting – A model analysis [J]. Soil Biology and Biochemistry, 2021, 162: 108400.

[55] ARAUJO P A P D, DE A P A M, DANIEL B, et al. Shifts in the bacterial community composition along deep soil profiles in monospecific and mixed stands of Eucalyptus grandis and Acacia mangium [J]. PloS one, 2017, 12(7): e0180371.

[56] YUEMING L, FUJING P, JIANGMING M, et al. Long-term forest restoration influences succession patterns of soil bacterial communities [J]. Environmental Science and Pollution Research, 2021, 28(16): 20598-20607.

[57] ALBERT G-G, JORDI S, MARTA A-R, et al. Warming affects soil metabolome: The case study of Icelandic grasslands [J]. European Journal of Soil Biology, 2021, 105: 103317.

[58] KANG O, YU K, HUI Y, et al. Multi-omics analysis reveals the toxic mechanism of ammonia-enhanced Microcystis aeruginosa exposure causing liver fat deposition and muscle nutrient loss in zebrafish [J]. Journal of hazardous materials, 2024, 461: 132631.

[59] FIONN M, S M R, XINXIN D, et al. Autophagy Plays Prominent Roles in Amino Acid, Nucleotide,

and Carbohydrate Metabolism During Fixed-carbon Starvation in MaizeE [J]. The Plant Cell, 2020, 32(9): 2699-2724.

[60] JING F, SHULI W, YANRONG G, et al. Character variation of root space microbial community composition in the response of drought-tolerant spring wheat to drought stress [J]. Front Microbiol, 2023, 14: 1235708.

[61] ASHRAF A A, SOPHI M, ORNA S N, et al. Freshwater microbial metagenomes sampled across different water body characteristics, space and time in Israel [J]. Scientific Data, 2022, 9(1): 652.

[62] BEST E P, TATEM H E, GETER K N, et al. Effects, uptake, and fate of 2,4,6-trinitrotoluene aged in soil in plants and worms [J]. Environmental Toxicology and Chemistry, 2008, 27(12): 2539-2547.

[63] ROBIDOUX P Y, BARDAI G, PAQUET L, et al. Phytotoxicity of 2,4,6-trinitrotoluene (TNT) and octahydro-1,3,5,7-tetranitro-1,3,5,7-tetrazocine (HMX) in spiked artificial and natural forest soils [J]. Archives of Environmental Contamination and Toxicology, 2003, 44(2): 198-209.

[64] BEST E P, GETER K N, TATEM H E, et al. Effects, transfer, and fate of RDX from aged soil in plants and worms [J]. Chemosphere, 2006, 62(4): 616-625.

[65] JOHNSTON E J, RYLOTT E L, BEYNON E, et al. Monodehydroascorbate reductase mediates TNT toxicity in plants [J]. Science, 2015, 349(6252): 1072-1075.

[66] RODGERS J D, BUNCE N J. Treatment methods for the remediation of nitroaromatic explosives [J]. Water Research, 2001, 35(9): 2101-2111.

[67] CLAUSEN J, ROBB J, CURRY D, et al. A case study of contaminants on military ranges: Camp Edwards, Massachusetts, USA [J]. Environmental Pollution, 2004, 129(1): 13-21.

[68] SYMONS Z C, BRUCE N C. Bacterial pathways for degradation of nitroaromatics [J]. Natural Product Reports, 2006, 23(6): 845-850.

[69] XU W, ZHAO Q, YE Z. In Situ Remediation of TNT Red Water Contaminated Soil: Field Demonstration [J]. Soil and Sediment Contamination: An International Journal, 2023, 32(8): 941-953.

[70] 朱沛瑶. 山西大同废弃化工一厂景观再生设计 [D]. 大连：大连工业大学，2021.

[71] 薛江鹏，王建中，赵泉林，等. Fenton试剂氧化处理火炸药污染土壤淋洗液 [J]. 环境工程学报，2015，9(09)：4365-4370.

[72] ZHAO W, YANG X, FENG A, et al. Distribution and migration characteristics of dinitrotoluene sulfonates (DNTs) in typical TNT production sites: Effects and health risk assessment [J]. Journal of Environmental Management, 2021, 287: 112342.

[73] CHATTERJEE S, DEB U, DATTA S, et al. Common explosives (TNT, RDX, HMX) and their fate in the environment: Emphasizing bioremediation [J]. Chemosphere, 2017, 184: 14.

[74] JUHASZ A L, NAIDU R. Explosives: Fate, dynamics, and ecological impact in terrestrial and marine environments [M]// Reviews of environmental contamination and toxicology. Springer, 2007: 163-215.

[75] SHARMA P, MAYES M A, TANG G. Role of soil organic carbon and colloids in sorption and transport of TNT, RDX and HMX in training range soils [J]. Chemosphere, 2013, 92(8): 993-1000.

[76] JENKINS T, WALSH M, THORNE P, et al. Site characterization at the inland firing range impact area at Ft. Ord [R]. U.S. Army Corps of Engineers Cold Regions Research & Engineering Laboratory, 1998.

[77] 郝全龙，谯华，周从直，等. 富里酸对 TNT 的吸附−解吸行为 [J]. 环境工程学报，2016，10(5)：2687-2692.

[78] 汪浩，袁凤英，邸玉静. 有机膨润土对 TNT 吸附性能及机理的研究 [J]. 火工品，2010(2)：51-54.

[79] THORN K, KENNEDY K. ^{15}N NMR investigation of the covalent binding of reduced TNT amines to soil humic acid, model compounds, and lignocellulose [J]. Environmental Science & Technology, 2002, 36(17): 3787-3796.

[80] SHEREMATA T W, THIBOUTOT S, AMPLEMAN G, et al. Fate of 2,4,6-trinitrotoluene and its metabolites in natural and model soil systems [J]. Environmental Science & Technology, 1999, 33(22): 4002-4008.

[81] CHARLES S, TEPPEN B J, LI H, et al. Exchangeable cation hydration properties strongly influence soil sorption of nitroaromatic compounds [J]. Soil Science Society of America Journal, 2006, 70(5): 1470-1479.

[82] CATTANEO M, PENNINGTON J, BRANNON J, et al. Natural attenuation of explosives in remediation of hazardous waste contaminated soils [Z]. Dekker, New York Google Scholar，2000

[83] SHUKLA M K, BODDU V M, STEEVENS J A, et al. Energetic Materials: From Cradle to Grave [M]. Springer Cham, 2017.

[84] WEISSMAHR K W, HADERLEIN S B, SCHWARZENBACH R P. Complex Formation of Soil Minerals with Nitroaromatic Explosives and other π-Acceptors [J]. Soil Science Society of America Journal, 1998, 62(2): 369-378.

[85] TUCKER W A, MURPHY G J, ARENBERG E D. Adsorption of RDX to soil with low organic carbon: Laboratory results, field observations, remedial implications [J]. Soil and Sediment Contamination, 2002, 11(6): 809-826.

[86] DONTSOVA K M, HAYES C, PENNINGTON J C, et al. Sorption of high explosives to water-dispersible clay: Influence of organic carbon, aluminosilicate clay, and extractable iron [J]. Journal of Environmental Quality, 2009, 38(4): 1458-1465.

[87] MONTEIL-RIVERA F, GROOM C, HAWARI J. Sorption and degradation of octahydro-1,3,5,7-tetranitro-1,3,5,7-tetrazocine in soil [J]. Environmental Science & Technology 2003, 37(17): 3878-3884.

[88] LINGAMDINNE L P, ROH H, CHOI Y-L, et al. Influencing factors on sorption of TNT and RDX

using rice husk biochar [J]. Journal of Industrial and Engineering Chemistry, 2015, 32: 178-186.

[89] GLOVER D, HOFFSOMMER J. Photolysis of RDX. Identification and reactions of products [R]. Silver Spring, MD: Naval Surface Weapons Centre, 1979.

[90] BORDELEAU G, MARTEL R, AMPLEMAN G, et al. Photolysis of RDX and nitroglycerin in the context of military training ranges [J]. Chemosphere, 2013, 93(1): 14-19.

[91] PENNINGTON J C, THORN K A, COX L G, et al. Photochemical degradation of Composition B and its Components [R]. ENGINEER RESEARCH AND DEVELOPMENT CENTER VICKSBURG MS ENVIRONMENTAL LAB, 2007.

[92] SPANGGORD R, MILL T, CHOU T, et al. Environmental Fate Studies on Certain Munition Wastewater Constituents, Final Report, Phase 1: Literature Review [R]. 1980.

[93] IM S, JUNG J-W, JHO E H, et al. Effect of soil conditions on natural attenuation of 2,4,6-trinitrotoluene (TNT) by UV photolysis in soils at an active firing range in the Republic of Korea [J]. Journal of soils and sediments 2015, 15(7): 1455-1462.

[94] PRAK D J L, BREUER J E, RIOS E A, et al. Photolysis of 2,4,6-trinitrotoluene in seawater and estuary water: Impact of pH, temperature, salinity, and dissolved organic matter [J]. Marine Pollution Bulletin，2017, 114(2): 977-986.

[95] 张文通，陈勇，薛明，等. 土壤中 TNT 的 TiO_2 光催化降解动力学研究 [J]. 环境化学，2016, 35(4): 826-832.

[96] BURTON D, TURLEY S. Reduction of hexahydro-1,3,5-trinitro-1,3,5-triazine (RDX) toxicity to the cladoceran Ceriodaphnia dubia following photolysis in sunlight [J]. Bulletin of Environmental Contamination and Toxicology, 1995, 55(1): 89-95.

[97] BORDELEAU G, MARTEL R, AMPLEMAN G, et al. The fate and transport of nitroglycerin in the unsaturated zone at active and legacy anti-tank firing positions [J]. Journal of Contaminant Hydrology, 2012, 142: 11-21.

[98] BAJPAI R, PAREKH D, HERRMANN S, et al. A kinetic model of aqueous-phase alkali hydrolysis of 2,4,6-trinitrotoluene [J]. Journal of Hazardous Materials, 2004, 106(1): 55-66.

[99] OH S-Y, SHIN D-S. Remediation of explosive-contaminated soils: Alkaline hydrolysis and subcritical water degradation [J]. Soil and Sediment Contamination: An International Journal, 2015, 24(2): 157-171.

[100] SVIATENKO L K, GORB L, HILL F C, et al. In silico alkaline hydrolysis of octahydro-1,3,5, 7-tetranitro-1, 3, 5, 7-tetrazocine: Density functional theory investigation [J]. Environmental Science & Technology, 2016, 50(18): 10039-10046.

[101] NIEDŹWIECKA J B, FINNERAN K T. Combined biological and abiotic reactions with iron and Fe (III)-reducing microorganisms for remediation of explosives and insensitive munitions (IM) [J]. Environmental Science: Water Research & Technology, 2015, 1(1): 34-39.

[102] ZIGANSHIN A M, ZIGANSHINA E E, BYRNE J, et al. Fe (III) mineral reduction followed by partial dissolution and reactive oxygen species generation during 2,4,6-trinitrotoluene transformation by the aerobic yeast Yarrowia lipolytica [J]. AMB Express, 2015, 5(1): 8.

[103] OH S-Y, SEO Y-D, RYU K-S, et al. Redox and catalytic properties of biochar-coated zero-valent iron for the removal of nitro explosives and halogenated phenols [J]. Environmental Science: Processes & Impacts, 2017, 19(5): 711-719.

[104] RIEFLER R G, SMETS B F. Enzymatic reduction of 2,4,6-trinitrotoluene and related nitroarenes: kinetics linked to one-electron redox potentials [J]. Environmental Science & Technology, 2000, 34(18): 3900-3906.

[105] 魏威，金若菲，高冬婧，等．大孔树脂对还原后 TNT 红水中苯胺类物质的吸附性能 [J]．环境工程学报，2017，11(4)：2273-2278.

[106] 黄斌，顾丽鹏，任东，等．可溶有机质介导硝基芳香化合物降解研究进展 [J]．化工进展，2015，34(3)：848-856.

[107] PRICE C B, BRANNON J M, HAYES C A. Effect of redox potential and pH on TNT transformation in soil-water slurries [J]. Journal of Environmental Engineering, 1997, 123(10): 988-992.

[108] ARIYARATHNA T, BALLENTINE M, VLAHOS P, et al. Tracing the cycling and fate of the munition, Hexahydro-1,3,5-trinitro-1,3,5-triazine in a simulated sandy coastal marine habitat with a stable isotopic tracer, ^{15}N-[RDX] [J]. Science of The Total Environment, 2019, 647: 369-378.

[109] SHUKLA N, GUPTA V, RAWAT A S, et al. 2,4-Dinitrotoluene (DNT) and 2,4,6-Trinitrotoluene (TNT) removal kinetics and degradation mechanism using zero valent iron-silica nanocomposite [J]. Journal of Environmental Chemical Engineering, 2018, 6(4): 5196-5203.

[110] TERRACCIANO A, GE J, KOUTSOSPYROS A, et al. Hexahydro-1,3,5-trinitro-1,3,5-triazine (RDX) reduction by granular zero-valent iron in continuous flow reactor [J]. Environmental Science and Pollution Research, 2018, 25(28): 28489-28499.

[111] PARK J, COMFORT S, SHEA P, et al. Remediating munitions-contaminated soil with zerovalent iron and cationic surfactants [J]. Journal of Environmental Quality, 2004, 33(4): 1305-1313.

[112] ZHU S-H, REUTHER J, LIU J, et al. The essential role of nitrogen limitation in expression of Xpl A and degradation of hexahydro-1,3,5-trinitro-1,3,5-triazine (RDX) in Gordonia sp. strain KTR9 [J]. Applied Microbiology and Biotechnology, 2015, 99(1): 459-467.

[113] WILLIAMS R E, RATHBONE D A, SCRUTTON N S, et al. Biotransformation of explosives by the old yellow enzyme family of flavoproteins [J]. Applied and Environmental Microbiology, 2004, 70(6): 3566-3574.

[114] ANASONYE F, WINQUIST E, RäSäNEN M, et al. Bioremediation of TNT contaminated soil with fungi under laboratory and pilot scale conditions [J]. International Biodeterioration & Biodegradation,

2015, 105: 7-12.

[115] MADAJ R, KALINOWSKA H, SOBIECKA E. Nitroaromatic enzymatic biodegradation system in Phanerochaete chrysosporium [J]. Biotechnology and Food Science, 2018, 82(2).

[116] CHATTERJEE S, DEB U, DATTA S, et al. Common explosives (TNT, RDX, HMX) and their fate in the environment: Emphasizing bioremediation [J]. Chemosphere, 2017, 184: 438-451.

[117] KALDERIS D, JUHASZ A L, BOOPATHY R, et al. Soils contaminated with explosives: Environmental fate and evaluation of state-of-the-art remediation processes (IUPAC technical report) [J]. Pure and Applied Chemistry, 2011, 83(7): 1407-1484.

[118] WILSON F P, CUPPLES A M. Microbial community characterization and functional gene quantification in RDX-degrading microcosms derived from sediment and groundwater at two naval sites [J]. Applied Microbiology and Biotechnology, 2016, 100(16): 7297-7309.

[119] SABIR D K, GROSJEAN N, RYLOTT E L, et al. Investigating differences in the ability of Xpl A/B-containing bacteria to degrade the explosive hexahydro-1,3,5-trinitro-1,3,5-triazine (RDX) [J]. FEMS Microbiology Letters, 2017, 364(14): 144.

[120] MILLERICK K. Ex situ biodegradation of explosives using photosynthetic bacteria and biological granular activated carbon systems [D]. University of Illinois at Urbana-Champaign, 2014.

[121] SINGH R, SINGH A. Biodegradation of military explosives RDX and HMX [M]//SINGH S N. Microbial Degradation of Xenobiotics. Berlin, Heidelberg: Springer, 2012: 235-261.

[122] YANG Y, WANG X, YIN P, et al. Studies on three strains of Corynebacterium degrading cyclo-trimethylene-trinitroamine (RDX) [J]. Acta Microbiologica Sinica, 1983, 23(3): 251-256.

[123] HAWARI J, HALASZ A, SHEREMATA T, et al. Characterization of metabolites during biodegradation of hexahydro-1,3,5-trinitro-1,3,5-triazine (RDX) with municipal anaerobic sludge [J]. Applied and Environmental Microbiology, 2000, 66(6): 2652-2657.

[124] NAGAR S, SHAW A K, ANAND S, et al. Aerobic biodegradation of HMX by Planomicrobium flavidum [J]. Biotech, 2018, 8(11): 455.

[125] AN C, SHI Y, HE Y, et al. Biotransformation of RDX and HMX by Anaerobic Granular Sludge with Enriched Sulfate and Nitrate [J]. Water Environment Research, 2017, 89(5): 472-479.

[126] BECK A J, GLEDHILL M, SCHLOSSER C, et al. Spread, behavior, and ecosystem consequences of conventional munitions compounds in coastal marine waters [J]. Frontiers in Marine Science, 2018, 5: 141.

[127] HAWARI J, BEAUDET S, HALASZ A, et al. Microbial degradation of explosives: Biotransformation versus mineralization [J]. Applied Microbiology and Biotechnology, 2000, 54(5): 605-618.

[128] PERUMBAKKAM S, CRAIG A. Anaerobic transformation of octahydro-1,3,5,7-tetranitro-1,3,5,7-tetrazocine (HMX) by ovine rumen microorganisms [J]. Research in Microbiology, 2012, 163(8): 567-575.

[129] JUGNIA L-B, BEAUMIER D, HOLDNER J, et al. Enhancing the potential for in situ bioremediation of RDX contaminated soil from a former military demolition range [J]. Soil and Sediment Contamination: An International Journal, 2017, 26(7-8): 722-735.

[130] VASILYEVA G K, KRESLAVSKI V D, OH B T, et al. Potential of activated carbon to decrease 2,4,6-trinitrotoluene toxicity and accelerate soil decontamination [J]. Environmental Toxicology and Chemistry, 2001, 20(5): 965-971.

[131] KHAN M I, LEE J, YOO K, et al. Improved TNT detoxification by starch addition in a nitrogen-fixing Methylophilus-dominant aerobic microbial consortium [J]. Journal of Hazardous Materials, 2015, 300: 873-881.

[132] DAS P, SARKAR D, DATTA R. Kinetics of nitroreductase-mediated phytotransformation of TNT in vetiver grass [J]. Int J. Environ. Sci. Technol., 2017, 14(1): 187-192.

[133] TORRALBA-SANCHEZ T L. Bioconcentration of munitions compounds in plants and worms: Experiments and modeling [D]. University of Delaware, 2016.

[134] ADAMIA G, GHOGHOBERIDZE M, GRAVES D, et al. Absorption, distribution, and transformation of TNT in higher plants [J]. Ecotoxicology and Environmental Safety, 2006, 64(2): 136-145.

[135] BRENTNER L B, MUKHERJI S T, WALSH S A, et al. Localization of hexahydro-1,3,5-trinitro-1,3,5-triazine (RDX) and 2,4,6-trinitrotoluene (TNT) in poplar and switchgrass plants using phosphor imager autoradiography [J]. Environmental Pollution, 2010, 158(2): 470-475.

[136] BRUCE N C, RYLOTT E L, STRAND S E, et al. Sustainable Range Management of RDX and TNT by Phytoremediation with Engineered Plants [R]. The U.S. Army Engineer and Research Development Center's Cold Regions Research and Engineering Laboratory, 2016.

[137] YOU S H, ZHU B, HAN H J, et al. Phytoremediation of 2,4,6-trinitrotoluene by Arabidopsis plants expressing a NAD (P) H-flavin nitroreductase from Enterobacter cloacae [J]. Plant Biotechnology Reports, 2015, 9(6): 417-430.

[138] ZHANG L, RYLOTT E L, BRUCE N C, et al. Phytodetoxification of TNT by transplastomic tobacco (Nicotiana tabacum) expressing a bacterial nitroreductase [J]. Plant Molecular Biology, 2017, 95(1-2): 99-109.

[139] BO Z, HONGJUAN H, XIAOYAN F, et al. Degradation of trinitrotoluene by transgenic nitroreductase in Arabidopsis plants [J]. Plant, Soil and Environment, 2018, 64(8): 379-385.

[140] ZHANG L, ROUTSONG R, NGUYEN Q, et al. Expression in grasses of multiple transgenes for degradation of munitions compounds on live-fire training ranges [J]. Plant Biotechnology Journal, 2017, 15(5): 624-633.

[141] ZHANG L, RYLOTT E L, BRUCE N C, et al. Genetic modification of western wheatgrass (Pascopyrum smithii) for the phytoremediation of RDX and TNT [J]. Planta, 2018, 249(4): 1007-1015.

[142] HALASZ A, HAWARI J, PERREAULT N N. New Insights into the Photochemical Degradation of the Insensitive Munition Formulation IMX-101 in Water [J]. Environmental Science & Technology, 2018, 52(2): 589-596.

[143] DODARD S G, SARRAZIN M et al. Ecotoxicological assessment of a high energetic and insensitive munitions compound: 2,4-dinitroanisole (DNAN) [J]. Journal of Hazardous Materials, 2013, 262: 143-150.

[144] TAYLOR S, DONTSOVA K, WALSH M E, et al. Outdoor dissolution of detonation residues of three insensitive munitions (IM) formulations [J]. Chemosphere, 2015, 134: 250-256.

[145] MARK N, ARTHUR J, DONTSOVA K, et al. Adsorption and attenuation behavior of 3-nitro-1,2,4-triazol-5-one (NTO) in eleven soils [J]. Chemosphere, 2016, 144: 1249-1255.

[146] LINKER B R, KHATIWADA R, PERDRIAL N, et al. Adsorption of novel insensitive munitions compounds at clay mineral and metal oxide surfaces [J]. Environmental Chemistry, 2015, 12(1): 74-84.

[147] KRZMARZICK M J, KHATIWADA R, OLIVARES C I, et al. Biotransformation and degradation of the insensitive munitions compound, 3-nitro-1,2,4-triazol-5-one, by soil bacterial communities [J]. Environmental Science & Technology, 2015, 49(9): 5681-5688.

[148] INDEST K J, HANCOCK D E, CROCKER F H, et al. Biodegradation of insensitive munition formulations IMX101 and IMX104 in surface soils [J]. Journal of Industrial Microbiology & Biotechnology, 2017, 44(7): 987-995.

[149] MADEIRA C L, SPEET S A, NIETO C A, et al. Sequential anaerobic-aerobic biodegradation of emerging insensitive munitions compound 3-nitro-1,2,4-triazol-5-one (NTO) [J]. Chemosphere, 2017, 167: 478-484.

[150] CROUSE L C, LENT E M, LEACH G J. Oral toxicity of 3-nitro-1,2,4-triazol-5-one in rats [J]. International Journal of Toxicology, 2015, 34(1): 55-66.

[151] RICHARD T, WEIDHAAS J. Biodegradation of IMX-101 explosive formulation constituents: 2,4-dinitroanisole (DNAN), 3-nitro-1,2,4-triazol-5-one (NTO), and nitroguanidine [J]. Journal of Hazardous Materials, 2014, 280: 372-379.

[152] PERREAULT N N, HALASZ A, MANNO D, et al. Aerobic mineralization of nitroguanidine by Variovorax strain VC1 isolated from soil [J]. Environmental Science & Technology, 2012, 46(11): 6035-6040.

[153] RICHARD T, WEIDHAAS J. Dissolution, sorption, and phytoremediation of IMX-101 explosive formulation constituents: 2,4-dinitroanisole (DNAN), 3-nitro-1,2,4-triazol-5-one (NTO), and nitroguanidine [J]. Journal of Hazardous Materials, 2014, 280: 561-569.

[154] PANJA S, SARKAR D, DATTA R. Vetiver grass (Chrysopogon zizanioides) is capable of removing

insensitive high explosives from munition industry wastewater [J]. Chemosphere, 2018, 209: 920-927.

[155] SCHROER H W, LI X, LEHMLER H-J, et al. Metabolism and Photolysis of 2, 4-Dinitroanisole in Arabidopsis [J]. Environmental Science & Technology, 2017, 51(23): 13714-13722.

[156] BALAKRISHNAN V K, HALASZ A, HAWARI J. Alkaline hydrolysis of the cyclic nitramine explosives RDX, HMX, and CL-20: New insights into degradation pathways obtained by the observation of novel intermediates [J]. Environmental Science & Technology, 2003, 37(9): 1838-1843.

[157] KOUTSOSPYROS A, CHRISTODOULATOS C, PANIKOV N, et al. Environmental relevance of CL-20: Preliminary findings [J]. Water, Air and Soil Pollution: Focus, 2004, 4(4-5): 459-470.

[158] ROBIDOUX P Y, SUNAHARA G I, SAVARD K, et al. Acute and chronic toxicity of the new explosive CL-20 to the earthworm (Eisenia andrei) exposed to amended natural soils [J]. Environmental Toxicology and Chemistry, 2004, 23(4): 1026-1034.

[159] SZECSODY J E, COMFORT S, et al. In Situ Degradation and Remediation of Energetics TNT, RDX, HMX, and CL-20 and a Byproduct NDMA in the Sub-Surface Environment // Biological Remediation of Explosive Residues[M]. Springer. 2014: 313-369.

[160] SVIATENKO L K, GORB L, SHUKLA M K, et al. Adsorption of 2,4,6,8,10,12-hexanitro-2,4,6,8,10,12-hexaazaisowurtzitane (CL-20) on a soil organic matter. A DFT M05 computational study [J]. Chemosphere, 2016, 148: 294-299.

[161] CELIN S M, SAHAI S, KALSI A, et al. Environmental monitoring approaches used during bioremediation of soils contaminated with hazardous explosive chemicals [J]. Trends in Environmental Analytical Chemistry, 2020, 26: e00088.

[162] KIISKILA J D, DAS P, SARKAR D, et al. Phytoremediation of Explosive-Contaminated Soils [J]. Current Pollution Reports, 2015, 1(1): 23-34.

[163] BALLENTINE M, TOBIAS C, VLAHOS P, et al. Bioconcentration of TNT and RDX in Coastal Marine Biota [J]. Archives of Environmental Contamination & Toxicology, 2015, 68(4): 718-728.

[164] SINGH A, KUHAD R C, WARD O P. Advances in Applied Bioremediation [M]. Berlin Heidelberg: Springer, 2009.

[165] LATA K, KUSHWAHA A, RAMANATHAN G. Bacterial enzymatic degradation and remediation of 2,4,6-trinitrotoluene//DAS S, DASH H R. Microbial and Natural Macromolecules[M]. Academic Press, 2021: 623-659.

[166] OH S Y, SEO Y D. Sorptive Removal of Nitro Explosives and Metals Using Biochar [J]. Journal of Environmental Quality, 2014, 43(5): 1663-1671.

[167] OH S Y, YOON H S. Biochar Amendment for Reducing Leachability of Nitro Explosives and Metals from Contaminated Soils and Mine Tailings [J]. Journal of Environmental Quality, 2016, 45(3): 993-1002.

[168] LARSON S, FELT D, WAISNER S, et al. The Effect of Acid Neutralization on Analytical Results Produced from SW846 Method 8330 after the Alkaline Hydrolysis of Explosives in Soil Environmental Laboratory [R]. U.S. Army Engineer Research & Development Center, 2012.

[169] CHATTERJEE S, MITRA A, DATTA S, et al. Phytoremediation Protocols: An Overview//GUPTA D K. Plant-Based Remediation Processes[M]. Berlin, Heidelberg: Springer, 1-18.

[170] CHATTERJEE S. In Vitro Selection of Plants for the Removal of Toxic Metals from Contaminated Soil: Role of Genetic Variation in Phytoremediation//GUPTA D K, CHATTERJEE S. Heavy Metal Remediation: Transport and Accumulation in Plants[M]. Nova Publishers, USA, 2014: 155-178.

[171] LEE I, BAEK K, KIM H, et al. Phytoremediation of soil co-contaminated with heavy metals and TNT using four plant species [J]. Journal of Environmental Science and Health, Part A, 2007, 42(13): 2039-2045.

[172] MAKRIS K C, SHAKYA K M, DATTA R, et al. High uptake of 2,4,6-trinitrotoluene by vetiver grass – Potential for phytoremediation? [J]. Environmental Pollution, 2007, 146(1): 1-4.

[173] DAS P, DATTA R, MAKRIS K C, et al. Vetiver grass is capable of removing TNT from soil in the presence of urea [J]. Environmental Pollution, 2010, 158(5): 1980-1983.

[174] LABIDI M, AHMAD D, HALASZ A, et al. Biotransformation and partial mineralization of the explosive 2,4,6-trinitrotoluene (TNT) by rhizobia [J]. Canadian Journal of Microbiology, 2001, 47(6): 559-566.

[175] BOOPATHY R. Bioremediation of explosives contaminated soil [J]. International Biodeterioration & Biodegradation, 2000, 46(1): 29-36.

[176] BEST E P H, SPRECHER S L, LARSON S L, et al. Environmental behavior of explosives in groundwater in groundwater from the Milan army ammunition plant in aquatic and wetland plant treatments. Removal, mass balances and fate in groundwater of TNT and RDX [J]. Chemosphere, 1999, 38(14): 3383-3396.

[177] REZAEI M R, ABDOLI M A, KARBASSI A R, et al. Bioremediation of TNT Contaminated Soil by Composting with Municipal Solid Wastes [J]. Soil Sediment Contam., 2010, 19(4): 504-514.

[178] 谯华. TNT污染土壤的生物泥浆反应器修复机理研究[D]. 杭州：浙江大学，2011.

[179] THORNE P G, LEGGETT D C. Hydrolytic release of bound residues from composted soil contaminated with 2,4,6-trinitrotoluene [J]. Environmental Toxicology and Chemistry, 1997, 16(6): 1132-1134.

[180] THENMOZHI A, DEVASENA M. Remediation of 2,4,6-trinitrotoluene Persistent in the Environment: A review [J]. Soil Sediment Contam., 2019, 29(1): 1-13.

[181] BINA B, AMIN M M, KAMAREHIE B, et al. Data on biosurfactant assisted removal of TNT from contaminated soil [J]. Data in Brief, 2018, 19: 1600-1604.

[182] JUGNIA L-B, MANNO D, DODARD S, et al. Manipulating redox conditions to enhance in situ

bioremediation of RDX in groundwater at a contaminated site [J]. Science of The Total Environment, 2019, 676: 368-377.

[183] FULLER M E, HEDMAN P C, LIPPINCOTT D R, et al. Passive in situ biobarrier for treatment of comingled nitramine explosives and perchlorate in groundwater on an active range [J]. Journal of Hazardous Materials, 2019, 365: 827-834.

[184] MICHALSEN M M, KING A S, ISTOK J D, et al. Spatially-distinct redox conditions and degradation rates following field-scale bioaugmentation for RDX-contaminated groundwater remediation [J]. Journal of Hazardous Materials, 2020, 387: 121529.

[185] MAKSIMOVA Y G, MAKSIMOV A Y, DEMAKOV V A. Biotechnological Approaches to the Bioremediation of an Environment Polluted with Trinitrotoluene [J]. Appl: Biochem: Microbiol: 2018, 54(8): 767-779.

[186] ULLAH H, SHAH A A, HASAN F, et al. BIODEGRADATION OF TRINITROTOLUENE BY IMMOBILIZED BACILLUS SP YRE1 [J]. Pakistan Journal of Botany, 2010, 42(5): 3357-3367.

[187] MADEIRA C L, KADOYA W M, LI G, et al. Reductive biotransformation as a pretreatment to enhance in situ chemical oxidation of nitroaromatic and nitroheterocyclic explosives [J]. Chemosphere, 2019, 222: 1025-1032.

[188] MADEIRA C L, JOG K V, VANOVER E T, et al. Microbial Enrichment Culture Responsible for the Complete Oxidative Biodegradation of 3-Amino-1,2,4-triazol-5-one (ATO), the Reduced Daughter Product of the Insensitive Munitions Compound 3-Nitro-1,2,4-triazol-5-one (NTO) [J]. Environmental Science & Technology, 2019, 53(21): 12648-12656.

[189] MOORES L C, JONES S J, GEORGE G W, et al. Photo degradation kinetics of insensitive munitions constituents nitroguanidine, nitrotriazolone, and dinitroanisole in natural waters [J]. Journal of Photochemistry and Photobiology A-Chemistry, 2020, 386: 112094.

[190] MOORES L C, KENNEDY A J, MAY L, et al. Identifying degradation products responsible for increased toxicity of UV-Degraded insensitive munitions [J]. Chemosphere, 2020, 240: 124958.

[191] ARTHUR J D, MARK N W, TAYLOR S, et al. Dissolution and transport of insensitive munitions formulations IMX-101 and IMX-104 in saturated soil columns [J]. Science of the Total Environment, 2018, 624(C): 758-768.

[192] SEMBRIES S, CRAWFORD R L. Production of Clostridium bifermentans Spores as Inoculum for Bioremediation of Nitroaromatic Contaminants [J]. Applied and Environmental Microbiology, 1997, 63: 2100-2104.

[193] NYANHONGO G S, AICHERNIG N, ORTNER M, et al. Incorporation of 2,4,6-trinitrotoluene (TNT) transforming bacteria into explosive formulations [J]. Journal of Hazardous Materials, 2009, 165(1): 285-290.

[194] ANASONYE F, WINQUIST E, RASANEN M, et al. Bioremediation of TNT contaminated soil with fungi under laboratory and pilot scale conditions [J]. International Biodeterioration & Biodegradation, 2015, 105: 7-12.

[195] RYLOTT E L, BRUCE N C. Right on target: using plants and microbes to remediate explosives [J]. International Journal of Phytoremediation, 2019, 21(11): 1051-1064.

[196] 蔡震峰，姜鑫，谷振华，等．火炸药生产废水污染土壤修复的研究进展 [J]. 化工环保，2017，37(4)：395-399.

[197] 李成龙，李雯佳，丁亚军，等．绿色火炸药进展与未来 [J]. 科学通报，2023，68(25)：3311-3321.

[198] RYLOTT E L, BRUCE N C. How synthetic biology can help bioremediation [J]. Current Opinion in Chemical Biology, 2020, 58: 86-95.

[199] JAISWAL S, SHUKLA P. Alternative Strategies for Microbial Remediation of Pollutants via Synthetic Biology [J]. Front Microbiol, 2020, 11: 14.

[200] VALLERO D A, GUNSCH C K. Applications and Implications of Emerging Biotechnologies in Environmental Engineering [J]. Journal of Environmental Engineering, 2020, 146(6): 11.

第 2 章
土壤炸药污染的识别与风险评估

2.1 引言

要准确评估污染物的危害并采取有针对性的治理措施，就要对环境介质中污染物的分布、环境行为有系统性的认识。土壤是环境中炸药污染的主要载体，由于土壤成分复杂，因此准确测定土壤中的炸药污染物具有一定的挑战性。首先，需要将目标物从土壤基质中分离出来。常用的土壤中炸药提取方法有索氏提取、超声提取、固相萃取（SPE）、固相微萃取（SPME）、微波辅助萃取（MAE）和超临界流体萃取（SFE）等。近年来，加速溶剂萃取（Accelerated Solvent Extraction，ASE）由于提取时间更短、溶剂消耗更少、回收率更高被广泛用于土壤样品的预处理，也被用于提取TNT和RDX等。其次，需要对提取液中炸药及其降解产物准确定量。目前，业界已经开发了各种分析方法来测定环境基质中的炸药及其降解产物，如高效液相色谱（HPLC）[1,2]、气相色谱（GC）[3,4]、拉曼光谱[5]、傅里叶变换红外光谱（FTIR）[6,7]、核磁共振（NMR）[8]和荧光传感[9,10]等。

土壤中炸药污染物对人体和环境的危害，除了与炸药化合物本身的毒性、土壤中的浓度有关，还与保护对象的易感性、暴露方式有关。管控炸药污染土壤环境风险，可以采取修复的方式，也可以采取切断暴露途径等方式。针对不同保护目标和不同的风险管控措施，土壤污染修复目标也不一样。目前，基于"危害识别→暴露评估→剂量效应关系→风险表征"的"四步法"健康风险评估，在土壤主要污染物识别、污染物危害的定量评估、修复目标的制定中普遍采用，也是开展炸药污染土壤风险识别与管控的基本工具。

2.2 炸药污染土壤的采样与检测

2.2.1 炸药污染场地土壤样品采集

炸药污染往往在弹药生产工厂、训练场/演习场、销毁场等军工、军事场地发生，污染分布不均匀、空间异质性大是其突出特征。在有限的工作量前提下，为准确评估大面积场地表层土壤中炸药污染的分布，选择适用的表层土壤采样方案，进而获取有代表性的土壤样品非常关键。

2.2.1.1 炸药污染场地表层土壤布点采样

在火炸药工业排水污染场地、弹药销毁导致的污染场地，污染相对集中，分散面积比较小，场地未爆弹药的安全风险小。在这类炸药污染地块的调查中，可借鉴建设用地土壤污染状况调查采样方法，包括系统随机布点法、系统布点法、分区布点法等方法布点采样（见图2.1），在必要时还可根据相似场地调查经验或前期污染调查结果，采取专业布点法采样。

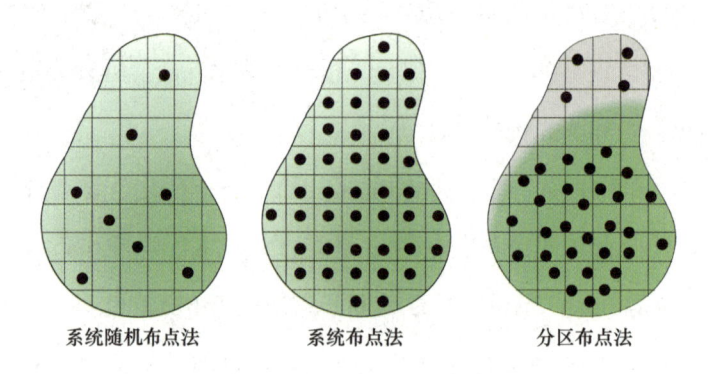

图 2.1 表层土壤采样点位布设方法示意

1. 系统随机布点法

系统随机布点法是指将监测区域分成面积相等的若干个工作单元，从中随机抽取一定数量的工作单元，在每个工作单元内布设一个监测点位。抽取的工作单元数要根据地块面积、监测目的、地块使用状况确定。系统随机布点法适用于污染分布比较均匀的地块，对于军事场地的炸药污染调查而言，一般仅适用于小面积的潜在炸药污染地块，或者适用于大面积训练场、演习场炸药污染的初步筛查（见图2.2）。

图 2.2　弹药销毁场表层土壤系统随机布点法采样

2. 系统布点法

系统布点法是指将监测区域分成面积相等的若干个工作单元，在每个工作单元内布设一个监测点位（见图2.3）。对于炸药污染严重的区域，或者对于将采取修复措施、需要明确污染范围和土方量的区域，系统布点法是比较合适的采样方法。

图 2.3　弹药销毁场表层土壤系统布点法采样

3. 分区布点法

对于地块内土地使用功能不同、污染特征存在明显差异的地块，可采用分区布点法进行采样。分区布点法是将地块划分成不同的小区，再根据小区的面积或污染特征确定布设点位的方法。在每个小区内，布点的密度可以相同，也可以不同，具体根据采样检测目的确定。

2.2.1.2 军事训练场地表层土壤布点采样

1. 决策单元−多点增量采样法

鉴于军事场地的炸药残留物组成和分布的不均匀性，尤其是针对火炮射击、手雷爆破造成场地表层土壤中残留炸药污染的分布非均质的特点，外军开展了专门的军事训练场、靶场的土壤污染采样调查方法研究。加拿大针对军事训练场和靶场实弹射击炸药残留物的污染调查需要，开发了实弹射击后发射阵地和弹着区的表层土壤采样技术指南。美国陆军工程兵部队针对手雷投掷爆炸场地、火炮实弹射击发射阵地及弹着区、火箭弹弹着区的炸药污染问题，专门对炸药污染场地的采样调查方案、采样决策单元、现场筛查、随机采样及样品处理流程进行了研究[11]，验证了决策单元−多点增量采样法在军事场地调查采样的适用性。

决策单元−多点增量采样法（Decision-unit Multi-Increment Sampling Method，Du.-MIS法）是基于 Pierre Gy 颗粒材料采样理论的一种采样方法，是指在划定的决策单元内，通过多点采样增量、增加样本量提高样本代表性（见图2.4），并通过现场采样、实验室二次抽样和实验室分析全过程的质量保证和质量控制，确保数据的可重现性和结论的可靠性[12]。决策单元−多点增量采样法本质上是一种分区采样法，适用于地块尺度土壤污染状况调查、土壤污染修复与风险管控的监测和评估。

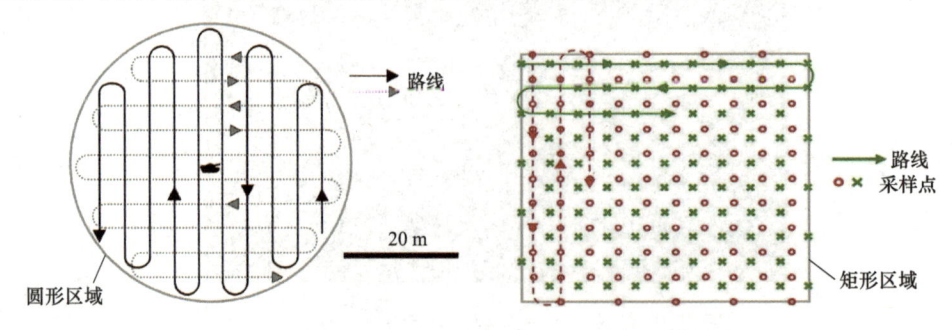

图 2.4 圆形区域和矩形区域采样决策单元

2. 其他布点采样方法

根据炸药污染调查的目的和详略程度的不同，可结合污染分布特征采取不同的表层土壤采样布点方法。对于具有明显中心分布点的场地，可以采用十字交叉采样法等采样方法（见图2.5）；直瞄火炮训练场射界范围内的采样，可以采取"T"字形、"工"字形、"平行线"布点法等表层土壤布点采样方法。

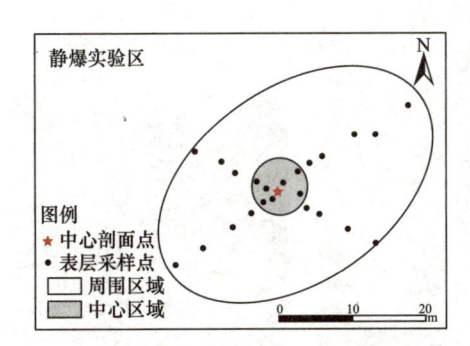

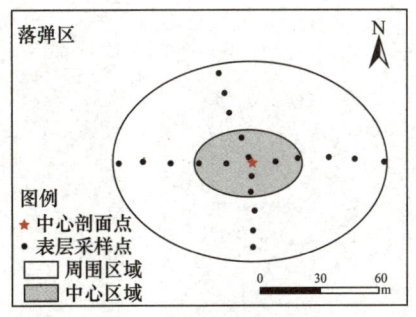

图 2.5　适用于静爆实验区和落弹区的十字交叉采样法[13]

2.2.1.3　炸药污染场地深层土壤采样

在研究炸药污染物随土壤深度的分布和迁移行为时，需要进行深度剖面采样。在军事场地进行深层土壤采样，应首先确保安全，排除地下未爆弹药（UXO）等不安全因素。炸药污染场地深层土壤采样根据采样深度，可以利用自然土壤剖面、人工挖掘剖面及使用便携式土壤钻机采样法（见图2.6）。人工挖掘法一般适用于深度不超过1 m 的土壤剖面采样，采样工具简单，采样量大，但样品深度的准确性较差，在采样时应注意防止交叉污染；便携式土壤钻机采样法，适用于深度5～7 m 以内土壤剖面的采样，采样精度高，对样品扰动小，满足一般情况下炸药污染场地调查的需要，但便携式土壤钻机采样法的操作具有一定难度。需要注意的是，除非完全排除了UXO等不安全因素，否则在炸药污染场地调查中应慎用大型采样设备。

2.2.1.4　决策单元–多点增量采样法的应用验证

本节对决策单元–多点增量采样法（IMSI）在炸药污染场地的适用性进行评估。在某弹药销毁场设置了2个决策单元［DH-ISM（Ⅰ）和 DH-ISM（Ⅱ）］，分别进行系统布点法采样和决策单元–多点增量采样法采样（见图2.7）。DH-ISM（Ⅰ）采用同样的方法采集 100 个方格中相同位置的表层土壤样品，并混合为 1 个样品，共获得 3 个 100 点增量采样混合样品；利用随机抛掷法，采集了决策单元内 10 个方格中的表层土壤样品，基于系统随机布点法采集样品 10 个。DH-ISM（Ⅱ）为不规则多边形，采用同样的方法采集 72 个方格中相同位置的表层土壤样品，混合为 1 个样品，共获得 3 个 72 点增量采样混合样品；同步采集方格中心点表层土壤样品，获得 72 个样品。

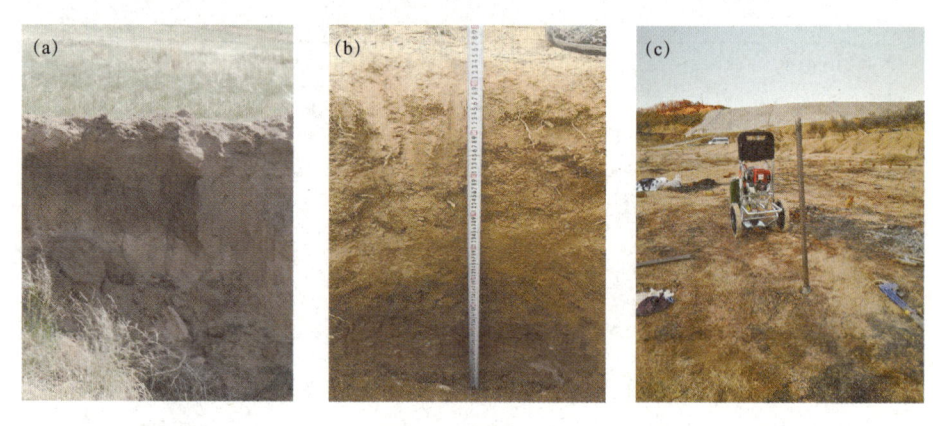

图 2.6　利用自然土壤剖面、人工挖掘剖面及使用便携式土壤钻机进行土壤深度采样

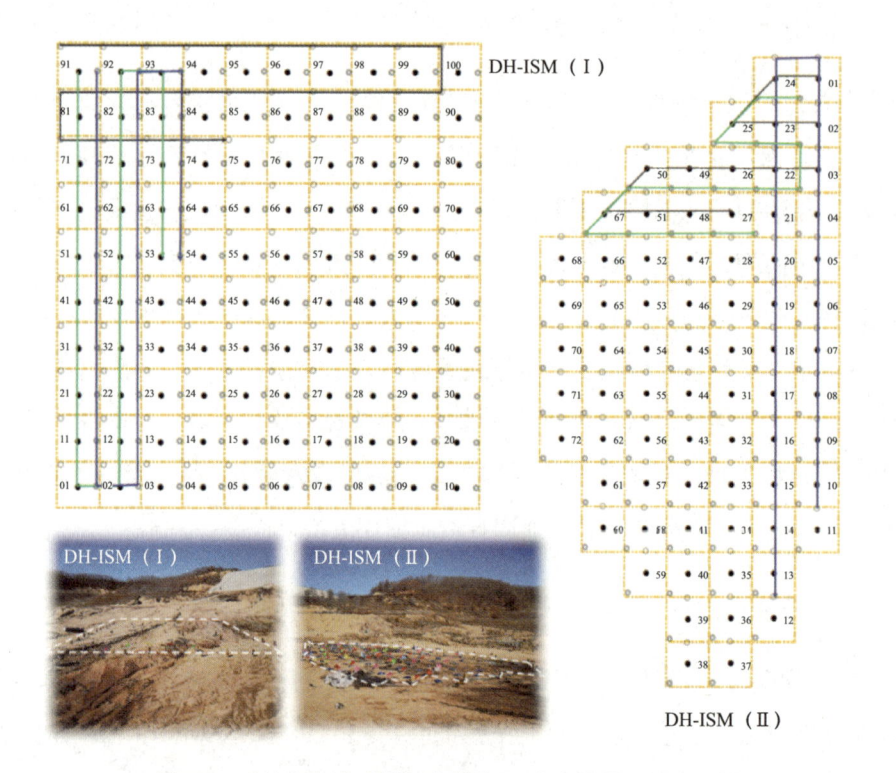

图 2.7　系统布点法采样与决策单元–多点增量采样法采样

从检出率来看，在 14 种常见炸药中，DH-ISM（Ⅰ）采用系统随机布点法采集的 10 个样品中共检出 12 种化合物；3 个决策单元–多点增量采样法采集的样品中共检出 11 种化合物。DH-ISM（Ⅱ）采用系统布点法采集的 72 个样品中，共检出 12 种化合物；决策单元–多点增量采样法共检出 11 种化合物（见图 2.8、表 2.1）。从检出率来看，在地块中含量很低、接近方法检出限的污染物，采用决策单元–多点增量采样法采集混合样，存在被稀释后低于检出限而不能检出的情况。

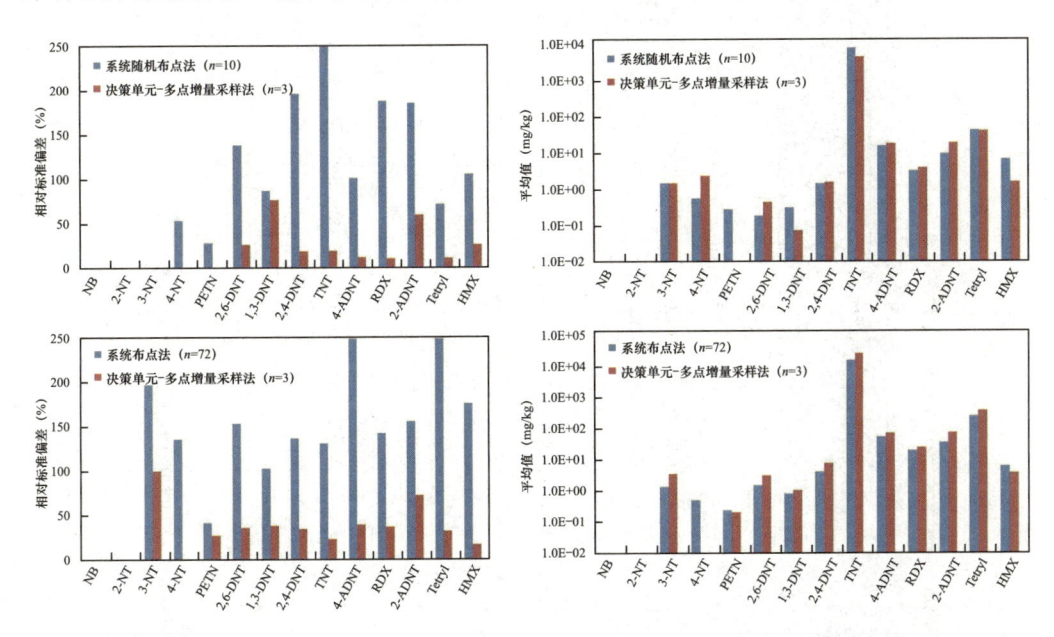

图 2.8 系统随机布点法、系统布点法与决策单元–多点增量采样法的采集样品检测结果的比较

从平均值来看，DH-ISM（Ⅰ）中系统随机布点法检出的 TNT 浓度平均值为 $7.9×10^3$ mg/kg，显著大于决策单元–多点增量采样法的平均值（$4.61×10^3$ mg/kg）；对 DH-ISM（Ⅱ）来说，系统布点法检出的 TNT 浓度平均值（$1.66×10^4$ mg/kg）显著低于决策单元–多点增量采样法的平均值（$2.76×10^4$ mg/kg）。对于决策单元–多点增量采样法而言，DH-ISM（Ⅰ）的 3 个多点增量样品的污染物浓度平均值实际上是 3×100 个样品的浓度平均值，而系统随机布点法检出的浓度平均值是 10 个样品的浓度平均值，显然决策单元–多点增量采样法的浓度平均值更接近实际浓度平均值，这说明在空间分布差异非常大的场地，在利用系统随机布点法采样时，即使采用了平均值其结果仍然有可能和实际平均值存在较大的偏差——这种偏差可能取决于采样点的数量，采样点数量越多，则偏差越小。

表 2.1 传统布点法与决策单元-多点增量采样法检测结果的比较

采样单元	DH-IMS（Ⅰ）										DH-IMS（Ⅱ）									
采样方法	系统随机布点法（n=10）					决策单元-多点增量采样法（n=3）					系统布点法（n=72）					决策单元-多点增量采样法（n=3）				
参数	R	Min	Max	Avg	RSD	R	Min	Max	Avg	RSD	R	Min	Max	Avg	RSD	R	Min	Max	Avg	RSD
NB	0	—	—	—	—	0	—	—	—	—	0	—	—	—	—	0	—	—	—	—
2-NT	0	—	—	—	—	0	—	—	—	—	0	—	—	—	—	0	—	—	—	—
3-NT	10	1.53	1.53	1.53	0.00	33	1.53	1.53	1.53	0.00	64	0.00	16.82	1.44	197.70	100	0.91	7.89	3.70	99.90
4-NT	30	0.37	0.91	0.57	52.80	33	2.35	2.35	2.35	0.00	38	0.03	3.31	0.54	135.80	0	—	—	—	—
PETN	100	0.16	0.41	0.29	27.30	0	—	—	—	—	79	0.14	0.77	0.25	41.40	100	0.16	0.28	0.22	26.30
2,6-DNT	70	0.00	0.71	0.19	137.80	100	0.35	0.58	0.45	25.90	99	0.00	15.53	1.63	152.80	100	2.19	4.59	3.37	35.70
1,3-DNT	20	0.13	0.51	0.32	86.20	100	0.03	0.14	0.07	76.00	79	0.01	3.75	0.85	103.00	100	0.63	1.42	1.09	37.90
2,4-DNT	80	0.00	8.05	1.43	196.50	100	1.25	1.74	1.57	17.80	94	0.00	37.11	4.22	136.20	100	5.10	10.52	7.96	34.20
TNT	100	2	64510	7923	254	100	3638	5270	4614	18.70	100	6	87509	16561	131	100	20355	31413	27550	23
4-ADNT	100	3.05	51.35	15.91	101.10	100	16.29	20.20	18.05	11.00	100	0.91	1015.00	55.05	255.90	100	43.80	100.18	72.87	38.70
RDX	100	0.16	19.27	3.22	187.40	100	3.54	4.32	3.95	9.80	100	0.17	194.20	20.93	141.80	100	15.32	33.04	25.10	35.90
2-ADNT	100	0.46	57.82	9.43	184.80	100	11.26	30.96	18.37	59.50	100	0.75	393.80	36.86	155.60	100	42.48	139.28	75.81	72.50
Tetryl	100	3.00	92.09	42.25	71.50	100	35.25	43.31	40.02	10.60	100	13.42	5061.00	252.20	293.40	100	250.62	471.06	390.30	31.10
HMX	100	0.23	21.84	6.79	105.20	100	1.15	1.95	1.58	25.60	74	0.12	65.25	6.56	175.30	100	3.35	4.50	3.80	16.10

备注：R—检出率，%；Min—最小值，mg/kg；Max—最大值，mg/kg；Avg—平均值，mg/kg；RSD—相对标准偏差，%

从相对标准偏差来看，DH-ISM（Ⅰ）中采用系统随机布点法的大部分污染物浓度的相对标准偏差都在 50% 以上，TNT 浓度的相对标准偏差甚至达到了 254%，这反映出场地污染物浓度的极端不均匀性；相对系统随机布点法，决策单元–多点增量采样法 3 个样品检测结果的稳定性要好得多，相对标准偏差最大的是 1,3-DNT，为 76.00%，但这可能与其浓度平均值较低有关，TNT 浓度的相对标准偏差为 19%，比系统随机布点法的 TNT 浓度相对标准偏差小 1 个数量级。DH-ISM（Ⅱ）中系统布点法采集样品污染物浓度的相对标准偏差为 41%～293.4%；除 3-NT 和 2-ADNT 外，决策单元–多点增量采样法 3 个样品中检出的各种污染物浓度的相对标准偏差都在 40% 以下。

与土壤中炸药污染物的指导限值相比[14, 15]，DH-ISM（Ⅰ）中决策单元–多点增量采样法 3 个样品的 TNT 浓度都超过了美国环境保护署制定的指导限值（80 mg/kg），而 10 个系统随机布点法采集样品中超过指导限值的有 8 个，即超标率为 80%；决策单元–多点增量采样法 3 个样品的 RDX 浓度均没有达到保护土壤生态健康的指导限值（4.7 mg/kg），但系统随机布点法采样的 2 个样品超过了此限值；HMX 的浓度均没有超过指导限值；2,4-DNT、2,6-DNT 的浓度虽然都低于保护土壤生态健康的指导限值（BRI_{ENW}），决策单元–多点增量采样法采集的样品中其浓度都超过了保护人体健康的指导限值（BRI_{HH}，0.14 mg/kg），但系统布点法采集的样品中其只有 30% 达到了 BRI_{HH}。在 DH-ISM（Ⅱ）中，3 个决策单元–多点增量采样法采集样品的 TNT 浓度都超过了美国环境保护署制定的指导限值（80 mg/kg），而 72 个系统布点法采集样品中超过指导限值的有 67 个，即超标率为 93%；决策单元–多点增量采样法 3 个样品的 RDX 浓度均超过了保护土壤生态健康的指导限值（4.7 mg/kg），系统布点法采集样品中有 48 个样品超过了此限值；决策单元–多点增量采样法采集样品中 HMX 浓度均没有超过指导限值，但是系统布点法中出现了 1 个超标样品；决策单元–多点增量采样法采集样品中 2,4-DNT、2,6-DNT 浓度虽然都低于保护土壤生态健康的指导限值，但系统布点法采样的 72 个样品中 2,4-DNT、2,6-DNT 的最大浓度均超过了保护土壤生态健康的指导限值。

2.2.2 土壤中炸药污染物的提取与检测

2.2.2.1 土壤中炸药分析方法概述

土壤中有机污染物的提取方法有很多。加压流体萃取（Pressurized Liquid Extraction，PLE），又称加速溶剂萃取（ASE）或压力液体萃取，是20世纪90年代问世、近年发展起来的一种快速有机提取技术，其工作原理是使用少量有机溶剂，通过提高温度（50～200℃）和增加压力（1000～3000 psi或10.3～20.6 MPa）来提高固体或半固体样品中有机物的萃取效率，从而大大缩短萃取时间，并明显降低萃取溶剂的使用量。与常用的索氏提取、超声提取、微波辅助萃取等相比，加压流体萃取具有节省溶剂、快速、回收率高、健康环保、自动化程度高等明显优势。

气相色谱（GC）是测定环境介质中炸药最常见的方法之一[16]，用于测定炸药的检测器包括电子捕获检测器（ECD）、热能分析仪（TEA）、氢火焰离子化检测器（FID）、氮磷探测器（NPD）、质谱检测器（MS）和串联质谱检测器（MS/MS）等。TEA和NPD对炸药的选择性比其他检测器更好，但是NPD对太恩（PETN）和硝化甘油（NG）不敏感，无法检测这两种物质[17, 18]，而TEA价格昂贵，且只能检测含硝基或含亚硝基的化合物[19]，因此GC耦合TEA方法多用来筛选爆炸物[20]。作为气相色谱仪的检测器，质谱检测器特别是串联质谱检测器（MS/MS），对炸药的灵敏度更高、选择性更强[21]。《土壤和沉积物 半挥发性有机物的测定 气相色谱-质谱法》（HJ 834—2017），利用气相色谱-质谱对土壤和沉积物中多环芳烃类、苯胺类、硝基酚类、邻苯二甲酸酯类、醚类、吡啶类、氯代烃类等60多种半挥发性有机物进行定量分析，是目前我国土壤分析方法中一次性测定目标化合物最多的方法标准。但是，质谱检测器或者串联质谱检测器均难以分析热稳定性差的硝胺类化合物。与上述检测器相比，ECD对具有强电负性的化合物（如硝基芳香烃类化合物）的灵敏度更高[22, 23]。此外，乙腈和丙酮是从土壤中提取炸药的首选溶剂[19, 24, 25]，它们也能与ECD高度兼容。

2.2.2.2　加压流体萃取-气相色谱-微电子捕获检测器检测法

为完成大量土壤样品中炸药污染物的检测分析，业界建立了土壤中炸药污染物的加压流体萃取-气相色谱-微电子捕获检测器（PLE-GC-μECD）检测法。土壤样品松散后过筛，去除石砾及植物残体，与助滤剂硅藻土充分混合后移入加压溶剂萃取仪的萃取池，以乙腈作为溶剂进行萃取，萃取液经微孔滤膜过滤后进行气相色谱分析，在必要时进行浓缩或稀释后再进行测试（见图2.9）。在优化的PLE-GC-μECD条件下，以乙腈作为溶剂的20种炸药标准样品的气相色谱分离效果良好（见图2.10），在20～1000 ng/mL范围内，PLE-GC-μECD信号强度与污染物浓度有很好的线性关系。

与其他方法相比（见表2.2），PLE-GC-μECD检测法具有回收率高、线性范围宽、检测灵敏度高、仪器设备相对简单等特点，适用于弹药生产厂、训练场、弹药销毁场等具有不同污染物浓度、多污染物混合的炸药污染土壤检测调查。

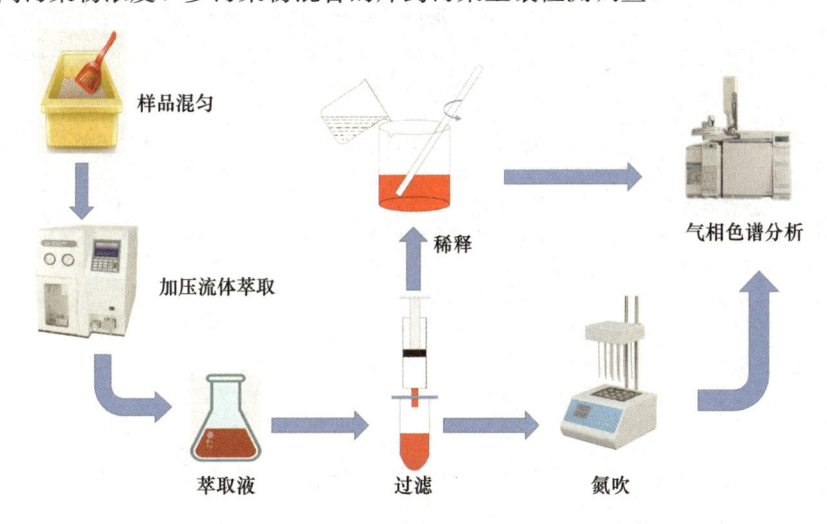

图 2.9 土壤中炸药污染物的 PLE-GC-μECD 检测流程 [26]

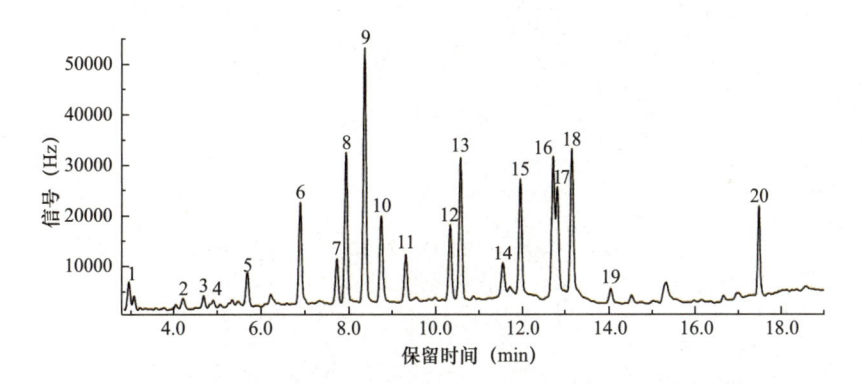

图 2.10 向土壤中添加 50 ng/g 炸药污染物后的 PLE-GC-μECD 检测结果 [27]

图中化合物：1—NB；2—2-NT；3—3-NT；4—4-NT；5—PETN1；6—NG；7—1,3-DNB；8—2,6-DNT；9—2,5-DNT；10—2,4-DNT；11—3,4-DNT；12—TNB；13—TNT；14—PETN2；15—RDX；16—4-ADNT；17—3,5-DNA；18—2-ADNT；19—Tetryl；20—HMX。

表 2.2 土壤中炸药污染物萃取与检测方法的对比

萃取方法	分析仪器	目 标 物	灵敏度 (μg/kg)	回 收 率	参考文献
超声提取	HPLC-UV	1,3-DNB、2,4-DNT、TNB、TNT、RDX、Tetryl、HMX	1000[a]	58%～96%	[28]

(续表)

萃取方法	分析仪器	目标物	灵敏度（μg/kg）	回收率	参考文献
超声提取	GC-ECD	1,3-DNB、2,6-DNT、2,4-DNT、TNB、TNT、RDX、4-ADNT、3,5-DNA、2-ADNT	1~25[a]	106%~126%	[17]
超声提取	LC-APCI-MS-MS	PETN、2,6-DNT、TNT、RDX、Tetryl、HMX	8.9~161.2[a]	93.55%~104.20%	[29]
超声提取	LC-ESI-MS-MS	PETN、RDX、HMX	3.4~8.5[a]	76.52%~84.77%	[30]
固相微萃取	GC-MS	2-NT、3-NT、4-NT、1,3-DNB、2,6-DNT、2,4-DNT、2-ADNT	30~110[a]	27%~51%	[31]
固相萃取	GC-ECD	4-NT、NG、2,4-DNT、TNT、RDX、Tetryl、HMX	0.20~20[a]	35%~61%	[25]
索氏提取	GC-MS-MS	4-NT、1,3-DNB、2,4-DNT、2,6-DNT、1,3,5-TNB、2,4,6-TNT	0.3~34.7[b]	80.7%~98.1%	[32]
索氏加热提取	HPLC-UV	PETN、NG、1,3-DNB、2,6-DNT、2,4-DNT、TNB、TNT、RDX、4-ADNT、2-ADNT、HMX	370~2500[b]	65%~99%	[33]
微波辅助萃取	HPLC-UV	PETN、NG、1,3-DNB、2,6-DNT、2,4-DNT、TNB、TNT、RDX、4-ADNT、2-ADNT、HMX	370~2500[b]	28%~65%	[33]
超临界流体萃取	HPLC-UV	PETN、NG、1,3-DNB、2,6-DNT、2,4-DNT、TNB、TNT、RDX、4-ADNT、2-ADNT、HMX	370~2500[b]	52%~75%	[33]
加速溶剂萃取	LC-ESI-MS	RDX	1.46[a]	91.1%~108.3%	[34]

备注：[a]方法检出限（ng/g）；[b]仪器检出限（ng/mL）

2.3 典型场地土壤炸药污染调查

2.3.1 弹药生产场地土壤炸药污染调查

某弹药生产厂位于山西省，从事弹药的生产和维修。采集了该生产厂弹药测试场地表层 5 cm 的土壤样品。从测试结果来看，土壤中浓度最高的污染物是 RDX，最大浓度达到了 158 mg/kg，平均值为 8.04 mg/kg；其他浓度较高的炸药污染物还包括 HMX、TNT（见图 2.11）。

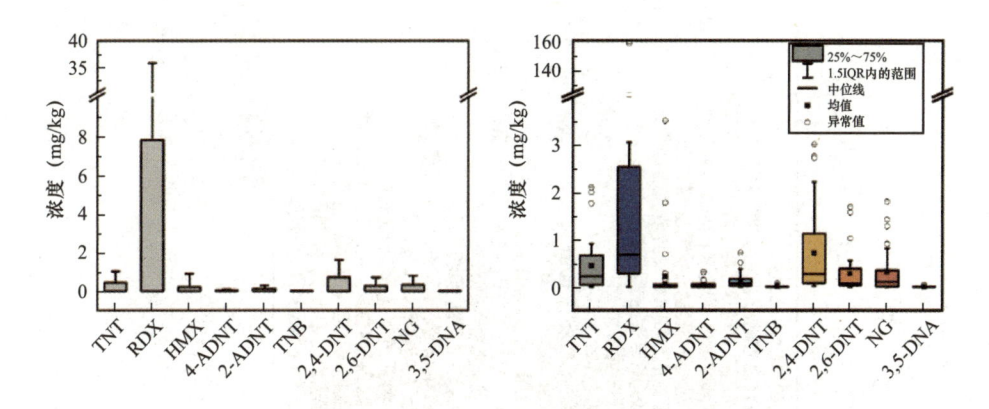

图 2.11 弹药生产厂弹药测试场地表层土壤炸药污染物浓度统计结果

2.3.2 军事训练场土壤炸药污染调查

综合训练场 1 位于东南沿海，属于亚热带海洋气候区，地形特征为沿海低山丘陵。训练场分为两个区域，其中，A 区进行装甲车机动和射击训练；B 区是海岸带训练场，分为 B1、B2 两个不同的功能区。在 A 区中，TNT 的平均浓度最高，达到 234 μg/kg，但其检出率仅为 50%，表明 TNT 的分布存在很大的异质性。检出率最高的是 TNT 的降解产物 2-ADNT，检出率为 75%。在 A 区，RDX 的检出率为 50%，平均浓度为 109 μg/kg，最大浓度为 710 μg/kg。B1 功能区土壤样品 TNT 的检出率达到 100%；但浓度最高的污染物是 RDX，平均浓度为 79.3 μg/kg；在土壤中未检测到 HMX。B2 功能区 RDX 的浓度最高，平均浓度为 149 μg/kg，最大浓度为 580 μg/kg；其他检出率较高的污染物有 4-ADNT、2-ADNT、1,3-DNB 和 3,5-DNA（见图 2.12）。

根据综合训练场 1 表层土壤炸药及相关污染物的检测结果，推测该场地 TNT 降解至少有两种途径，即生物还原和光解（见图 2.13）。从炸药污染物含量与土壤理化性质的相关性来看，DNA 和 DNT 在 0.01 水平上成显著正相关，这可能与 TNT 在光反应下的直接脱氮有关；DNB 与氨氮在 0.01 水平上成显著正相关，因为氨氮、硝态氮和亚硝态氮的产生与硝基苯胺的氧化过程——ADNT 被微生物吸收后的硝化和反硝化作用有关。

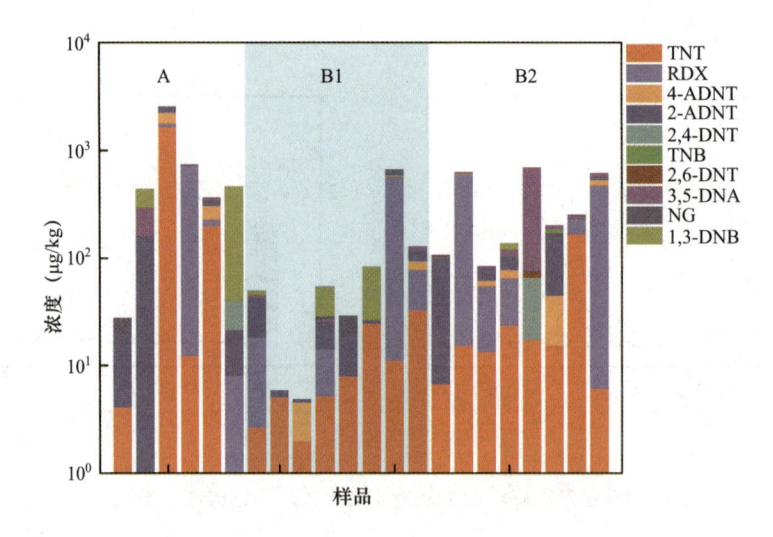

图 2.12　综合训练场 1 表层土壤中炸药污染物含量

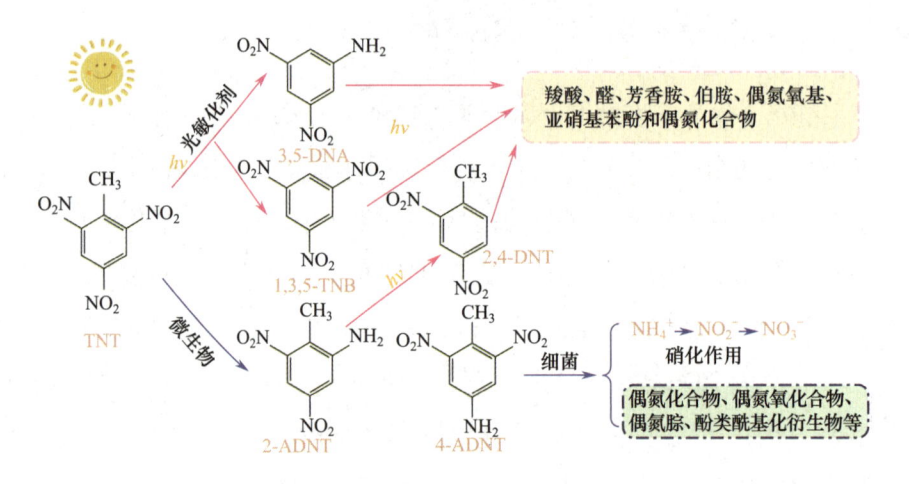

图 2.13　训练场炸药污染物的转化机制

综合训练场 2 位于华中地区，某炮兵靶场位于华北地区。在综合训练场 2 弹着区代表性样品中检出了 7 种炸药及相关化合物，其中，HMX 浓度达到了 187 μg/kg，其次是 TNT 的 96.6 μg/kg 和 RDX 的 91.1 μg/kg。炮兵靶场检出的炸药污染物含量很低，5 种炸药及相关化合物中以 4-ADNT 浓度最高，为 20.2 μg/kg，RDX 未检出（见表 2.3）。

表 2.3 军事训练场表层土壤中炸药污染物检测结果

化合物 (μg/kg)	综合训练场1						综合训练场2	某炮兵靶场
	A区（n=8）		B1功能区（n=8）		B2功能区（n=8）			
	平均值	最大值	平均值	最大值	平均值	最大值		
TNT	234	1.66×10³	11.5	33	33.4	168	96.6	6.15
RDX	109	710	79.3	564	149	580	91.1	—
4-ADNT	67	460	3.57	16.3	14.8	58.2	81.1	20.2
2-ADNT	67	283	13.7	36.2	36.9	125	38.4	—
1,3-DNB	71.9	426	11.10	57.3	2.91	17.4	—	—
3,5-DNA	19.6	132	1.93	10.8	92.6	617	—	—
2-NT	13.4	47.9	27.7	96.4	31.8	80.4	—	—
3-NT	54.9	127	43.9	137	85.0	466	—	—
4-NT	—	—	—	—	—	—	—	—
2,4-DNT	4.34	18.9	0.14	1.08	7.58	48.5	19.8	12.4
2,6-DNT	0.40	2.80	—	—	1.70	9.70	—	—
NG	1.00	7.80	5.81	36.1	0.78	6.23	—	—
TNB	—	—	0.60	4.84	2.08	16.6	24.0	5.60
NB	—	—	—	—	0.03	0.25	—	—
Tetryl	—	—	—	—	—	—	—	—
HMX	—	—	—	—	—	—	187	6.18

2.3.3 弹药销毁场地土壤炸药污染调查

2.3.3.1 A弹药销毁场地土壤炸药污染调查

A弹药销毁设施位于东北地区，销毁场地位于高程差约70 m的低缓山坡顶，销毁以露天焚烧方式进行。为研究销毁场地表层土壤污染物分布和污染物的迁移特征，以网格法采集了表层土壤样品，采用便携式土壤钻机采样法采集了销毁场地核心区、边缘区和外围区的土壤剖面样品。

TNT及其转化产物（4-ADNT、2-ADNT和TNB）的分布相似（见图2.14）。TNT及其转化产物浓度特别集中在两个工作平台拆除中心附近。TNT、4-ADNT、2-ADNT和TNB的浓度随着与工作平台拆除中心区距离的增加而急剧下降。PETN主要分布在第一销毁平台的一小块区域。

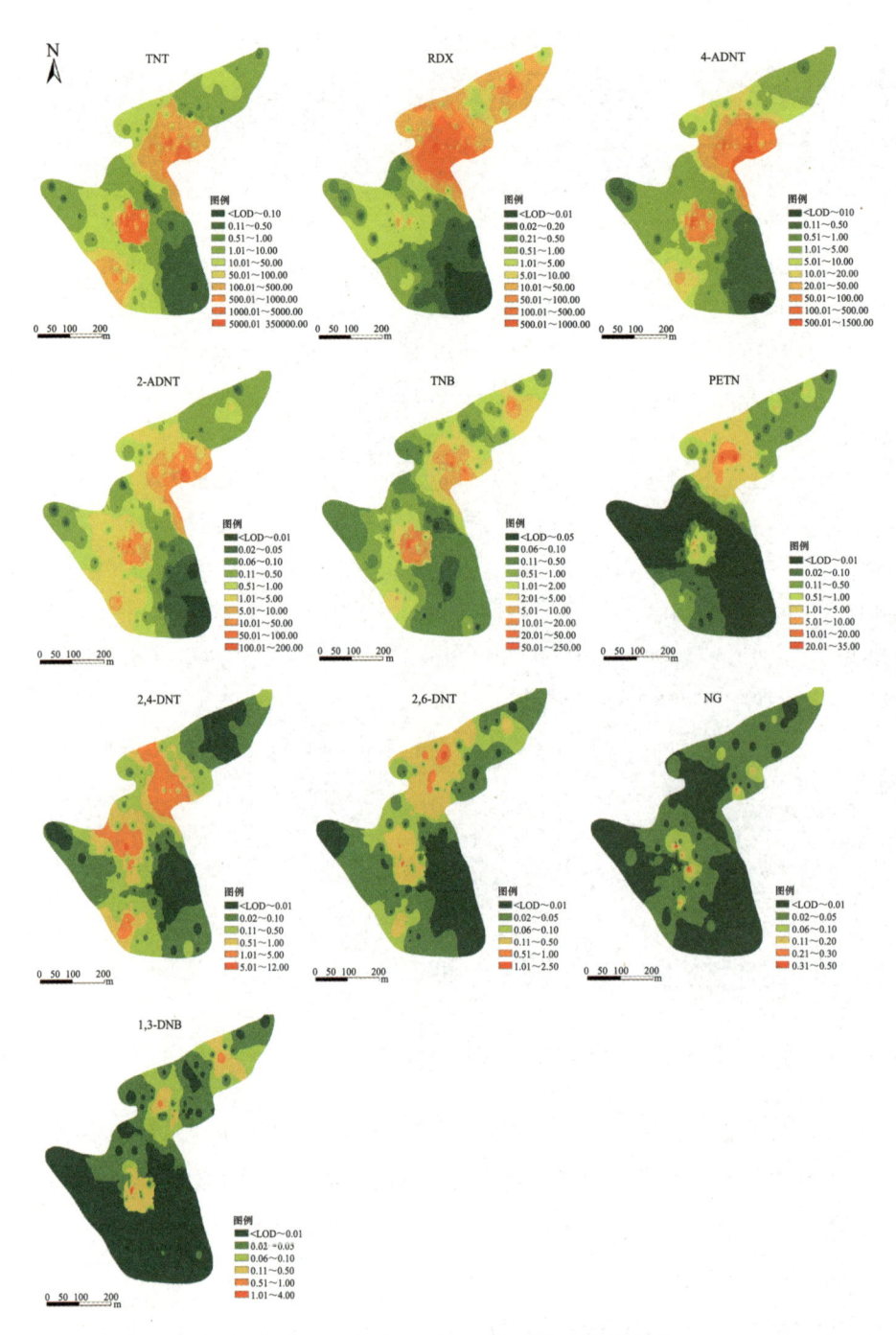

图 2.14　销毁场地表层土壤炸药污染物分布

销毁场地核心区[见图 2.15（a）]表层土壤中 TNT 的最高浓度为 482 mg/kg，与 TNT 在表层土壤中的分布一致，其他炸药污染物在销毁场地核心区中的浓度远低于

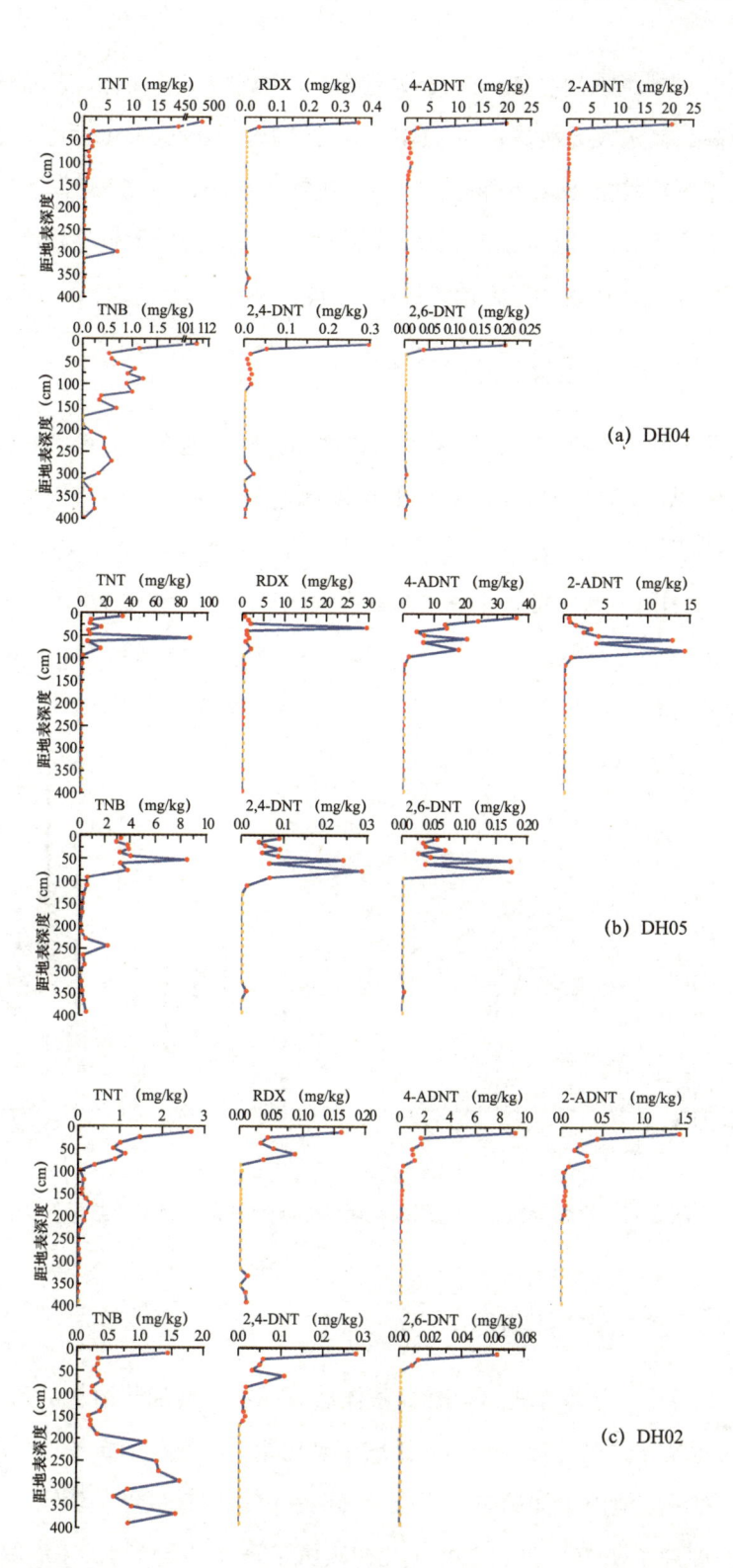

图 2.15 销毁场地核心区（DH04）、边缘区（DH05）和外围区（DH02）炸药污染物随土壤深度的分布

TNT 的浓度。在销毁场地边缘区（DH05）剖面中，RDX、4-ADNT、2-ADNT 和 TNB 的平均浓度最高。在销毁场地核心区（DH04）、外围区（DH02）剖面中，炸药污染物平均浓度随土壤深度增加呈现下降趋势，但在边缘区（DH05）剖面中，TNT 和 RDX 的最高浓度分别出现在约 50 cm 和约 30 cm 深度，这可能与销毁场地边缘区的人为扰动有关——销毁场经常使用铲车将销毁残渣从销毁平台清理到边缘区。

2.3.3.2　B 弹药销毁场地土壤炸药污染调查

B 弹药销毁设施位于华北地区，主要负责通用弹药、地爆器材销毁，主要采取野外烧毁的作业方式。销毁场地炸药污染调查区域包括生活区、弹药销毁区、弹药废水处理区。B 弹药销毁场地表层土壤中，炸药污染物主要为 TNT、特屈儿（Tetryl）、2-ADNT、RDX、HMX 等。TNT 平均含量最高，浓度平均值为 $2.39×10^4$ μg/kg；Tetryl 其次，浓度平均值为 $2.75×10^3$ μg/kg；除 NB、2-NT 浓度平均值低于 0.1 μg/kg 外，其他炸药的浓度平均值差异较大，分布在 1 ～ 121 μg/kg 范围内（见图 2.16）。

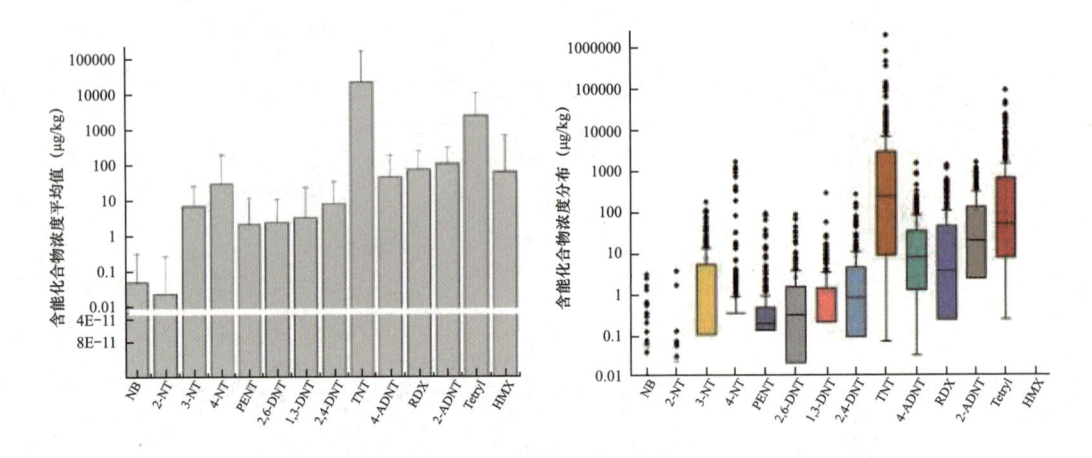

图 2.16　B 弹药销毁场地表层土壤中炸药污染物含量统计结果

2.3.3.3　C 弹药销毁场地炸药污染调查

C 弹药销毁设施位于华东地区。弹药解体后采用水蒸气加热溶化倒药，倒药废水通过管道排入两级沉淀池，沉淀处理后排放至氧化塘。C 弹药销毁场地采取在基坑内焚烧的方式，对沉淀池内沉淀的炸药药渣和其他引信机构直接点燃焚烧。在弹药销毁废水中，均检测到了 TNT（见表 2.4）。在初级沉淀池中检测到 RDX 溶解在水体中，在最终氧化塘水体中含有少量的 RDX。在初级沉淀池中检测到了溶解的 HMX，但在二级沉淀池和最终的氧化塘中没有检测到溶解的 HMX。

在表层土壤、水蒸气喷头下方土样中，TNT 浓度分别为 938±64 mg/kg 和 59±13 mg/kg，TNT 浓度高且分布不均匀，这可能是倒药热水蒸气溶解了部分炸药，排放后冷凝沉降地面的结果。沉淀池外围土样中炸药以 TNT 为主，浓度为 2.67±0.44 mg/kg；含少量的 HMX，浓度为 0.77±0.04 mg/kg。焚烧基坑内上坡样品中 RDX 和 TNT 浓度分别为 52±8 mg/kg 和 0.81±0.07 mg/kg，焚烧基坑内下坡样品中 RDX 和 TNT 浓度分别为 0.59±0.05 mg/kg 和 3.03±0.31 mg/kg，焚烧基坑外的土样中未检出这 3 种炸药。

表 2.4　C 弹药销毁场地拆解区和焚烧区水体与土壤中的炸药含量[35]

	采　样　点		HMX	RDX	TNT
水样 （mg/L）	溶解态	初级沉淀池-1	5.39±0.18	0.52±0.04	98±3
		初级沉淀池-2	4.54±1.30	0.31±0.06	89±2
		二级沉淀池	未检出	未检出	14.11±0.88
		氧化塘	未检出	未检出	2.81±0.09
	总量（含悬浮颗粒物）	初级沉淀池-1	6.42±0.13	未检出	361±29
		初级沉淀池-2	6.91±0.29	未检出	5871±445
		二级沉淀池	1.79±0.43	未检出	23.3±1.1
		氧化塘	1.09±0.15	0.05±0.02	3.23±0.10
表层土壤 （mg/kg）	拆解区	水蒸气喷头下方-1	未检出	未检出	938±64
		水蒸气喷头下方-2	0.33±0.10	未检出	59±13
		沉淀池外围-3	0.77±0.04	未检出	2.67±0.44
	焚烧基坑	焚烧基坑内上坡	未检出	52±8	0.81±0.07
		焚烧基坑内下坡	0.62±0.31	0.59±0.05	3.03±0.31
		焚烧基坑外-3	未检出	未检出	未检出
		焚烧基坑外-4	未检出	未检出	未检出

2.4　炸药污染土壤风险控制因子识别与筛选

2.4.1　组合污染特征分析

2.4.1.1　土壤炸药污染物相关性分析

不同的弹药种类，含有不同的炸药化合物，导致不同功能的场地土壤具有不同的炸药组成，表现出不同的组合污染特征。在某弹药销毁场地 DH-ISM（Ⅰ）采样单元土壤中，DNT 的 3 种同分异构体 TNT、RDX、ADNT 之间有较好的相关性（见图 2.17）。对 DH-ISM（Ⅱ）采样单元来说，土壤有机质含量的替代性指标 $LOI_{550℃}$ 与 DNT、RDX、2-ADNT 有显著的相关性；RDX、2-ADNT 与多种污染物具有显著的相关性，而 Tetryl 与 4-ADNT 有很好的相关性；作为主要的污染物，TNT 仅与 1,3-DNT 具有相关性；3-NT 与 PETN 显著相关。在两个决策单元中，Tetryl 与 4-ADNT 都有一定的相关性，HMX 含量变化与其他几种污染物都没有显著的相关性。土壤中炸药污染物之间的相关性表明，

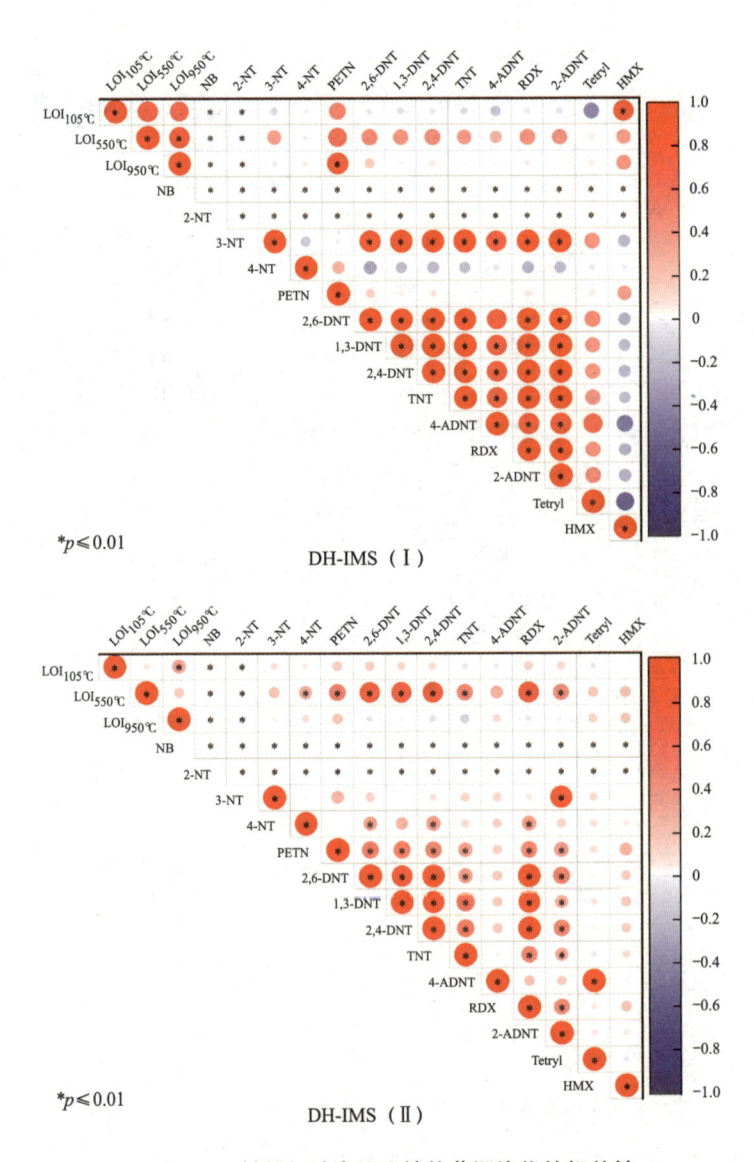

图 2.17 销毁场地表层土壤炸药污染物的相关性

这些炸药污染物有共同的来源，或者可能受到了相似消除过程的影响。

2.4.1.2 炸药污染物来源解析

销毁场地表层土壤中炸药显然来自弹药的焚烧销毁活动，但不同的炸药污染物可能有不同的来源，即来自所焚烧的不同弹种和火工品。本节对销毁场地两个决策单元土壤样品炸药污染物含量进行了主成分分析（见表2.5）。DH-ISM（Ⅰ）决策单元主成分1的方差贡献率为54.01%，主要由3-NT、4-NT、DNT、TNT、4-ADNT、RDX、2-ADNT贡献；主成分2的方差贡献率为23.95%，主要贡献参数是烧失量（$LOI_{105℃}$、$LOI_{550℃}$、$LOI_{950℃}$）、PETN、HMX；主成分3的方差贡献率为10.43%，主要来自4-NT和Tetryl。DH-ISM（Ⅱ）决策单元的主成分1来自$LOI_{550℃}$、DNT的3种同分异构体、RDX和2-ADNT，TNT也有一定的贡献；主成分2主要是6-ADNT、Tetryl的贡献；主成分3主要是3-NT、2-ADNT的贡献；主成分4主要是$LOI_{105℃}$、4-NT的贡献；主成分5除了$LOI_{950℃}$的贡献，主要与HMX含量的变化有关。

表2.5 销毁场地决策单元炸药污染物主成分分析结果

	DH-ISM（Ⅰ）			DH-ISM（Ⅱ）				
	主成分1	主成分2	主成分3	主成分1	主成分2	主成分3	主成分4	主成分5
方差贡献率	54.01%	23.95%	10.43%	37.95%	16.1%	14.1%	10.5%	8.6%
$LOI_{105℃}$	−0.117	0.843	−0.420	0.289	−0.272	−0.062	0.839	−0.096
$LOI_{550℃}$	0.422	0.865	−0.097	0.834	0.266	0.236	−0.041	0.008
$LOI_{950℃}$	0.043	0.948	0.147	−0.308	0.259	0.307	0.460	0.547
3-NT	0.961	−0.039	−0.051	0.059	0.158	0.961	−0.025	−0.036
4-NT	−0.296	0.170	0.585	0.477	0.262	−0.111	0.767	0.000
PETN	0.020	0.880	0.316	0.386	−0.167	0.868	−0.092	0.097
2,6-DNT	0.957	0.119	0.012	0.955	0.025	0.111	0.069	0.055
1,3-DNB	0.989	0.041	−0.054	0.879	−0.121	−0.120	0.020	−0.169
2,4-DNT	0.990	0.066	−0.037	0.981	−0.029	−0.010	0.140	0.012
TNT	0.981	−0.008	−0.075	0.393	−0.477	−0.049	−0.060	−0.183
4-ADNT	0.842	−0.068	0.339	0.173	0.951	0.012	−0.043	−0.080
RDX	0.988	0.056	−0.027	0.980	−0.014	−0.055	0.126	0.024
2-ADNT	0.995	0.010	−0.034	0.804	0.055	0.487	0.077	0.057
Tetryl	0.522	−0.146	0.661	0.029	0.956	0.002	−0.023	−0.107
HMX	−0.335	0.616	−0.590	−0.014	−0.150	−0.017	−0.116	0.939

从两个决策单元主成分分析结果的比较来看，虽然两者的主成分分析结果存在较大差异，但相同之处是 TNT、Tetryl、HMX 属于不同的主成分，说明这 3 种主要污染物有不同的源过程，或者经历了不同的环境过程，导致它们的分布特征明显不同。DHIMS（Ⅰ）的主成分 2 约相当于 DHIMS（Ⅱ）的主成分 3 与主成分 5 之和。DHIMS（Ⅰ）的主成分 3 相当于 DHIMS（Ⅱ）的主成分 2；DHIMS（Ⅰ）的主成分 1 相当于 DHIMS（Ⅱ）的主成分 1 与主成分 4 之和。由此可见，随着样品量的增加，通过主成分分析可以根据主成分得分的不同探讨更多的污染物影响因素。

PETN 早期几乎覆盖了炸药应用的所有领域，它起爆容易，但是安定性不如 RDX，感度高，在军事上已经基本被淘汰，仅在传爆及制备低密度炸药等一些特殊领域还有应用。采集的土壤中 PETN 含量很低，这可能与其在军事上使用很少且酯类容易水解有关。梯黑炸药（或称黑梯炸药）是由 TNT 和 RDX 组成的熔铸混合炸药，既保持了 RDX 高能量的特点，又保持了 TNT 的可塑性，是常规武器最重要的装药成分，而 TNT、RDX、DNT 都是制造聚黑类炸药的主要成分。作为销毁场地最主要的污染物，土壤中 TNT、RDX、DNT 的含量具有相关性，它们可能主要来自梯黑炸药、聚黑类炸药销毁时的残留物。4-ADNT、2-ADNT 是 TNT 的微生物还原中间产物[15, 36, 37]。由于具有共同的来源，或者都是 TNT 在土壤中的微生物降解产物，因此土壤中 4-ADNT、2-ADNT 浓度与 TNT 浓度有显著的相关性。Tetryl 主要用作起爆药、传爆药，装填于导爆管、导爆索及传爆管中，也用于引发一些低爆轰感度炸药（如某些浆状炸药）的爆轰。HMX 的生产工艺要求高，产品很难提纯，生产成本高，主要应用于导弹战斗部、反坦克武器装药。起爆药、高能战斗部通常与常规弹药分别销毁，因此 HMX 在土壤中的浓度没有表现出与其他成分浓度的相关性。

2.4.2 基于土壤环境基准的风险因子筛查

作为特殊行业和领域的区域性污染物，硝基芳香类炸药化合物还没有被纳入我国土壤质量标准和风险管控标准中。目前，可供参考的土壤和地下水中炸药污染物指导限值是由美国环境保护署颁布的，被列入指南的炸药化合物包括 TNT、RDX、HMX、2,4-DNT、2,6-DNT、硝化甘油（NG）共 6 种（见表 2.6），其他炸药化合物因为使用量小或未见明显的健康和环境效应而未被列入指南。

表2.6 土壤和地下水中炸药污染物的指导限值

化合物	土壤中的指导限值（mg/kg）				地下水中的指导限值（μg/L）	
	USEPA	BRI_{ENW}	BRI_{HH}	BRI_{AL}	USEPA	BRI
TNT	80	3.7	41	31	1	4.7
RDX	—	4.7	250	7.6	2	28
HMX	—	32	4100	13	400	93
2,4-DNT	—	11	0.14	130	0.17	0.7
2,6-DNT	—	8.5	0.14	130	0.0068	0.7
NG	—	65	2500	2.4	5	280

备注：BRI_{ENW}—保护土壤生态健康的指导限值；BRI_{HH}—保护人体健康的指导限值；BRI_{AL}—保护水生生物的指导限值

根据检测得到的场地炸药污染物的平均浓度，对照保护土壤生态健康的指导限值（BRI_{ENW}），计算各种炸药污染物平均浓度的占标系数（见表2.7）。占标系数平均值由大到小顺序为 TNT ≫ RDX > 1 ≫ 2,4-DNT > HMX = 2,6-DNT > NG。从实际调查结果来看，TNT 是炸药污染场地的主要污染风险因子，其次是 RDX，考虑将两者作为后期污染土壤生物修复的主要目标物，需要重点关注。从污染程度来分析，A 销毁场地是污染最严重的，其次是 C 销毁场地和 B 销毁场地。某弹药生产厂场地，作为弹药生产企业的测试场地，主要开展弹药测试，有少量的销毁业务，RDX 超过了指导限值；综合训练场 1 地块污染轻微。

表2.7 土壤中各种炸药污染物平均浓度的占标系数

污染物	某弹药生产厂	综合训练场1	A销毁场地	B销毁场地	C销毁场地	平均值
TNT	0.13	0.06	4475.95	6.46	38.65	904.25
RDX	1.71	0.02	4.45	0.02	1.60	1.56
HMX	0.01	0.00	0.20	0.00	0.01	0.04
2,4-DNT	0.06	0.00	0.38	0.01	0.00	0.09
2,6-DNT	0.03	0.00	0.19	0.00	0.00	0.04
NG	0.01	0.00	0.00	0.00	0.00	0.00
总计	1.95	0.08	4481.18	6.49	40.25	905.98

2.4.3 基于健康风险评价的风险因子筛查

人类接触土壤中的化学物质有 3 个最重要的途径，即经口摄入、皮肤接触和吸入。

在吸入暴露情景中，由于炸药类化合物缺少致癌斜率因子（SF）和参考剂量（RfD）（非致癌阈值），且土壤中不挥发、半挥发性有机污染物的吸入途径对人类健康风险的贡献通常较低，因此土壤炸药污染物的健康风险评价暂不考虑吸入暴露途径。以 A 销毁场地炸药污染土壤为例，开展基于健康风险评价的风险因子筛查。根据《建设用地土壤污染风险评估技术导则》（HJ 25.3—2019）、美国环境保护署相关筛选值[①]及场地工作实际情况，确定 A 销毁场地炸药污染物的暴露参数如表 2.8 所示，常见炸药化合物的毒性参数如表 2.9 所示。

表 2.8 A 销毁场地炸药污染物的暴露参数

暴露参数名称	含 义	单 位	参 数 值	参 考 文 献
IRg	摄入量	mg/d	100	HJ 25.3—2019
ED	暴露时间	年	25	HJ 25.3—2019
EF	暴露频率	d/year	116	实地调查
BW	体重	kg	71	实地调查
AT	平均效应时间	天	9125（非致癌） 27740（致癌）	HJ 25.3—2019
SA	人体表面积	cm²	3334	实地调查
AF	皮肤黏附因子	mg/cm²	0.2	HJ 25.3—2019
ABS	皮肤吸收因子	无量纲	TNT 0.03 RDX 0.02 4-ADNT 0.01 2-ADNT 0.01 TNB 0.02 PETN 0.10 2,4-DNT 0.10 2,6-DNT 0.10 NG 0.10 1,3-DNB 0.10	USEPA（2021）

将 A 销毁场地表层土壤 DH-IMS（Ⅰ）决策单元–多点增量采样法的检测结果作为代表性浓度，根据 HJ 25.3—2019 推荐的终生暴露剂量、终生暴露浓度计算方法，以及风险计算方法，计算得到场地炸药污染的致癌风险和非致癌风险如表 2.10 所示。从评价结果来看，TNT 是最主要的污染因子，其次是 4-ADNT 和 RDX，但后

---
① United States Environmental Protection Agency (U.S. EPA). Regional Screening Levels (RSLs), 2021.

两者的健康风险比 TNT 的要小得多。高浓度 TNT 污染土壤具有很高的经口摄入风险（HI=4.13），而其致癌风险也比较高，达到了可接受标准（1.0×10⁻⁵）的 2.04 倍。从暴露方式看，直接吸入吸附了炸药污染物的土壤颗粒是最主要的暴露方式。因此，在工人销毁作业过程中，应该加强对吸入颗粒物和皮肤沾染土壤颗粒的防护。

表 2.9 常见炸药化合物的毒性参数

化合物	参考剂量RfD (mg/(kg·d))		致癌斜率因子SF (mg/(kg·d))⁻¹		消化道吸收因子 ABS_{GI}（无量纲）
	经口摄入	皮肤接触	经口摄入	皮肤接触	USEPA（2021）
TNT	5.0E−04	5.0E−04	3.0E−02	3.0E−02	1
RDX	4.0E−03	4.0E−03	8.0E−02	8.0E−02	1
4-ADNT	1.0E−04	1.0E−04	—	—	1
2-ADNT	1.0E−04	1.0E−04	—	—	1
TNB	3.0E−02	3.0E−02	—	—	1
PETN	2.0E−03	2.0E−03	4.0E−03	4.0E−03	1
2,4-DNT	2.0E−03	2.0E−03	3.1E−01	3.1E−01	1
2,6-DNT	3.0E−04	3.0E−04	1.5E+00	1.5E+00	1
NG	4.0E−04	4.0E−04	1.7E−02	1.7E−02	1
1,3-DNB	1.0E−04	1.0E−04	—	—	1

表 2.10 A 销毁场地炸药污染对作业人员的健康风险

化合物	非致癌风险（HI）			致癌风险（CR）		
	经口摄入风险	皮肤接触风险	总计	经口摄入风险	皮肤接触风险	总计
2,6-DNT	6.67E−04	4.45E−04	1.11E−03	9.87E−08	6.58E−08	1.65E−07
1,3-DNT	—	—	—	—	—	—
2,4-DNT	3.52E−04	2.35E−04	5.86E−04	7.18E−08	4.78E−08	1.20E−07
TNT	4.13	0.826	4.96	2.04E−05	4.08E−06	2.45E−05
4-ADNT	8.08E−02	5.39E−03	8.62E−02	—	—	—
RDX	4.42E−04	5.89E−05	5.01E−04	4.65E−08	6.20E−09	5.27E−08
2-ADNT	8.22E−02	5.48E−03	8.77E−02	—	—	—
Tetryl	—	—	—	—	—	—
HMX	—	—	—	—	—	—
总计	4.30E+00	8.38E−01	5.13E+00	2.06E−05	4.20E−06	2.48E−05

2.5　小结

炸药污染场地调查及主要风险因子的识别和筛选，是开展炸药污染土壤修复的前提。针对炸药污染场地土壤调查需求，本章梳理了常规炸药污染场地表层土壤采样、军事训练场表层土壤采样和军事场地深层土壤采样方法，构建了复杂介质中多污染物的"加压流体萃取–气相色谱–微电子捕获检测器"检测法，开展了弹药生产场地、军事训练场和弹药销毁场地等典型涉炸药场地的土壤污染调查。与土壤环境基准值的比较表明，TNT 是我国炸药污染场地的主要污染风险因子，其次是 RDX，这两者是炸药污染土壤生物修复的主要目标物。基于"四步法"健康风险评价，本章识别出在弹药销毁场地 TNT 是最主要的健康风险因子，其非致癌风险和致癌风险都较高，其次是 4-ADNT 和 RDX，经口摄入吸附了炸药污染物的土壤颗粒是最主要的暴露方式。炸药污染土壤的风险评价和主要风险因子的识别，为炸药污染土壤的修复提供了目标。

军事科学院防化研究院：朱勇兵，赵三平
中国科学技术大学：刘晓东，张慧君

参 考 文 献

[1] KAUR V, KUMAR A, MALIK A K, et al. SPME-HPLC: A new approach to the analysis of explosives [J]. Journal of Hazardous Materials, 2007, 147(3): 691-697.

[2] GLEDHILL M, BECK A J, STAMER B, et al. Quantification of munition compounds in the marine environment by solid phase extraction-ultra high performance liquid chromatography with detection by electrospray ionisation-mass spectrometry [J]. Talanta, 2019, 200: 366-372.

[3] PAN X, ZHANG B, COBB G P. Extraction and analysis of trace amounts of cyclonite (RDX) and its nitroso-metabolites in animal liver tissue using gas chromatography with electron capture detection (GC-ECD) [J]. Talanta, 2005, 67(4): 816-823.

[4] NAWAŁA J, SZALA M, DZIEDZIC D, et al. Analysis of samples of explosives excavated from the Baltic Sea floor [J]. Science of the Total Environment, 2020, 708: 135198.

[5] BEN-JABER S, PEVELER W J, QUESADA-CABRERA R, et al. Photo-induced enhanced Raman spectroscopy for universal ultra-trace detection of explosives, pollutants and biomolecules [J]. Nature Communications, 2016, 7(1): 12189.

[6] AKHAVAN J. Analysis of high-explosive samples by Fourier transform Raman spectroscopy [J]. Spectrochimica Acta Part A: Molecular Spectroscopy, 1991, 47(9-10): 1247-1250.

[7] BANAS A, BANAS K, LIM S K, et al. Broad range FTIR spectroscopy and multivariate statistics for high energetic materials discrimination [J]. Analytical Chemistry, 2020, 92(7): 4788-4797.

[8] MUNJAL P, SHARMA B, SETHI J R, et al. Identification and analysis of organic explosives from post-blast debris by nuclear magnetic resonance [J]. Journal of Hazardous Materials, 2021, 403: 124003.

[9] XU S, LU H, LI J, et al. Dummy molecularly imprinted polymers-capped CdTe quantum dots for the fluorescent sensing of 2,4,6-trinitrotoluene [J]. ACS Applied Materials Interfaces, 2013, 5(16): 8146-8154.

[10] SUN X, KONG T, XU R, et al. Comparative characterization of microbial communities that inhabit arsenic-rich and antimony-rich contaminated sites: Responses to two different contamination conditions [J]. Environmental Pollution, 2020, 260: 114052.

[11] HEWITT A, JENKINS T, et al. Protocols for Collection of Surface Soil Samples at Military Training and Testing Ranges for the Characterization of Energetic Munitions Constituents [R]. Cold Regions Research and Engineering Laboratory U.S. Army Engineer Research and Development Center, 2007.

[12] 中国科学院南京土壤研究所，生态环境部南京环境科学研究所，生态环境部土壤与农业农村生态环境监管技术中心，等. 土壤质量 决策单元 – 多点增量采样法 [S]. 国家市场监督管理总局，国家标准化管理委员会，2023：24.

[13] 王诗雨，李淳，赵洪伟，等. 某实验场土壤重金属分布特征及其污染评价 [J]. 环境科学，2022：1-14.

[14] BORDELEAU G, MARTEL R, AMPLEMAN G, et al. Environmental impacts of training activities at an air weapons range [J]. Journal of Environmental Quality, 2008, 37(2): 308-317.

[15] 张慧君，朱勇兵，赵三平，等. 炸药的多相界面环境行为与归趋研究进展 [J]. 含能材料，2019，27(7)：569-586.

[16] VENU-BABU P, CHAUDHURI G, THILAGARAJ W R. A new approach using polyvinylidene fluoride immobilised calf-intestinal alkaline phosphatase for uranium bioprecipitation [J]. International Journal Environment Science Technology, 2018, 15(3): 599-606.

[17] WALSH M E. Determination of nitroaromatic, nitramine, and nitrate ester explosives in soil by gas chromatography and an electron capture detector [J]. Talanta, 2001, 54(3): 427-438.

[18] WALSH M E, COLLINS C M, JENKINS T F, et al. Sampling for Explosives-Residues at Fort Greely, Alaska [J]. Soil and Sediment Contamination: An International Journal, 2001, 12: 631-645.

[19] DURSUN H. Determination of the postexplosion residues of nitro group containing explosives in soil with GC-MS and GC-TEA [D]. Middle East Technical University, 2007.

[20] JIMéNEZ A, NAVAS M. Chemiluminescence detection systems for the analysis of explosives [J]. Journal of Hazardous Materials, 2004, 106(1): 1-8.

[21] HOLMGREN E, EK S, COLMSJö A. Extraction of explosives from soil followed by gas chromatography-mass spectrometry analysis with negative chemical ionization [J]. Journal of Chromatography A, 2012, 1222: 109-115.

[22] GREGORY K E, KUNZ R R, HARDY D E, et al. Quantitative comparison of trace organonitrate explosives detection by GC-MS and GC-ECD2 methods with emphasis on sensitivity [J]. Journal of Chromatographic Science, 2011, 49(1): 1-7.

[23] HURI M A M, AHMAD U K, IBRAHIM R, et al. A review of explosive residue detection from forensic chemistry perspective [J]. Malaysian Journal of Analytical Sciences, 2017, 21(2): 267-282.

[24] JENKINS T F, GRANT C L. Comparison of extraction techniques for munitions residues in soil [J]. Analytical Chemistry, 1987, 59(9): 1326.

[25] THOMAS J L, DONNELLY C C, LLOYD E W, et al. Development and validation of a solid phase extraction sample cleanup procedure for the recovery of trace levels of nitro-organic explosives in soil [J]. Forensic Science International, 2018, 284: 65-77.

[26] 孟欢，朱勇兵，王晴，等 . 吉林某弹药销毁场土壤炸药污染调查及其赋存状态研究 [J]. 中国无机分析化学，2022，12(3)：31-39.

[27] ZHANG H, WANG S, ZHU Y, et al. Determination of Energetic Compounds in Ammunition Contaminated Soil by Accelerated Solvent Extraction (ASE) and Gas Chromatography-Microelectron Capture Detection (GC-μECD) [J]. Analytical Letters, 2022, 55(15): 2467-2483.

[28] AGENCY U E P. Method 8330B nitroaromatics, nitramines, and nitrate esters by high performance liquid chromatography (HPLC) [S]. Washington, DC: US Environmental Protection Agency, 2006.

[29] ŞENER H, ANILANMERT B, CENGIZ S J C P. A fast method for monitoring of organic explosives in soil: A gas temperature gradient approach in LC-APCI/MS/MS [J]. Chemical Papers, 2017, 71(5): 971-979.

[30] ANILANMERT B, AYDIN M, APAK R, et al. A fast liquid chromatography tandem mass spectrometric analysis of PETN (pentaerythritol tetranitrate), RDX (3,5-trinitro-1,3,5-triazacyclohexane) and HMX (octahydro-1,3,5,7-tetranitro-1,3,5,7-tetrazocine) in soil, utilizing a simple ultrasonic-assisted extraction with minimum solvent [J]. Analytical Sciences, 2016, 32(6): 611-616.

[31] PSILLAKIS E, NAXAKIS G, KALOGERAKIS N. Detection of TNT-contamination in spiked-soil samples using SPME and GC/MS [J]. Global NEST Journal, 2000, 2(3): 227-236.

[32] DAWIDZIUK B, NAWAŁA J, DZIEDZIC D, et al. Development, validation and comparison of

three methods of sample preparation used for identification and quantification of 2,4,6-trinitrotoluene and products of its degradation in sediments by GC-MS/MS [J]. Analytical Methods, 2018, 10(43): 5188-5196.

[33] UNGRáDOVá I, ŠIMEK Z, VáVROVá M, et al. Comparison of extraction techniques for the isolation of explosives and their degradation products from soil [J]. International Journal of Environmental Analytical Chemistry, 2013, 93(9): 984-998.

[34] PAN X, ZHANG B, COX S B, et al. Determination of N-nitroso derivatives of hexahydro-1,3,5-trinitro-1,3,5-triazine (RDX) in soils by pressurized liquid extraction and liquid chromatography-electrospray ionization mass spectrometry [J]. Journal of Chromatography A, 2006, 1107(1-2): 2-8.

[35] 王哲. 典型地区土壤和沉积物有机污染物来源与分布特征 [D]. 合肥：中国科学技术大学，2015.

[36] BICKMEYER U, MEINEN I, MEYER S, et al. Fluorescence measurements of the marine flatworm Macrostomum lignano during exposure to TNT and its derivatives 2-ADNT and 4-ADNT [J]. Marine Environmental Research, 2020, 161: 105041.

[37] SYMONS Z C, BRUCE N C. Bacterial pathways for degradation of nitroaromatics [J]. Natural Product Reports, 2006, 23(6): 845-850.

第 3 章
土壤中炸药化合物赋存状态与生物有效性

3.1 引言

污染物进入土壤后，与土壤成分发生相互作用而老化（Aging），使污染物赋存状态发生变化，导致其移动性、生物有效性甚至化学反应活性都出现不同程度的降低，使其环境与生态风险发生改变，并对其修复效率产生重要影响[1]。生物有效性（Bioavailability）是环境介质中的污染物可以被生物吸收利用的特性，是准确评价污染物对生物影响的有效手段，其受土壤化学特性（如土壤有机质、土壤矿物、溶解性有机质、水化学等）、污染物本身的理化特性、温度、酸碱度、氧化还原电位等诸多因素的影响。与生物有效性相对的概念是结合态残留（Bound Residue），或称不可提取态残留（Non-Extractable Residue，NER），是指与基质紧密结合的污染物中，经过不明显改变化合物本身和基质结构的化学萃取后，仍留存于土壤基质中的部分（包括母体化合物和降解产物）[2]。结合态残留的生成传统上被视为污染物的去毒或降解途径，但随着老化时间的延长，或者受环境条件变化等因素的影响，土壤中结合态残留可能会被再次释放，产生环境风险。

作为一种持久性有机污染物，炸药化合物进入土壤后会被吸附并形成结合态残留，这是影响炸药化合物环境行为的关键过程。在生物修复过程中，土壤中可提取的炸药化合物浓度下降或炸药化合物消失，并不意味着深度降解或完全矿化。Weiß 等[3]利用 ^{14}C 标记的 TNT 评估了生物修复对结合态残留的影响，不可提取的放射性物质占比为 67%～93%，经过生物处理后，可提取的放射性物质占比仅轻微增加（<10%），这意味着生物处理可以有效钝化 TNT。深入理解炸药污染物在土壤中的吸附和赋存状态、老化机理，评估其生物有效性、结合态残留，是开展炸药污染土壤生物修复及准确评估其修复效果的重要基础。

3.2 土壤中炸药的赋存状态

赋存状态（Speciation）一般用来描述与污染物可移动特性有关的土壤中污染物的存在状态，既和污染物的化学形态（例如，重金属有各种不同价态的氧化物）有关，又和污染物与介质材料间的化学作用（如吸附）、物理作用（如包裹）有关。有机污染物在土壤中主要吸附于不同土壤组分，导致其赋存状态存在差别。

3.2.1 炸药含量随土壤粒径的分布

不同粒径土壤中污染物的分布规律，对修复技术选择及修复工艺优化有重要指导意义，尤其是生物修复、淋洗和热脱附等技术。某销毁场地的土壤样品冷冻干燥后分级筛分，不同粒径的土壤颗粒采用与土壤中炸药污染物含量分析相同的"加压流体萃取-气相色谱-微电子捕获检测器"检测法进行含量分析。从不同粒径土壤炸药污染物含量测试结果来看（见图3.1），随着土壤粒径减小，TNT、RDX、2-ADNT、4-ADNT 和 2,4-DNT 等主要污染物的含量增加；细于100目（粒径 <0.150 mm）的土壤组分中 TNT、2-ADNT、RDX、4-ADNT、2,4-DNT 等的含量是粒径 <2 mm 土壤组分中含量的 1.5～2.1 倍，这表明土壤细颗粒对炸药污染物有比较明显的富集特征，这与细颗粒具有更大的比表面积、更多的吸附位点有关。细颗粒炸药污染物对苦味酸的吸附速度比粗颗粒的吸附速度快[4]。

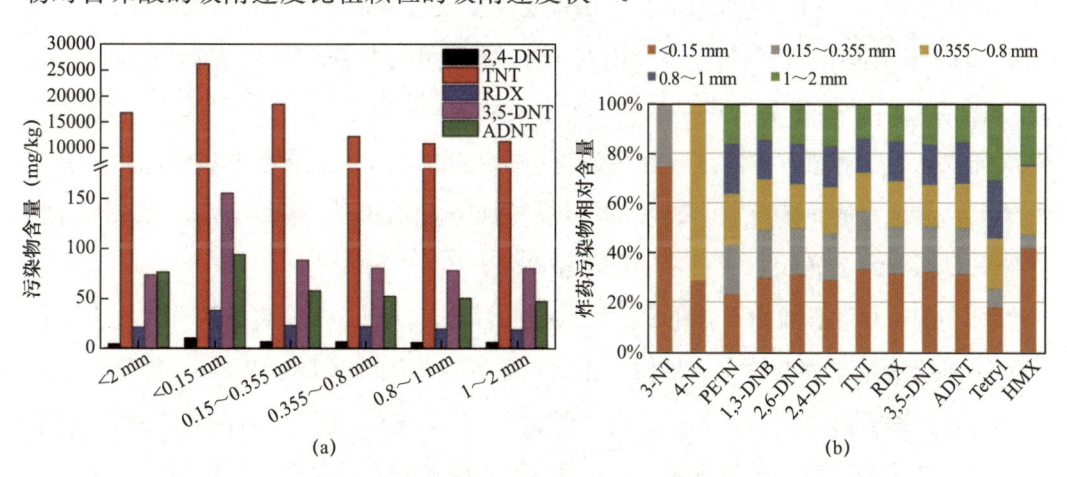

图 3.1 各级粒径土壤中炸药污染物含量及炸药污染物相对含量

3.2.2 土壤对典型炸药化合物的吸附机理

作为一类持久性有机污染物，炸药化合物分散进入土壤后会与土壤组分发生吸附反应，主要吸附机理为硝基官能团与土壤胶体之间的氢键结合、离子交换作用，以及与有机碳含量相关的疏水分配作用[5,6]。这些作用将导致进入土壤的炸药化合物发生老化，影响化合物的迁移转化和生物有效性。

3.2.2.1 土壤有机质对炸药化合物的吸附机理

TNT 与土壤之间的吸附通常为可逆吸附，其中，有机质起到了关键作用，土壤有机质含量越高，土壤对炸药化合物的吸附效果越强[6]。郝全龙等研究了富里酸对 TNT 的吸附–解吸附行为[7]，发现富里酸对 TNT 有较强的吸附能力（$K_f = 2.24$），比有机膨润土对 TNT 的吸附能力强（$K_f = 1.81$）[8]，吸附能力主要与富里酸结构中的网状结构及亲水基和疏水基的比值有关。炸药化合物的官能团种类会影响其在土壤有机质与水之间的分配过程。从疏水分配的角度来说，TNT 在土壤有机质中的分配能力要大于其转化产物，TNT 在土壤中的迁移速率也相对更慢。但 TNT 的还原产物与土壤有机质的反应存在很大不同，使用 ^{15}N 标记的 TNT 及 4-ADNT、2-ADNT、2,4-DANT、2,6-DANT、TAT 等 TNT 主要还原产物与土壤腐殖酸反应，在没有催化剂的情况下，5 种胺都与土壤腐殖酸的醌基或其他羰基发生加成反应，形成了缩合产物。二胺和三胺（TAT）通过 1,2 加成反应与土壤腐殖酸的醌基作用形成亚胺，但这一反应对单胺没有显著影响。辣根过氧化物酶（Horseradish Peroxidase，HRP）能催化 5 种胺与土壤腐殖酸的结合，对于二胺和 TAT，辣根过氧化物酶能将主要反应从杂环缩合转变为亚胺形成[9]。Sheremata 等也指出，随着氨基官能团的增加，炸药化合物的吸附能力越来越强，TNT 的吸附能力弱于其分解产物 4-ADNT，而 4-ADNT 的吸附能力又不如 2,4-DANT[10]。也有研究认为，有机碳含量对溶解的硝基芳香化合物和硝胺化合物的吸附能力几乎没有影响，甚至有负面影响[11]。TNT 的转化产物与土壤有机质共价结合后，无法被提取出来，可能导致土壤对 TNT 的吸附能力被高估。

细小的可移动颗粒是土壤中反应性最强的部分，Dontsova 分离了两种矿物土壤和一种有机土壤的土壤胶体水分散性黏土（Water-Dispersible Clay，WDC）组分，然后分别处理去除有机碳和几种形式的铁（草酸盐可萃取 Fe^0，连亚硫酸盐–柠檬酸盐可萃取 Fe^d），结果发现对于矿质土壤，TNT 和 RDX 在水分散性黏土上的吸附量小于未处理的土壤，有机碳的存在增加了水分散性黏土对炸药的吸附量[12]。在有机碳存在的情况下，去除 Fe^0 降低了水分散性黏土对 RDX 的吸附，增加了水分散性黏土对 TNT 的吸附。总之，有机碳是水分散性黏土吸附炸药化合物的关键，黏土矿物或氧化铁、氢氧化物处于次要地位，有机碳是最有可能促进 TNT 和 RDX 运输的介质[12]。事实上，颗粒有机物（Particulate Organic Matter，POM）与 TNT 及其降解产物的结合能力是溶解态有机质（Dissolved Organic Matter，DOM）的 6.4～22 倍，且 TNT 降解随着土壤中有机质含量的增加而增强[13]；苯胺、TNT 及其还原产物都优先与小分子量的 DOM 结合，这表明苯胺和 TNT 的迁移率受到土壤中有机质溶解度的巨大影响[14]。硝基芳香烃在不同吸附剂中的吸附量大小依次为：商业化腐殖酸＞堆肥腐殖酸＞与木质素相似的胡敏酸；土壤有机质中的脂肪族结构显著影响 TNT 和 2,4-DNT 的非特异性吸附[15]。TNT 的滞后解吸附表明，有机质对 TNT 的吸附是不可逆的，但尿素能显著增强土壤中 TNT 的提取率[16]。

硝铵类炸药 RDX 和 HMX 是杂环化合物，其极性更强，$logK_{ow}$ 更小，不易被黏土矿物吸附。Tucker 等[17]观察到 RDX 的 K_d 与土壤有机碳含量存在显著的线性关系，可以用线性吸附等温线描述具体的吸附过程，这表明有机质疏水分配是 RDX 与土壤之间的主要吸附机制。HMX 在土壤中的吸附行为与 RDX 类似，但土壤中有机碳的含量不会显著影响土壤对 HMX 的吸附能力，当土壤有机碳含量为 8.4% 和 0.33% 时，HMX 的吸附系数分别为 2.5 mg/L 和 0.7 mg/L[18]。Sharma 等[6]测定了 TNT、RDX 和 HMX 在高有机碳含量土壤和高黏土含量土壤中的吸附系数，无论是在富含有机碳的土壤中，还是在富含黏土的土壤中，炸药化合物的吸附量由大到小均为 TNT ＞ RDX ＞ HMX。与黏土含量高的土壤相比，富含有机碳的土壤对 TNT、RDX 和 HMX 的吸附能力更强，这导致溶解的 HMX 和 RDX 可以穿过土壤不饱和带，并渗透到地下水中，因此，人们经常可以在地下水中检测到 RDX 和 HMX，却检测不到 TNT。Jenkins 等[19]在反坦克火箭场地地下 120 cm 深处仍检测到了 HMX，但在地下 15 cm 深处没有检测到 TNT 和 RDX。吸附状态的 CL-20 难以发生氧化还原转化，土壤有机质的吸附可能是降低 CL-20 在土壤中的降解速率，并使其得以长期存在的原因[20]。与硝基芳香烃类似，对沉积物的研究中也没有观察到氧化铁含量对 RDX 吸附的影响，去除铁氧化物并不影响土壤细颗粒对 RDX 的吸附[12]。Lingamdinne 等[21]研究了稻壳生物炭去除废水中 TNT 和 RDX 的能力，稻壳生物炭与这两种化合物主要是弱静电相互作用，以及 $-NO_2$、π-π 键与生物炭表面官能团的电荷转移作用，并且吸附能力取决于溶液的 pH，当 pH 从 2.0 升高到 6.0 时，吸附能力会随之减小。

土壤腐殖酸（Humic Acid，HA）也影响不敏感炸药的降解和残留。Sclutt 等[22]利用分子动力学、热力学积分和密度泛函理论，研究了 DNAN、二硝酰胺铵（DNi-NH$_4^+$）、N-甲基对硝基苯胺（nMNA）、NQ、NTO、TNT、RDX 与腐殖酸模型化合物 HA-3 的作用，腐殖酸能结合大多数化合物，既是电子的汇，又是电子的源；电离电位分析表明，腐殖酸比所研究的炸药化合物更容易氧化，当 HA 和炸药化合物复合时，HA 倾向于首先自由基化，从而缓冲炸药化合物免受还原和氧化攻击，进而使炸药化合物持久存在。

以 TNT 为例，土壤对炸药化合物（TNT）的吸附作用模型如图 3.2 所示。

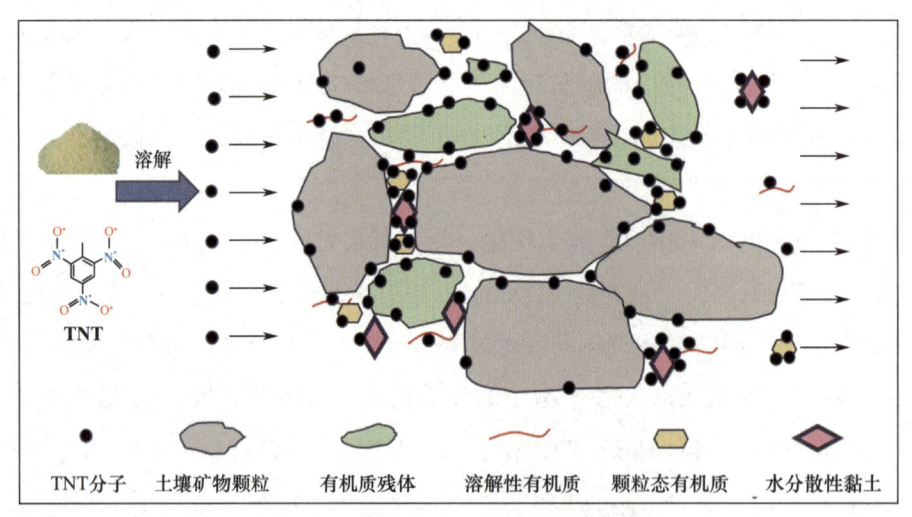

图 3.2 土壤对 TNT 的吸附作用模型

3.2.2.2 土壤矿物对炸药的吸附机理

虽然土壤中黏土矿物、金属氧化物对 TNT 等炸药化合物的吸附能力不及有机质，但在贫有机质土壤中，特别是在演习场、训练场等干旱少雨的环境中，其仍然是影响炸药化合物环境行为的关键因素。另外，矿物吸附炸药后导致炸药化合物反应性增强，有利于炸药化合物的降解和消失。不同的黏土矿物对 TNT 的吸附能力有明显差异，例如，蒙脱土对 TNT 的吸附量远远大于高岭土，TNT 在蒙脱土和高岭土中的 K_d 分别为 156 L/kg 和 1.0 L/kg[23]。土壤对炸药化合物的吸附还受黏土表面可交换阳离子类型和数量的影响[24]。Singh 等研究了可交换阳离子（NH_4^+、K^+、Ca^{2+} 和 Al^{3+}）对 TNT 吸附-解吸附的影响[25]，K^+ 离子浓度增加，土壤对 TNT 的吸附量显著增加；其他阳离子增加，土壤对 TNT 的吸附量减小；解吸附趋势相反，K^+ 饱和的土壤保留了更多吸附的 TNT，解吸附量更小。Katseanes 等测量了 TNT 和 RDX 在不同类型土壤中的吸附[26]，使用主成分分析等定量揭示了土壤成分对吸附的影响，建立了 TNT 吸附分配系数拟合模型：$10\string^(K_{d-TNT})=10\string^(-1.1323+0.0619\times K+0.0581\times Ca+0.0389\times Na+0.0530\times CaCO_3)$；RDX 的吸附分配系数拟合模型：$10\string^(K_{d-RDX})=10\string^(-0.5722+0.098\times PBC_{NH_4^+}+0.1182\times CEC)$，其中，CEC 为可交换阳离子量，PBC 为潜在度冲量（Potential Buffering Capacity）。

土壤中的纯铁氧化物不能吸附硝基芳香化合物，甚至会对其吸附产生负面影响，可能原因是它们覆盖了黏土表面，阻碍了硝基芳香化合物在黏土上的吸附[27]。Hwang 等发现土壤施用 H_2O_2 后对 TNT 的吸附更加有利[28]，可能是氧诱导的土壤吸附能力的增强，以及黏土矿物对吸附贡献的增加，但施用 H_2O_2 后土壤对 TNT 吸附能力的增强可能会对 TNT 的化学氧化修复产生不利影响。Jaramillo 等采用高效液相色谱法和衰减全反射傅里叶变换红外光谱法（ATR-FTIR）研究了矿物表面 TNT 和 RDX 的溶解和吸附，建立了由吸附-解附附过程控制的土壤矿物中炸药化合物残留量的时间预测模型[29]。

Linker 等研究了蒙脱石、钠水锰石和针铁矿等土壤矿物对 DNAN、2-甲氧基-5-硝基苯胺（2-methoxy-5-nitroaniline，MEAN）、NTO 和 ATO 的吸附[30]，发现 DNAN 和 MENA 对蒙脱石表现出高亲和力、线性吸附性，吸附机理以层间插入及硅氧烷位点的吸附为主，而 NTO 和 ATO 在与带负电荷的硅酸盐黏土层反应时表现出低亲和力、低吸附性和明显的阴离子排斥；针铁矿对 N-杂环炸药化合物均表现出正吸附亲和力；ATO 和 MENA 在与水钠锰石反应过程中经历了明显的氧化和非生物化学转化。总之，土壤矿物对不敏感炸药的吸附会产生阻滞作用，炸药的生物降解产物也会在矿物表面发生进一步的非生物转化。

3.2.3 土壤吸附对炸药热解的影响

炸药在土壤中的吸附对其物理化学性质和环境行为产生了影响。纯 TNT 在 137℃ 开始分解，在 224.16℃ 时分解速率达到最大，在 240℃ 时分解完毕，其主要分解产物为 1,3,5-三硝基苯（TNB）和 CO_2[31]。Rao 等报道了相似的 TNT 热解温度[32]。

销毁场地炸药污染土壤，以 20℃/min 的升温速率从 30℃ 加热至 840℃，样品的失重率为 8%～10%。从样品的三维热重红外（3D TG-FTIR）分析结果来看，官能团红外吸收峰位置和强度所反映的全样和细颗粒组分的失重过程没有显著的区别，在 110℃ 时就出现了分解产物 CO_2（取 2366 cm^{-1}）；随着温度的升高，分解产物中 CO_2 的特征吸收峰强度不断增强，展示了土壤样品中持续的热解过程。由于土壤样品成

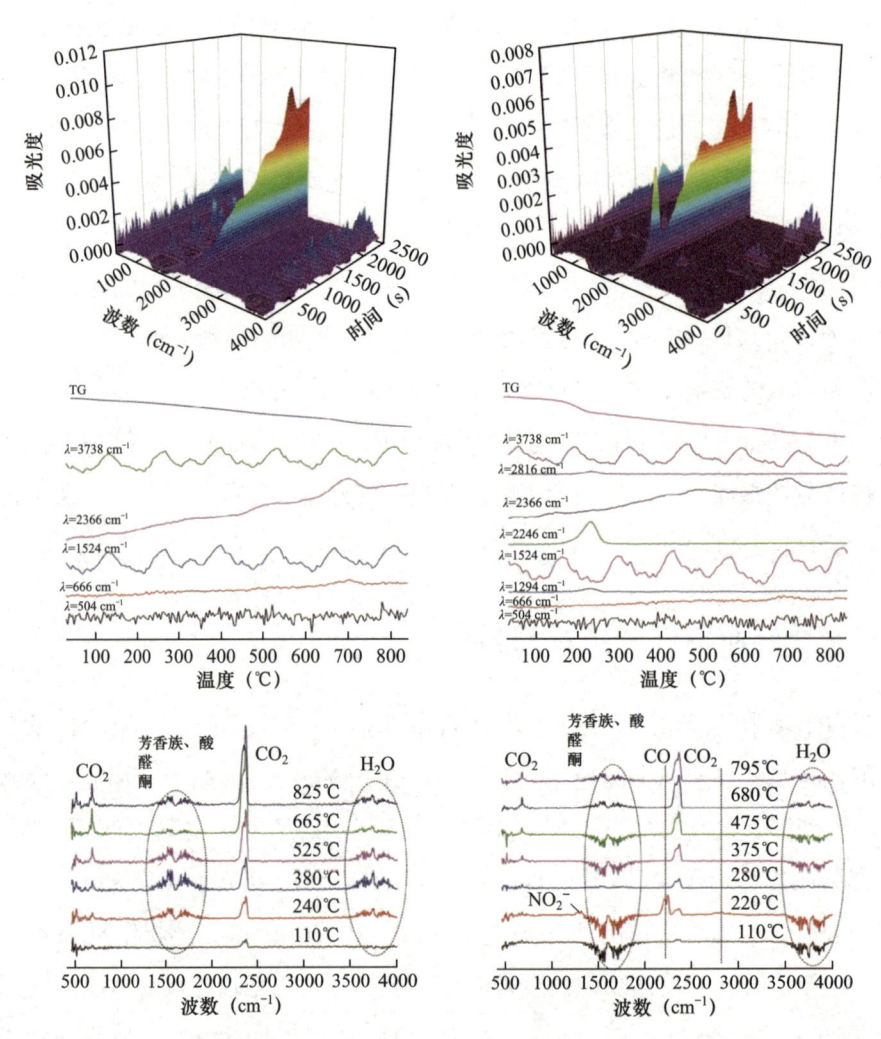

分复杂，土壤全样并没有表现出明显的吸收峰；但细颗粒组分在700℃左右出现了一个信号峰［见图3.3（a）］。与原土样相比，添加少量TNT并老化30 d后，样品在180～260℃［见图3.4（b）］出现了明显的热解产生CO的过程（2246 cm^{-1}），并在220℃左右达到最大值。热解产物官能团随温度的变化显示，焚烧区炸药污染土壤样品热解过程中的主要产物有H_2O和CO_2，并有较强的芳香族、醛、酮、酸信号，与土壤中常见的有机质富里酸和胡敏酸的热解产物FTIR信号相似[33]，但后者在150℃温度下未产生明显的CO_2。在低温下（<110℃）即可见显著的CO_2产生［见图3.3（a）］，可能与土壤中炸药污染物及其降解产物的热解有关系。

(a) 销毁场地炸药污染土壤细颗粒组分（<200目）　(b) 销毁场地炸药污染土壤细颗粒组分（<200目）+1% TNT

图3.3　销毁场地炸药污染土壤样品的3D TG-FTIR分析结果

3.3 TNT 与土壤颗粒作用的暗场显微散射研究

3.3.1 暗场显微散射研究物质相互作用的原理

3.3.1.1 暗场显微散射原理

暗场显微散射成像（Dark Field Microscopic Scattering Imaging）是物质与颗粒界面相互作用的最新研究手段[34-36]。光与颗粒物的弹性作用方式有两种：瑞利散射（Rayleigh Scattering）、米氏散射（Mie Scattering）。瑞利散射是颗粒物直径远小于入射光波长（小于入射光波长的 1/10）时的一种散射现象，其在各方向上的散射强度是不一样的，瑞利散射强度与入射光波长的 4 次方成反比，对蓝光的散射更强。米氏散射是在颗粒物直径大于入射光波长时发生的弹性光散射现象，其散射强度与入射光频率的二次方成正比，并且散射在入射光向前方向比向后方向更强，方向性比较明显（见图 3.4）。

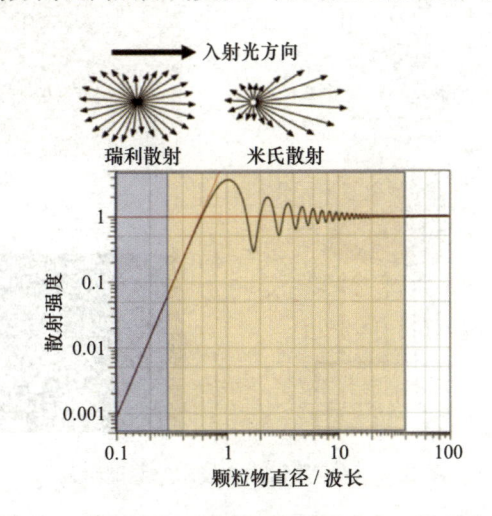

图 3.4 散射强度与颗粒物直径 / 波长之间的关系 [37]

针对任一颗粒，根据光散射理论，材料的复折射率（m）可表示为

$$m = h + \mathrm{i}k$$

式中，h、k 分别为复折射率的实部、虚部。

颗粒物尺寸参数 x 可以表示为

$$x = \pi d/\lambda$$

对于非吸收球体，散射截面 σ_{sca} 可表示为

$$\sigma_{sca} = \frac{2}{x^2}\sum_{n=1}^{\infty}(2n+1)(|a_n|^2 + |b_n|^2)$$

当发生米氏散射时（颗粒物直径大于入射光波长），σ_{sca} 可以简化为

$$\sigma_{sca}(\lambda) = b$$

米氏散射效率几乎与入射光波长无关，对各波长的光均等散射。可见光波长为 400～800 nm，当颗粒物直径大于等于 800 nm 时，颗粒物可以通过米氏散射将可见光各个波长均等散射。

为了避免入射光的干扰，利用暗场显微成像技术来采集散射光谱。暗场显微成像技术利用暗场聚光镜发射出斜射光线照射颗粒物，入射光不直接射入物镜，物镜只接收颗粒物的散射光（见图 3.5）。整个视场呈现黑暗状，有颗粒的地方呈现明亮状。暗场显微镜具有超高的空间分辨率，其空间分辨率比普通明场显微镜的空间分辨率高 50 倍。

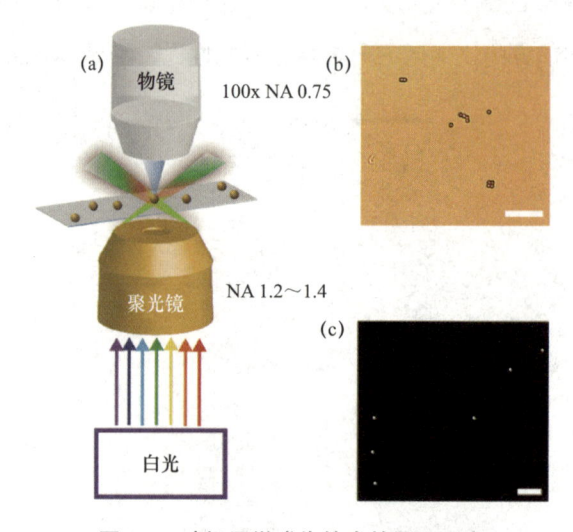

图 3.5　暗场显微成像技术的原理示意

3.3.1.2　TNT 与土壤颗粒相互作用的暗场显微散射原理

土壤中大多数颗粒物的直径都远大于 800 nm，因而满足米氏散射的条件，可以利用暗场显微成像技术，结合颗粒物的米氏散射作用，对土壤中的颗粒物进行成像检测。为了研究土壤颗粒物表面是否吸附了 TNT，利用 TNT 与 3-氨丙基三乙氧基

硅烷（APTES）之间的显色反应，生成有色的梅森海默（Meisenheimer）络合物（见图 3.6）[38-40]。一旦生成有色的梅森海默络合物，其就会吸收土壤颗粒物的散射光，导致散射光谱发生变化，进而可以通过暗场散射光谱来监测土壤颗粒物表面的 TNT 吸附情况。

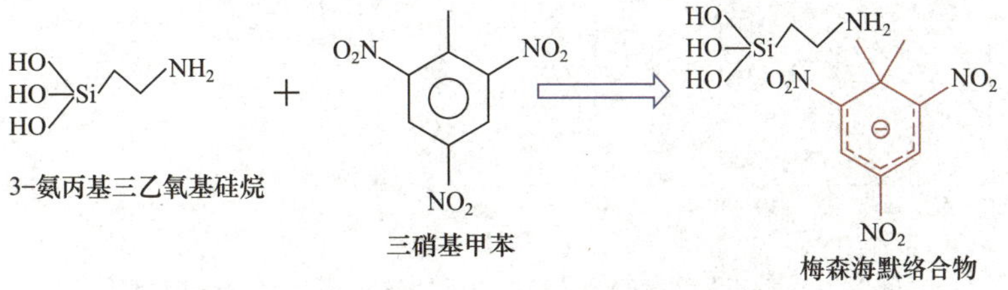

图 3.6　APTES 与 TNT 之间的显色反应

3.3.2　矿物颗粒吸附 TNT 的暗场显微散射研究

在军事场地，炸药污染往往与重金属污染同时存在。在受到炸药污染的场地中，除土壤中常见的金属、非金属矿物和有机质外，还含有大量来自铅弹头、炮弹弹片、燃烧材料的 Pb、Cu、Fe、Al 等金属及其氧化物。本节选取典型的金属及其氧化物，采用暗场显微成像技术对其与 TNT 的作用进行了研究。

3.3.2.1　金属氧化物对 TNT 的吸附

将材料颗粒置于玻璃瓶中，加入 TNT 溶液浸泡一段时间（5 h、8 h、12 h）后，取包含矿物的溶液置于显微镜载物台，滴加 APTES，记录单个矿物颗粒的形状、颜色及其对应光谱。在使用氧化镁时不滴加 APTES，直接通过暗场显微镜与光谱仪对其形貌、颜色进行观察，采集对应的散射光谱曲线。另外，用纯水代替 TNT 溶液作为空白对照。

未吸附 TNT 之前的 Fe_2O_3 颗粒明亮，在 400～650 nm 波长范围内散射明显，整体散射光谱较为对称；当吸附 TNT 溶液 12 h 后，与 APTES 作用时颗粒的亮度与散射强度明显下降，说明 Fe_2O_3 能有效吸附 TNT［见图 3.7（a）］。将 Fe_2O_3 与 TNT 溶液共同浸泡 5 h、8 h 与 12 h 后，使其与 APTES 反应，采集对应的暗场显微图片、散射光谱，分析暗场显微图片的红绿蓝三原色（R、G、B）值，发现 TNT 的吸附过程与 B 值的变化明显相关［见图 3.8（a）］。

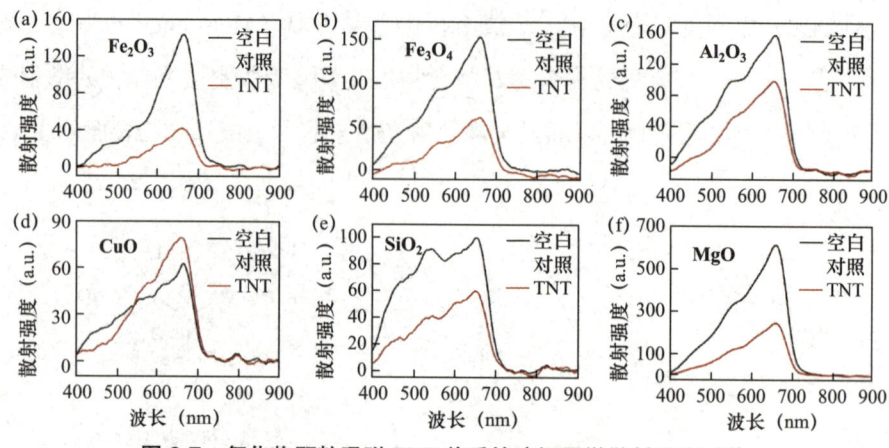

图 3.7 氧化物颗粒吸附 TNT 前后的暗场显微散射强度对比

具有与 Fe_2O_3 类似化学性质的 Fe_3O_4 也能对可见光进行有效散射。微米级的 Fe_3O_4 颗粒呈现白色，吸附 TNT 并与 APTES 反应后，颗粒的亮度明显下降，散射强度整体变小 [见图 3.7（b）]，说明 TNT 能被 Fe_3O_4 颗粒有效吸附。分析暗场显微图片的 R、G、B 值变化可以看出，随着反应时间从 5 h 增加至 12 h，TNT 的吸附量不断增加，导致散射强度逐渐变小，其与空白对照的散射强度差值逐渐增大 [见图 3.8（b）]。事实上，Fe_3O_4 确实是一种 TNT 的吸附剂，利用 Fe_3O_4 的磁性和吸附性能够有效吸附去除水中的 TNT，最大吸附量可以达到 70 mg/g[41]。金属氧化物中还原价金属 Fe（Ⅱ）和 Mn（Ⅱ）促进了 TNT 等炸药的还原，其中，低价金属原子可能充当了电子给体的角色[42]，Fe_3O_4 表面的散射强度持续下降（ΔI 持续增加）可能反映了 Fe（Ⅱ）对 TNT 的持续还原。

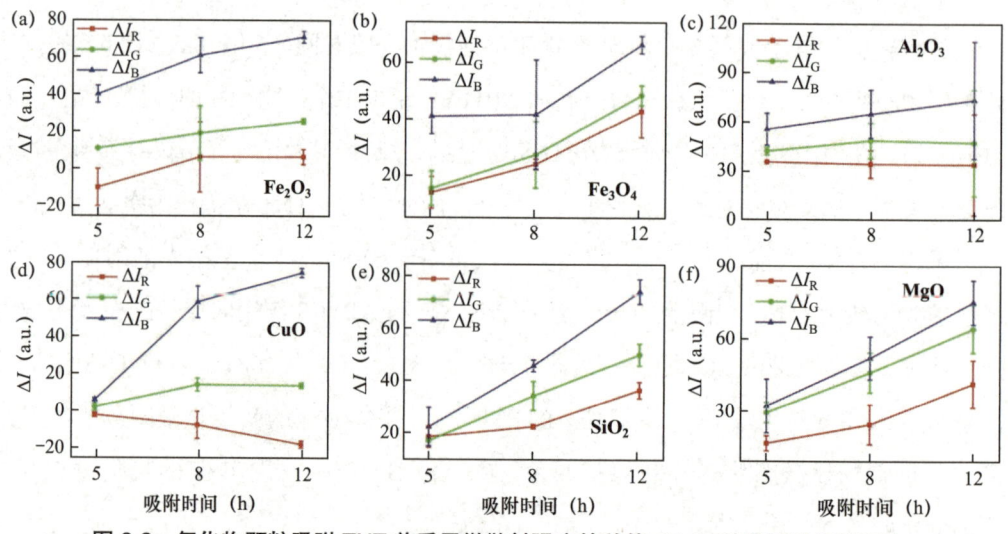

图 3.8 氧化物颗粒吸附 TNT 前后显微散射强度的差值（ΔI）随吸附时间的变化

Al_2O_3 对可见光的吸收较为微弱，且能均等散射各波长的可见光，导致 Al_2O_3 颗粒在暗场显微镜下呈现白色，散射光谱与入射白光的光谱类似［见图 3.7（c）］。Al_2O_3 与 TNT 作用后，与 APTES 反应会导致其散射强度下降，颗粒亮度下降，说明 Al_2O_3 能够吸附一定量的 TNT。对比分析不同时间内暗场显微图片的 R、G、B 值，发现其在 5～12 h 内变化较小，说明 Al_2O_3 在 5 h 内对 TNT 的吸附已经接近平衡［见图 3.8（c）］。与此同时，不同 R、G、B 值吸附 TNT 前后的显微散射强度的差值相对偏差较大，证明不同 Al_2O_3 颗粒对 TNT 的吸附差异较大。另外，研究发现，$α-Fe_2O_3$ 比 $α-Al_2O_3$ 能更强烈地吸附 TNT 等炸药化合物，并且吸附导致 $C-NO_2$ 键伸长，使 TNT 更容易降解[43]。

铜是弹药销毁场常见的污染重金属之一，也是土壤中常见的矿物组分。氧化铜（CuO）对绿光和红光散射较强，而对蓝光散射较弱。吸附 TNT 后，氧化铜与 APTES 反应能引起明显的颜色变化，并使其散射强度下降，证明 TNT 能够被 CuO 吸附［见图 3.7（d）］。CuO 对 TNT 的吸附动力学较强，在吸附 8 h 后，对应暗场显微图片的 R、G、B 值变化较慢，说明在 8 h 左右达到了吸附平衡［见图 3.8（d）］。

微米级的 SiO_2 对绿光（550 nm）和红光（650 nm）具有较强的散射作用［见图 3.7（e）］。吸附 TNT 后，SiO_2 与 APTES 反应会使颗粒的亮度变暗，其散射强度下降，证明其对 TNT 具有较强的吸附作用。吸附动力学分析表明［见图 3.8（e）］，SiO_2 对 TNT 的吸附需要较长时间才能达到吸附平衡，即使吸附时间达到 12 h，其暗场显微图片的 R、G、B 值仍处于上升阶段，说明 TNT 还在被 SiO_2 不断吸附。有研究比较了 SiO_2 和 Fe_2O_3 对 TNT、DNAN 的吸附，其中，SiO_2 对两种炸药化合物的吸附性能良好，但 $α-Fe_2O_3$ 仅能吸附 TNT，这意味着对于富含氧化铁的土壤，DNAN 的迁移性较强，其可能是一种地下水污染物[44]。研究发现，SiO_2 吸附 TNT 后，降低了 TNT 的气相电子亲和力、电离势和氧化还原反应的吉布斯自由能，从而有利于硝基化合物氧化还原反应的发生；但在溶剂化的情况下，吉布斯自由能变化比吸附时更显著，这意味着溶解在水中的硝基化合物比吸附的硝基化合物更容易发生还原反应或氧化反应[45]。

MgO 吸附 TNT 前后的暗场显微散射强度有显著的差异，甚至比其他矿物的高 1 个数量级［见图 3.7（f）］，这表明 MgO 能强烈吸附 TNT。从散射强度的差值随时间的变化来看［见图 3.8（f）］，与 Fe_3O_4 相似，MgO 吸附的 TNT 发生了持续转化。在天然矿物中，层状硅酸盐能够与硝基芳香族炸药（如 TNT）等具有 π 电子受体性质的有机质形成电子供体–受体（EDA）络合物[26]。另外，MgO 表面 F0 中心通过电子电荷转移能够触发含能硝基化合物的降解[46]。

含 Mg、Ca 的菱铁矿对 TNT 具有明显的吸附降解作用[47]。Jaramillo 等[29]研究了混合炸药中 TNT、RDX 爆炸残留物在非绿泥石、蛭石、黑云母和渥太华砂（石英方解石）表面的溶解和沉淀。结果显示，炸药残留物在样品表面迅速溶解（9 h 内），但由于溶液沉淀、矿物表面吸附或化学反应的不同，TNT 和 RDX 的最大浓度随着时间的变化并不一致；蛭石可以促进 TNT 的转化，可用于训练场 TNT 污染的治理，但其与 TNT 的表面化学相互作用有待进一步的研究。进一步地，对 TNT 的吸附转化可推广至蛭石等层状硅酸盐矿物[48]。蛭石是层状硅酸盐矿物，富含 Mg（11% ~ 23% MgO）、Fe（5% ~ 24% Fe_2O_3）和 Al（9% ~ 17% Al_2O_3）。暗场显微观测指出，Fe_3O_4 和 MgO 对 TNT 的转化或许是蛭石对 TNT 吸附和转化的机制。

3.3.2.2　金属对 TNT 的吸附与还原

纳米零价铁（nZVI）是常用的 TNT 修复还原剂[49]，军事场地的零价金属对 TNT 的还原可能是其重要的非生物转化途径。Pb、Cu、Al 是弹药销毁场地常见的金属，主要来源于子弹和特种弹药。Pb 质地软，表面较为光滑，对光反射作用强。由于存在反射作用，Pb 颗粒的暗场显微成像效果一般，散射光谱表明其对波长为 450 ~ 700 nm 的光均等散射，产生一个准散射平头峰［见图 3.9（a）］。当吸附 TNT 后，其散射强度下降，说明 TNT 能被 Pb 有效吸附。暗场显微图像的 R、G、B 值随时间的变化表明，其吸附过程较为缓慢，经历 12 h 吸附后，还未达到吸附平衡［见图 3.10（a）］。

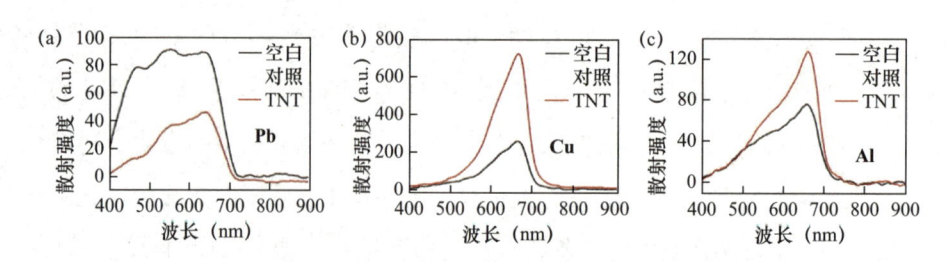

图 3.9　金属吸附 TNT 前和吸附 TNT 12 h 后的暗场显微散射强度

金属铜（Cu）存在表面等离子效应（Surface Plasmon Resonance，SPR），其表面存在自由振荡的电子。这些活泼的电子可能与 TNT 发生反应，导致 TNT 被还原为有机胺。这一反应特性使 Cu 吸附 TNT 并与 APTES 反应后，产生与其他颗粒相反的实验现象。红色的 Cu 颗粒在吸附 TNT 并与 APTES 反应后，颗粒亮度明显增加，散射强度显著增大，尤其是在 550～650 nm 波长范围内［见图 3.9（b）］。Cu 吸附 TNT 在 8 h 内就达到吸附平衡［见图 3.10（b）］，证实 TNT 能够在金属铜表面强烈吸附，还原产生的有机胺会使 Cu 颗粒质量明显增大，但其光学吸收能力较弱，从而导致颗粒的散射能力变强、散射强度增加、颗粒变亮。

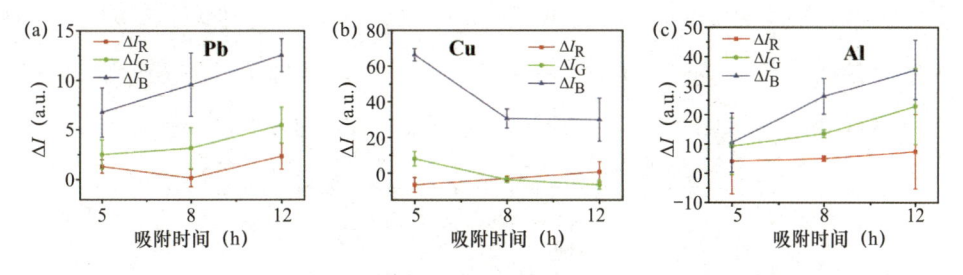

图 3.10　金属吸附 TNT 前后显微散射强度的差值（ΔI）随吸附时间的变化

与 Cu 类似，金属铝（Al）表面也存在表面等离子效应，但其化学性质较为活泼，容易氧化，在 Al 表面会产生致密的氧化铝，导致其还原能力显著下降。因此，Al 在吸附 TNT 后，虽然散射强度增加，但增加程度并不大［见图 3.9（c）］，说明 Al 对 TNT 的吸附能力相对 Cu 较弱，在 8 h 内也趋于达到吸附平衡，对应的吸附 TNT 前后的 R、G、B 值的显微散射强度差值维持相对稳定［见图 3.10（c）］。Zhou 等[50]采用密度泛函理论（DFT）的广义梯度近似研究了 TNT 分子在 Al（111）超薄膜上的吸附，氧原子和铝原子之间的强大吸引力诱导 TNT 的 N-O 键断裂，随后 TNT 的解离氧原子和自由基碎片氧化了 Al（111）超薄膜。TNT 分子吸附在 Al（111）超薄膜上，邻位（o）NO_2 的 N-O 键比对位（p）-NO_2 基团更容易断裂，除了硝基的 N-O 键断裂，TNT 分子的其他键不会解离。TNT 与金属弹壳的长期接触反应可能是弹药变质的重要原因。

3.3.2.3　TNT 在不同颗粒表面的吸附情况对比

TNT 在不同颗粒表面的吸附，主要包含 3 种类型：① TNT 在 SiO_2、Al_2O_3、CeO_2、Fe_2O_3、Fe_3O_4、Pb、CuO 表面主要以物理吸附为主，通过与 APTES 反应，才能有效进行暗场显微成像与散射光谱测量，散射强度明显下降；② TNT 在金属 Cu、Al 表面主要为化学吸附，并导致 TNT 被还原为胺类，由于其无色，因此需要 APTES 辅助反应才能进行有效散射光谱测量，反应后散射强度明显增加；③ TNT 在 MgO 表面的吸附主要是化学吸附，其反应原理与缺陷诱导的电荷转移有关，产生的有色配合物使其散射强度下降。

TNT 在上述颗粒表面的吸附均会导致暗场显微成像的 B 值下降，因此可以将 B 值作为 TNT 吸附过程的描述，通过对比 B 值的变化程度（ΔI_B）来比较 TNT 在不同颗粒表面的吸附能力。如图 3.11 所示，TNT 在金属 Cu 表面吸附后，与 APTES 反应产生的暗场显微成像的 B 值最大，说明 Cu 对 TNT 的吸附作用最强。按照 B 值的变化（ΔI_B）情况，结合 MgO 能直接与 TNT 反应的特性，判断对 TNT 的吸附强弱顺序为 MgO > Cu > Al_2O_3 > Fe_3O_4 ≈ Fe_2O_3 > SiO_2 > Al > CuO > Pb > CeO_2。

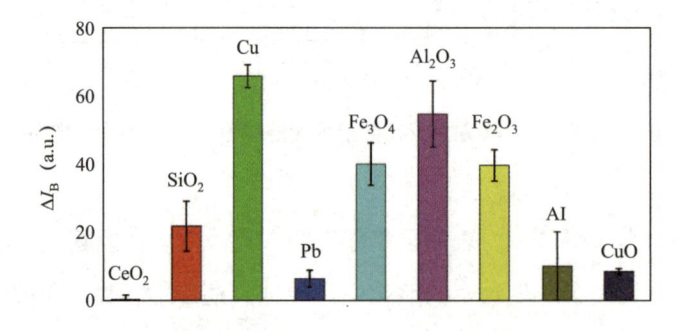

图 3.11 不同颗粒吸附 TNT 前后暗场显微成像的 B 值变化

矿物与金属颗粒的吸附作用导致 TNT 的热解行为产生了差异。TNT 在不同颗粒表面吸附后的热解温度从高到低依次为真实土壤 ≈ Cu 粉 ≈ MgO > Pb > Al_2O_3（见图 3.12）。这表明，TNT 与金属 Cu 粉、MgO 具有强烈的表面相互作用，并且与 Pb、

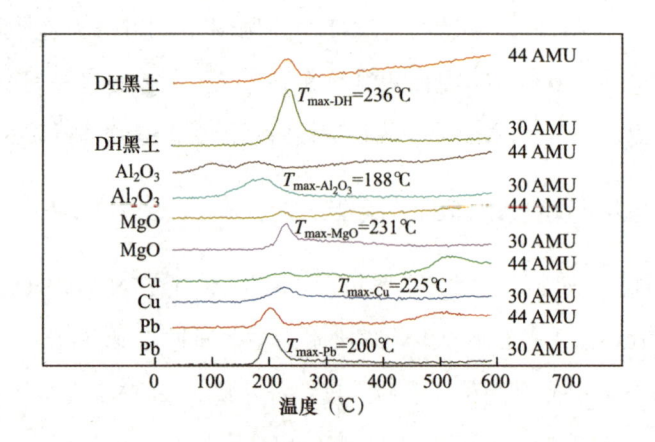

图 3.12 真实土壤与矿物中 TNT 热解过程比较

Al_2O_3 表面相互作用类型存在差异。真实土壤中 TNT 的热解温度与 MgO 吸附 TNT 后的热解温度接近,表明 TNT 加入土壤后发生了较显著的化学吸附作用,其热解温度升高。Al_2O_3 吸附不仅使 TNT 的热解起始温度大大下降,而且使热解温度区间变宽,这说明 TNT 在 Al_2O_3 表层吸附后生成了热稳定性比 TNT 低的中间产物。

3.3.3 土壤颗粒对 TNT 的吸附

3.3.3.1 A 销毁场

A 销毁场污染土壤样品,PLE-GC-μECD 检测的 TNT 含量为 1.5 mg/kg。随机选择的颗粒 1 在滴加 APTES 显色剂后,其暗场显微散射光谱在 500～650 nm 处有明显减弱(见图 3.13),这表明有微量的 TNT 吸附于颗粒 1 表面;颗粒 2 本身呈棕红色,颗粒 2、颗粒 3 对应的暗场显微散射光谱在滴加 APTES 显色剂前后 400～700 nm 处的散射强度无明显变化。暗场显微散射光谱分析表明,受试样品 TNT 污染轻微,TNT 优先附着在部分吸附能力较强的颗粒上,这导致 TNT 在各组分间分布不均匀。

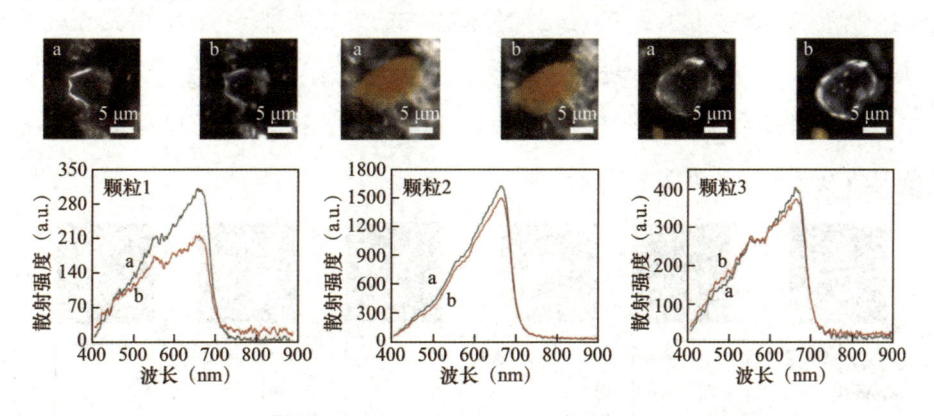

图 3.13 A 销毁场土壤颗粒与 APTES 反应前后的暗场显微散射光谱

含 TNT 的土壤在热解过程中,没有检测到有机物,产物均为 CO_2(分子量为 44)、H_2O(分子量为 18)、OH(分子量为 17)、NO(分子量为 30)等无机小分子[见图 3.14(a)]。加入 TNT 并老化后,可观察到 TNT 的热解温度为 175～280℃[见图 3.14(b)],明显要高于已报道的纯 TNT 的热解温度,也表明 TNT 与土壤物质存在化学吸附作用,导致 TNT 热解温度升高。

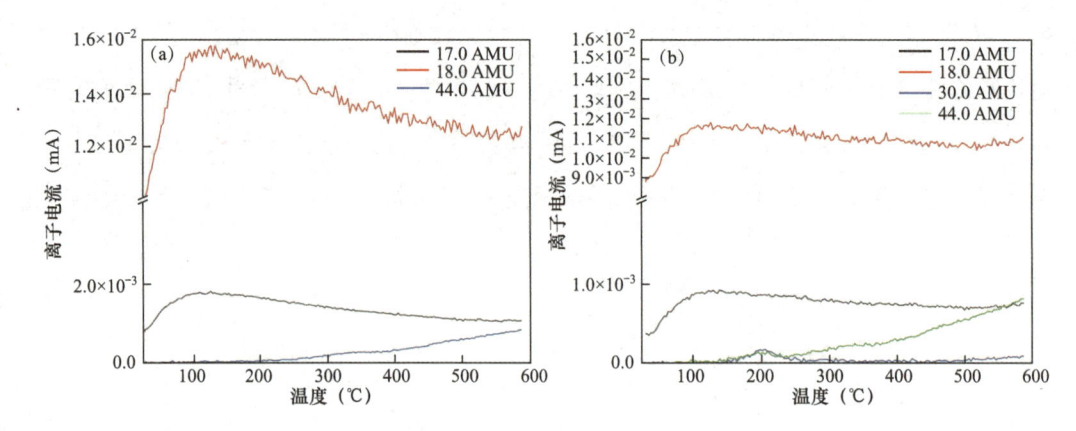

图 3.14　A 销毁场土壤样品吸附 TNT 后的 TG-MS 分析结果

3.3.3.2　B 销毁场

1. 废水池污染土壤颗粒

B 销毁场废水池污染土壤样品，PLE-GC-μECD 检测的 TNT 含量为 18 mg/kg。随机选择的颗粒 1，能对 400～700 nm 波长范围内的可见光进行散射，其最大散射波长为 650 nm 左右。当颗粒 1 与 APTES 反应后，颗粒由银白色变为红色，表明其表面吸附了 TNT，并且其散射光谱形状与散射强度发生明显改变，散射强度在 400～600 nm 波长范围内显著下降［见图 3.15（a）］。

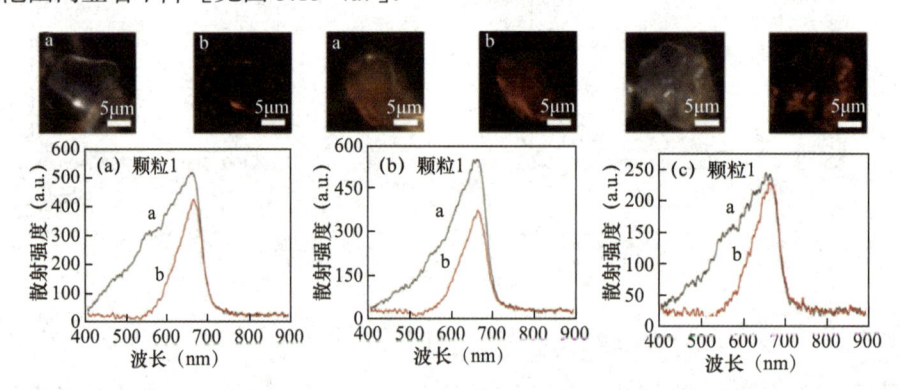

图 3.15　B 销毁场废水池土壤颗粒与 APTES 反应前后暗场散射光谱

颗粒 2 在镜下呈红色［见图 3.15（b）］，说明其可能含有三价铁元素，或者其表面已经吸附了部分 TNT 与碱的加成产物。虽然散射强度最大的波长仍为 650 nm 左右，但在 400～600 nm 波长范围内散射强度较低。加入 APTES 显色剂反应后，颗粒 2 颜色明显变红，散射强度在 400～650 nm 波长范围内明显降低，甚至在 400～500 nm 波长范围内接近 0，这表明颗粒 2 表面吸附较多的 TNT。类似地，颗粒 3 也观察到了明显的颜色变化和散射强度变化，但在 650 nm 波长处的散射强度变化较小，而在 400～500 nm 波长范围内的散射强度变化较大［见图 3.15（c）］，说明颗粒 3 表面的 TNT 处于相对分散状态，TNT 含量也较低。

2. 手榴弹销毁区

手榴弹销毁区土壤样品，TNT 含量为 65 mg/kg。在暗场显微镜下，颗粒 1 为黄色的不规则半球形，在加入 APTES 显色剂后颗粒 1 颜色明显变深变红，且可以看出中间部分颜色变化更为明显［见图 3.16（a）］，说明 TNT 在颗粒 1 上分散不均匀。散射光谱对比发现，在 400～500 nm 波长处散射强度降低为 0，这说明 TNT 在颗粒 1 中的含量相对较高。相比颗粒 1，颗粒 2、颗粒 3 中 TNT 含量低得多［见图 3.16（b）、图 3.16（c）］。

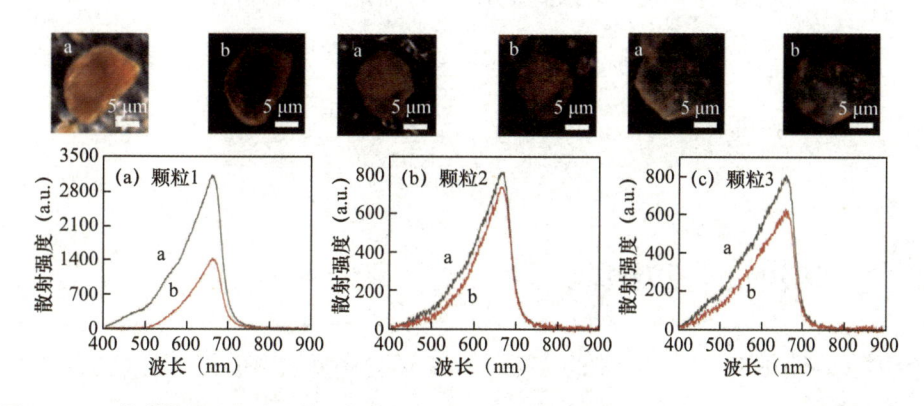

图 3.16 手榴弹销毁区污染土壤颗粒与 APTES 反应前后的暗场显微图片及暗场显微散射光谱

B 销毁场土壤样品中含有较多的 TNT，在不加 TNT 的情况下，在热解过程中观察到了 NO 和 CO_2 的峰值［见图 3.17（a）］；加入 TNT 老化后，热解温度为 200～260℃［见图 3.17（b）］，高于 A 销毁场土壤中 TNT 的热解起始温度——可能是两种土壤样品中矿物种类存在差异，导致对 TNT 的吸附不同，因而 TNT 在两种土壤中的热解行为也存在差异。

对污染土壤颗粒暗场显微散射光谱进行分析，可以发现即使在同一个土壤样品中，不同矿物颗粒表面的 TNT 吸附量完全不同，而这些关键信息难以从"萃取–检测"等常规平均化的表征方法获得。暗场显微成像与暗场显微散射光谱检测不仅能够提供较高空间分辨率，而且能够揭示土壤颗粒间的显著吸附差异，与矿物/晶体鉴定的 XRD 等技术结合，暗场显微散射光谱检测将在 TNT 等污染物与土壤基质的相互作用、污染物的生物有效性机制研究等方面发挥良好的作用。

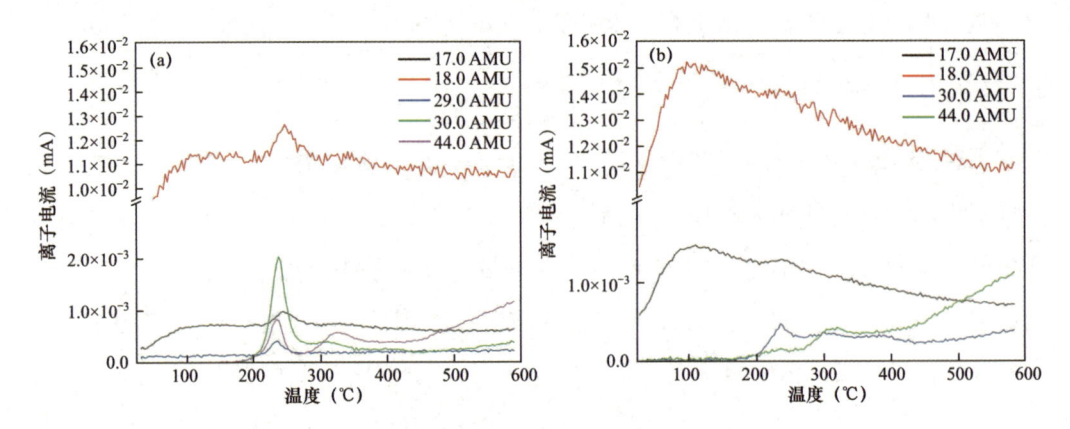

图 3.17 B 销毁场土壤样品吸附 TNT 后的 TG-MS 分析结果

3.4 土壤中炸药污染物的生物有效性

3.4.1 土壤中炸药污染物的生物有效性评价方法

生物有效性对于土壤污染物的生态风险诊断与修复效率的提高至关重要。例如，Harmsen 等利用 Tenax 萃取法获取土壤中 TNT 的生物有效浓度，并利用蚯蚓回避实验、发光细菌毒性实验和水蚤毒性实验等毒理学实验，评估揭示了土壤毒性的来源是 TNT 的生物有效组分而不是结合态残留[51]。

对土壤中炸药污染物的生物有效性评价主要有两种方法。一是生物评价法，即根据动植物对污染物的真实吸收来评估污染物的生物有效性。Huang 等以蚯蚓累积因子（ESAF）为终点，研究了老化时间和土壤性质对 TNT 土壤生物有效性的影响[52]，黑土的 ESAF 显著低于灌淤土、黄土；黄土的 ESAF 随老化时间的延长而增大，黑土的 ESAF 随老化时间的延长而减小；TNT 的 ESAF 与土壤有机质含量、黏土含量和可交换阳离子量成显著负相关，这些因素是影响 TNT 在土壤中生物有效性的主要因素。黑土中石英和长石较多，地表颗粒和微孔较多，TNT 易被吸附，生物有效性较低。对生物利用度高的砂壤土和生物利用度低的淤泥壤土分别添加 RDX，发现高生物利用度土壤的细菌群落，在细菌活性、生物量、细菌群落的功能和结构多样性方面，与淤泥壤土的细菌群落有本质差异[53]。微生物的多样性、微生物对炸药的降解程度也是常用的炸药污染物生物有效性评价的终点。例如，Gong 等研究发现，TNT 可以在非常低的浓度下显著抑制土壤中微生物的活动，但乙腈提取比去离子水提取更好地评估了 TNT 的生物有效性[54]。对放射性标记的炸药化合物进行研究发现，沉积物是 TNT 和 RDX 的主要汇，HMX 会在沉积物中发生矿化，TNT 的矿化可以忽略；在沉积物中老化时间越长，TNT、RDX 和 HMX 的生物有效性越低[55]。

近年来，模拟生物对土壤中污染物的吸收过程的被动采样法（Passive Sampling）也被用于土壤中炸药化合物的生物有效性评价。Zhang 等应用 C-18 被动采样装置（Passive Sampling Devices，PSD）评价了 RDX 两种主要的代谢物六氢-1-亚硝基-3,5-二硝基-1,3,5-三嗪（MNX）和六氢-1,3,5-三亚硝基-1,3,5-三嗪（TNX）的生物有效性[56]，在两种天然土壤和实验室砂土中，PSD 和蚯蚓对 MNX、TNX 的吸收之间具有较好的线性关系，有机质含量是影响 MNX、TNX 吸收率的关键因素，这表明 C-18 PSD 可用作土壤生物的替代物评价土壤中污染物的生物有效性。Warren 等评价了乙烯-醋酸乙烯酯（EVA）对炸药化合物采样的功效[57]，EVA 取样器成功地从含有未爆弹药的野外地点探测到低浓度的炸药化合物，其对炸药化合物的吸收率随温度而变化，但在海水自然盐度范围内，炸药化合物在 EVA 上的分配没有显著变化。增大醋酸乙烯酯与乙烯的比率，炸药化合物与聚合物的偶极-偶极相互作用增强，对炸药化合物的吸收率相应增加。

土壤中污染物生物有效性的另一种评价方法是温和溶剂萃取法，即用温和溶剂萃取率来模拟生物可利用率。β 环糊精提取法被证明是有效的炸药污染物生物有效性评价方法[58,59]。羟丙基-β-环糊精（HPβCD）提取结果表明，TNT 在未经处理的土壤中的可浸出率和可萃取率分别为初始 TNT 的 87.63% 和 94.47%，而当磷酸二氢钾存在时，其分别下降到初始 TNT 的 49.15% 和 54.85%，主要机制是加入钾离子增强了 TNT 与黏土矿物的阳离子-极性相互作用[58]。水提取法也被用于土壤中炸药污染物的生物有效性评价，将受 TNT 污染的土壤与未受污染的土壤混合，得到水提取量为 71～435 mg/kg 的 TNT 污染土壤，乙腈可萃取 TNT 浓度为 278～3115 mg/kg[60]。

3.4.2　土壤中 TNT 的生物有效性分析

以羟丙基-β-环糊精（HPβCD）可萃取率作为生物有效性的评价指标[58]，对 A 销毁场的 3 个不同功能区域土壤中 TNT 的生物有效性进行了研究。3 个样品 HPβCD 提取的 TNT 生物有效性浓度分别为 1.83×10^3 mg/kg、1.32×10^2 mg/kg、2.41×10^3 mg/kg，分别占乙腈萃取的 TNT 总污染浓度的 62.10%、45.89%、78.91%。从 TNT 生物有效性浓度占 TNT 总污染浓度比例（生物利用度）来看，随着土壤中 TNT 总污染浓度的升高，TNT 生物有效性浓度占比也随之升高（见图 3.18），这可能是因为土壤吸附位点有限，随着进入土壤的 TNT 浓度增大，吸附位点逐渐饱和，越来越多的 TNT 不被吸附，因此其生物有效性随 TNT 浓度增大而提高。

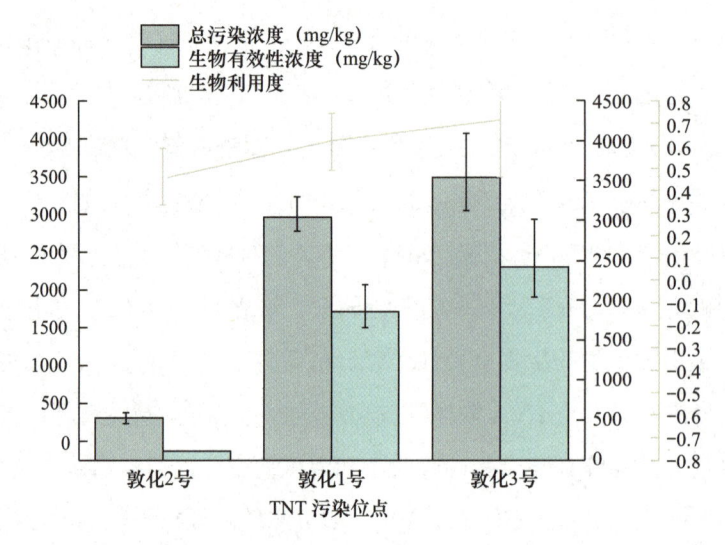

图 3.18　土壤中 TNT 总污染浓度、生物有效性浓度及生物利用度

3.4.3　模拟 TNT 污染土壤的生物有效性

选用黑土、岳麓山土、黄土（见表 3.1）研究了 TNT 生物有效性在土壤中随时间的变化。土壤灭菌后加入溶有 TNT 的丙酮溶液，充分搅拌后置于通风橱中待丙酮挥发尽，采用乙腈萃取法测量初始浓度，并按时间间隔采用乙腈萃取法和 HPβCD 萃取法分别提取并测量 TNT 总污染浓度和 TNT 生物有效性浓度。3 组土壤初始 TNT 添加量计算结果为 544 mg/kg，实际测试结果为 541 mg/kg、517 mg/kg、545 mg/kg，经过 1 d 的

老化，3 种土壤样品的初始 TNT 生物有效性浓度产生明显差异，即黄土（505 mg/kg）＞岳麓山土（412 mg/kg）＞黑土（334 mg/kg）。TNT 在土壤中的吸附主要受土壤有机质含量、黏土矿物、表面阳离子种类和数量等因素的影响。黑土中有机质含量高，达 10.40%±0.42%，这可能是其 TNT 生物有效性浓度占比较低的原因。黄土与岳麓山土中有机质含量接近，但岳麓山土的 TNT 生物有效性浓度占比显著低于黄土。除了土壤有机质，其他介质如黏土矿物等也能为 TNT 提供吸附位点[61, 62]。

表 3.1 土壤样品的理化性质

参　　数	黑　土	岳 麓 山 土	黄　土
pH	5.70±0.02	5.83±0.03	6.21±0.03
可交换阳离子量（cmol/kg）	26.51	6.5	15.41
土壤有机质含量	10.40%±0.42%	4.22%±0.07%	4.24%±0.19%
砂含量	13.96%	24.74%	0.87%
粉砂含量	72.84%	63.75%	75.44%
黏土含量	13.18%	11.52%	23.67%

3 组土壤样品的 FTIR 图谱（见图 3.19）显示，3621 cm^{-1}、3423 cm^{-1}、1035 cm^{-1}、516 cm^{-1} 和 467 cm^{-1} 处均有吸收，属于典型的蒙脱石型土壤特征。但黄土在 3694 cm^{-1} 处有较小的锐峰，这是由高岭石羟基伸缩振动产生的，黄土中黏土矿物成分主要为水云母、高岭石和蒙脱石，其中，高岭石对于水分和土壤养分的吸附起重要作用，蒙脱石对 TNT 的吸附远大于高岭石[63]。从 X 射线衍射的结果来看，石英在黑土中的衍射峰强度最低，黑土中的主要矿物还包括长石，但在黄土、岳麓山土中它的含量很低。3 种土壤剖面都含有蒙脱石作为次生矿物，高岭石仅出现在黄土中。黄土中的高岭石削弱了其对 TNT 的吸附，这可能是黄土 TNT 生物有效性高于岳麓山土的原因。

随着老化时间的延长，乙腈萃取的 TNT 总污染浓度呈现逐渐下降趋势，降低量顺序为岳麓山土＞黑土＞黄土。因为土壤经过了灭菌，在排除了微生物影响的情况下，土壤中乙腈可萃取 TNT 总污染浓度逐渐下降，可能是 TNT 与土壤颗粒或有机质形成结合态残留（也称"不可提取态残留"，NER）导致的。NER 的生成动力学可按老化时间分为 3 个阶段[2, 64]。① 初始阶段（加标 24 h 后）受控于刚开始老化时土壤中污染物的可萃取性，影响污染物在初始阶段可萃取性的因素包括萃取方法、污染物的理化性质、土壤性质等，在一般情况下，初始阶段有机污染物快速生成的 NER 不超过污染物添加总污染物浓度的 10%。在 TNT 添加量相同的情况下，从第 1 天乙腈可萃取的 TNT 总污染物浓度来看，初始阶段 NER（总添加量 – 乙腈可萃取量）岳麓山土 > 黑土 ≈ 黄土。② 中间阶段，当 NER 生成速率较快时，NER 生成动力学曲线会很快进入平台期，NER 的生成比例一般也较高；当 NER 生成速率较慢时，NER 生成动力学曲线进入平台期的时间相对滞后，且 NER 的生成比例通常较低。从 3 种土壤乙腈萃取的 TNT 总污染物浓度来看，黄土的 NER 生成量相对较小，且在 10 d 左右进入平台期；而岳麓山土和黑土的 NER 生成量较大，生成时间也比较长。③ 末阶段被认为是 NER 的成熟期，NER 生成动力学曲线可能在进入平台期后持续稳定，也可能持续缓慢上升（有新的 NER 生成）或缓慢下降（有 NER 释放）。在 0～40 d 内，3 种土壤样品中 NER 在平台期后未见明显的变化趋势［见图 3.20（a）］。

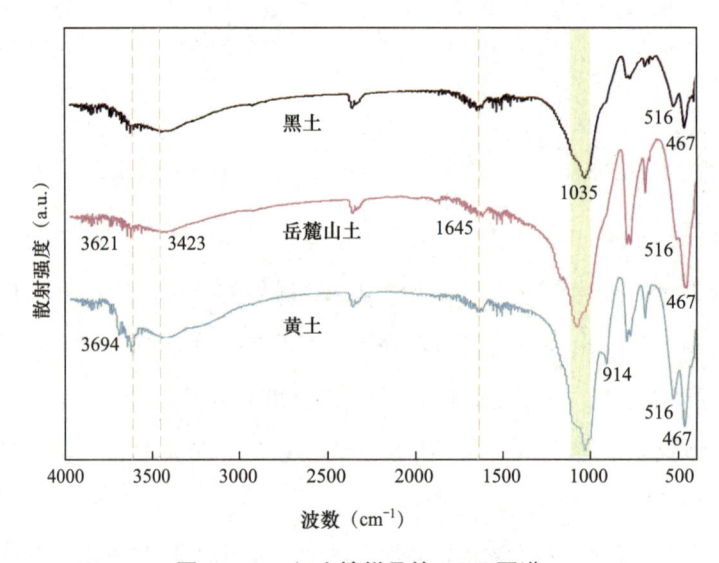

图 3.19　3 组土壤样品的 FTIR 图谱

从 TNT 生物有效性浓度随时间的变化来看［见图 3.20（b）］，从老化第 1 天开始直到老化第 40 天，TNT 的生物有效性呈现了不同的变化趋势。黑土中 TNT 生物有效性浓度呈现缓慢增加趋势；岳麓山土中 TNT 生物有效性浓度第 5 天达到最大值后缓慢降低；黄土中 TNT 生物有效性浓度在第 1～20 天没有明显变化，但在第 20 天后呈现下降趋势。尽管大多数污染物的生物有效性会随着老化时间的延长而逐渐下降，但 TNT 的老化模式似乎有所不同。Huang 等研究了老化时间和土壤性质对 TNT 蚯蚓累积因子（ESAF）的影响[52]，发现黄土的蚯蚓累积因子随老化时间的延长而增大，黑土的蚯蚓累积因子随老化时间的延长而减小。

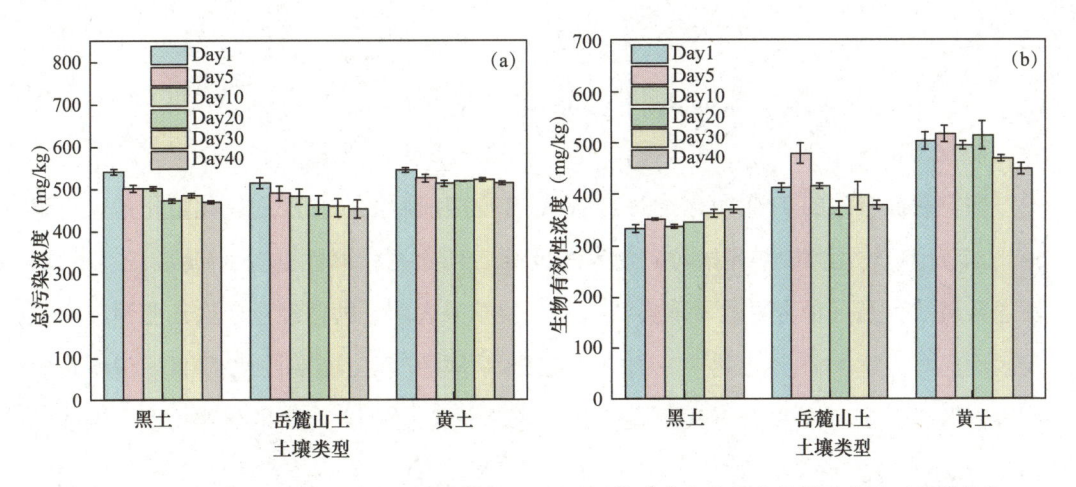

图 3.20 模拟 TNT 污染土壤中乙腈可萃取 TNT 总污染浓度和生物有效性浓度随时间的变化

以 TNT 为代表,对土壤中炸药污染物生物有效性随老化时间的变化总结如图 3.21 所示。TNT 分散进入土壤后,与土壤中有机质、矿物快速结合导致 TNT 生物有效性浓度和可萃取的 TNT 含污染浓度快速下降;同时,TNT 在土壤生物和非生物作用下发生还原反应,生成硝基苯胺类,硝基苯胺类与土壤有机质反应形成共价结合物,部分游离态硝基苯胺类在微生物或土壤非生物作用下发生降解而矿化。在老化后期,生物有效的 TNT 和游离态有机胺将逐渐减少,土壤中残留的 TNT 及其还原中间体主要以不可萃取的共价结合态存在于土壤中。

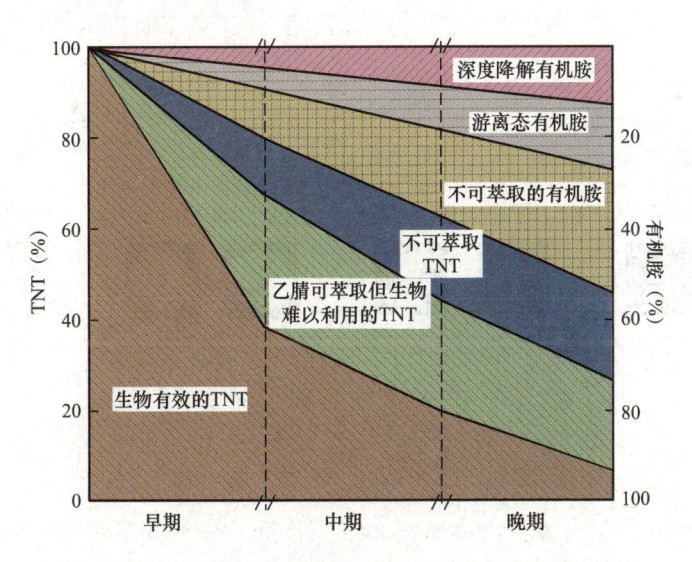

图 3.21 土壤中炸药污染物生物有效性随老化时间的变化

3.4.4 矿物吸附 TNT 的生物有效性

颗粒表面吸附的 TNT 可以通过与 APTES 反应前后散射强度的变化量化地进行表征。本节用暗场显微散射光谱对矿物表面吸附 TNT 的可萃取性进行了研究。乙腈萃取法通常被认为是一种穷尽的萃取方法，但实验结果表明，即使经过 3 次乙腈萃取，颗粒表面仍有少量 TNT 残留物——加入 APTES 后颜色变红且散射强度降低，说明在矿物表面形成了 TNT 的结合态残留。HPβCD 萃取量被认为与 TNT 的生物可利用度线性相关[58]。

对 Al_2O_3、Fe_2O_3 和 Fe_3O_4 颗粒而言，两种方法萃取后剩余的 TNT 比例相当 [见图 3.22（a）～图 3.22（f）]。但对 MgO 颗粒而言，HPβCD 萃取后剩余的 TNT 含量显著高于乙腈萃取后剩余的 TNT 含量 [见图 3.22（g）、图 3.22（h）]，这表明与 MgO 紧密结合的 TNT，部分可以用乙腈萃取，但难以用 HPβCD 萃取。3.3 节的研究发现，MgO 颗粒可以直接与 TNT 反应产生颜色变化，TNT 在 MgO 颗粒表面的化学吸附过程主要是由于 MgO 具有很强的碱性，能与酸性 TNT 反应生成电荷转移络合物[46]。

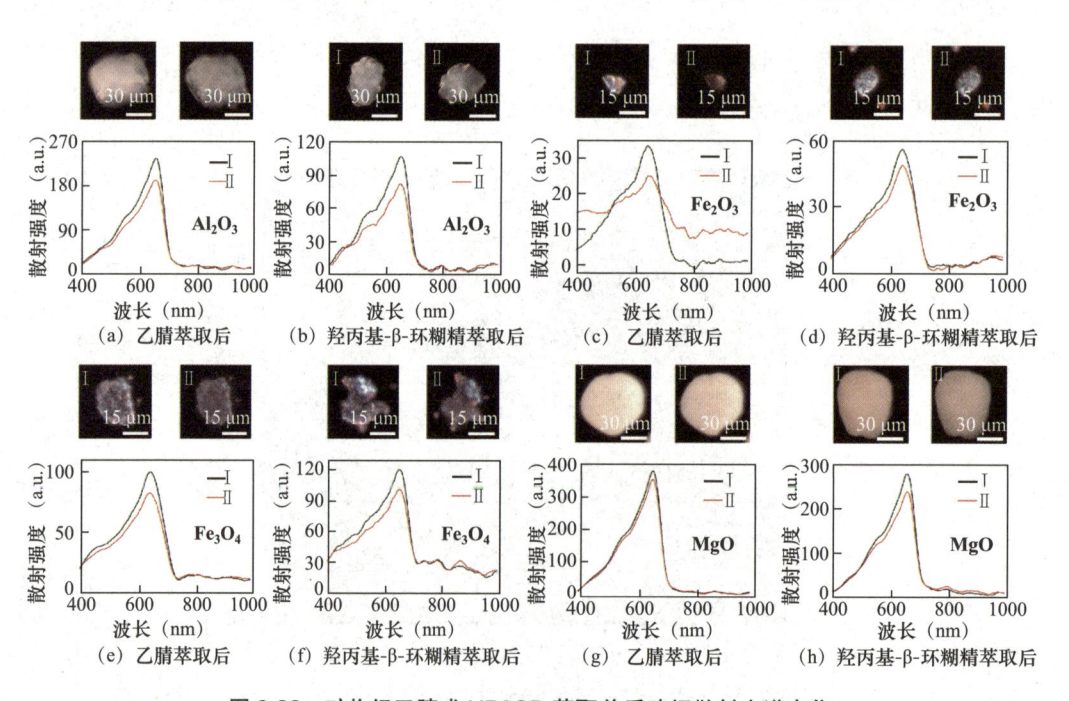

图 3.22　矿物经乙腈或 HPβCD 萃取前后暗场散射光谱变化

3.5 小结

TNT 等炸药化合物分散进入土壤后溶解，并与土壤组分作用而快速老化，炸药化合物与土壤有机质的疏水分配机制起到了关键作用。与土壤有机质结合后，炸药化合物的生物有效性、化学反应活性降低，导致炸药及其降解产物长期存在。在干旱少雨、贫营养土壤中，土壤矿物对炸药化合物的吸附与转化将对其环境行为产生重要影响，主要机制包括氢键相互作用、离子交换作用等；土壤矿物和金属的吸附导致炸药化合物氧化还原、水解等反应的发生，有利于转化降解。羟丙基-β-环糊精（HPβCD）萃取法是评价土壤中炸药化合物生物有效性的主要方法，受竞争性吸附位点的影响，土壤中 TNT 总污染浓度升高，TNT 生物有效性浓度占比也随之升高；随着老化时间的延长和结合态残留的生成，可萃取的 TNT 含量逐渐下降。

暗场显微散射成像技术研究发现，TNT 与矿物、金属的表面相互作用包括物理吸附、吸附–还原、吸附–水解 3 种类型，与土壤 TNT 生物有效性分级萃取具有对应关系。暗场显微观察与散射光谱检测不仅能够提供较高的空间分辨率，而且能够揭示土壤颗粒间的吸附差异，与 XRD 等矿物/晶体鉴定技术及污染物分级萃取等结合，在有机污染物与土壤基质的相互作用、污染物的生物有效性机制研究方面具有良好的应用潜力。

评价炸药污染土壤的生物修复效果，不能简单以可萃取的 TNT 等炸药化合物及其还原产物含量降低作为评价指标，还需要对炸药化合物及其降解产物的生物有效性、生态毒性进行更深入的综合研究和评估。

军事科学院防化研究院：赵三平，朱勇兵

中南大学：王强，聂钰淋

西南科技大学：何毅

参 考 文 献

[1] 李冰，姚天琪，孙红文. 土壤中有机污染物生物有效性研究的意义及进展 [J]. 科技导报，2016，34(22)：48-55.

[2] 丁洋，张原，黄焕芳，等. 土壤中持久性有机污染物不可提取态残留的测试方法、生成特征与环境风险研究进展 [J]. 环境化学，2022，42(01)：199-212.

[3] WEIß M, GEYER R, GüNTHER T, et al. Fate and stability of ^{14}C-labeled 2,4,6-trinitrotoluene in contaminated soil following microbial bioremediation processes [J]. Environmental Toxicology and Chemistry, 2004, 23(9): 2049-2060.

[4] YOST S L, PENNINGTON J C, BRANNON J M, et al. Environmental process descriptors for TNT, TNT-related compounds and picric acid in marine sediment slurries [J]. Marine Pollution Bulletin, 2007, 54(8): 1262-1266.

[5] BRANNON J M, PRICE C B, HAYES C, et al. Aquifer soil cation substitution and adsorption of TNT, RDX, and HMX [J]. Soil and Sediment Contamination: An International Journal, 2002, 11(3): 327-338.

[6] SHARMA P, MAYES M A, TANG G. Role of soil organic carbon and colloids in sorption and transport of TNT, RDX and HMX in training range soils [J]. Chemosphere, 2013, 92(8): 993-1000.

[7] 郝全龙，谯华，周从直，等. 富里酸对 TNT 的吸附–解吸行为 [J]. 环境工程学报，2016，10(5)：2687-2692.

[8] 汪浩，袁凤英，邱玉静. 有机膨润土对 TNT 吸附性能及机理的研究 [J]. 火工品，2010，(2)：51-54.

[9] THORN K A, KENNEDY K R. ^{15}N NMR investination of the covalent binding of reduced TNT amines to soil humic acid, model compounds, and lignocellulose [J]. Environmental Science & Technology, 2002, 36(17): 3787-3796.

[10] SHEREMATA T W, THIBOUTOT S, AMPLEMAN G, et al. Fate of 2,4,6-trinitrotoluene and its metabolites in natural and model soil systems [J]. Environmental Science & Technology, 1999, 33(22): 4002-4008.

[11] CHARLES S, TEPPEN B J, LI H, et al. Exchangeable cation hydration properties strongly influence soil sorption of nitroaromatic compounds [J]. Soil Science Society of America Journal, 2006, 70(5): 1470-1479.

[12] DONTSOVA K M, HAYES C, PENNINGTON J C, et al. Sorption of high explosives to water-dispersible clay: Influence of organic carbon, aluminosilicate clay, and extractable iron [J]. Journal of Environmental Quality, 2009, 38(4): 1458-1465.

[13] ERIKSSON J, SKYLLBERG U. Binding of 2,4,6-trinitrotoluene and its degradation products in a soil organic matter two-phase system [J]. Journal of Environmental Quality, 2001, 30(6): 2053-2061.

[14] ERIKSSON J, SKYLLBERG U. Aniline and 2,4,6-trinitrotoluene associate preferentially to low molecular weight fractions of dissolved soil organic matter [J]. Environmental Pollution, 2009, 157(11): 3010-3015.

[15] SINGH N, BERNS A E, HENNECKE D, et al. Effect of soil organic matter chemistry on sorption of trinitrotoluene and 2,4-dinitrotoluene [J]. Journal of Hazardous Materials, 2010, 173(1-3): 343-348.

[16] DAS P, SARKAR D, MAKRIS K C, et al. Effectiveness of urea in enhancing the extractability of 2,4,6-trinitrotoluene from chemically variant soils [J]. Chemosphere, 2013, 93(9): 1811-1817.

[17] TUCKER W A, MURPHY G J, ARENBERG E D. Adsorption of RDX to soil with low organic carbon: Laboratory results, field observations, remedial implications [J]. Soil and Sediment Contamination, 2002, 11(6): 809-826.

[18] MONTEIL-RIVERA F, GROOM C, HAWARI J. Sorption and degradation of octahydro-1,3,5,7-tetranitro-1,3,5,7-tetrazocine in soil [J]. Environmental Science & Technology, 2003, 37(17): 3878-3884.

[19] JENKINS T, WALSH M, THORNE P, et al. Site characterization at the inland firing range impact area at Ft. Ord [R]. US Army Corps of Engineers Cold Regions Research & Engineering Laboratory, 1998.

[20] SVIATENKO L K, GORB L, SHUKLA M K, et al. Adsorption of 2,4,6,8,10,12-hexanitro-2,4,6,8,10,12-hexaazaisowurtzitane (CL-20) on a soil organic matter. A DFT M05 computational study [J]. Chemosphere, 2016, 148: 294-299.

[21] LINGAMDINNE L P, ROH H, CHOI Y-L, et al. Influencing factors on sorption of TNT and RDX using rice husk biochar [J]. Journal of Industrial and Engineering Chemistry, 2015, 32: 178-186.

[22] SCHUTT T C, SHUKLA M K. Computational Investigation on Interactions between Some Munition Compounds and Humic Substances [J]. Journal of Physical Chemistry A, 2020, 124(51): 10799-10807.

[23] CATTANEO M, PENNINGTON J, BRANNON J, et al. Natural attenuation of explosives in remediation of hazardous waste contaminated soils [Z]. Dekker, New York Google Scholar, 2000.

[24] SHUKLA M K, BODDU V M, STEEVENS J A, et al. Energetic materials: From cradle to grave [M]. New York: Springer, 2017.

[25] SINGH N, HENNECKE D, HOERNER J, et al. Sorption-desorption of trinitrotoluene in soils: effect of saturating metal cations [J]. Bulletin of Environmental Contamination and Toxicology, 2008, 80(5): 443-446.

[26] KATSEANES C K, CHAPPELL M A, HOPKINS B G, et al. Multivariate functions for predicting the sorption of 2,4,6-trinitrotoluene (TNT) and 1,3,5-trinitro-1,3,5-tricyclohexane (RDX) among tax-

onomically distinct soils [J]. Journal of Environmental Management, 2016, 182: 101-110.

[27] WEISSMAHR K W, HADERLEIN S B, SCHWARZENBACH R P. Complex formation of soil minerals with nitroaromatic explosives and other π-acceptors [J]. Soil Science Society of America Journal, 1998, 62(2): 369-378.

[28] HWANG S, BATCHELOR C J, DAVIS J L, et al. Sorption of 2,4,6-Trinitrotoluene to Natural Soils Before and After Hydrogen Peroxide Application [J]. Journal of Environmental Science and Health, Part A, 2005, 40(3): 581-592.

[29] JARAMILLO A M, DOUGLAS T A, WALSH M E, et al. Dissolution and sorption of hexahydro-1,3,5-trinitro-1,3,5-triazine (RDX) and 2,4,6-trinitrotoluene (TNT) residues from detonated mineral surfaces [J]. Chemosphere, 2011, 84(8): 1058-1065.

[30] LINKER B R, KHATIWADA R, PERDRIAL N, et al. Adsorption of novel insensitive munitions compounds at clay mineral and metal oxide surfaces [J]. Environmental Chemistry, 2015, 12(1): 74-84.

[31] 王晓川，王蔺，徐雪霞，等．用 TG-FTIR 研究 TNT 的热分解 [J]．含能材料，1998，(04)：26-29．

[32] RAO K S, GANESH D, YEHYA F, et al. A comparative study of thermal stability of TNT, RDX, CL20 and ANTA explosives using UV 266 nm-time resolved photoacoustic pyrolysis technique [J]. Spectrochimica Acta Part A: Molecular and Biomolecular Spectroscopy, 2019, 211: 212-220.

[33] LI T, SONG F, ZHANG J, et al. Pyrolysis characteristics of soil humic substances using TG-FTIR-MS combined with kinetic models [J]. Science of The Total Environment, 2020, 698: 134237.

[34] 程茹，李孟效，黄承志，等．单颗粒光散射显微成像技术在生化医药分析中的应用 [J]．分析测试学报，2021，40(06)：828-835．

[35] LEI Y T, ZHANG G H, ZHANG Q L, et al. Visualization of gaseous iodine adsorption on single zeolitic imidazolate framework-90 particles [J]. Nature Communications, 2021, 12(1): 4483.

[36] HUANG W, YU L, ZHU Y B, et al. Single-Particle Imaging of Anion Exchange Reactions in Cuprous Oxide [J]. ACS Nano, 2021, 15(4): 6481-6488.

[37] SHAMEY R. Encyclopedia of color science and technology [M]. New York: Springer, 2023.

[38] HUGHES S, DASARY S S R, BEGUM S, et al. Meisenheimer complex between 2,4,6-trinitrotoluene and 3-aminopropyltriethoxysilane and its use for a paper-based sensor [J]. Sens Bio-Sens Res (Netherlands), 2015, 5: 37-41.

[39] WANG J. A Simple, Rapid and Low-cost 3-Aminopropyltriethoxysilane (APTES)-based Surface Plasmon Resonance Sensor for TNT Explosive Detection [J]. Analytical Sciences, 2021, 37(7): 1029-1032.

[40] ZHANG Y, CAI Y H, DONG F Q, et al. Chemically modified mesoporous wood: a versatile sensor for visual colorimetric detection of trinitrotoluene in water, air, and soil by smartphone camera [J]. Anal Bioanal Chem, 2019, 411(30): 8063-8071.

[41] REHMAN S U, JAVAID S, SHAHID M, et al. Synthesis of Magnetic Fe3O4 Nano Hollow Spheres

for Industrial TNT Wastewater Treatment [J]. Nanomaterials, 2022, 12(5): 881.

[42] DOUGLAS T A, WALSH M E, MCGRATH C J, et al. The Fate of Nitroaromatic (TNT) and Nitramine (RDX and HMX) Explosive Residues in the Presence of Pure Metal Oxides [C]. proceedings of the Symposium on Environmental Distribution, Degradation, and Mobility of Explosive and Propellant Compounds, Salt Lake City, UT, Mar 22-25, 2009.

[43] JENNESS G R, SEITER J, SHUKLA M K. DFT investigation on the adsorption of munition compounds on alpha-Fe_2O_3: Similarity and differences with alpha-Al_2O_3 [J]. Physical Chemistry Chemical Physics, 2018, 20(27): 18850-18861.

[44] JENNESS G R, GILES S A, SHUKLA M K. Thermodynamic Adsorption States of TNT and DNAN on Corundum and Hematite [J]. Journal of Physical Chemistry C, 2020, 124(25): 13837-13844.

[45] SVIATENKO L K, ISAYEV O, GORB L, et al. Are the Reduction and Oxidation Properties of Nitrocompounds Dissolved in Water Different From Those Produced When Adsorbed on a Silica Surface? A DFT M05-2X Computational Study [J]. Journal of Computational Chemistry, 2015, 36(14): 1029-1035.

[46] TSYSHEVSKY R V, RASHKEEV S N, KUKLJA M M. Defect-induced decomposition of energetic nitro compounds at MgO Surface [J]. Surface Science, 2022, 722: 122085.

[47] NEFSO E K, BURNS S E, MCGRATH C. Degradation kinetics of TNT in the presence of six mineral surfaces and ferrous iron [J]. Journal of Hazardous Materials, 2005, 123(1-3): 79-88.

[48] DOUGLAS T A, WALSH M E, WEISS C A, et al. Desorption and Transformation of Nitroaromatic (TNT) and Nitramine (RDX and HMX) Explosive Residues on Detonated Pure Mineral Phases [J]. Water Air and Soil Pollution, 2012, 223(5): 2189-2200.

[49] JIAMJITRPANICH W, POLPRASERT C, PARKPIAN P, et al. Environmental factors influencing remediation of TNT-contaminated water and soil with nanoscale zero-valent iron particles [J]. Journal of Environmental Science and Health, Part A Toxic/Hazardous Substances and Environmental Engineering, 2010, 45(3): 263-274.

[50] ZHOU S Q, JU X H, GU X, et al. Adsorption of 2,4,6-trinitrotoluene on Al(111) ultrathin film: periodic DFT calculations [J]. Structural Chemistry, 2012, 23(3): 921-930.

[51] HARMSEN J, HENNECKE D, HUND-RINKE K, et al. Certainties and uncertainties in accessing toxicity of non-extractable residues (NER) in soil [J]. Environmental Sciences Europe, 2019, 31(1): 99.

[52] HUANG Q, LIU B R, HOSIANA M, et al. Bioavailability of 2,4,6-Trinitrotoluene (TNT) to Earthworms in Three Different Types of Soils in China [J]. Soil and Sediment Contamination: An International Journal, 2016, 25(1): 38-49.

[53] ANDERSON J A H, CAñAS J E, LONG M K, et al. Bacterial community dynamics in high and low bioavailability soils following laboratory exposure to a range of hexahydro-1,3,5-trinitro-1,3,5-

triazine concentrations [J]. Environmental Toxicology and Chemistry, 2010, 29(1): 38-44.

[54] GONG P, SICILIANO S D, GREER C W, et al. Effects and bioavailability of 2,4,6-trinitrotoluene in spiked and field-contaminated soils to indigenous microorganisms [J]. Environmental Toxicology and Chemistry, 1999, 18(12): 2681-2688.

[55] PENNINGTON J C, LOTUFO G, HAYES C A, et al. TNT, RDX, and HMX Association with Organic Fractions of Marine Sediments and Bioavailability Implications [C]. proceedings of the Symposium on Environmental Distribution, Degradation, and Mobility of Explosive and Propellant Compounds, Salt Lake City, UT, F Mar 22-25, 2009.

[56] ZHANG B H, SMITH P N, ANDERSON T A. Evaluating the bioavailability of explosive metabolites, hexahydro-1-nitroso-3,5-dinitro-1,3,5-triazine (MNX) and hexahydro-1,3,5-trinitroso-1,3,5-triazine (TNX), in soils using passive sampling devices [J]. Journal of Chromatography A, 2006, 1101(1-2): 38-45.

[57] WARREN J K, VLAHOS P, SMITH R, et al. Investigation of a new passive sampler for the detection of munitions compounds in marine and freshwater systems [J]. Environmental Toxicology and Chemistry, 2018, 37(7): 1990-1997.

[58] JUNG J-W, NAM K. Mobility and bioavailability reduction of soil TNT via sorption enhancement using monopotassium phosphate [J]. Journal of Hazardous Materials, 2014, 275: 26-30.

[59] YARDIN G, CHIRON S. Photo–Fenton treatment of TNT contaminated soil extract solutions obtained by soil flushing with cyclodextrin [J]. Chemosphere, 2006, 62(9): 1395-1402.

[60] KRISHNAN G, HORST G L, SHEA P J. Differential Tolerance of Cool- and Warm-Season Grasses to TNT-Contaminated Soil [J]. International Journal of Phytoremediation, 2000, 2(4): 369-382.

[61] MICHALKOVA A, GORB L, LESZCZYNSKI J. Chapter 12 - Interactions of model organic species and explosives with clay minerals [M]//POLITZER P, MURRAY J S. Theoretical and Computational Chemistry. Elsevier. 2003: 341-388.

[62] WEISSMAHR K W, HADERLEIN S B, SCHWARZENBACH R P, et al. In Situ Spectroscopic Investigations of Adsorption Mechanisms of Nitroaromatic Compounds at Clay Minerals [J]. Environmental Science & Technology, 1997, 31(1): 240-247.

[63] PICHTEL J. Distribution and Fate of Military Explosives and Propellants in Soil: A Review [J]. Applied & Environmental Soil Science, 2012: 1667-1687.

[64] BARRIUSO E, BENOIT P, DUBUS I G. Formation of Pesticide Nonextractable (Bound) Residues in Soil: Magnitude, Controlling Factors and Reversibility [J]. Environmental Science & Technology, 2008, 42(6): 1845-1854.

第 4 章
炸药污染土壤的微生物修复

4.1 引言

炸药污染土壤的物理、化学修复，处理速度快，适用污染物浓度范围广，但成本较高、工艺流程较复杂，且可能造成土壤结构破坏和场地二次污染[1]。生物修复是炸药污染土壤最具潜力的修复技术[2]，主要包括植物修复、微生物修复和生态修复等。土壤污染的微生物修复，是指利用土著或人工驯化的具有特定功能的微生物，在适宜环境条件下通过微生物的代谢作用，降低土壤中有害污染物活性或将有害污染物降解为无害物质的修复技术。已有大量应用微生物修复石油烃、多环芳烃、多氯联苯、农药等有机物污染场地的成功案例，充分证明微生物修复是土壤中有机污染物修复效率较高、经济性好、环境友好的修复方式。

土壤中的 TNT、RDX 和 HMX 等常规炸药污染物，生物有效性和生化降解性适中，为利用微生物修复提供了前提条件。实践证明，微生物修复具有修复速度较快、耐受炸药浓度范围较宽、污染物矿化程度高、环境友好、成本低、易于工程化应用等优势，并且可以与多种修复技术组合应用，在炸药污染土壤修复和废水处理方面引起了人们广泛的兴趣，人们对其开展了大量的实践探索[3-5]。

4.2 炸药污染土壤的微生物修复概况

4.2.1 污染土壤的微生物修复原理

微生物修复技术是利用具有特定功能的微生物，在适宜环境条件下通过微生物的代谢作用，降低土壤中有害污染物浓度或将其降解为无害物质的修复技术。微生物对污染土壤的修复原理包括微生物富集、微生物转化、微生物钝化、微生物解毒、微生物沉淀、微生物吸附、微生物浸出等（见图 4.1），对有机物污染的修复原理则主要包括微生物转化/活化，其机制通常包括氧化、还原、水解、官能团转移、酯化、中和等。

- 氧化
- 降解
- 水解
- 缩合
- 异构化

微生物转化

微生物富集

- 沉淀
- 吸附
- 金属螯合

- 微沉淀
- 离子交换
- 配体交换
- 物理吸附

微生物吸附

- 金属固定化
- 金属螯合

微生物沉淀

—R

R 可能是碳酸根、羟基、磷酸根、硫基团等

微生物解毒

- 细胞外螯合
- 结合细胞壁成分
- 运输/通道
- 细胞内螯合

微生物浸出　生物表面活性剂

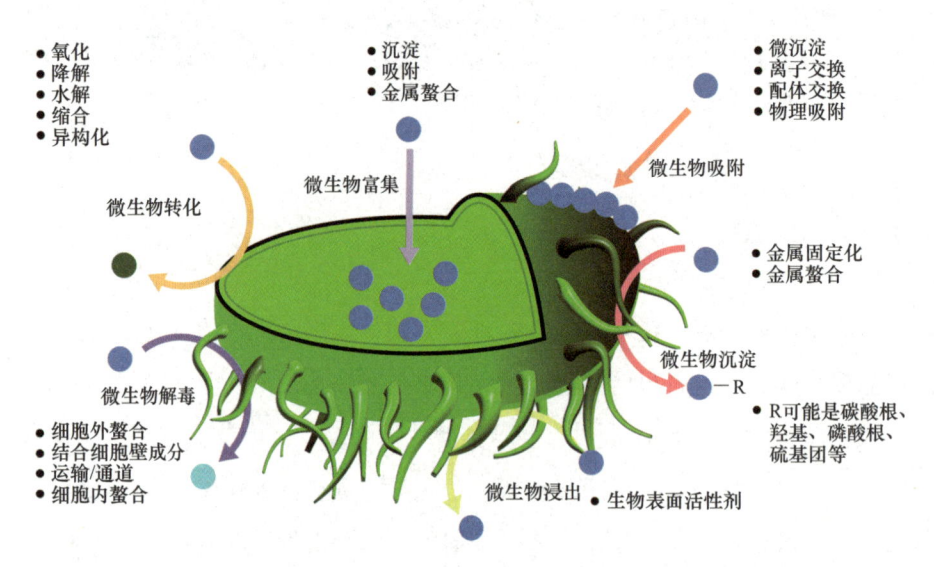

图 4.1　微生物修复污染土壤的原理（根据参考文献 [6] 重绘）

根据对污染土壤的扰动情况，微生物修复可以分为原位（In Situ）修复和异位（Ex Situ）修复两种。原位修复不需要将污染土壤挖出现场，直接向污染土壤中添加微生物菌种、营养物质，并供氧，促进土壤中土著微生物或特异功能微生物的代谢活性，降解污染物，常用的方法有自然衰减法、生物通风法、生物刺激法、生物强化法、土耕法等。异位修复是把污染土壤挖出进行集中生物降解的方法，主要包括生物堆、泥浆生物反应器、人工湿地等（见图 4.2）。微生物修复与不同的修复工艺技术结合，可以组合出堆肥、微生物刺激、微生物强化、生物通风、微生物渗透性反应墙等具体应用形式 [7]。

微生物修复
- 原位修复
  - 自然衰减法
  - 生物通风法
  - 生物刺激法
  - 生物强化法
  - 土耕法
- 异位修复
  - 生物堆
  - 生物泥浆反应器
  - 人工湿地

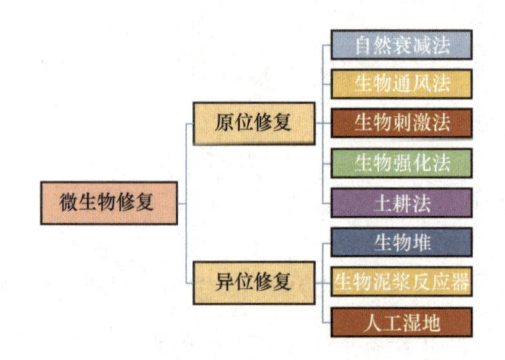

图 4.2　土壤有机污染物的微生物修复技术分类

微生物修复技术成本低、环境友好，但难以直接处理高浓度、难降解的有机污染物，且存在修复周期长、降解效率低等不足。当前，土壤有机污染物微生物修复技术的研究主要集中在高效降解菌的筛选、土壤微生态分析技术、微生物强化修复技术等方面[8]。

4.2.2 炸药污染土壤的微生物修复发展

20世纪80年代以来，美国陆军工程兵部队、陆军工程研究和发展中心环境实验室联合美国高校，筛选了多种能够降解TNT、RDX等炸药化合物的微生物和植物。欧美国家对炸药污染场地关注得比较早，已开展了这类场地的工程化治理探索，例如，通过将污染土壤与粪便和马铃薯废料混合堆肥，成功地将Umatilla陆军仓库15000 t受污染的土壤转化为含有腐殖质的安全土壤[9]。

近年来，炸药污染场地的调查与评估在中国、印度、巴西等发展中国家受到广泛关注，具有修复功能的微生物正在不断被发现和报道。在炸药降解微生物的发现方面，Kao等以TNT为唯一氮源培养的柠檬酸杆菌YC4能迅速降解TNT[10]，且降解液的生态毒性也降至低水平；Liang等报道了从TNT污染土壤中分离的杨氏柠檬酸杆菌E4（*Citrobacter youngae* E4）在外加氮源的情况下能够以共代谢的方式快速降解TNT[11]，但降解后混合液对日本枝角水蚤（*Tigriopus japonicas*）的毒性反而有所增强，这意味着通过添加共代谢物来促进TNT降解的方式有待进一步评估。2019年，Hsu等[12]报道了漆酶和铜离子对TNT生物转化效率、转化产物种类及TNT代谢产物毒性的影响，TNT代谢产物的毒性随着菌株胞内漆酶水平的增加或纯化的大肠杆菌重组漆酶的加入而增强。北京大学叶正芳课题组[13]报道了从红水污染土壤中分离的能降解二硝基甲苯磺酸盐（DNTs）及其他硝基芳香化合物的假单胞菌X5，在理想条件下（35℃，pH为7～9，1.0%盐度），当接种量为25.0%时，可实现对2,4-二硝基甲苯-3-磺酸盐和2,4-二硝基甲苯-5-磺酸盐的100%降解。

印度科学与工业研究理事会（CSIR）微生物技术研究所2019年报道了一株分离自炸药污染场地的印第安球菌属（*Indiicoccus explosivorum*）菌株，能在2～4 d内在有氧环境下将RDX转化为亚硝酸盐衍生物[14]。印度理工学院德里分校、印度火炸药和环境安全中心（Centre for Fire Explosives and Environment Safety，CFEES）等机构在RDX降解微生物的制剂化方面开展了大量的工作，其将革兰氏阴性杆菌 *Pelomonas aquatica* 12868与大豆粉混合后制成水性分散颗粒，对RDX的降解率从80.68%提高到 87.2%，并且具有很好的菌种活性保持能力[15]。作为一种潜在的 RDX 降解菌，革兰氏阳性杆菌 *Microbacterium esteraromaticum* 12849 菌株对贫营养培养基和土壤中 RDX 的降解率分别为 70.9% 和 63.9%。以滑石粉和海藻酸为惰性成分，将 12849 菌株配制成水性分散颗粒后，其对 RDX 的降解率比复配的裸菌高 9.0%。降解 RDX 过程中存在两种中间产物，即 N-甲基-N,N′-二硝基甲烷二胺、亚甲基二胺[16]。Kalsi 等利用蛋壳固定了 *Janibacter cremeus*（一种分离自炸药废水的微生物），分别在非饱和、饱和土壤条件下进行处理，其在 35 d 内对土壤中 RDX 的降解率分别为 62.0% 和 73.0%[17]；*Janibacter cremeus* 在非饱和、饱和条件下均表现出显著的亚硝酸盐释放，这两种条件都会导致 RDX 亚硝基衍生物的生成，*Janibacter cremeus* 在 4℃下保存 150 d 仍然具有相当的活性，对 HMX 降解效果良好。禽类粪便作为炸药降解微生物的载体，具有良好的原位修复炸药污染土壤的潜力[18]。

Meda 等[19]将从印度北部实际 HMX 污染点采样分离的多云芽孢杆菌（*Bacillus toyonensis*）作为降解菌，研究揭示了不同 HMX 初始浓度、微生物接种量和降解时间之间的关系。当 HMX 初始浓度为 2 mg/L、微生物接种量为 4% 时，第 15 天 HMX 的降解率为 87.7%，测算的亚硝酸盐、硝酸盐浓度证明了 HMX 的降解。Celin 等还对炸药污染场地生物修复期间的环境监测方法进行了综述，分析了生物地球化学因子、污染物的生物有效性、pH、温度、水分含量、氧化还原条件、基质和营养物质的存在/添加、中间物/协同污染物对生物修复的影响，介绍了生物修复过程中的物理、化学和生物监测参数及相关仪器设备[20]。

沙特国王大学的 Alothman 等[21]通过微生物检测和气相色谱–质谱检测证明绿色木霉菌（*Trichoderma viride*）能以 TNT 为氮源生长，TNT 降解生成了 5-羟甲基-2-呋喃甲醛和 4-丙基苯甲醛。

开展炸药污染土壤的微生物修复，关键是获得对于土壤中炸药化合物具有高降解率或转化效率的微生物菌种，并制备成可施用的微生物产品。虽然国内外报道了大量的炸药降解微生物，但大部分研究是在实验室模拟的炸药污染废水或污染土壤中开展的。将筛选的微生物应用于真实的炸药污染场地修复时，还存在污染场地土壤贫营养不利于微生物定殖、功能微生物和土著微生物竞争力差，以及在增殖过程中功能性状丢失或降解修复活性不能被激活等问题，从土著微生物中筛选降解功能菌或采用定殖能力强的复合菌群作为修复菌剂是最具潜力的研究方向。

4.2.3 炸药的微生物降解机制

要深入理解微生物对炸药的降解机制，才能采取有针对性的强化措施提高炸药污染生物修复的效率[2]。许多微生物能够降解 TNT，如假单胞菌属、肠杆菌属、红球菌属、分枝杆菌属、梭状芽孢杆菌属和脱硫弧菌属的细菌，对其代谢途径已有较清晰的认识[22]。TNT 生物降解的途径主要包括好氧/厌氧/兼性细菌降解、真菌降解、酶和生物电化学降解等[23]。好氧菌介导的 TNT 生物转化有两种方式：加氢还原芳香环，对硝基依次还原。硝基的还原生成了不同的产物，如 2-羟氨基-4,6-二硝基甲苯（2-HADNT）、4-氨基-2,6-二硝基甲苯（4-ADNT）、2-氨基-4,6-二硝基甲苯（2-ADNT）、2,4-二氨基-6-硝基甲苯（2,4-DANT）、2,6-二氨基-4-硝基甲苯（2,6-DANT）、偶氮基二聚体，与此同时亚硝酸盐在生物体中累积[24]。参与微生物硝基还原的常见酶有硝基还原酶、季戊四醇四硝酸酯（PETN）还原酶、异生还原酶、硝基苯还原酶等[25]。

4.2.3.1 硝基还原酶

硝基还原酶是利用还原型烟酰胺腺嘌呤二核苷酸磷酸（NADPH）或烟酰胺腺嘌呤二核苷酸（NADH）作为电子供体的黄酮蛋白。硝基还原酶可以还原多种硝基芳香族化合物，如硝基酚、硝基芳烃烯、硝基呋喃唑酮、硝基苯和 TNT、三硝酸甘油酯和 RDX 等硝基炸药。根据有氧条件下还原硝基芳香族化合物的活性，硝基还原酶分为氧不敏感型 I 型硝基还原酶（NfnA）和氧敏感型 II 型硝基还原酶（NfnB）两种[26]。

氧不敏感型 I 型硝基还原酶，即使在分子氧存在的情况下也可以通过双电子转移过程还原 TNT。携带硝基还原酶的细菌以肠道细菌为主。氧不敏感型 I 型硝基还原酶在还原硝基取代化合物时，酶结合的黄素单核苷酸（FMN 基团）在氧化中性态和还原阴离子态之间循环，FMN 基团被 NADH 还原，进而还原硝基，并再生酶（见图 4.3）。NADPH:FMN 氧化还原酶是一种氧不敏感型 I 型硝基还原酶，是从费氏弧菌中纯化出来的。该酶消耗 3 mol 的 NADPH 来还原一个硝基以产生一个氨基[27]。

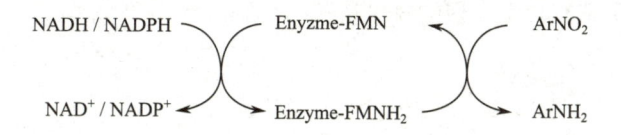

$$NADH/NADPH \longrightarrow Enzyme\text{-}FMN \longleftarrow ArNO_2$$
$$NAD^+/NADP^+ \longleftarrow Enzyme\text{-}FMNH_2 \longrightarrow ArNH_2$$

图 4.3　氧不敏感型 I 型硝基还原酶催化循环机制

氧敏感型Ⅱ型硝基还原酶（NfnB）通过单电子转移产生硝基阴离子自由基来还原TNT和其他硝基苯类衍生物的硝基（见图4.4）。这类酶是氧敏感的，因为单电子还原后产生的硝基阴离子自由基可以将电子转移到氧中产生超氧阴离子自由基（·O_2^-），而不产生硝基的净还原。因此，氧敏感型Ⅱ型硝基还原酶只能在厌氧环境中消除硝基[28]。

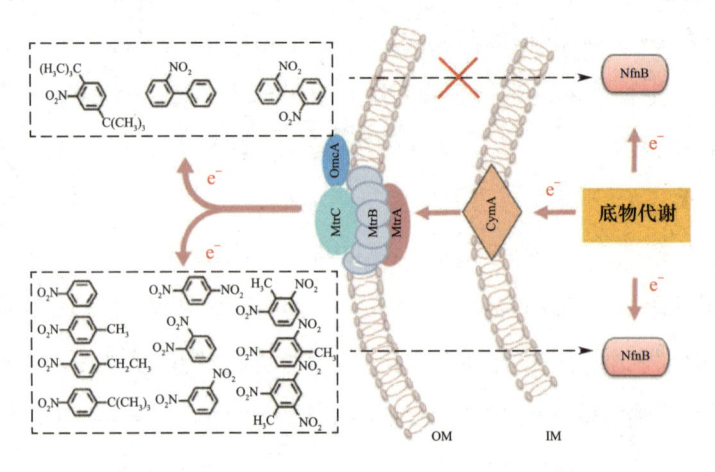

图4.4　NfnB对硝基苯类衍生物的两种还原路径[29]

Ramya等[30]报道了一种新型的氧不敏感型硝基还原酶NR1，酶活性的最佳反应温度为40℃，最佳pH为8.0。NR1更依赖NADPH而不是NADH作为其还原酶活性的辅因子。金属离子和酶抑制剂对NR1的活性没有影响。NR1对TNT和4-硝基苯酚具有最大的活性。NR1固定在硅藻土上，固定化酶在20次重复使用中保持了50%以上的初始活性。

4.2.3.2　季戊四醇四硝酸酯（PETN）还原酶

PETN还原酶是一种40 kDa单体还原酶，依赖NADPH。它通过还原硝基和在硝基芳香环上加氢来转化TNT。PETN还原酶最早从阴沟肠杆菌（*E. cloaca* PB2）中分离，硝酸酯炸药、季戊四醇四硝酸酯（PETN）和三硝酸甘油（GTN）是其单一氮源。PETN还原酶可以通过加氢来还原TNT芳香环，产生深红色氢化物-梅森海默络合物；能够降解TNT的老黄素酶家族具有类似的氢化物转移机制。

4.2.3.3　异生还原酶

异生还原酶是与FMN基因结合的硝基还原酶，分为异生还原酶A（XenA）和异生还原酶 B（XenB）两种。XenA 是一种 39.7 kDa 单体还原酶，利用 NADPH 可以去除硝化甘油的末端或中心硝基，但对 TNT 的活性较弱。XenB 是一种 37.4 kDa 单体还原酶，利用 NADPH 对硝化甘油的中心硝基表现出 5 倍的区域选择性。XenB 的 TNT 降解率是 XenA 的 5 倍。XenB 转化 TNT 有两种方式：通过硝基还原，直接将氢原子转移到芳香环上[26]。

4.2.3.4 硝基苯还原酶

硝基苯还原酶分离自假单胞菌（*Pseudomonas pseudoalcaligenes*）JS45，是一种依赖 NADPH 的 33 kDa 的黄素蛋白，能将硝基苯转化为羟基酰胺苯。在含 TNT 的培养物中加入硝基苯后，硝基苯还原酶的表达量增加，TNT 被还原浓度降低。

4.3 TNT 降解菌的筛选与降解机制

4.3.1 TNT 降解菌的筛选与降解效果评估

4.3.1.1 降解菌 T4

1. 菌种鉴定及基本生理特性

从某弹药销毁场采集的土壤样本中分离纯化出一株能高效降解 TNT 的菌株，将该菌株命名为 T4[31]。T4 菌为革兰氏阳性杆菌，好氧，短杆状[见图 4.5（a）]。16S rDNA 测序结果显示，降解菌 T4 与 *Bacillus* 属的亲缘关系最近，与 *Bacillus cereus* 的相似度达 99.9%[见图 4.5（b）]。在不同浓度 TNT（0～100 mg/L）处理下，37℃培养 12 h，菌落及菌株形态未受到显著影响[见图 4.5（c）]，显示其有良好的 TNT 耐受性。根据菌落结构、细菌形态及 16S rDNA 系统发育分析，将降解菌 T4 鉴定为蜡样芽孢杆菌（*Bacillus cereus*）。

2. TNT 降解特性

采用液体培养基培养法，评估了 T4 菌株生长及对 TNT 的降解特性。随着 TNT 浓度的升高（0～100 mg/L），降解菌 T4 的生长速率逐渐下降。当 TNT 浓度为 25～100 mg/L 时，降解菌 T4 生长 4 h 后，OD_{600} 为 0.18～0.42，与对照组比较，处理组 OD_{600} 降低了 36.7%～70%，显示 TNT 对 T4 菌株有抑制作用［见图 4.6（a）］。TNT 降解结果显示，降解菌 T4 生长 4 h 后，培养基中 TNT 残留量显著降低，TNT 降解率达到 92.56%～100%［见图 4.6（b）～图 4.6（d）］。

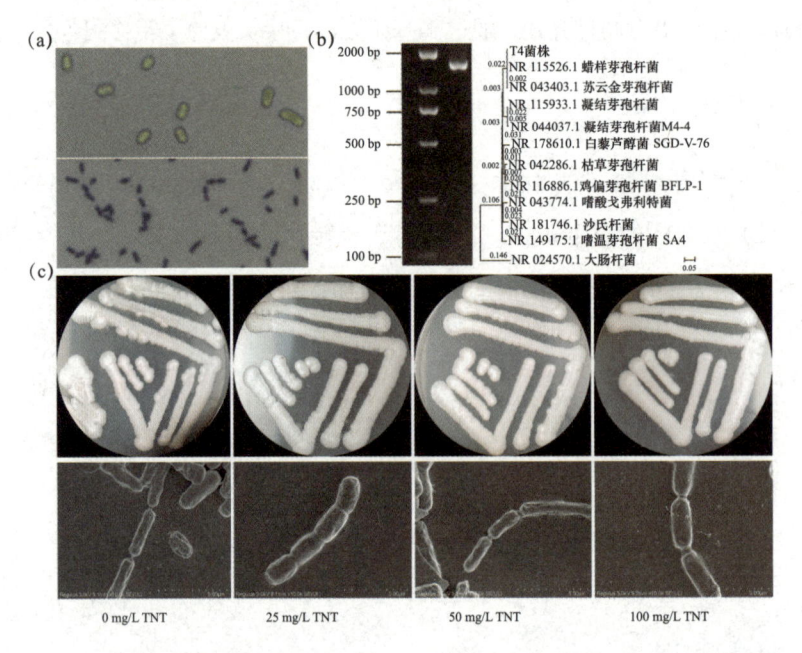

图 4.5 T4 菌株鉴定及菌株表型分析。(a) 正常培养及革兰氏染色后细胞形态；(b) 16S rDNA 测序结果；(c) 不同浓度 TNT 处理下菌落及菌株形态

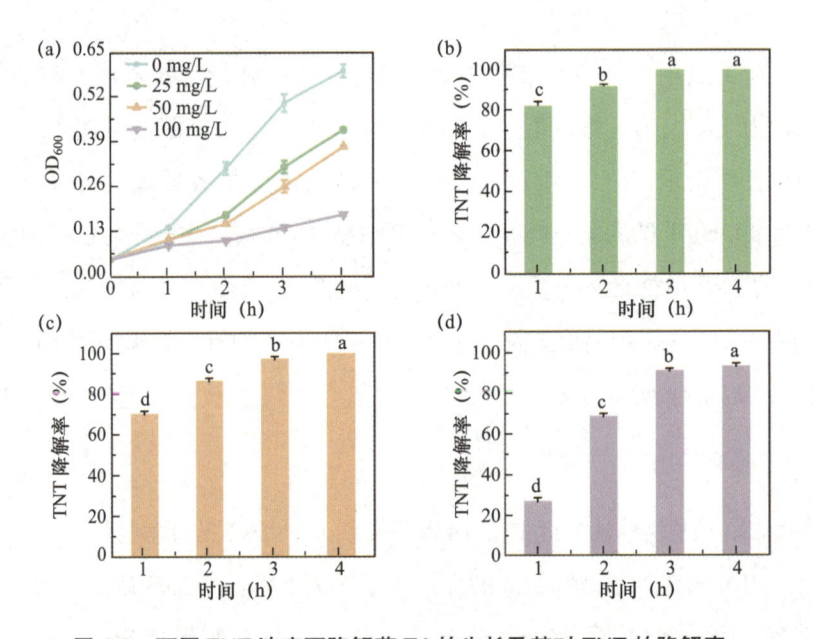

图 4.6 不同 TNT 浓度下降解菌 T4 的生长及其对 TNT 的降解率

当 pH 为 4～10 时,降解菌 T4 的生物量及 TNT 降解率呈现先升后降的趋势;当 pH 为 6～7 时,降解菌 T4 生长 4 h 后,TNT 降解率达到了 98.6%[见图 4.7(a)]。随着培养温度升高(10～45℃),降解菌 T4 的生物量及 TNT 降解率呈现先升后降的趋势;当培养温度为 35℃时,降解菌 T4 生长 4 h 后,OD_{600} 达到 0.25,TNT 降解率达到 98.7%[见图 4.7(b)]。随着初始接种量的增加(OD_{600} 为 0.05～0.35),降解菌 T4 的生物量逐渐升高;当初始接种量达到 0.1～0.35 时,降解菌 T4 培养 4 h 后 TNT 降解率达到 99.7%～100%[见图 4.7(c)]。

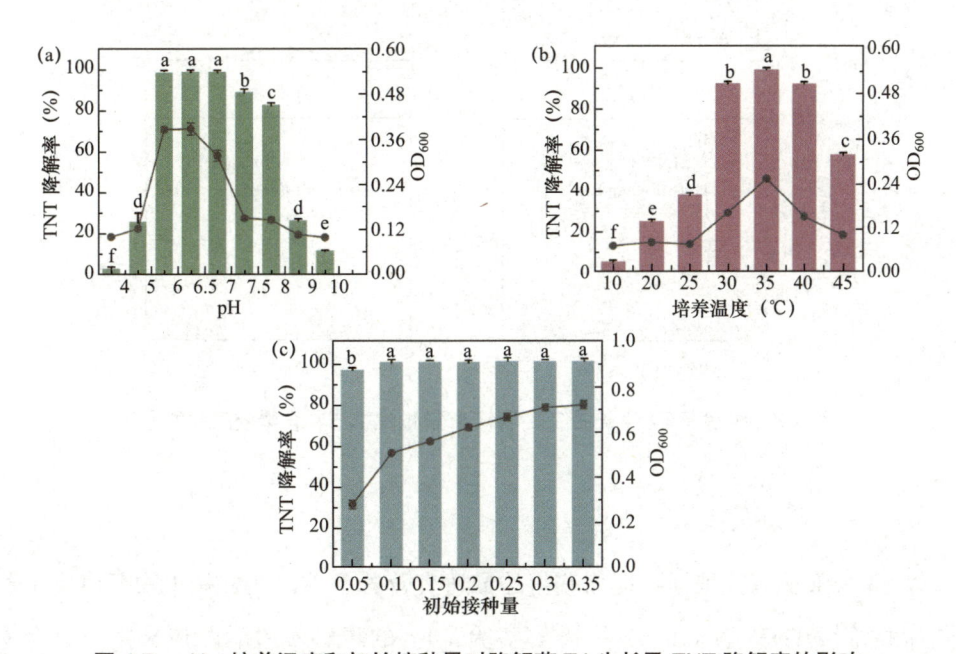

图 4.7 pH、培养温度和初始接种量对降解菌 T4 生长及 TNT 降解率的影响

3. TNT 降解动力学及产物

优化调整 pH 为 7.0,培养温度为 37℃,初始接种量为 0.13,培养 12 h。随着培养时间延长,TNT 处理组中细菌密度逐渐升高,12 h 后 OD_{600} 达到 0.7[见图 4.8(a)]。液相色谱分析显示,接种降解菌 T4 培养 4 h 后 TNT 降解率达到 100%。产物分析显示,随着 TNT 浓度的降低,2-氨基-4,6-二硝基甲苯(2-ADNT)、4-氨基-2,6-二硝基甲苯(4-ADNT)、2,6-二氨基-4-硝基甲苯(2,6-DANT)和 2,4-二氨基-6-硝基甲苯(2,4-DANT)逐渐出现在液相色谱图中,培养 4 h 后,2,4-DANT、2,6-DANT 含量持续上升,2,6-DANT 含量达到 25.74mg/L;培养 12 h 后,在液相色谱图中未检测到

2-ADNT，4-ADNT 含量呈现先上升再下降的趋势［见图 4.8（b）］。与对照组相比，接种降解菌 T4 后，随着培养时间的延长（0～12 h），培养基中亚硝酸盐、铵态氮的含量逐渐升高［见图 4.8（c）、图 4.8（d）］，说明 TNT 降解产物参与细菌氮代谢过程。

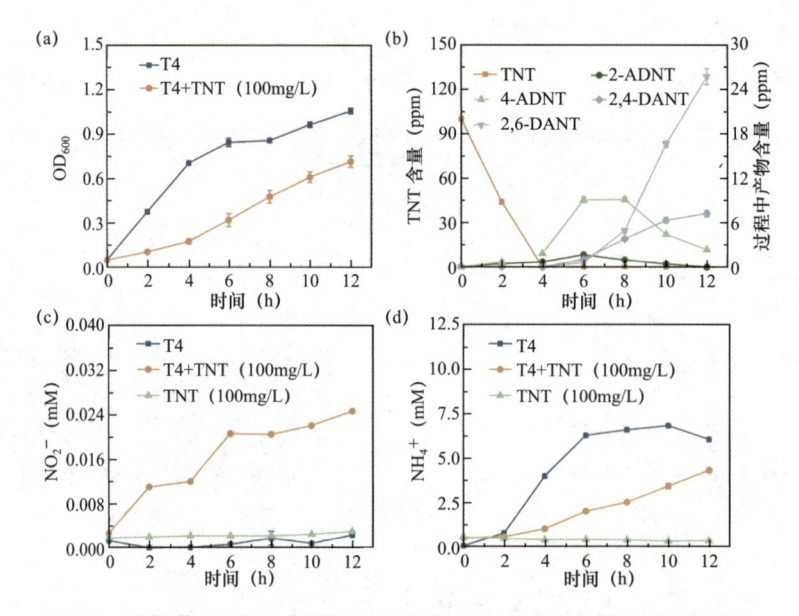

图 4.8 降解菌 T4 生长曲线及 TNT 降解过程中产物含量随时间的变化

4. 好氧生物泥浆反应接种

以 T4 为降解菌，根据响应面获得的最适宜营养条件，在好氧生物泥浆反应器中进行中高浓度 TNT（500 mg/kg）降解实验。4 d 的降解实验后，在未接种微生物的土壤+水处理组中，TNT 降解率为 21.56%；在土壤+培养基处理组中，TNT 降解率为 28.17%；含不同初始接种量 T4 菌株的生物泥浆反应体系中 TNT 的降解率分别为 97.73%、96.91%，降解菌 T4 显著提高了 TNT 的降解率（见图 4.9）。

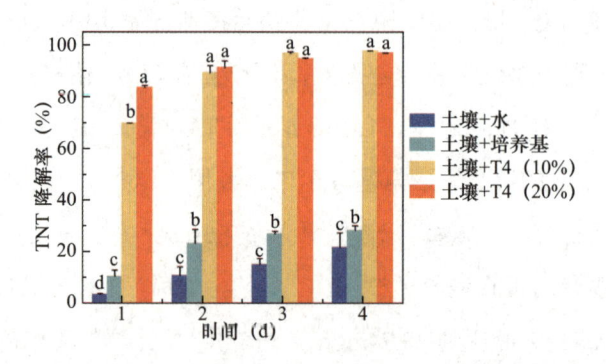

图 4.9 生物泥浆反应体系中 TNT 的降解率

4.3.1.2 降解菌 T5

通过驯化培养，从市售 EM 菌剂中筛选得到 TNT 耐受菌株 T5。菌落呈浅黄色，圆形，表面粗糙，边缘整齐 [见图 4.10（a）]。革兰氏染色结果显示，该菌株为革兰氏阴性杆菌 [见图 4.10（b）]。16S rDNA 测序和 gyrB 基因序列系统发育树表明，该菌株与变栖克雷伯氏菌（*Klebsiella variicola*）属于同一簇，并区别于其他菌株。因此，该菌株鉴定为变栖克雷伯氏菌。耐受性实验结果显示，当培养基 TNT 浓度为 100 mg/L 时，TNT 胁迫导致该菌细胞表面粗糙、不平整 [见图 4.10(c)]。T5 菌株在 TNT 暴露下，生长 6 h 后进入对数期，稳定期 OD_{600} 为 0.68 [见图 4.10（d）]。5 月生化需氧量（BOD_5）结果显示，当 TNT 浓度为 100 mg/L 时，随着培养时间的延长，T5 菌株耗氧量逐渐增加，5 日生化需氧量（BOD_5）达到 950 mg/L [见图 4.10（e）]，是对照组的 6.2 倍，表明 T5 菌株利用 TNT 作为碳源、氮源进行快速繁殖。同时，当 TNT 浓度为 100 mg/L 时，接种 T5 菌株 30 h 后，TNT 降解率达到 100% [见图 4.10（f）][32]。

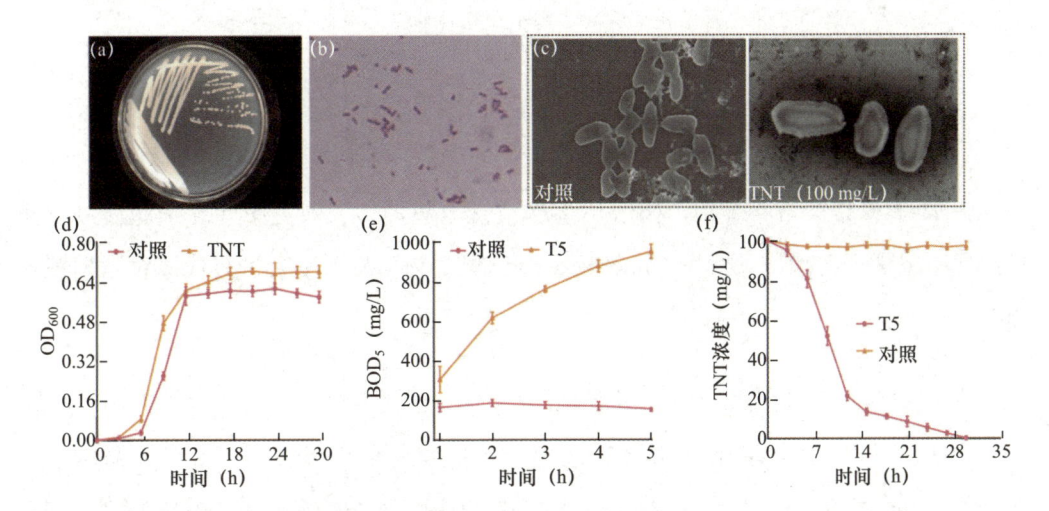

图 4.10 （a）T5 菌株在驯化培养基中的形态；（b）革兰氏染色结果；（c）扫描电镜分析结果；（d）100 mg/L TNT 暴露下生长曲线；（e）5 日生化需氧量曲线；（f）TNT 降解率曲线

4.3.2 微生物对 TNT 胁迫的响应

4.3.2.1 对微生物吸收矿质元素的影响

炸药化合物暴露影响了微生物的矿质元素代谢。TNT 暴露下的降解菌 T5 悬液，离心并弃上清液后用超纯水清洗，菌粉干燥后消解并采用电感耦合等离子体-质谱仪测定矿质元素含量。在 100 mg/L TNT 暴露下，T5 菌株细胞内 B、Cu、Zn、Ba、Ca 元素含量较对照组分别显著上升 1.47 倍、3.72 倍、1.88 倍、1.44 倍、1.91 倍，同时 T5 菌株细胞内 Mg、Na、P、K 元素含量较对照组分别显著下降 42.7%、48.7%、42.2%、54.3%（见图 4.11），TNT 胁迫使 T5 菌株矿质元素代谢紊乱。

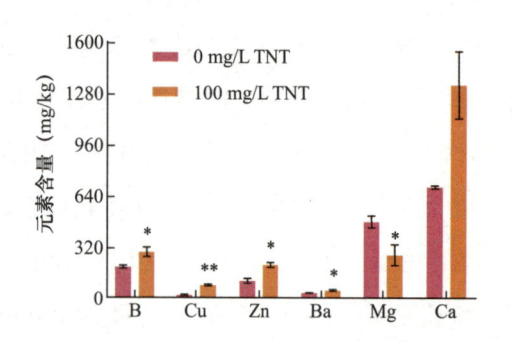

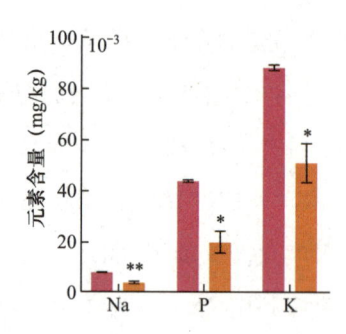

图 4.11　TNT 暴露下 T5 菌株对矿质元素的吸收差异

注：* 表示在 0.05 水平上有显著差异，** 表示在 0.01 水平上有显著差异。

4.3.2.2　对微生物代谢谱的影响

在 TNT 暴露下培养细菌，离心后多次清洗分离菌体，液氮中冷冻细胞后进行非靶向代谢组学产物检测，使用 OmicShare 基迪奥生物信息云平台进行代谢物数据矩阵分析[33]。

1. **T4 菌代谢谱对 TNT 胁迫的响应**

TNT 暴露改变了 T4 菌代谢物表达模式。主成分分析（PCA）和正交偏最小二乘判别分析（OPLS-DA）结果显示，对照组（T0，[TNT] = 0 mg/L）和实验组（T1，[TNT] = 100 mg/L）的代谢物含量水平存在显著差异［见图 4.12（a）、图 4.12（b）］。在菌株 T4 中共鉴定出 139 个差异代谢物，其中，102 个差异代谢物显著上调，37 个显著下调［见图 4.12（c）］。KEGG 富集分析显示［见图 4.12（d）］，差异代谢物主要富集于氧化磷酸化三羧酸循环、核黄素代谢、嘌呤代谢、赖氨酸降解，以及丙氨酸、天冬氨酸、谷氨酸代谢途径中，表明 TNT 暴露显著干扰了 T4 菌株的能量代谢、氨基酸代谢及碳水化合物代谢。

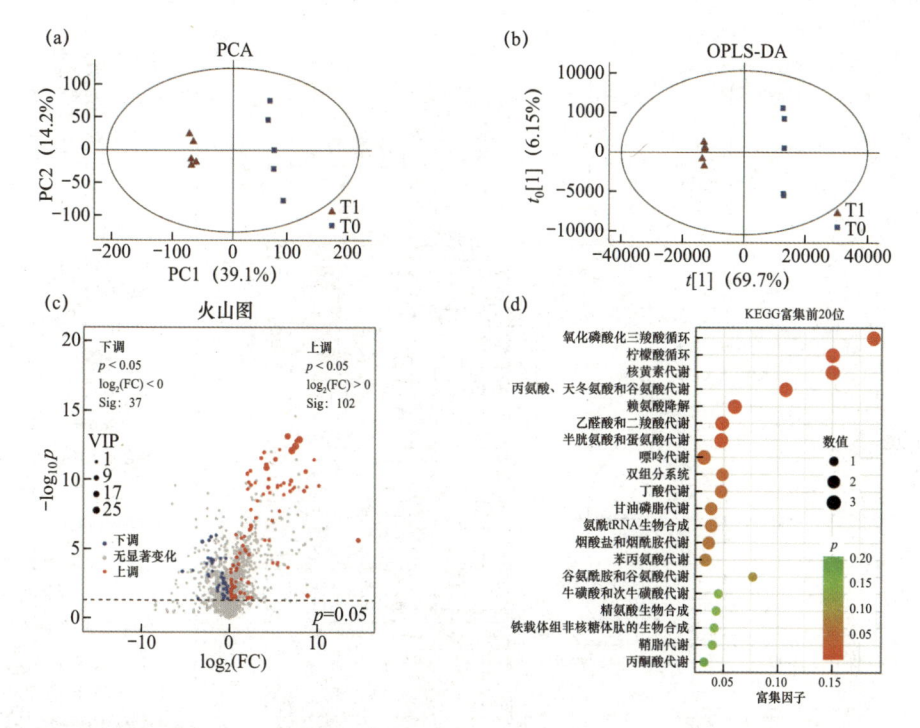

图 4.12　TNT 暴露下 T4 菌代谢谱变化。(a) 主成分分析；(b) 正交偏最小二乘判别分析；(c) 差异代谢物火山图，红点表示显著上调，蓝点表示显著下调，灰点表示差异不显著；(d) KEGG 富集分析前 20 位代谢途径

2. T5 菌代谢谱对 TNT 胁迫的响应

T5 菌非靶向代谢组学分析共鉴定出 8146 个代谢物。PCA 显示，两组样品（TNT 浓度分别为 0 mg/L 和 100 mg/L）细菌代谢谱的第一主成分和第二主成分分离，差异分别为 55.5% 和 13.2%[见图 4.13（a）]，说明 TNT 的加入改变了 T5 菌的代谢过程。OPLS-DA 结果表明，在 TNT 暴露下，细胞代谢物在第一主成分中存在分离，差异为 71.3%[见图 4.13（b）]。根据 OPLS-DA 结果，共鉴定出 544 个显著差异代谢物（Differentially Expressed Metabolites，DEMs），其中，252 个代谢物上调，292 个代谢物下调。前 50 位差异代谢物热图分析结果显示，24 个代谢物下调，26 个代谢物上调[见图 4.13（c）]。柱状图分析显示，在前 20 位差异代谢物中，D-葡萄糖醛酸、蔗糖、半乳糖酸、甘露聚糖等极显著上调，D-甘油酸酯 3-磷酸、4-氯-5-氨磺酰邻氨基苯甲酸等极显著下调[见图 4.13（d）][32]。与 T4 菌相似，TNT 暴露显著干扰了 T5 菌的能量代谢和碳水化合物代谢，但对氨基酸代谢的干扰并不显著。

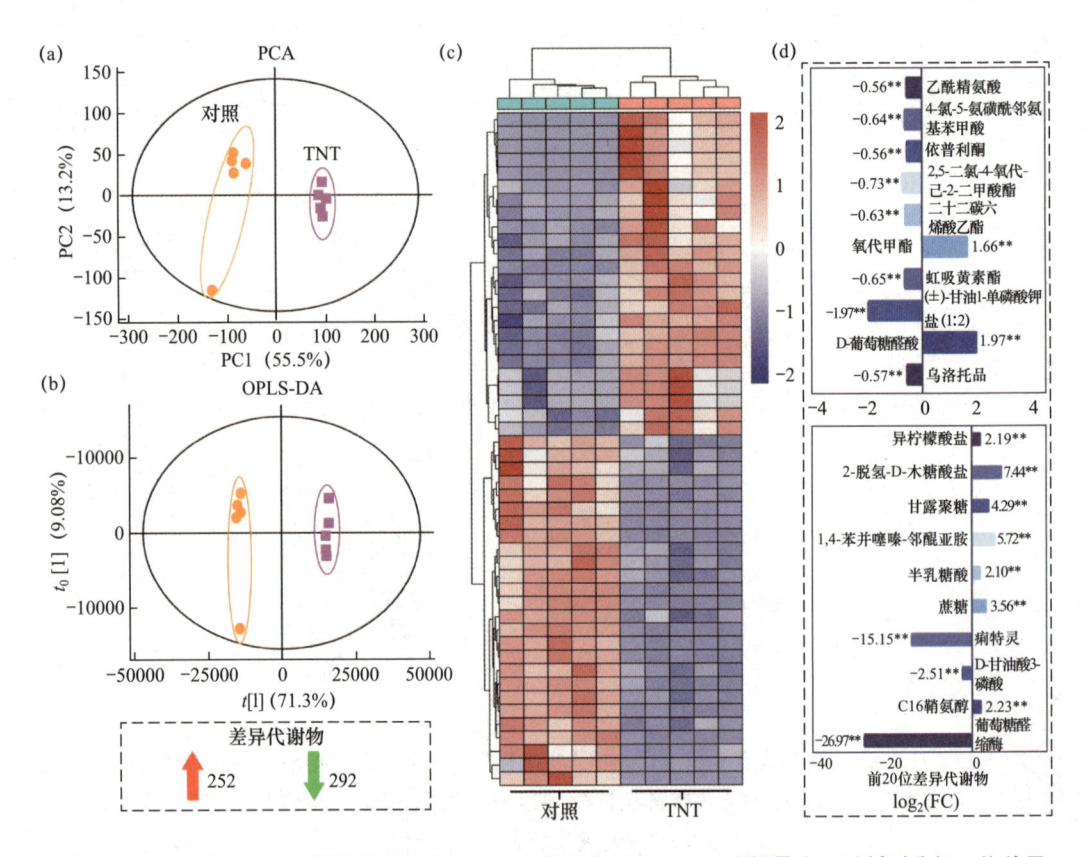

图 4.13　TNT 暴露下 T5 菌代谢谱变化。(a) 主成分分析；(b) 正交偏最小二乘判别分析；位差异代谢物热图分析；(d) 前 20 位差异代谢物表达模式分析

4.3.2.3　DEMs 的代谢途径及表达模式

京都基因和基因组数据库（Kyoto Encyclopedia of Genes and Genomes，KEGG）是专门收集基因组、分子相互作用网络、酶催化路径、生物化学产物等信息的在线数据库，其将基因组信息和基因功能（特别是酶的催化功能）联系起来，以系统分析基因功能，揭示生命现象的遗传基础与化学基础。通过 KEGG 代谢数据库构建代谢富集途径，进行富集分析，并对代谢途径中的上调、下调代谢物数量标识注释。

4.3.2.4　DEMs 的代谢途径及表达模式分析

1. T4 菌

差异表达基因（DEGs）和差异代谢物（DEMs）主要富集在碳水化合物、氨基酸、能量代谢途径［见图4.14（a）］，即多个主要代谢途径参与了菌株T4耐受及降解TNT的过程。相关性分析显示，在氨基酸代谢中，DEGs与DEMs之间存在显著的相关性［见图4.14（b）］。

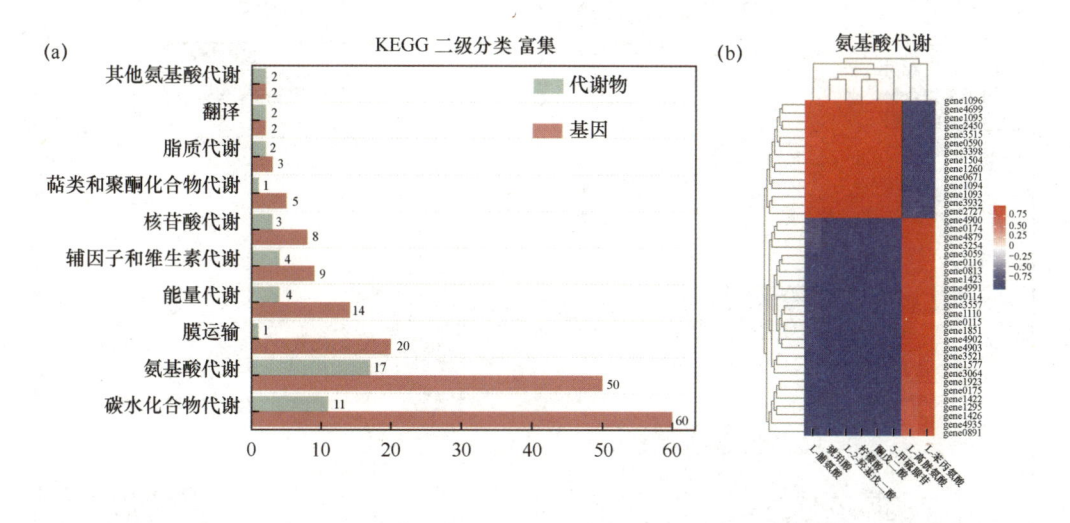

图4.14　TNT暴露下T4菌的组学联合分析。（a）KEGG二级富集分析中前10个代谢途径，数字表示DEGs和DEMs的数量；（b）参与氨基酸代谢的DEGs和DEMs的相关性分析

TNT暴露诱导T4菌柠檬酸循环途径中延胡索酸水合酶、二氢硫辛酰胺脱氢酶、磷酸烯醇丙酮酸羧激酶和丙酮酸羧化酶的基因表达显著下调，而代谢物柠檬酸、异柠檬酸和琥珀酸表达显著上调（见图4.15）。在氧化磷酸化途径中，TNT诱导线粒体复合物酶Ⅰ、Ⅴ的基因表达显著下调，而NAD^+等代谢物表达上调。在丙氨酸、天冬氨酸、谷氨酸代谢，以及赖氨酸降解、半胱氨酸代谢、蛋氨酸代谢等途径中，DEGs和DEMs的表达显著变化，表明T4菌通过调节细胞内氨基酸代谢来提高其细胞内能量供应水平，并为糖、脂肪酸的合成提供碳架，从而提高T4菌对TNT的耐受性。

2. T5菌

在544个差异代谢物中，381个代谢物被分类到超类，前3个为脂质和类脂分子、有机氧化合物、有机酸及其衍生物［见图4.16（a）］。在脂质和类脂分子代谢中，脂肪酰基（29.5%）、聚酮化合物（23.2%）、甘油磷脂（20.5%）为主要分类［见图4.16（b）］。结果表明，DEMs显著富集的途径主要涉及氨基酸的生物合成、癌症中的中枢碳代谢、半乳糖代谢、2-氧代羧酸代谢［见图4.16（c）］。对代谢物表达模式进行标识注释，例如，ko05230（癌症中的中枢碳代谢）富集途径中 5 个代谢物上调、4 个代谢物下调；ko00052（半乳糖代谢）中 6 个代谢物上调、3 个代谢物下调［见图 4.16（d）］。

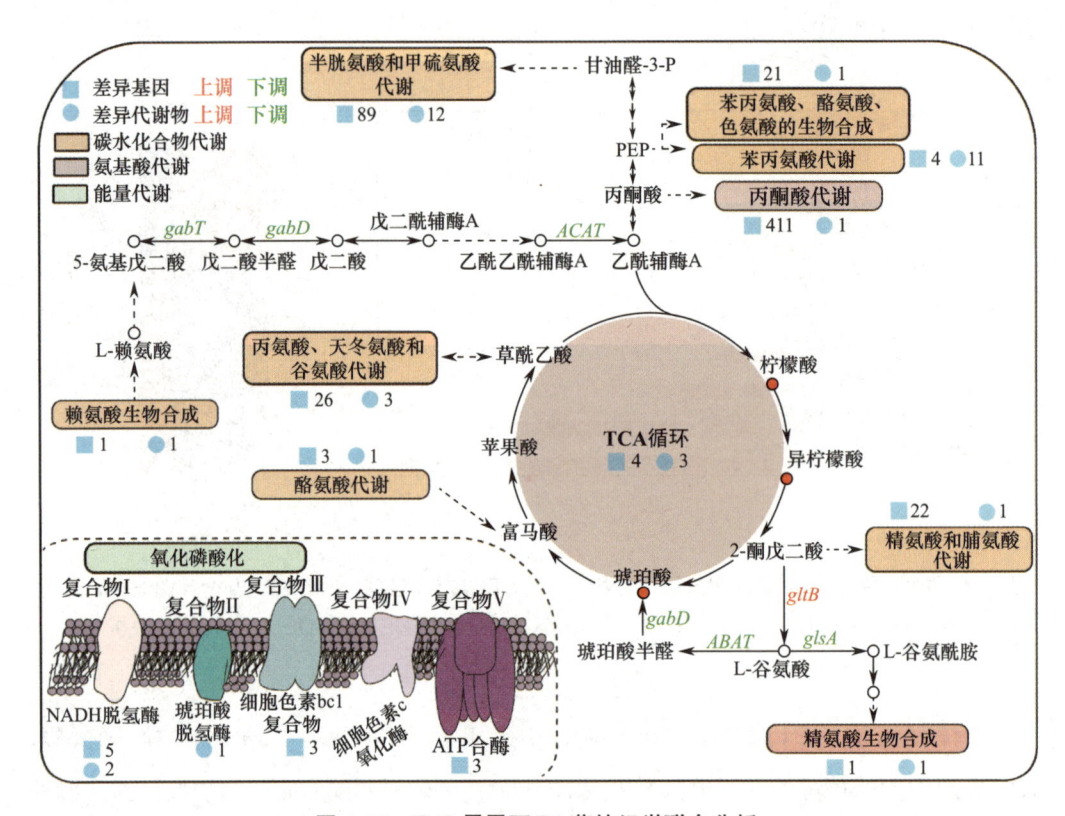

图 4.15　TNT 暴露下 T4 菌的组学联合分析

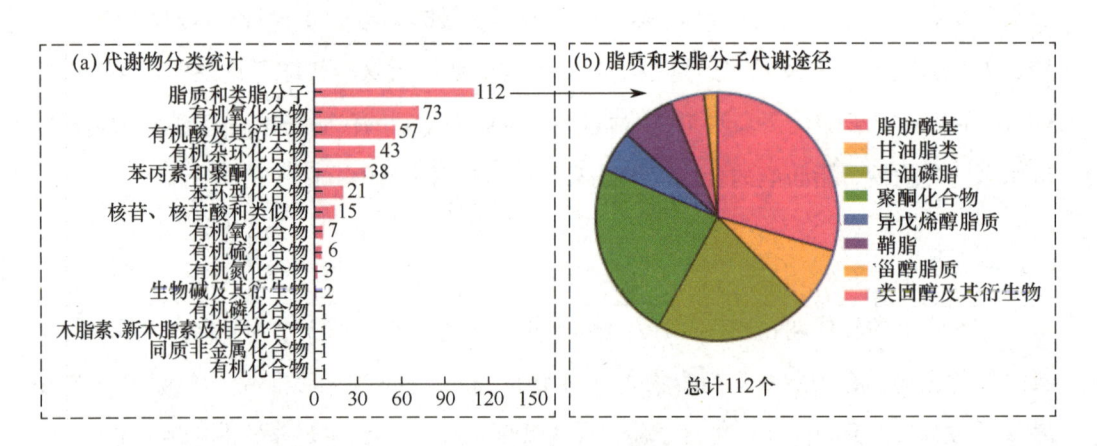

图 4.16　TNT 暴露下 T5 菌 DEMs 的代谢途径及表达模式分析

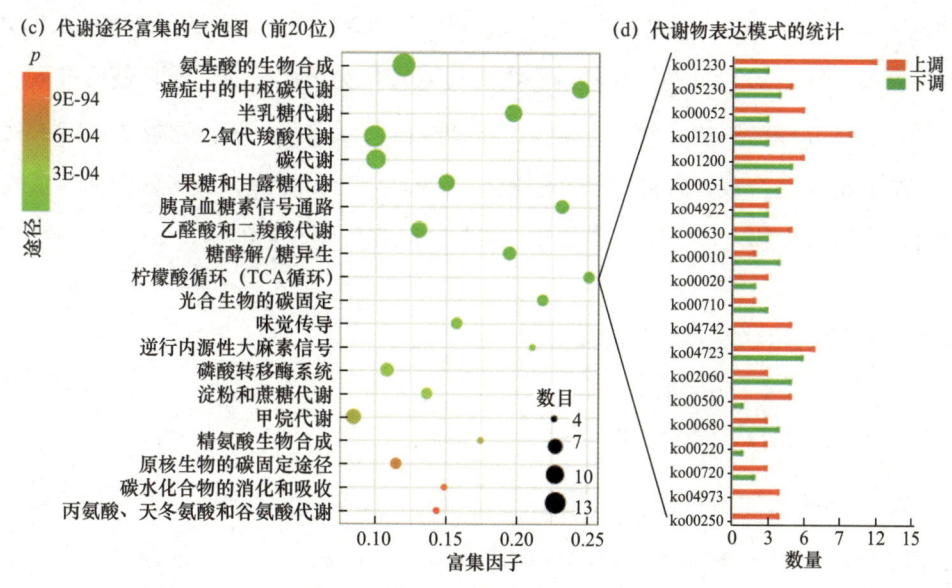

图 4.16 TNT 暴露下 T5 菌的 DEMs 代谢途径及表达模式分析（续）

图 4.17 揭示了 TNT 在 T5 菌细胞内降解的中间产物，并展示了中间产物参与的细胞代谢，TNT 被降解为 4-氨基-2,6-二硝基甲苯、2-羟氨基-4,6-二硝基甲苯、2-氨基-4,6-

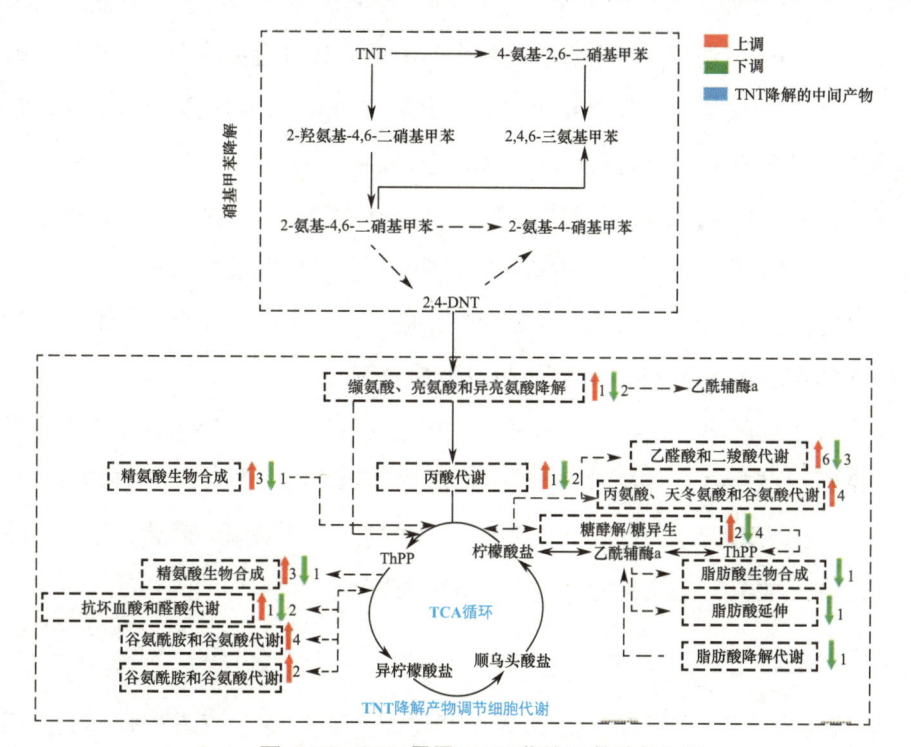

图 4.17 TNT 暴露下 T5 菌的组学联合分析

二硝基甲苯、2,4-DNT，同时，2,4,6-三氨基甲苯（TAT）的代谢受到抑制。2,4-DNT 通过缬氨酸、亮氨酸和异亮氨酸降解和丙酸代谢转化为下游代谢产物，最后进入三羧酸循环，引起异柠檬酸盐、顺乌头酸盐、柠檬酸盐代谢上调，硫化辅酶（ThPP）代谢下调。精氨酸生物合成、谷氨酰胺和谷氨酸代谢，以及丙氨酸、天冬氨酸和谷氨酸代谢增强，脂肪酸生物合成、脂肪酸延伸、脂肪酸降解代谢受到抑制。

4.3.3 TNT 的微生物降解机制

1. T4 菌对 TNT 的降解机制

好氧细菌对 TNT 的生物转化通常开始于其中一个硝基的还原。一些菌株具有硝基还原和苯环还原双重能力：将 TNT 中的硝基还原为羟氨或氨基；将 TNT 芳香环亲核加成，生成梅森海默络合物。在硝基甲苯降解途径中，硝基还原酶和老黄素酶家族中的 N-乙基马来酰亚胺还原酶显著上调，这说明 T4 菌可能也具有双重能力。此外，亚硝酸盐的累积证实了 T4 菌硝基还原酶表达的上调。在氮代谢途径中，硝酸盐/亚硝酸盐转运蛋白、硝基还原酶表达的下调可能与 TNT 硝基还原过程中亚硝酸盐的累积有关。羟胺还原酶表达下调和谷氨酰胺合成酶表达上调导致氨含量减少，可能是亚硝酸盐累积诱导羟胺还原酶活性下降导致的[34]。谷氨酰胺合成酶将氨同化为谷氨酸，是氮代谢的关键酶，谷氨酰胺合成酶表达的上调促进了氨的同化[35]。

在 TNT 暴露下，T4 菌碳水化合物代谢途径中的糖酵解/糖异生、磷酸戊糖代谢途径中的 6-磷酸果糖激酶、D-甘油醛 3-磷酸脱氢酶、6-磷酸葡糖酸脱氢酶等关键酶表达显著上调，大量能量用于糖类等大分子合成，合成代谢大于分解代谢，可能是在 TNT 完全降解之后 T4 菌才开始消耗能量用于自身生长繁殖。

T4 菌对 TNT 的降解途径如图 4.18 所示。在生物酶作用下，TNT 首先转化为羟氨基二硝基甲苯（HADNT），进一步生成 2-ADNT、4-ADNT、2,4-DANT 和 2,6-DANT 等中间产物。经过多步反应，2,4,6-三氨基甲苯（TAT）脱去氨基，转化为甲苯，并在开环后进入三羧酸循环，为细菌能量代谢提供物质基础。

2. T5 菌对 TNT 的降解机制

假单胞菌能高效降解 TNT，主要涉及硝基还原[38]。T5 菌氨基酸生物合成代谢显著上调（$p < 0.05$），表明该途径在 T5 菌对 TNT 胁迫响应中有重要的作用，TNT 中含

有的硝基为氨基酸的生物合成提供了氮源。

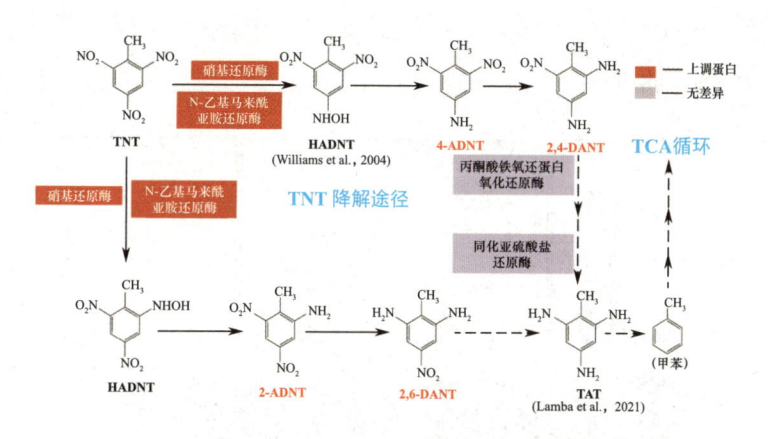

图 4.18　T4 菌对 TNT 的降解途径

TNT 降解的中间产物能进一步调控细胞的代谢。泡囊假单胞菌能够将 TNT 转化为二硝基苯（DNB）、硝基苯胺、硝基苯[39]。T5 菌通过硝基甲苯降解代谢，将 TNT 转化为 4-氨基-2,6-二硝基甲苯、2-羟氨基-4,6-二硝基甲苯、2-氨基-4,6-二硝基甲苯、2-氨基-4-硝基甲苯、2,4-DNT。在 TNT 暴露下，仍需要进一步认识 T5 菌应激/解毒相关差异蛋白的表达，专注于可能参与 TNT 反应的蛋白质。

4.4　RDX 降解菌的筛选与降解机制

4.4.1　RDX 降解菌的筛选与降解效果评估

从某污水处理厂活性污泥中分离纯化了 RDX 降解菌株 R3，经鉴定 R3 菌为克雷伯菌属（*Klebsiella sp.*）。BOD_5 测试结果显示，在含有 40 mg/kg RDX 的培养基中，菌株的 5 日生化需氧量逐渐上升，第 5 天达到 971 mg/L，与对照组相比增加了 21.1 倍［见图 4.19（a）］。与对照组 R3 菌相比，在 RDX 暴露下 R3 菌早期生长受到抑制，随着时间的延长，其对数生长期较对照组提前了 2 h，菌株数量在 15 h 达到最大值，但菌株总数量与对照组相比显著降低 17%［见图 4.19（b）］。40 mg/kg RDX 在无菌培养基中不会自然降解，但在含菌培养基中，0～9 h 内 RDX 降解率最大，9 h 时 RDX 降解率为 71.4%，在 12 h RDX 降解达到饱和，RDX 最终降解率达到 81.9%［见图 4.19（c）］。

扫描电镜分析结果表明，0 mg/kg RDX 暴露下 R3 菌株无鞭毛，菌体形状粗短、形态饱满圆润［见图 4.19（d）］；受 40 mg/kg RDX 影响，R3 菌株褶皱变形，局部细胞膜向内凹陷，整体形状轻微弯曲［见图 4.19（e）］。

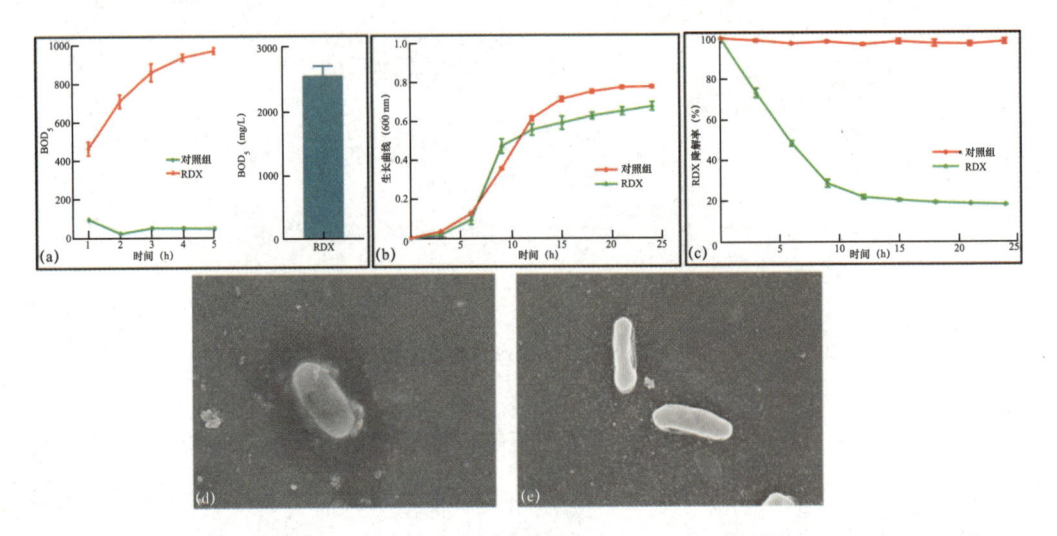

图 4.19　R3 菌对 RDX 的降解。（a）5 日生化需氧量 BOD_5；（b）生长曲线；（c）RDX 降解率曲线；（d）无 RDX 胁迫 R3 菌株的扫描电镜；（e）40 mg/kg RDX 胁迫下 R3 菌株的扫描电镜

4.4.2　微生物对 RDX 胁迫的响应

4.4.2.1　对矿质元素吸收的影响

与对照组相比，在 40 mg/L RDX 暴露下，R3 菌株细胞内 Ba、B、Ca、Na、P、K 等矿质元素含量无显著差异，但 Cu 和 Zn 含量显著高于对照组，分别显著提高了 1.30 倍和 1.18 倍，而 Mg 含量显著低于对照组，下降了 42.3%（见图 4.20）。

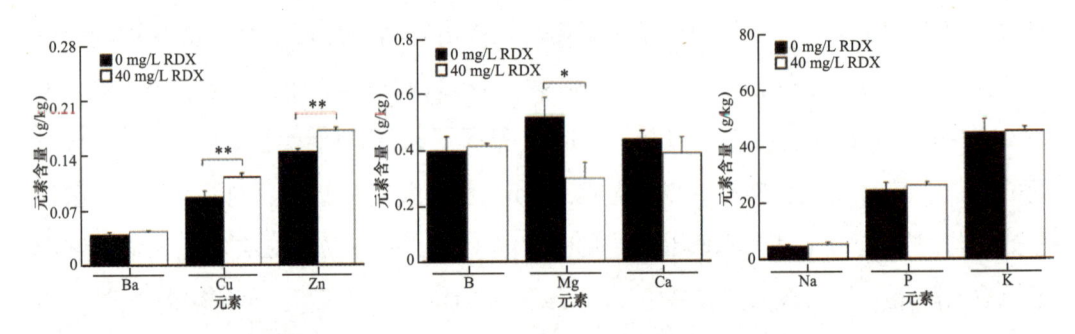

图 4.20　RDX 暴露下 R3 菌株对矿质元素的吸收差异

4.4.2.2 对微生物代谢谱的影响

PCA 结果显示，在 0 mg/kg 和 40 mg/kg RDX 暴露下，R3 菌株代谢谱的第一主成分和第二主成分分离 [见图 4.21（a）]；OPLS-DA 结果表明，基于 PCA 的第一主成分存在分离，数据差异为 45.3% [见图 4.21（b）]。根据 OPLS-DA 结果第一主成分的 VIP 值和 t 检验的 p 值，共筛选出 362 个差异代谢物 [见图 4.21（c）]，对筛选出的 DEMs 进行一级分类，得到 8 个超类 [见图 4.21（d）]，其中，脂质和类脂分子类所占比例最大，共 92 个。对甘油磷脂类物质进行统计 [见图 4.21（e）]，共 38 个差异代谢物，包括 8 个磷脂酰乙醇胺（PE）、6 个磷脂酰胆碱（PC）、5 个磷脂酰甘油（PG）。通过查询 DEMs，对前 3 位的初级差异代谢物生成热图 [见图 4.21（f）]。碳水化合物

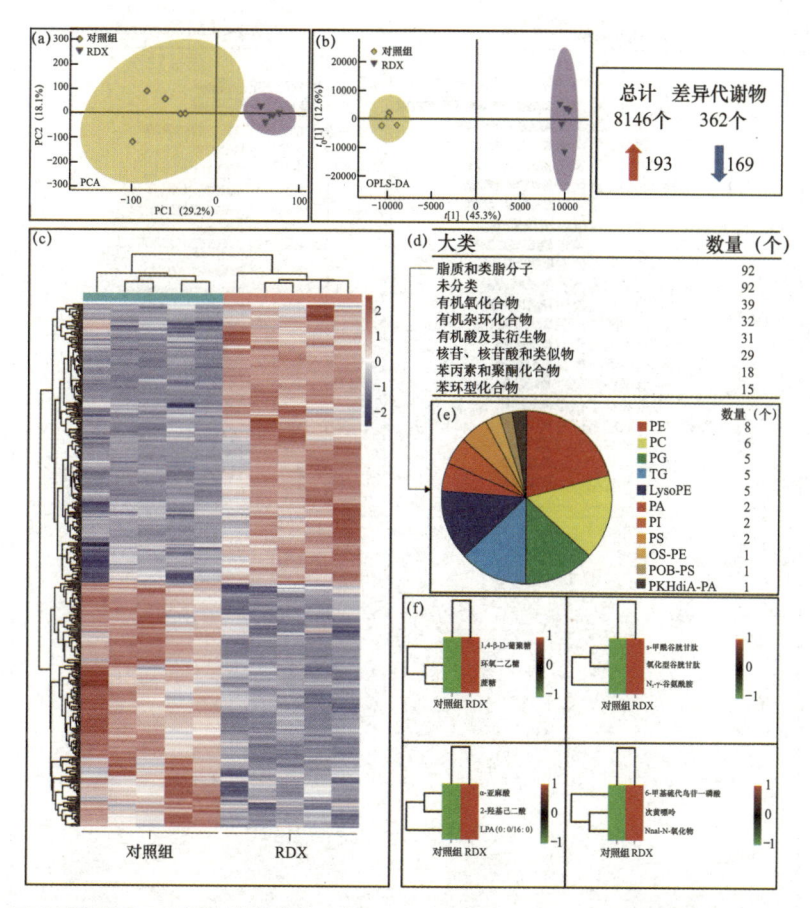

图 4.21 RDX 暴露下 R3 菌株代谢谱的变化。（a）主成分分析；（b）正交偏最小二乘判别分析；（c）总差异代谢物热图分析；（d）DEMs 的一级分类信息；（e）甘油磷脂类物质；（f）前 3 位初级差异代谢物

代谢物如 1,4-β-D-葡聚糖、环氧二乙糖和蔗糖表达上调；脂质代谢物如 α-亚麻酸、脱脂转化酶［LPA（0∶0/16∶0）］、2-羟基己二酸均表达上调。此外，核酸代谢物和氨基酸代谢物也表达上调[40]。

4.4.2.3　DEMs 的代谢途径及表达模式分析

在 RDX 暴露下，R3 菌株差异代谢物的前 20 位具有显著变化的代谢途径如图 4.22（a）所示，代谢途径主要涉及糖类代谢、氨基酸合成及分解代谢、脂类代谢和嘌呤嘧啶代谢。对代谢途径中的差异代谢物进行统计并标识注释［见图 4.22（b）］，其中，ko00052（半乳糖代谢）途径中 8 个代谢物表达上调；ko01230（氨基酸的生物合成）途径中 4 个代谢物表达上调，5 个代谢物表达下调；ko00561（甘油脂类代谢）途

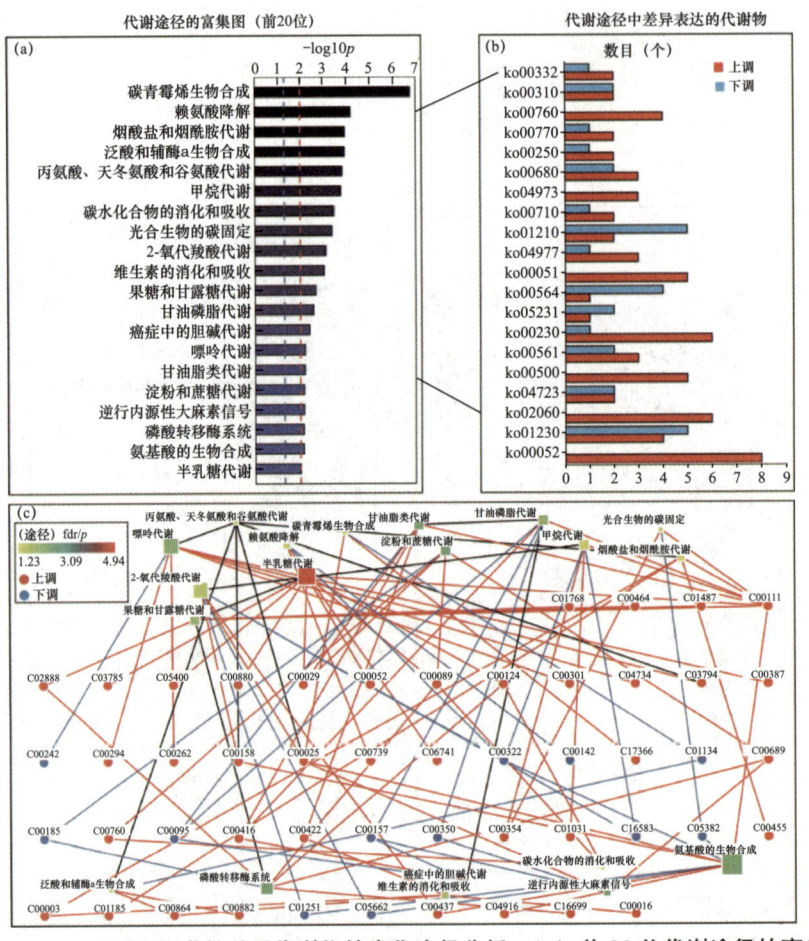

图 4.22　RDX 诱导 R3 菌株差异代谢物的富集途径分析。(a) 前 20 位代谢途径的富集图；(b) 不同代谢途径中差异表达的代谢物；(c) 前 20 位代谢途径和差异代谢物网络

径中 3 个代谢物表达上调，2 个代谢物表达下调；ko00230（甘油磷脂代谢）通路 6 个代谢物表达上调，1 个代谢物表达下调。前 20 位代谢途径与表达上调、下调的代谢物相关，形成的差异代谢物网络如图 4.22（c）所示，34 个代谢物表达上调，12 个代谢物表达下调。不同的代谢物在网络中起着不同的重要作用，如 L-谷氨酸（C00025）、蔗糖（C00089）、磷酸二羟基丙酮（C0011）、氧己二酸（C00322），从图 4.22 中可见 RDX 胁迫对半乳糖代谢（ko00052）的影响甚大。

4.4.2.4 对分解代谢及产能影响

受 RDX 及降解产物毒性影响，R3 菌株 TCA 循环中柠檬酸的代谢下调为原来的 0.32；糖代谢途径受到显著影响，其中，D-半乳糖、D-果糖-1,6-二磷酸盐、甘露聚糖、1-6-二磷酸果糖、山梨糖-1-磷酸酯等表达显著上调 0.29～1.69 倍，磷酸二羟丙酮的表达上调 1.04 倍。氨基酸类物质如 D-赖氨酸、L-谷氨酸 5-羟基赖氨酸和 N-乙酰鸟氨酸的表达上调 0.59～1.28 倍[见图 4.23（a）]。

细胞膜组分如 α-亚麻酸、LPA（0:0/16:0）和纤维素表达上调 1.33～5.25 倍，卵磷脂表达下调为原来的 0.37～0.67，甘油三酸酯和磷脂酰乙醇胺代谢紊乱[见图 4.23（b）]。受 RDX 及降解产物影响，R3 菌株生长受到影响，表现为糖酵解的物质代谢活动提高，并影响 ATP、NADH、NADPH 的产生。为应对 RDX 胁迫，R3 菌株的鸟嘌呤核苷和 6-甲基硫代鸟苷一磷酸代谢分别上调 1.2 和 12.5 倍，而鸟嘌呤和 6-硫代鸟苷酸代谢分别下调为原来的 1.07 和 0.71，影响转录和翻译。具体表现为 5-羟基赖氨酸和 N-乙酰鸟氨酸代谢上调，将调控脂类合成酶数量或产生新的脂类合成酶[见图 4.23（b）]，进而改变细胞膜和细胞壁组分，最终菌株的膜结构和整体形状可能发生改变，以应对 RDX 的胁迫。

4.4.3 RDX 的微生物降解机制

在 40 mg/kg RDX 暴露下，R3 菌株生长表现出"抑制-促进-抑制"的情况，推测 0～6 h 时间段细胞外 RDX 对菌株具有胁迫作用，R3 菌株在 7h 后进入对数生长期。R3 菌株将一部分 RDX 降解产物作为碳源和氮源加速其生长。炸药化合物降解产物具有微生物毒性[41]，R3 菌株生长增殖在后期将受到抑制。

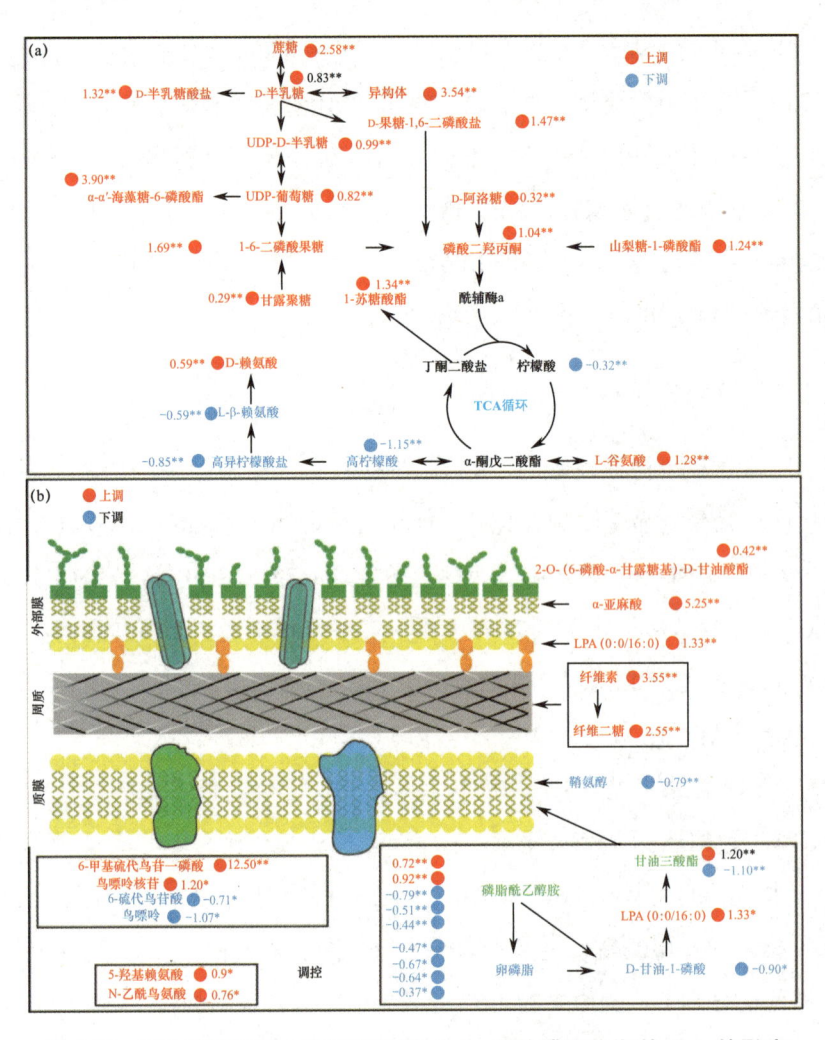

图 4.23 RDX 暴露对 R3 菌株碳代谢（a）、细胞膜组分代谢（b）的影响

受 40 mg/kg RDX 的影响，R3 菌株的 Cu、Zn 元素含量增加。细胞色素氧化酶的 Cu 原子经 Cu^{2+} 到 Cu^+ 的转换循环，参与携带电子给氧，DNA 聚合酶和 RNA 聚合酶是含锌酶，参与遗传信息的复制和转录。Mg 在土壤微生物-植物体系中具有关键作用[42]，细胞内 Mg 元素的含量增加，己糖磷酸化酶、异柠檬酸脱氢酶等活性降低，R3 菌株糖酵解和 TCA 循环等代谢活动可能受到影响。在 RDX 胁迫下，R3 菌株果糖-1,6-二磷酸和二羟磷酸丙酮等物质代谢上调，柠檬酸代谢活动下调，这将导致 ATP 的产率提高，而能耗增加是常用的抗逆机理之一[43]。

Khan 等认为，在好氧条件下，RDX 经脱氮降解为 4-硝基-2,4-二氮杂丁醛，但 R3 菌细胞内未能检测出 RDX 及其降解产物，胁迫效应可能在细胞外发生[44]，影响 R3 菌株糖代谢功能。α,α′-海藻糖-6-磷酸酯是常见的微生物应激反应标志物[41]，R3 菌株应激产生了 α,α′-海藻糖-6-磷酸酯印证了这一点。柠檬酸代谢活动下调，转变为高柠檬酸，生成 L-β-赖氨酸，再经消旋酶的作用转化为 D-赖氨酸，参与细胞壁的肽聚糖分子合成。

4.5 HMX 降解菌的筛选与降解机制

4.5.1 HMX 降解菌的筛选与降解效果评估

从某污水处理厂活性污泥中分离纯化了 HMX 降解菌株 H1，在 LB 培养基上生长 2 d，菌落呈圆形、米黄色、不透明、有光泽、粘稠状［见图 4.24（a）］；革兰氏染色结果显示为革兰氏阳性杆菌，能运动，杆状［见图 4.24（b）］。NCBI 序列分析和系统发育树分析表明，该菌株与 *Bacillus aryabhattai* AntCr18（HF 570067.1）处于同一分支，并区别于其他菌株，故 H1 菌株为阿氏芽孢杆菌（*Bacillus aryabhattai*）。耐受性实验显示，在 5 mg/L HMX 暴露下，H1 菌株细胞表面光滑饱满，生长状况良好，与对照组相比无显著变化［见图 4.24（c）］；测定不同时间段菌液浊度 OD_{600}，发现培养 6 h 细菌生长进入对数期，15 h 后细菌生长放缓，在 HMX 暴露下最大浊度 OD_{600} 为 1.049，在无 HMX 暴露下 H1 菌株最大浊度 OD_{600} 为 1.024［见图 4.24（d）］；5 日内

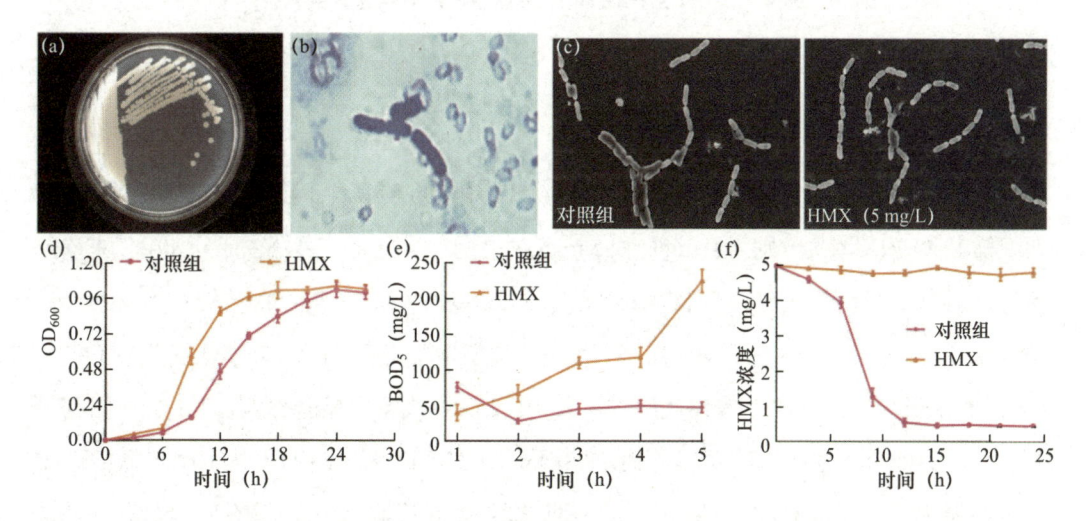

图 4.24 （a）H1 菌在 LB 培养基中生长；（b）革兰氏染色后显微镜观察结果；（c）扫描电镜下形态特征；（d）生长曲线；（e）5 日内 H1 菌的游离氧消耗量；（f）对 HMX 的降解曲线

H1 菌的游离氧消耗量为 225 mg/L，是对照组的 4.7 倍 [见图 4.24 (e)]；H1 菌 24 h 内 5 mg/L HMX 的降解率为 90.9% [见图 4.24 (f)] [45]。

4.5.2 微生物对 HMX 胁迫的响应

4.5.2.1 对矿质元素吸收的影响

在 5 mg/L HMX 暴露下，H1 菌株中 B、Cu、Zn、Ba、Na 元素含量分别较对照组显著下降 11.1%、7.5%、17.4%、61.2%、48.8%；同时，Mg、Ca 元素含量分别较对照组显著提高 1.15 倍、1.40 倍，K、P 元素含量无显著差异（见图 4.25）。

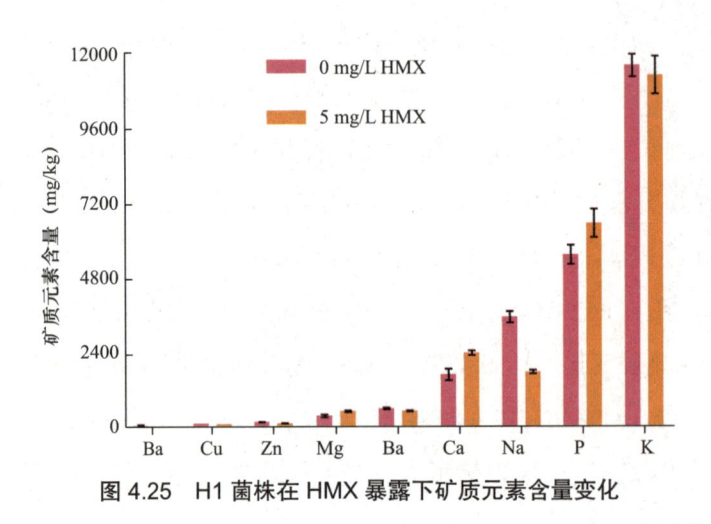

图 4.25　H1 菌株在 HMX 暴露下矿质元素含量变化

4.5.2.2 代谢谱对 HMX 胁迫的响应

本节通过非靶向代谢产物分析，鉴定了 H1 菌株的 8146 个代谢物，PCA 结果显示，两组样本（HMX 浓度分别为 0 mg/L 和 5 mg/L）之间差异显著，第一主成分和第二主成分差异分别为 28.8% 和 18.6% [见图 4.26 (a)]。OPLS-DA 结果发现，第一主成分发生分离，组间变异为 42.1%，表明在 HMX 暴露下细菌代谢发生变化 [见图 4.26 (b)]。根据 OPLS-DA 结果筛选鉴定出 354 个差异代谢物，其中，133 个代谢物显著上调，221 个代谢物显著下调。对前 50 位显著差异代谢物层次聚类，其中，17 个代谢物表达丰度降低，33 个代谢物表达丰度升高 [见图 4.26 (c)]。在前 20 位差异代谢物中乙氧唑胺、核糖-1-磷酸、NAD、半乳糖酸显著下调，N-乙酰神经氨酸、α-D-葡萄糖显著上调 [见图 4.26 (d)] [45]。

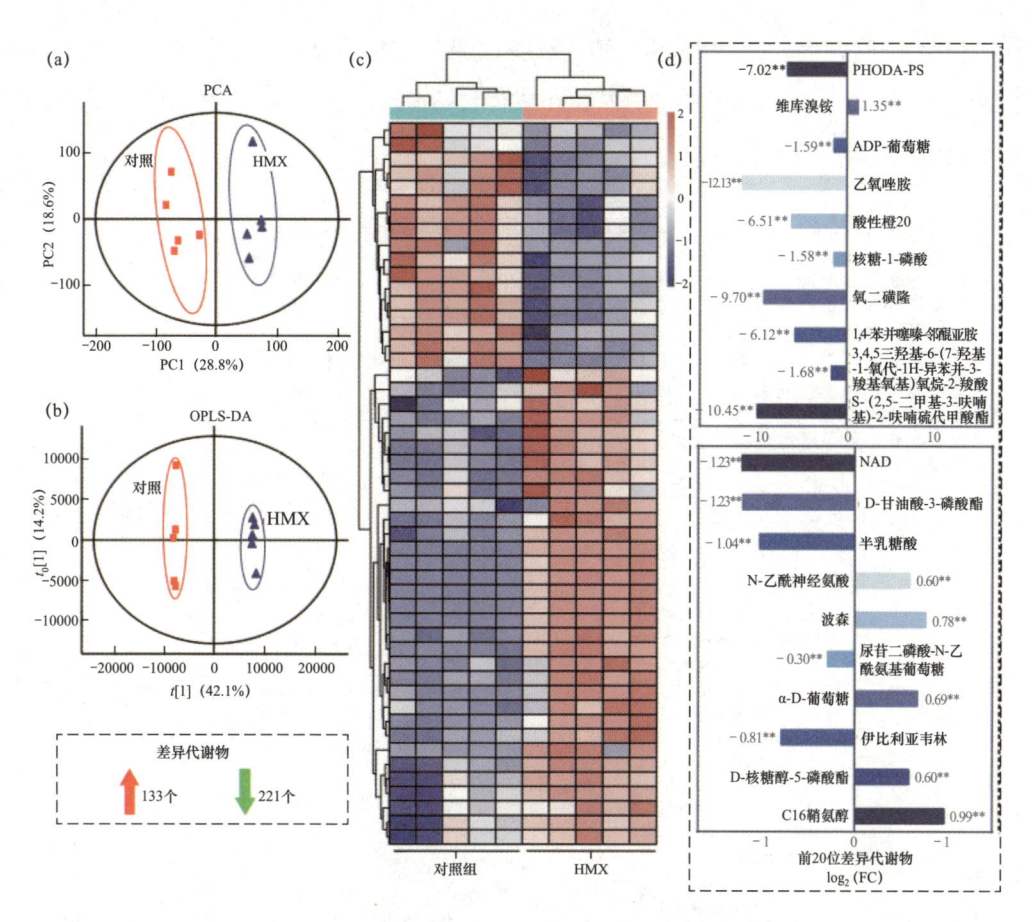

图4.26 在HMX暴露下H1菌代谢谱变化。(a) 主成分分析;(b) 偏最小二乘-判别分析;
(c) 前50位差异代谢物热图分析;(d) 前20位差异代谢物表达模式分析

4.5.2.3 DEMs的代谢途径及表达模式分析

对HMX暴露下H1菌株的354个差异代谢物进行分类统计,其中,最富集的3个组为脂质和类脂分子、有机酸及其衍生物、有机杂环化合物[见图4.27(a)];在HMX暴露下,H1菌株的脂质和类脂分子代谢途径产生了77个差异代谢物,通过柱状图对该途径进一步分类,分析发现脂肪酰基、甘油磷脂、聚酮化合物是主要的次级差异代谢物[见图4.27(b)],这表明细菌脂肪酰胺代谢出现较大失衡;利用差异代谢物的KEGG ID进行代谢途径富集分析,获得代谢途径富集结果,采用气泡图对前20位代谢途径聚类分析,发现嘌呤代谢、氨基糖和核苷酸糖代谢、氧化磷酸化是最显著富集的3组代谢途径[见图4.27(c)],通过柱状图对代谢途径富集结果进一步标识注释［见图4.27（d）］。例如，ko00230（嘌呤代谢）富集通路中2个差异代谢物上调，7个差异代谢物下调；ko00520（氨基糖和核苷酸糖代谢）富集通路中3个代谢物上调，4个代谢物下调。

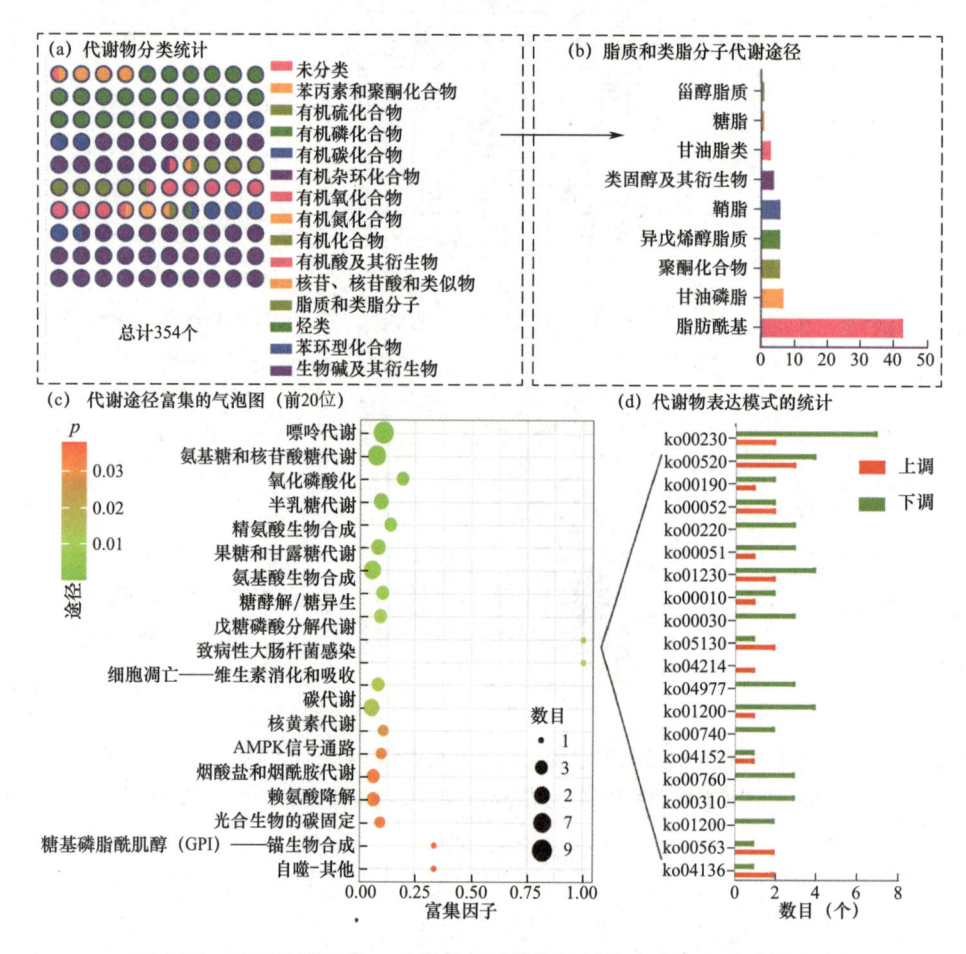

图4.27　HMX暴露下H1菌株的差异代谢物的代谢途径及表达模式分析

4.5.2.4　对分解代谢及产能影响

通过将H1菌株差异代谢物KEGG ID映射到代谢途径中，本节组装了细菌的糖类、氨基酸、脂类代谢，以及能量产生相关网络，并清楚展示了在HMX暴露下如何调控该网络（见图4.28）。在HMX暴露下，H1菌株淀粉和蔗糖代谢途径受到抑制，同时进一步抑制了糖酵解和戊糖磷酸的分解代谢，该代谢途径中α-D-葡萄糖的代谢上调，引起氨基糖和核苷酸糖代谢途径中UDP-D-半乳糖代谢上调，但显著抑制了

UDP-N-乙酰氨基葡萄糖、UDP-N-乙酰-D-半乳糖胺、L-磷酸氟糖、ADP-葡萄糖的代谢。在糖代谢途径中，3-磷酸-D-甘油酸盐、6-磷酸-D-葡萄糖酸盐、1-磷酸核糖等物质的代谢受到抑制，并影响腺苷三磷酸（ATP）、还原型烟酰胺腺嘌呤二核苷酸（NADH）、烟酰胺腺嘌呤二核苷酸磷酸（NADPH）的产生。因此，下游代谢物的含量显著减少，嘌呤代谢途径表现出最大的响应，受到显著抑制。

在丙酮酸代谢途径中，从乙酰二氢脂酰赖氨酸代谢到乙酰辅酶a受到抑制，从而进一步影响脂肪酸生物合成，其中，月桂酸代谢得到增强，但肉豆蔻酸的代谢被抑制。三羧酸循环是连接糖类、氨基酸、脂类代谢途径的枢纽，在该途径中 CO_2、ATP 的产生没有受到明显影响。在氨基酸代谢方面，β-丙氨酸代谢途径受到抑制，N-乙酰-L-天冬氨酸代谢显著下调；在氨基酸的生物合成中，N-乙酰-L-谷氨酸、N-乙酰鸟氨酸、瓜氨酸、3-磷酸甘油酸盐代谢下调，但促进了3-脱氢奎宁酸的代谢。

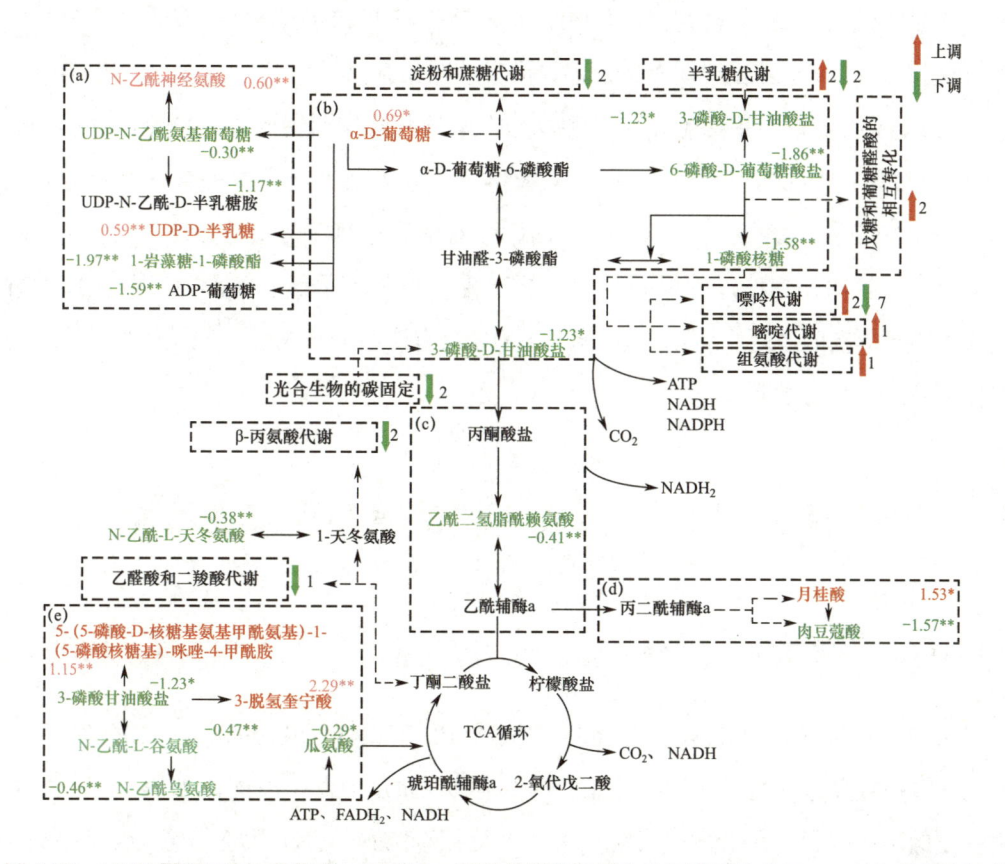

图 4.28 HMX 暴露下 H1 菌糖类、氨基酸、脂类代谢及能量产生相关网络分析。（a）氨基糖和核苷酸糖代谢；（b）糖酵解和戊糖磷酸分解代谢；（c）丙酮酸代谢；（d）脂肪酸生物合成；（e）氨基酸生物合成

4.5.3 HMX 的微生物降解机制

在 HMX 暴露下，H1 菌株对 B、Cu、Zn、Ba、Na 等元素的吸收受到抑制，但促进了 Mg、Ca 元素的吸收，表明 H1 菌株在降解 HMX 的同时，矿质元素代谢出现紊乱，HMX 及其中间代谢产物对 H1 菌株造成了毒害作用[46]。研究未发现 HMX 降解中间产物，如 HMX 衍生物 N-羟甲基亚甲基二胺、次甲基二硝胺（MEDINA），推测 H1 菌株产生某种蛋白酶导致 HMX 胞外解环或 -NO_2 脱落，并吸收氮类物质进入胞内用于自身代谢过程[38]。

研究发现，氨基酸生物合成代谢途径失衡（上调：2 个，下调：4 个）[见图 4.28 (e)]，推测 HMX 处理后，细胞加快合成相关 HMX 转化酶，用于抵御 HMX 的毒害。黄嘌呤氧化酶在 HMX 生物降解过程中发挥了重要作用，主要氧化产物为亚硝胺、4-硝基-2,4-二氮基丁烷（NDAB）、甲醛（HCHO）等[47]。研究发现，嘌呤代谢及氨基糖和核苷酸糖代谢失衡，其代谢途径中 ADP-核糖、ADP、UDP-α-D-半乳糖、N-唾液酸代谢的上调与 HMX 转化产物有关，其提供了碳源和氮源[41]。

HMX 暴露导致细菌细胞糖酵解和戊糖磷酸的分解代谢受到显著抑制，并影响了 ATP、NADH、NADPH 的产生，但是对糖酵解途径下游产物丙酮酸代谢无显著影响[见图 4.28 (c)]。Monahan 等人发现，丙酮酸对枯草芽孢杆菌正常分裂和营养物质利用具有关键性的作用，以确保新生细胞的存活，推测这可能是 HMX 处理后 H1 菌株生长无明显影响的原因[48]。TCA 循环与 HMX 没有明显的相关性，相关能量的产生与转化未受到显著的影响。

4.6 高浓度 TNT 污染土壤的生物泥浆法修复

4.6.1 生物泥浆反应过程

某弹药销毁场污染土壤 TNT 浓度为 $1.35 \times 10^2 \sim 2.83 \times 10^3$ mg/kg。采用实验室规模的好氧搅拌反应器装置（见图 4.29）模拟生物泥浆反应器，以优化 TNT 污染土壤生物修复的影响因素。在生物泥浆反应器中加入未经干燥的 TNT 污染土壤（含水率约为 18%），通过进料口分别加入葡萄糖溶液或甘油溶液以浸没土壤。除了污染土壤的土著微生物，本节还以活性污泥（5%，v/w）作为菌种来源开展了研究。模拟的生物泥浆反应器在 28℃下运行。按时间间隔取样测试土壤中残留的 TNT 总量、降解产物及生物有效的 TNT 含量。TNT 的生物降解进入平台期后,补加电子供体或加入生物表面活性剂,研究其对 TNT 污染土壤微生物修复的影响。

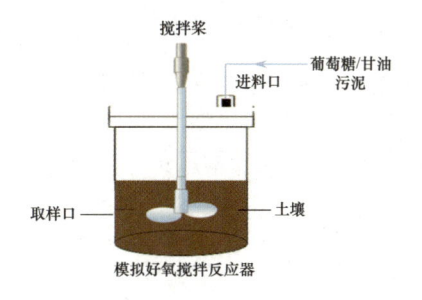

图 4.29 生物泥浆反应器装置示意

4.6.2 电子供体和外源微生物对 TNT 需氧降解的影响

葡萄糖价格低,常用作 TNT 生物修复的碳源[49]。甘油价低易得,也是一种表面活性剂,可促进土壤中结合态 TNT 的解吸附。污泥是常用的污染物微生物降解菌种来源,添加污泥可促进 TNT 污染土壤的微生物降解[50]。

在 TNT 降解实验中,不同 TNT 初始浓度的对照样品,在不添加电子供体和外源微生物的情况下,TNT 浓度均有不同程度的下降(见图 4.30)。其中,高浓度 TNT 污染样品 D1($C_0 = 2.83 \times 10^3$ mg/kg)的 TNT 降解率为 25.6%,中低浓度 TNT 污染样品 D2($C_0 = 2.76 \times 10^2$ mg/kg)和 D3($C_0 = 1.35 \times 10^2$ mg/kg)的 TNT 降解率分别为 41.8% 和 10.8%。微生物对 TNT 的降解机制为共代谢机制,土壤土著微生物具有转化 TNT 的能力[51]。对照实验土壤样品具有一定的湿度,未进行高温灭菌,在室温下土著微生物自然生长,导致 TNT 自然衰减。从降解总量来看,TNT 总量越高,降解总量越高——这可能与土壤中生物有效的 TNT 含量有关。同一场地的土壤,在理化性质基本接近的情况下,TNT 总量越高,意味着生物有效的 TNT 含量越高,由此导致自然衰减的 TNT 初始浓度越高,TNT 浓度下降程度就越高。

仅添加电子供体(葡萄糖、甘油),就能有效刺激土著微生物对 TNT 的降解,不同初始浓度下 TNT 的降解率都有明显的提高。从高浓度 TNT 污染样品 D1 来看[见图 4.30(a)],添加葡萄糖能够快速刺激微生物对 TNT 的降解,并且降解效果要明显优于添加甘油。葡萄糖的添加诱导增强 2-ADNT 和 4-ADNT 的产生,降低了 TNT 的反硝化作用[52]。对污染样品 D2 而言，葡萄糖或甘油作为电子供体，TNT 的降解动力学没有明显的差异［见图 4.30（b）］；对污染样品 D3 来说，其情况似乎与污染样品 D1 相反，甘油作为电子供体的效果要优于葡萄糖。在不添加电子供体，仅添加污泥的情况下，与对照组相比，TNT 降解率均有明显上升，污泥的添加既增加了体系的有机质含量，又增加了外源微生物，导致 TNT 降解率明显提高［见图 4.30（c）］。

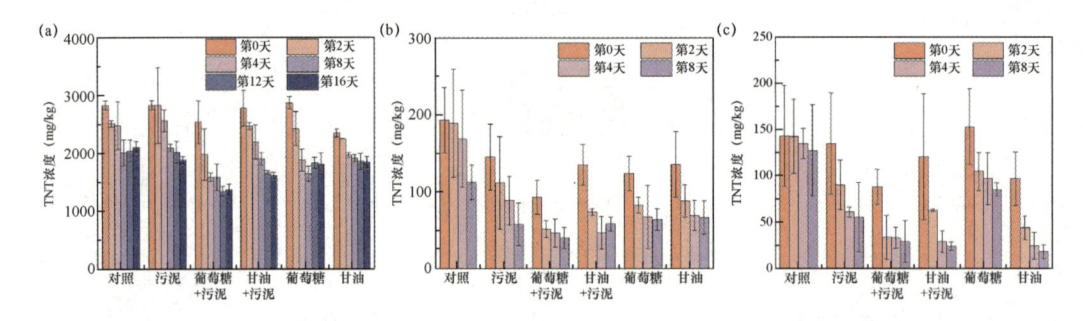

图 4.30　不同污染程度的土壤在生物泥浆反应器中反应后 TNT 的残留

从添加电子供体、污泥的组合效果来看，对高浓度 TNT 污染土壤，虽然葡萄糖或甘油作为电子供体第 16 天后效果相差不大，但在反应早期（第 2～4 天）葡萄糖作为碳源的效果要显著优于其他反应条件［见图 4.31（a）］。在添加甘油和污泥的污染样品 D2 中，孵育 8 天后 TNT 降解率最高，为 65.2%［见图 4.31（b）］；污染样品 D3 在加入甘油，以及添加甘油和污泥后，TNT 浓度分别降低了 81.3% 和 79.8%［见图 4.31（c）］。

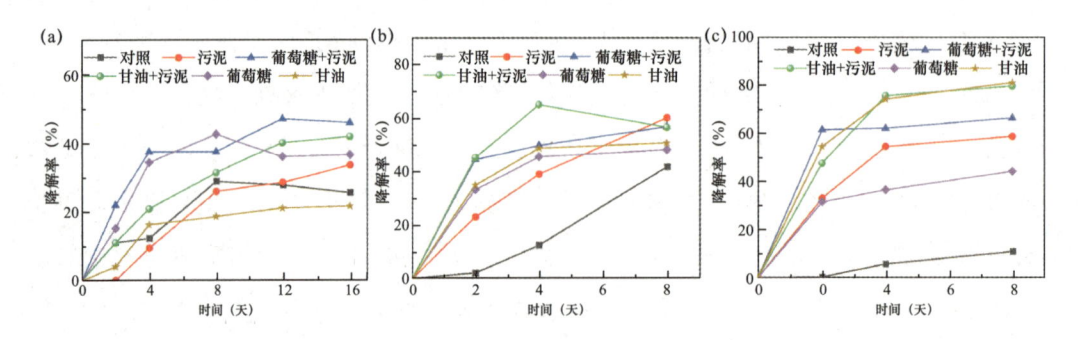

图 4.31　生物泥浆反应器对土壤中 TNT 的降解率随时间的变化

使用的污泥来自生活污水处理厂二沉池，其中微生物种类繁多。Adrian 等发现，添加 H_2 或能产生 H_2 的电子供体是受炸药污染地下水和土壤厌氧生物降解的有效强化策略[53]。葡萄糖发酵成乙酸和 H_2，可以作为良好的电子供体。另外，添加甘油或葡萄糖，可消耗土壤溶液中的氧气，迅速产生局部厌氧环境，有利于微生物还原反应的发生。淀粉、糖蜜、乳清、乙酸和柠檬酸可作为碳源，促进微生物的生长，从而降低炸药污染物的浓度[49, 51, 54-56]。

4.6.3 降解产物

本节定量检测了 2-ADNT、2,6-DANT、2,4-DANT 这 3 种 TNT 硝基还原降解产物（见图 4.32）。2-ADNT 是土壤中 TNT 自然衰减的产物，其浓度在生物泥浆反应器反应过程中基本保持不变或略有降低，这说明相对 TNT 的初级还原，后续的还原或其他降解或转化途径相对较快，不会造成 2-ADNT 的累积。在硝基苯类化合物还原过程中，第一个硝基的还原通常比第二个硝基的还原难得多[57]，第一个硝基向氨基的转化弥补了苯环上电子的不足，因此后续其他硝基的还原只需要较低的氧化还原电位。TNT 的三硝基还原产物——2,4,6-三氨基甲苯（TAT）通常只在严格厌氧条件下生成[49, 58]，在研究中没有检测到 TAT 的生成。

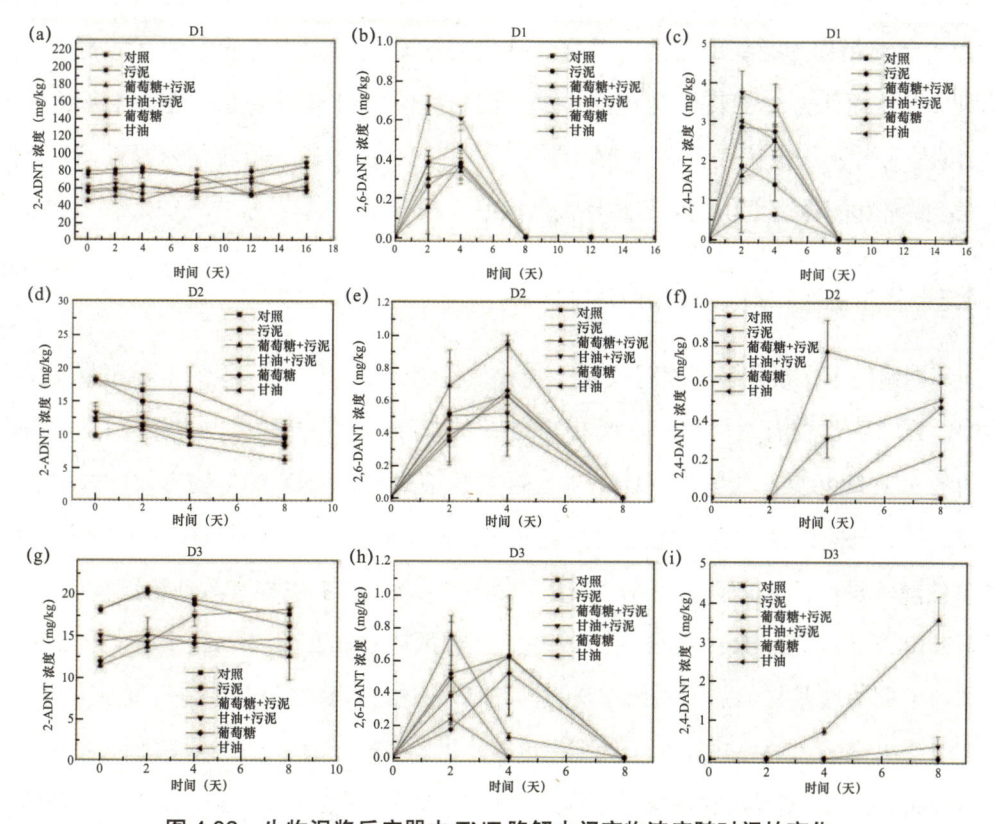

图 4.32 生物泥浆反应器中 TNT 降解中间产物浓度随时间的变化

2,6-DANT 和 2,4-DANT 都是 ADNT 进一步还原的产物，2,6-DANT 的生成随 TNT 的降解同步增加，随后 2,6-DANT 在第 8 天消失［见图 4.32（b）、图 4.32（e）、图 4.32（h）］。在高浓度 TNT 污染土壤样品（D1）中，2,4-DANT 和 2,6-DANT 几乎同时生成和消失，但在污染土壤样品 D2、D3 中，直到第 4 天才检测到 2,4-DANT 的生成，2,4-DANT 的生成似乎略晚于 2,6-DANT［见图 4.32（c）、图 4.32（f）、图 4.32（i）］。Uchimiya 等[59]报道了硝基芳香族化合物的单电子还原电位，TNT（Em=-0.30V）> 2-ADNT（Em=-0.390V）> 4-ADNT（Em=-0.430V）> 2,6-DANT（Em=-0.495V）> 2,4-DANT（Em=-0.515V）。单电子还原电位负值绝对值越大，意味着越难以被还原，这可能是 2,4-DANT 的产生要晚于 2,6-DANT 的原因。

Anasonye 等发现，利用真菌降解土壤中的 TNT，49 天内生成的 4-ADNT 和 2-ADNT 的浓度仅为 TNT 初始浓度的 1%，58 天内则降至更低水平[60]。许多研究表明，土壤中的腐殖质能够与 TNT 的某些还原产物不可逆地结合形成结合态残留——这些结合态残留难以被常规的有机溶剂法提取，导致降解产物浓度水平明显低于 TNT 浓度[58, 61, 62]。在生物修复过程中，我们观察到苯胺降解中间产物有消失的趋势。有研究将 TNT 和淀粉作为缓释碳源共同添加，但在 TNT 修复过程中未观察到有毒副产物的累积[54]，从而认为在 TNT 污染土壤中添加淀粉可使 TNT 矿化。事实上，氨基还原代谢物的消失并不一定代表土壤完全解毒，因为它们可能会进一步转化为偶氮、氧化偶氮、乙酰基和酚类衍生物，而芳香环仍然完好无损[63]。

4.6.4　TNT 生物有效性的变化

环糊精提取法被用于有机污染物生物有效性的评估[64]。在模拟的生物泥浆反应实验中，TNT 的生物有效性浓度降低量与 TNT 的总降解量保持一致（见图 4.33）。在高初始浓度 TNT 污染土壤样品（D1）中，随着反应进行，TNT 的生物有效性浓度有所下降，随后基本保持不变。随后的补充电子供体实验表明，在葡萄糖充足的情况下，TNT 的降解可以持续进行［见图 4.34（a）］，D1 中的 TNT 生物有效性浓度在 39 天后降至（102.6±52.6）mg/kg［见图 4.33（b）］。在较低初始浓度 TNT 污染土壤样品 D3 中，在添加了葡萄糖或甘油的实验组中，虽然 TNT 的总浓度逐渐降低到一个恒定的水平，但 TNT 的生物有效性浓度持续降低到接近零［见图 4.33（c）］。在中等初始浓度的污染土壤样品 D2 中，结果与在污染土壤样品 D3 中类似——尽管添加了甘油的实验中 TNT

并未被耗尽[见图 4.33（b）]。

虽然污染土壤样品 D1 的 TNT 初始浓度较高，但在降解后期阶段，TNT 的生物有效性浓度可降至相对较低的水平，此时 TNT 的微生物降解与较低初始浓度的 TNT 污染土壤样品（D2、D3）相比表现出相同的传质限制——非生物有效的 TNT 活化为生物有效的 TNT 是一个相对缓慢的过程，限制了微生物对土壤中炸药化合物的进一步降解。

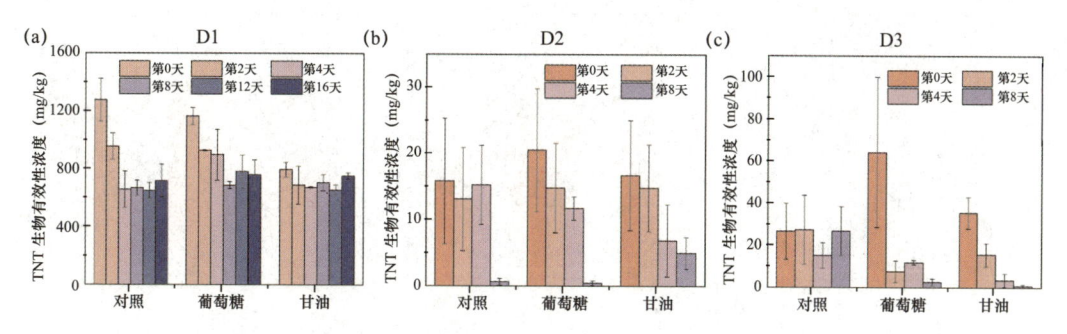

图 4.33 不同初始浓度 TNT 污染土壤中 TNT 生物有效性浓度随反应时间的变化

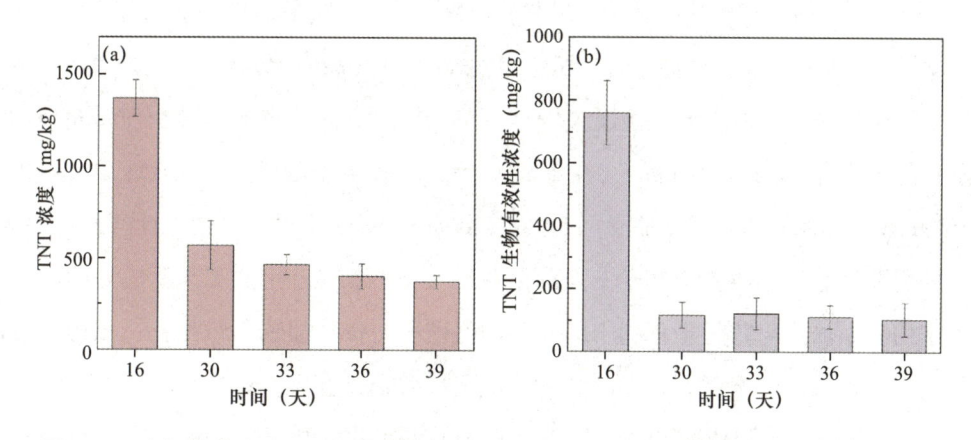

图 4.34 高初始浓度 TNT 污染土壤样品（D1）反应 16 天补充葡萄糖后（a）TNT 浓度及（b）TNT 生物有效性浓度随时间的变化

TNT 与海洋沉积物形成结合态残留，降低了 TNT 的水生毒性，但同时会降低 TNT 的生物降解率和矿化程度，因此海洋沉积物被视为 TNT 的汇。沉积物对 RDX、HMX 的吸附要小得多，RDX 和 HMX 的矿化速率相对 TNT 也要高得多[65]。生物体内的有机质作用与土壤中的相似，海鱼和贻贝吸收 TNT 后，TNT 的还原产物 ADNT 和 DANT 也以结合态残留的形式存在并累积[66]。

4.6.5 生物泥浆反应过程中微生物群落特征

16S rRNA 基因测序表明，含不同 TNT 浓度的原始土壤样品，其微生物群落结构在属级水平上存在显著差异；而在生物泥浆反应前后，同种土壤的微生物群落结构在属级水平上发生了显著分化（见图 4.35）。

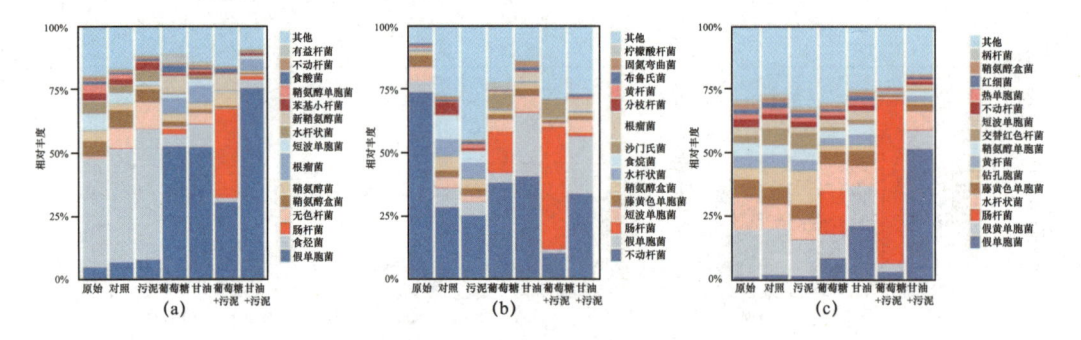

图 4.35　生物泥浆反应器中微生物群落结构剖面分析

大部分已鉴定的细菌种群属于 α-亚类蛋白细菌、γ-亚类蛋白细菌。在高浓度 TNT 污染土壤样品 D1 中，属于 γ-亚类蛋白细菌的食烃菌属（*Alkanindiges*）是优势菌群，其他丰富的细菌种群包括短波单胞菌属（*Brevundimonas*）、鞘氨醇单胞菌属（*Sphingopyxis*）和水杆状菌属（*Aquabacterium*）；在中低浓度 TNT 污染土壤样品 D2、D3 中，不动杆菌（*Acinetobacter*）和假黄单胞菌（*Pseudoxanthomonas*）分别占据了土壤微生物群落结构的主要生态位，两者均属于 γ-变形菌亚纲（见表 4.1）。生物泥浆反应后的微生物群落结构，添加葡萄糖明显有利于肠杆菌的增殖；与仅添加葡萄糖相比，添加葡萄糖和污泥对肠杆菌的影响更大。在甘油的刺激下，假单胞菌生长迅速，在甘油和污泥共加的 D1 中其占最终群落的 75.3%，这表明电子供体的刺激可以有效、有选择地富集不同的 TNT 降解微生物。

D1 的微生物群落结构剖面图显示，经过生物泥浆反应器与电子供体混合培养后，分类操作单元（Operational Taxonomic Unit，OTU）数量减少 [见图 4.36（a）]，即反应导致微生物群落多样性减小；与生物泥浆反应处理前的样品相比，D2 污染样品 + 葡萄糖 + 活性污泥（GC+S）实验的 OTU 数量有所减少，其他处理实验的 OTU 数量都有所增加 [见图 4.36（b）]；污染样品 D3 的结果与污染样品 D1 相似，经过生物泥浆反应后的 OUT 数量相对处理前都有所减少 [见图 4.36（c）]。

表 4.1 生物泥浆反应前后土壤微生物种属的相对丰度（%）

门类	属	原始	对照	污泥	葡萄糖	甘油	葡萄糖+污泥	甘油+污泥
		D1污染土壤样品（C_0=2.83×10³ mg/kg）						
变形菌门（Proteobacteria）/γ	Alkanindiges	42.9	44.8	51.5	4.60	9.03	1.64	3.23
变形菌门（Proteobacteria）/α	Brevundimonas	6.51	4.06	1.48	1.47	2.45	0.61	1.09
变形菌门（Proteobacteria）/α	Sphingopyxis	6.08	7.12	5.13	1.92	1.46	0.90	0.64
变形菌门（Proteobacteria）/γ	Aquabacterium	4.82	3.09	4.30	0.63	1.37	0.34	0.45
变形菌门（Proteobacteria）/γ	Pseudomonas	4.68	6.67	7.62	52.4	52.1	30.2	75.3
变形菌门（Proteobacteria）/γ	Enterobacter	0.04	0.27	0.13	2.16	0.15	35.1	1.29
		D2污染土壤样品（C_0=2.76×10² mg/kg）						
变形菌门（Proteobacteria）/γ	Acinetobacter	73.4	28.1	24.8	37.8	40.3	10.0	33.4
变形菌门（Proteobacteria）/γ	Luteimonas	4.44	2.85	2.92	2.15	2.70	1.15	1.65
变形菌门（Proteobacteria）/γ	Pseudomonas	4.27	7.56	5.30	3.76	25.0	1.42	22.7
变形菌门（Proteobacteria）/α	Allorhizobium-Neorhizobium-Pararhizobium-Rhizobium	0.41	0.50	0.56	0.58	3.25	0.21	4.53
变形菌门（Proteobacteria）/γ	Enterobacter	0.00	0.22	0.15	16.4	0.35	48.4	1.23
变形菌门（Proteobacteria）/γ	Salmonella	0.00	0.00	0.00	6.15	0.00	6.77	0.00
		D3污染土壤样品（C_0=1.35×10² mg/kg）						
变形菌门（Proteobacteria）/γ	Pseudoxanthomonas	18.3	18.2	14.1	9.20	15.6	2.90	7.24
变形菌门（Proteobacteria）/γ	Aquabacterium	12.7	9.38	7.80	10.6	8.00	0.85	7.35
变形菌门（Proteobacteria）/γ	Luteimonas	7.02	6.93	5.64	5.17	5.99	0.94	2.71
变形菌门（Proteobacteria）/γ	Cavicella	4.65	7.55	13.5	2.32	2.19	0.25	1.05
变形菌门（Proteobacteria）/α	Sphingomonas	4.96	3.98	4.11	2.71	3.89	0.33	1.72
变形菌门（Proteobacteria）/γ	Pseudomonas	1.26	2.05	1.66	8.67	21.2	3.38	51.5
变形菌门（Proteobacteria）/γ	Enterobacter	0.00	0.00	0.19	17.0	0.00	64.7	0.24

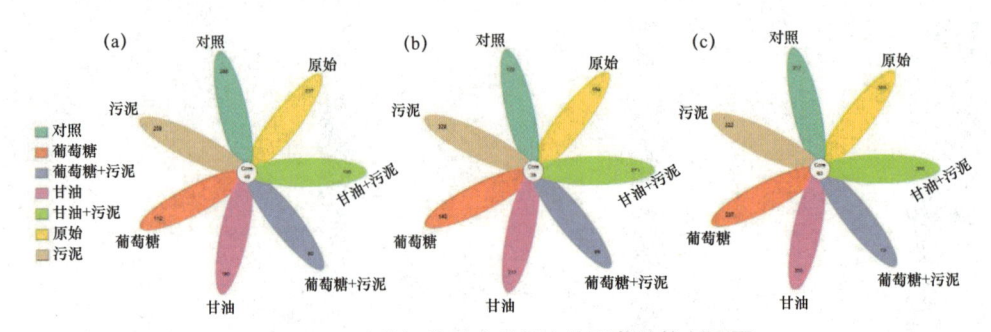

图 4.36　生物泥浆反应后微生物群落结构剖面图

4.6.6　表面活性剂的影响

高浓度 TNT 污染样品经过 16 天生物泥浆反应,加入表面活性剂 12 天后,再测试土壤和水样中的 TNT 浓度,计算 TNT 降解率。添加了葡萄糖和活性污泥的高浓度 TNT 污染土壤样品 D1,经过 39 天的降解,TNT 的浓度降至 370 mg/kg,虽然 TNT 的降解率达到 86.3%〔见图 4.33（b）〕,但也意味着还有约 15% 的乙腈可萃取的 TNT 仍未降解。TNT 与土壤固相的紧密结合可能导致 TNT 的生物有效性下降,使其难以被微生物利用[67]。

图 4.37 展示了补充表面活性剂对土壤中 TNT 进一步降解的影响,其中,"对照"指未添加任何物质的超纯水,"葡萄糖"指仅添加葡萄糖作为电子供体,"高剂量"和"低剂量"指的是表 4.2 中对应的表面活性剂浓度。图 4.37（a）显示了高浓度污染土壤中 TNT 的总降解率。对照组的 TNT 总浓度几乎没有变化。与只添加葡萄糖相比,添加吐温 80 或鼠李糖脂在葡萄糖的协同下促进了土壤中 TNT 的降解〔见图 4.37（b）〕。低剂量的吐温 80 降解 TNT 的效果最好,TNT 总降解率为 43.87%；不同浓度的鼠李糖脂对 TNT 降解率的改善均不显著。加入十二烷基硫酸钠（SDS）反而抑制了 TNT 的降解,此时液相中存在大量未降解的 TNT〔(见图 4.37c）〕,提高了处理不完全的风险。

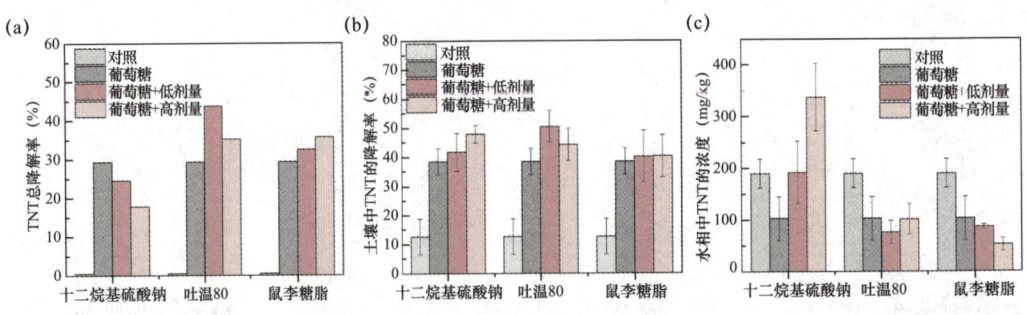

图 4.37　高浓度污染土壤样品（D1）生物修复后补充添加表面活性剂对土壤中 TNT 残留的影响。
（a）TNT 总降解率（包括土壤和水相）；（b）土壤中 TNT 的降解率；（c）水相中 TNT 的浓度

阳离子和非离子表面活性剂对土壤有很高的亲和力，增强 TNT 解吸附所需的浓度至少是临界胶束浓度（CMC）与土壤表面吸附的表面活性剂预期剂量之和（见表 4.2）。由于吸附作用，需要高剂量的吐温 80 才能通过胶束作用提高多环芳烃（PAHs）的迁移率[68]。在所设计的两种剂量下，吐温 80 对 TNT 的降解能力都很出色，这与 Taha 等[69]、Boopathy 等[70]的研究结果一致。Adrion 等[71]在使用非离子表面活性剂修复土壤多环芳烃污染时观察到了显著的剂量依赖效应，高浓度表面活性剂去除 PAHs 的效果不如低浓度表面活性剂。添加阴离子表面活性剂十二烷基硫酸钠（SDS），对促进疏水性化合物的解吸附具有良好的效果[72]。TNT 的吸附和解吸附程度主要取决于土壤中有机质的含量，TNT 的滞后解吸附表明 TNT 的吸附是不可逆的。尿素具有非离子表面活性剂特征，增加其在固液界面的溶解度，能显著提高 TNT 在土壤中的降解率[73]。对高浓度的 TNT 污染土壤而言，当添加高浓度的 SDS 时，水相中游离了大量的 TNT，这表明 SDS 对土壤中 TNT 的解吸附也有很好的效果。但水相中 TNT 以未降解的形式存在，未能被微生物所降解，这可能是 SDS 与 TNT 形成了胶束，从而隔离了微生物电子传递系统与 TNT 分子的接触。除了使用单一表面活性剂的策略，还可以考虑使用混合表面活性剂，因为混合表面活性剂的土壤吸附损失较小。

表 4.2 实验中表面活性剂的使用浓度

表面活性剂	类　　型	亲水亲油平衡值	临界胶束浓度（mg/L）	使用浓度（g/L）	
				高剂量组	低剂量组
SDS	阴离子	15	2100	10.50	3.15
吐温80	非离子型	10	15	1.67	0.52
鼠李糖脂	阴离子	10～15	20～200	1.99	0.66

尽管表面活性剂的加入促进了 TNT 的降解，但即使在最佳降解条件下，高初始浓度 TNT 污染土壤中 TNT 降解率也只达到 75.2%，残留的 TNT 浓度高于 300 mg/L，超过了美国环境保护署给出的土壤 TNT 污染风险管控标准。由此可见，电子供体是限制 TNT 生物修复的最重要因素，生物泥浆反应在应用于高初始浓度 TNT 污染土壤的修复时，需要考虑电子供体的持续补充问题。

4.7　小结

近年来，国内外对炸药污染土壤的微生物修复广泛关注，并开展了大量的实践探索。作者从炸药污染土壤、市售的土壤改良菌剂、活性污泥中分离了高效的 TNT、RDX

和 HMX 降解菌，并对其炸药化合物降解特性进行了表征。TNT 降解菌蜡样芽孢杆菌（*Bacillus cereus*）T4 菌株，生长 4 h 后培养基中 TNT 降解率达到 92.56%～100%；当 TNT 浓度为 100 mg/L 时，接种变栖克雷伯氏菌（*Klebsiella variicola*）T5 菌株 30 h 后，TNT 降解率达到 100%。RDX 降解菌 R3 菌株为克雷伯菌属（*Klebsiella* sp.），在 40 mg/kg RDX 中培养 12 h，RDX 最终降解率达到 81.9%。HMX 降解菌阿氏芽孢杆菌（*Bacillus aryabhattai*）H1 菌株，对培养基中 5 mg/L HMX 的 24 h 降解率达到了 90.9%。结合转录组学、代谢组学的分析结果，对 4 种分离纯化的 TNT、RDX 和 HMX 降解菌在炸药化合物胁迫下的耐受机制和响应机制，包括矿质元素吸收、微生物代谢谱、差异代谢物和表达模式、炸药对细菌基础代谢网络的影响进行了分析。

生物泥浆反应器是微生物用于污染土壤修复的重要应用形式。以葡萄糖、甘油为电子供体，以活性污泥为外源微生物，在厌氧生物泥浆反应器中开展了销毁场高浓度 TNT 污染土壤的修复实验。微生物只能降解 β-环糊精提取的 TNT，且电子供体是限制 TNT 生物修复进展的重要因素，在生物修复前后微生物群落结构将发生显著变化，而不同的电子供体可以选择性地富集不同的 TNT 降解菌群。

目前，国内外关于炸药污染土壤的微生物修复实验大都是在实验室开展的。将筛选的微生物应用于真实的炸药污染场地修复，还存在污染场地土壤贫营养不利于微生物定殖、功能微生物与土著微生物竞争力差，或者功能微生物在增殖过程中功能性状丢失或降解修复活性不能被激活等问题。从土著微生物中筛选降解功能菌、采用定殖能力强的复合菌群作为修复菌剂、与植物修复组成联合修复体系等都是可行的改进方向。

军事科学院防化研究院：杨旭，尹茂灵，赵三平，朱勇兵，董彬

西南科技大学：张宇，赖金龙

中南大学：聂钰淋，王强

参 考 文 献

[1] TALLEY J W, SLEEPER P M. Roadblocks to the implementation of biotreatment strategies [J]. Annals of the New York Academy of Sciences, 1997, 829: 16-29.

[2]　RYLOTT E L, BRUCE N C. Right on target: using plants and microbes to remediate explosives [J]. International Journal of Phytoremediation, 2019, 21(11): 1051-1064.

[3]　BHANOT P, CELIN S M, SREEKRISHNAN T R, et al. Application of integrated treatment strategies for explosive industry wastewater—A critical review [J]. Journal of Water Process Engineering, 2020, 35.

[4]　李鑫丰，袁畅，王晶禹，等. 微生物修复含能材料污染场地的研究进展 [J]. 含能材料，2023，31(07)：714-278.

[5]　BAJPAI R, PAREKH D, HERRMANN S, et al. A kinetic model of aqueous-phase alkali hydrolysis of 2,4,6-trinitrotoluene [J]. Journal of Hazardous Materials, 2004, 106(1): 55-66.

[6]　PANDE V, PANDEY S C, SATI D, et al. Microbial Interventions in Bioremediation of Heavy Metal Contaminants in Agroecosystem [J]. Front Microbiol, 2022, 13: 824084.

[7]　KALSI A, CELIN S M, BHANOT P, et al. Microbial remediation approaches for explosive contaminated soil: Critical assessment of available technologies, Recent innovations and Future prospects [J]. Environmental Technology & Innovation, 2020, 18: 100721.

[8]　陈斌，徐江，周文军，等. 有机污染场地土壤化学氧化耦合微生物修复技术 [J]. 中国环境科学，2024：1-10.

[9]　FAYIGA A O. Remediation of inorganic and organic contaminants in military ranges [J]. Environmental Chemistry, 2019, 16(2): 81-91.

[10]　KAO C M, WEI S, CHEN S, et al. Biotransformation of trinitrotoluene by *Citrobacter* sp. YC4 and evaluation of its cyto-toxicological effects [J]. Fems Microbiology Letters, 2018, 365(1): 1-6.

[11]　LIANG S H, HSU D-W, LIN C-Y, et al. Enhancement of microbial 2,4,6-trinitrotoluene transformation with increased toxicity by exogenous nutrient amendment [J]. Ecotoxicology and Environmental Safety, 2017, 138: 39-46.

[12]　HSU D-W, WANG T-I, HUANG D-J, et al. Copper promotes E. coli laccase-mediated TNT biotransformation and alters the toxicity of TNT metabolites toward Tigriopus japonicus [J]. Ecotoxicology and Environmental Safety, 2019, 173: 452-460.

[13]　XU W, ZHAO Q, LI Z, et al. Biodegradation of dinitrotoluene sulfonates and other nitro-aromatic compounds by *Pseudomonas* sp. X5 isolated from TNT red water contaminated soil [J]. J Clean Prod, 2019, 214: 782-790.

[14]　PAL Y, MAYILRAJ S, PAUL M, et al. Indiicoccus explosivorum gen. nov., sp. nov., isolated from an explosives waste contaminated site [J]. Int J Syst Evol Microbiol, 2019, 69(8): 2555-2564.

[15]　KHAN M A, YADAV S, SHARMA R, et al. Augmentation of stimulated Pelomonas aquatica dispersible granules enhances remediation of hexahydro-1,3,5-trinitro-1,3,5-triazine (RDX) contaminated soil [J]. Environmental Technology & Innovation, 2020, 17: 100594.

[16] YADAV S, SHARMA A, KHAN M A, et al. Enhancing hexahydro-1,3,5-trinitro-1,3,5-triazine (RDX) remediation through water-dispersible Microbacterium esteraromaticum granules [J]. Journal of Environmental Management, 2020, 264: 110446.

[17] KALSI A, CELIN S M, SHARMA S, et al. Bioaugmentation for remediation of octahydro-1,3,5,7-tetranitro-1,3,5,7-tetrazocine (HMX) contaminated soil using a clay based bioformulation [J]. Journal of Hazardous Materials, 2021, 420: 126575.

[18] KALSI A, CELIN S M, BHANOT P, et al. A novel egg shell-based bio formulation for remediation of RDX (hexahydro-1,3,5-trinitro-1,3,5-triazine) contaminated soil [J]. Journal of Hazardous Materials, 2021, 401: 123346.

[19] MEDA A, SANGWAN P, BALA K. Optimization of process parameters for degradation of HMX with Bacillus toyonensis using response surface methodology [J]. Int J Environ Sci Technol, 2020, 17: 4601-4610.

[20] CELIN S M, SAHAI S, KALSI A, et al. Environmental monitoring approaches used during bioremediation of soils contaminated with hazardous explosive chemicals [J]. Trends in Environmental Analytical Chemistry, 2020, 26: e00088.

[21] ALOTHMAN Z A, BAHKALI A H, ELGORBAN A M, et al. Bioremediation of Explosive TNT by Trichoderma Viride [J]. Molecules, 2020, 25(6): 13.

[22] 张慧君，朱勇兵，赵三平，等. 炸药的多相界面环境行为与归趋研究进展 [J]. 含能材料，2019，27(07)：569-586.

[23] SERRANO-GONZáLEZ M Y, CHANDRA R, CASTILLO-ZACARIAS C, et al. Biotransformation and degradation of 2,4,6-trinitrotoluene by microbial metabolism and their interaction [J]. Def Technol, 2018, 14(2): 151-164.

[24] VORBECK C, LENKE H, FISCHER P, et al. Initial reductive reactions in aerobic microbial metabolism of 2,4,6-trinitrotoluene [J]. Applied and Environmental Microbiology, 1998, 64(1): 246-252.

[25] LATA K, KUSHWAHA A, RAMANATHAN G. Bacterial enzymatic degradation and remediation of 2,4,6-trinitrotoluene [M]. Microbial and Natural Macromolecules. 2021: 623-659.

[26] NYANHONGO G S, SCHROEDER M, STEINER W, et al. Biodegradation of 2,4,6-trinitrotoluene (TNT): An enzymatic perspective [J]. Biocatalysis and Biotransformation, 2005, 23(2): 53-69.

[27] RIEFLER R G, SMETS B F. Enzymatic reduction of 2,4,6-trinitrotoluene and related nitroarenes: Kinetics linked to one-electron redox potentials [J]. Environmental Science & Technology, 2000, 34(18): 3900-3906.

[28] MIŠKINIENE V, ŠARLAUSKAS J, JACQUOT J-P, et al. Nitroreductase reactions of Arabidopsis thaliana thioredoxin reductase [J]. Biochimica et Biophysica Acta, 1998, 1366(3): 275-283.

[29] WANG H, ZHAO H-P, ZHU L. Structures of nitroaromatic compounds induce Shewanella oneiden-

sis MR-1 to adopt different electron transport pathways to reduce the contaminants [J]. Journal of Hazardous Materials, 2020, 384: 121495.

[30] RAMYA SREE B, SOWJANYA B, DIVAKAR K. Metagenomic bioprospecting of novel oxygen insensitive nitroreductase for degradation of nitro aromatic compounds [J]. International Biodeterioration & Biodegradation, 2019, 143: 104737.

[31] YIN M-L, ZHAO S-P, LAI J-L, et al. Oxygen-insensitive nitroreductase bacteria-mediated degradation of TNT and proteomic analysis [J]. Environmental Science and Pollution Research, 2023, 30(54): 116227-116238.

[32] YANG X, LAI J-L, LI J, et al. Biodegradation and physiological response mechanism of a bacterial strain to 2,4,6-trinitrotoluene contamination [J]. Chemosphere, 2021, 270: 129280.

[33] YANG S, XIAONA L, SHI Y, et al. Correlations between soil metabolomics and bacterial community structures in the pepper rhizosphere under plastic greenhouse cultivation [J]. Science of the Total Environment, 2020, 728: 138439.

[34] HUCKLESBY D P, HAGEMAN R H. Hydroxylamine reductase enzymes from maize scutellum and their relationship to nitrite reductase [J]. Plant Physiology, 1976, 57(5): 693-698.

[35] BERNARD S M, HABASH D Z. The importance of cytosolic glutamine synthetase in nitrogen assimilation and recycling [J]. New Phytologist, 2009, 182(3): 608-620.

[36] WILLIAMS R E, RATHBONE D A, SCRUTTON N S, et al. Biotransformation of explosives by the old yellow enzyme family of flavoproteins [J]. Applied and Environmental Microbiology, 2004, 70(6): 3566-3574.

[37] LAMBA J, ANAND S, DUTTA J, et al. Study on aerobic degradation of 2,4,6-trinitrotoluene (TNT) using Pseudarthrobacter chlorophenolicus collected from the contaminated site [J]. Environ Monit Assess, 2021, 193(2): 80.

[38] CABRERA M A, MARQUEZ S L, QUEZADA C P, et al. Biotransformation of 2,4,6-Trinitrotoluene by *Pseudomonas* sp. TNT3 isolated from Deception Island, Antarctica [J]. Environ Pollut, 2020, 262: 113922.

[39] K P S P, JIANGWEI Y, O R C, et al. Disruption of Glycolysis by Nutritional Immunity Activates a Two-Component System That Coordinates a Metabolic and Antihost Response by Staphylococcus aureus [J]. mBio, 2019, 10(4): 01321-01329.

[40] LI J, YANG X, LAI J-L, et al. Characteristics of RDX degradation and the mechanism of the RDX exposure response in a Klebsiella sp. strain [J]. Biochemical Engineering Journal, 2021, 176: 108174.

[41] MERCIMEK H A, DINCER S, GUZELDAG G, et al. Aerobic biodegradation of 2,4,6-trinitrotoluene (TNT) by Bacillus cereus isolated from contaminated soil [J]. Microbial Ecology, 2013, 66(3): 512-521.

[42] 李伟. 接种丛枝菌根提高柑橘对镁元素吸收及促进光合机制的研究 [D]. 重庆：西南大学，

2010.

[43] 陈晓楠，高丽华，周正富，等. 耐辐射异常球菌黄嘌呤脱氢酶在氧化胁迫反应中的作用 [J]. 中国农业科技导报，2021，23(03)：73-81.

[44] KHAN M I, LEE J, PARK J. Microbial degradation and toxicity of hexahydro-1,3,5-trinitro-1,3,5-triazine [J]. Journal of Microbiol Biotechnology, 2012, 22(10): 1311-1323.

[45] YANG X, LAI J-L, LI J, et al. Biodegradation and physiological response mechanism of Bacillus aryabhattai to cyclotetramethylenete-tranitramine (HMX) contamination [J]. Journal of Environmental Management, 2021, 288: 112247.

[46] NAGAR S, SHAW A K, ANAND S, et al. Biodegradation of octogen and hexogen by Pelomonas aquatica strain WS2-R2A-65 under aerobic condition [J]. Environmental Technology, 2022, 43(7): 1003-1012.

[47] BHUSHAN B, PAQUET L, HALASZ A, et al. Mechanism of xanthine oxidase catalyzed biotransformation of HMX under anaerobic conditions [J]. Biochemical and Biophysical Research Communications, 2003, 306(2): 509-515.

[48] MONAHAN L G, HAJDUK I V, BLABER S P, et al. Coordinating bacterial cell division with nutrient availability: A role for glycolysis [J]. mBio, 2014, 5(3): e00935-e00941.

[49] BOOPATHY R, MANNING J, MONTEMAGNO C, et al. Metabolism of 2,4,6-trinitrotoluene by a *Pseudomonas* consortium under aerobic conditions [J]. Current Microbiology, 1994, 28(3): 131-137.

[50] BYUNG-HOON, PARK J-S, NAMKOONG W, et al. Effect of Sewage Sludge Mixing Ratio on Composting of TNT-contaminated Soil [J]. Journal of Industrial and Engineering Chemistry, 2007, 13(2): 190-197.

[51] INNEMANOVá P, VELEBOVá R, FILIPOVá A, et al. Anaerobic in situ biodegradation of TNT using whey as an electron donor: a case study [J]. New Biotechnology, 2015, 32(6): 701-709.

[52] MARTIN J L, COMFORT S D, SHEA P J, et al. Denitration of 2,4,6-trinitrotoluene by *Pseudomonas* savastanoi [J]. Can J Microbiol, 1997, 43(5): 447-455.

[53] ADRIAN N R, ARNETT C M, HICKEY R F. Stimulating the anaerobic biodegradation of explosives by the addition of hydrogen or electron donors that produce hydrogen [J]. Water Research, 2003, 37(14): 3499-3507.

[54] KHAN M I, LEE J, YOO K, et al. Improved TNT detoxification by starch addition in a nitrogen-fixing Methylophilus-dominant aerobic microbial consortium [J]. Journal of Hazardous Materials, 2015, 300: 873-881.

[55] LAMICHHANE K M, BABCOCK R W, TURNBULL S J, et al. Molasses enhanced phyto and bioremediation treatability study of explosives contaminated Hawaiian soils [J]. Journal of Hazardous Materials, 2012, 243: 334-339.

[56] CSHEU Y T, LIEN P J, CHEN C C, et al. Bioremediation of 2,4,6-trinitrotoluene-contaminated groundwater using unique bacterial strains: microcosm and mechanism studies [J]. Int J Environ Sci Technol, 2016, 13(5): 1357-1366.

[57] ESTEVE-NúñEZ A, CABALLERO A, RAMOS JUAN L. Biological Degradation of 2,4,6-Trinitrotoluene [J]. Microbiology and Molecular Biology Reviews, 2001, 65(3): 335-352.

[58] THIELE S, FERNANDES E, BOLLAG J M. Enzymatic Transformation and Binding of Labeled 2,4,6-Trinitrotoluene to Humic Substances during an Anaerobic/Aerobic Incubation [J]. Journal of Environmental Quality, 2002, 31(2): 437-444.

[59] UCHIMIYA M, GORB L, ISAYEV O, et al. One-electron standard reduction potentials of nitroaromatic and cyclic nitramine explosives [J]. Environmental Pollution, 2010, 158(10): 3048-3053.

[60] ANASONYE F, WINQUIST E, RASANEN M, et al. Bioremediation of TNT contaminated soil with fungi under laboratory and pilot scale conditions [J]. International Biodeterioration & Biodegradation, 2015, 105: 7-12.

[61] ACHTNICH C, FERNANDES E, BOLLAG J-M, et al. Covalent Binding of Reduced Metabolites of [15N3]TNT to Soil Organic Matter during a Bioremediation Process Analyzed by ^{15}N NMR Spectroscopy [J]. Environmental Science & Technology, 1999, 33(24): 4448-4456.

[62] NYANHONGO G S, COUTO S R, GUEBITZ G M. Coupling of 2,4,6-trinitrotoluene (TNT) metabolites onto humic monomers by anew laccase from Trametes modesta [J]. Chemosphere, 2006, 64(3): 359-370.

[63] HAWARI J, BEAUDET S, HALASZ A, et al. Microbial degradation of explosives: Biotransformation versus mineralization [J]. Applied Microbiology and Biotechnology, 2000, 54(5): 605-618.

[64] REID B J, STOKES J D, JONES K C, et al. Nonexhaustive Cyclodextrin-Based Extraction Technique for the Evaluation of PAH Bioavailability [J]. Environmental Science & Technology, 2000, 34: 3174-3179.

[65] PENNINGTON J C, LOTUFO G, HAYES C A, et al. TNT, RDX, and HMX Association with Organic Fractions of Marine Sediments and Bioavailability Implications [M]// Environmental Chemistry of Explosives and Propellant Compounds in Soils and Marine Systems: Distributed Source Characterization and Remedial Technologies. American Chemical Society, 2011: 185-195.

[66] LOTUFO G R, BELDEN J B, FISHER J C, et al. Accumulation and depuration of trinitrotoluene and related extractable and nonextractable (bound) residues in marine fish and mussels [J]. Environmental Pollution, 2016, 210: 129-136.

[67] ROBERTSON B K, JJEMBA P K. Enhanced bioavailability of sorbed 2,4,6-trinitrotoluene (TNT) by a bacterial consortium [J]. Chemosphere, 2005, 58(3): 263-270.

[68] KIM H S, WEBER JR W J. Polycyclic aromatic hydrocarbon behavior in bioactive soil slurry reactors amended with a nonionic surfactant [J]. Environmental Toxicology and Chemistry, 2005, 24(2):

268-276.

[69] TAHA M R, SOEWARTO I H, ACAR Y B, et al. Surfactant Enhanced Desorption of TNT from Soil [J]. Water, Air, and Soil Pollution, 1997, 100(1): 33-48.

[70] BOOPATHY R. Effect of food-grade surfactant on bioremediation of explosives-contaminated soil [J]. Journal of Hazardous Materials, 2002, 92(1): 103-114.

[71] ADRION A C, NAKAMURA J, SHEA D, et al. Screening Nonionic Surfactants for Enhanced Biodegradation of Polycyclic Aromatic Hydrocarbons Remaining in Soil After Conventional Biological Treatment [J]. Environmental Science & Technology, 2016, 50(7): 3838-3845.

[72] SáNCHEZ-MARTıN M J, RODRıGUEZ-CRUZ M S, SáNCHEZ-CAMAZANO M. Study of the desorption of linuron from soils to water enhanced by the addition of an anionic surfactant to soil-water system [J]. Water Research, 2003, 37(13): 3110-3117.

[73] DAS P, SARKAR D, MAKRIS K C, et al. Effectiveness of urea in enhancing the extractability of 2,4,6-trinitrotoluene from chemically variant soils [J]. Chemosphere, 2013, 93(9): 1811-1817.

第 5 章 炸药污染土壤的植物修复

5.1 引言

植物修复是利用绿色植物清除土壤、水、空气等环境介质中的污染物质，从而使污染物质对生态环境的损害降低甚至消失的污染修复技术。植物修复是常用的土壤重金属、持久性有机污染物修复技术。植物修复成本低，对土地扰动小，能够防止水土流失、改善土壤结构和功能，并能够实现与农业、林业生产的结合。炸药化合物具有一定的可生物降解性，植物根系具有巨大的表面积，其为植物与土壤中炸药污染物的高效接触和反应提供了场所，因此植物修复是炸药污染土壤修复的重要发展方向[1, 2]。从辛醇-水分配系数（$\log K_{ow}$）来看，TNT 的 $\log K_{ow}$ 为 0.87，RDX 的 $\log K_{ow}$ 为 0.9，CL-20 的 $\log K_{ow}$ 为 1.92，原则上这些炸药化合物都可以被植物吸收，是潜在的植物修复对象，只有 HMX 的 $\log K_{ow}$ 为 0.06～0.13，不太可能被植物吸收[3]。

植物修复不仅是土壤中炸药污染物自然衰减降解的重要机制，也是行之有效的炸药污染土壤修复手段。人们筛选了速生树种柳属、杨属等，以及生物量大的作物芸薹、黑小麦、玉米、印度芥菜等作为修复植物。另外，炸药污染物的植物毒性制约着植物修复技术的应用，特别是 TNT 对植物根系有很强的氧化损伤作用，导致从野生种群中筛选的修复植物的应用受到了 TNT 污染浓度的限制——通常植物修复应用于中低浓度 TNT 污染土壤的修复。在对以 RDX、HMX 等为主的炸药污染土壤开展植物修复时，TNT 的植物毒性往往也是植物修复效率不高的重要原因。

随着人们对 TNT 的植物毒性机制、代谢机制的研究不断开展，以及基因编辑、转基因技术在植物修复中的应用，植物修复在炸药污染土壤修复中将可能发挥更大的作用。

5.2 炸药污染土壤的植物修复概况

5.2.1 污染土壤的植物修复原理

植物修复是常用的土壤中重金属、持久性有机污染物的生物修复方式。对于重金属污染修复，植物修复有植物提取、植物转化（氧化或还原）、植物挥发、植物钝化/稳定化等机制（见图5.1）。有些重金属经过超累积植物的提取和富集，还能够进行回收和资源化利用。对于有机污染物修复而言，植物修复主要存在植物提取、植物挥发、植物转化、植物降解等机制。用于修复污染土壤的植物物种，通常对目标污染物具有高耐受性、高效吸收性。

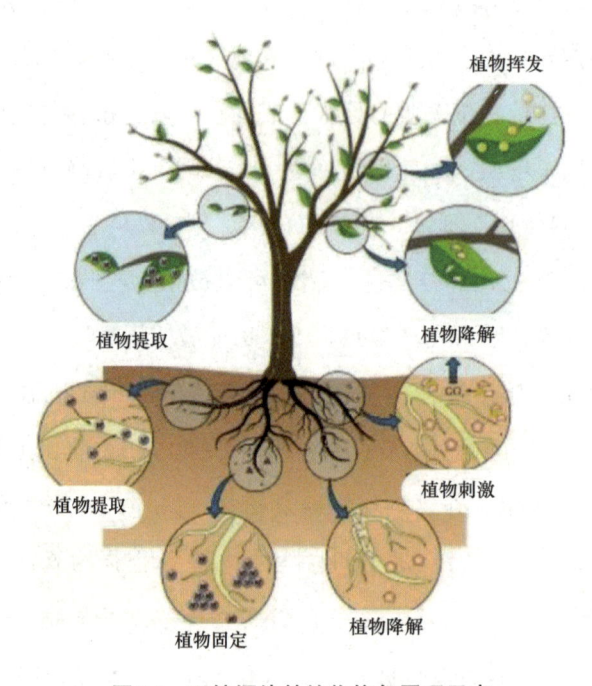

图5.1 环境污染的植物修复原理示意

植物修复的主要优势是成本低，对土地扰动小，能够防止水土流失、改善土壤结构和功能，并能够实现与农业、林业生产的结合。植物修复的不足之处是修复周期长，植物对土壤理化性质的环境适应性差，修复作用局限在表层土壤，植物提取和累积的特异性强，实用、高效的植物修复物种有限，等等。

5.2.2 植物对炸药的吸收和转化

5.2.2.1 植物对TNT的吸收和转化

TNT对动植物都有很强的毒性，植物能用于TNT等炸药污染物修复的首要条件是应具有对炸药污染物的高耐受性。2015年，Johnston等[4]发现，TNT对植物的毒害是通过线粒体的单脱氢抗坏血酸还原酶6（MDHAR6）发生的，TNT在线粒体的MDHAR6的作用下产生硝基自由基，硝基自由基又能与氧气分子作用产生超氧阴离子自由基（·O_2^-），从而导致线粒体的氧化损伤（见图5.2），而MDHAR6突变的拟南芥可以在高浓度TNT污染土壤中正常生长。

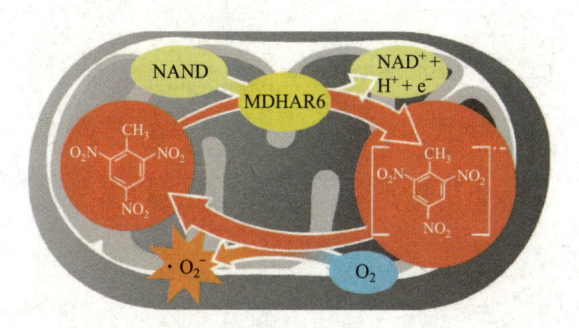

图5.2　TNT对植物线粒体的氧化损伤机制[4]

具有TNT耐受性的植物，通过改变根际环境促进根际微生物对TNT的降解，并将TNT吸收进入根部的细胞内还原转化，可以实现对TNT污染的解毒和消除。目前，业界至少已研究了近50种植物对TNT的吸收和转化效果，包括杨树、农作物、草和湿地植物等[5,6]，结果显示大多数植物对TNT的吸收和转化并不明显。

进入根系的TNT，在硝基还原酶等还原酶的作用下，被依次还原为HADNT、ADNT、2-ADNT、4-ADNT。还原产物在细胞外与多糖结合生成多糖-TNT共轭物，并被细胞壁的木质素同化，形成结合态残留，失去了生物活性和毒性（见图5.3）[2]。ADNT等还原产物还能在细胞质内与谷胱甘肽（GSH）结合——谷胱甘肽是常见的抗氧化损伤和抗逆因子——形成GSH-TNT结合物，并在谷胱甘肽转移酶的作用下隔离在液泡中，不再对线粒体造成氧化损伤[7]。由于TNT在植物根部形成了稳定的结合态残留，因此TNT经过植物根部向植物地上部分的转运很少，例如，Adamia等[8]发现大豆植物对TNT的吸收能力最强，但TNT主要分布在植物根部组织中。在植物根系对

TNT 的解毒过程中，启动 TNT 的还原是解毒反应的关键——这一过程是由硝基还原酶实现的。Das 等[5]发现香根草茎中硝基还原酶的活性随暴露时间的延长和初始 TNT 浓度的增加而增强。一方面，转入了硝基还原酶基因的烟草[9]、匍匐剪股颖[10]、西部麦草[11]等，对 TNT 的耐受性大大增加；另一方面，转入谷胱甘肽转移酶（DmGSTE6），能大大增强拟南芥对 TNT、推进剂等环境污染物的解毒和耐受能力[12]——谷胱甘肽结合污染物形成共轭物，并被谷胱甘肽转移酶隔离于液泡是常见的植物抗逆机制。

但是，DNT 的还原产物有可能在形成结合态残留前进入植物脉管运输系统，并通过动物对韧皮部的取食随食物链传递而导致污染扩散[13]。

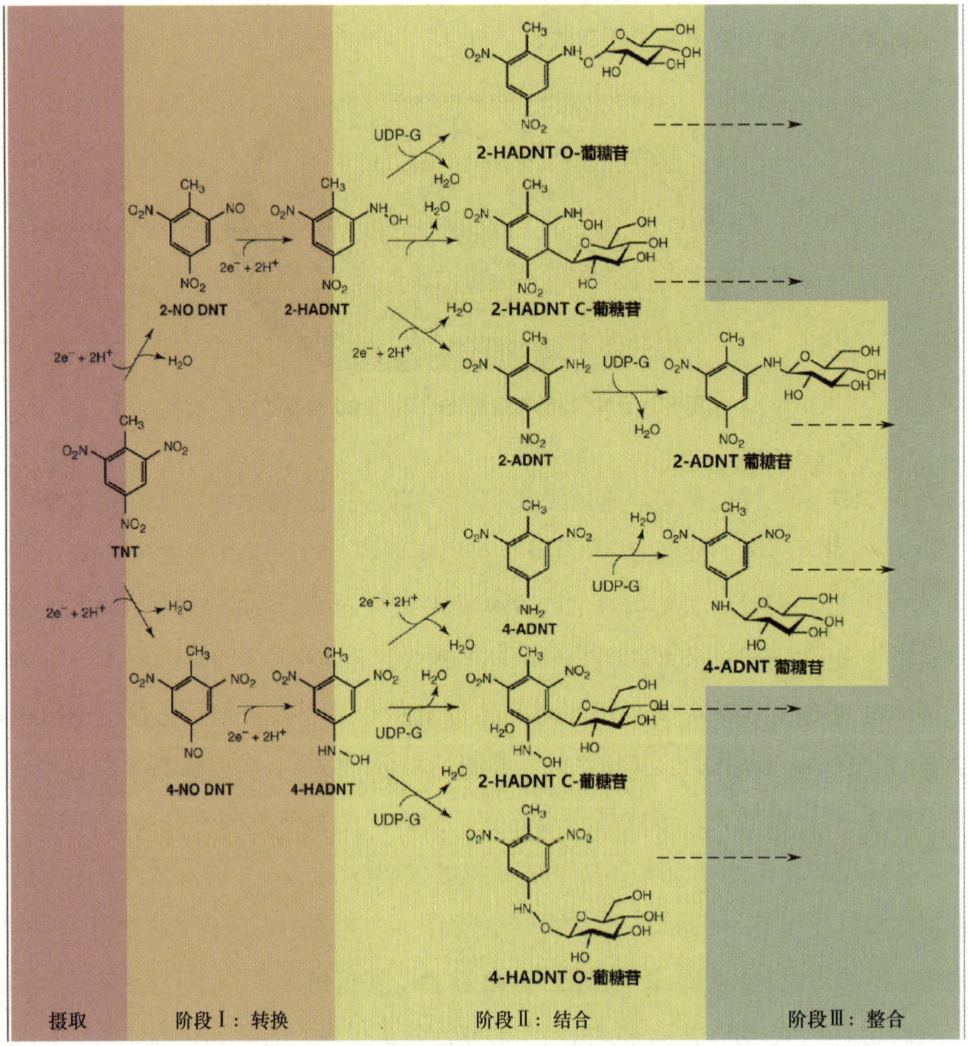

图 5.3　植物对 TNT 的解毒机制[2]

5.2.2.2 植物对硝铵类炸药的吸收与转化

RDX、HMX 和 CL-20 等硝铵类炸药的植物毒性比 TNT 小得多。RDX、HMX 能够从黑麦草根部向地上部分运输，并累积于植物的叶片等营养组织，生物富集因子（BCF）分别高达 15、11；而 CL-20 主要累积于黑麦草根部，BCF 高达 19。3 种炸药对黑麦草都几乎没有表现出植物毒性；但 RDX、HMX 累积于禾本科植物中，对地上食草动物有风险，CL-20 对食草动物有低风险[14]。大部分 RDX 进入植物体内后，以未转化的形式分布于叶片组织中[15]。杨树叶片组织能够部分还原 RDX 为 MNX 和 DNX（见图 5.4），并在太阳光的参与下打开 RDX、MNX 和 DNX 的杂环使其进一步分解矿化（见图 5.5）[16]。RDX 降解过程中参与的生物因子包括细胞色素 P450、还原酶、过氧化物酶、谷胱甘肽等，但目前还没有分离得到能够转化 RDX 的植物酶[7]。

图 5.4 RDX 及其植物转化产物[16]

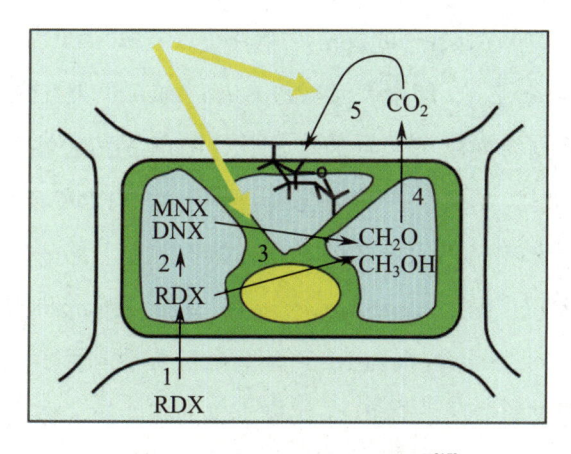

图 5.5 杨树组织对 RDX 的降解[15]

硝铵类炸药在植物体内的累积和转化，无疑增大了污染物随食物链暴露的风险[14]。用含有 ^{14}C-RDX 的玉米和苜蓿叶子与商业饲料混合后喂养草原田鼠，田鼠组织中保留了近 20% 的放射性——这表明食草动物可以累积 RDX 或 RDX 放射性标记的片段，并随营养级传递[18]。RDX、HMX 和 CL-20 在食物链中的生物放大潜力，有待进一步研究。

与其他爆炸物相比，HMX 不易被植物吸收和转化，即使被植物吸收，也主要以未分解的形式累积在叶片中[19]。HMX 的浓度、电离常数、样品溶液的 pH、有机质含量、植物生理等多种因素都会影响 HMX 的植物修复效果。水培实验发现，HMX 对杂交杨树插条的吸收没有显示出任何毒性作用[20]。将粉绿狐尾藻（*Myriophyllum aquaticum*）和草地鼠尾草（*Catharanthus roseus*）的无菌毛状根用于 HMX 的水培摄取，在没有微生物参与的情况下，HMX 未发生转化[21]。从杂交杨树（*Populus deltoides* X *nigra* DN34）组织中提取的甲基杆菌属菌株 BJ001 被用于 HMX 降解，在 40 d 内可有效转化 2.5 mg/L 的 HMX[22]。

5.2.3 炸药污染土壤的植物修复效率

除了植物本身对炸药的耐受性和转化能力，土壤理化性质（如有机质、酸碱度、水分含量和土壤肥力等）、炸药在土壤中的赋存状态等都是影响植物修复效率的重要因素。因此，炸药污染土壤的植物修复，在筛选生物量大、具有耐受性和超累积能力的植物的同时，要优化植物的栽培条件，以提高植物修复效率。事实上，植物普遍对土壤中的 TNT 具有吸收和分解作用——这与植物根区微生物的作用分不开。一些速生树种如柳属（*Salix*）、杨属（*Populus*）等，以及生物量大的作物如芸薹（*Coriandrum sativum* L.）、土豆（*SolaHbtm tuberosum*）、亚麻（*Linum usitatissimum* L.）、胡椒薄荷（*Mentha piperita*）、棉花（*Gossypiums* pp.）、黑小麦（*Triticale*）、玉米（*Zea mays*）、向日葵（*Helianthus annuus* L.）、印度芥菜（*Brassica juncea*）对 TNT 都有较强的吸收，被认为是适合植物修复的物种[23]。与 TNT 相比，RDX 的溶解性和迁移性比较强，它很容易转移到芽和叶上。因此，一般认为吸收是土壤中 RDX 植物修复的主要机制。植物吸收 RDX 后，至少有 70% 的 RDX 累积在植物的地上部分。许多陆地植物和湿地植物都能够吸收 RDX，生菜（*Lacutca sativa*）、番茄（*Lycopersicon esculentum*）、玉米、香蒲（*Cyperus esculentus*）都对 RDX 有很强的吸收作用[17]。豚鼠草（*Panicum maximum*）在糖蜜存在的情况下对 RDX 污染土壤的植物修复作用增强，根区土壤中 RDX 浓度降低可能主要与糖蜜存在导致微生物密度增加有关[24]。常见的炸药化合物吸收陆生植物及其对土壤中炸药污染物的去除效果如表 5.1 所示。

表 5.1 常见的陆生植物对土壤中炸药污染物的吸收

植 物	炸 药	初始浓度（mg/kg）	栽培时间（d）	去除效果	参考文献
万寿菊	TNT	100~1000	90	土壤中TNT去除率为87.6%~98.6%	[25]
果园草、多年生黑麦草和牛尾草	TNT	1.2	369	TNT累积量分别为1.3%、0.9%和0.8%	[26]
香根草	TNT	40/80	48	TNT被完全去除	[27]
美洲黑杨	TNT	100	40	TNT被植物完全吸收	[28]
玉米	RDX	100	28	植物吸收量为1.21 mg/kg	[29]
小麦	RDX	100	28	植物吸收量为1.4 mg/kg	[29]
多年生黑麦草	HMX	30	77	植物吸收量为8.1 mg/kg	[19]
芜菁	HMX	30	77	植物吸收量为5.2 mg/kg	[19]

基于对炸药化合物的吸收累积效应，一些植物甚至可以作为探测炸药污染的植物传感器[30]。Manley 等[31]使树木和葡萄藤暴露于 RDX 和 TNT 下，9 个星期后植物的色素含量、叶面积、比叶面积和生物量等均发生变化——叶绿素含量的变化意味着理论上有可能通过无人机载高光谱成像技术非接触地识别炸药污染的分布[32-34]。

不过大多数炸药污染土壤的植物修复研究都是在实验室完成的，野外实验少之又少。美国 Eglin 空军基地被 TNT、RDX 和 HMX 污染，在 3 块 0.4 英亩（1 英亩≈4046.86 m^2）的地块上种植了美洲雀稗（*Paspalum notatum*），为期 18 个月的实验发现，种植植物的实验区和未种植植物的对照区的 TNT 浓度都发生了明显的下降，而植物修复对 RDX 和 HMX 没有产生明显的效果——因为 RDX 和 HMX 迁移到深层土壤中不能被植物所吸收[35]。

5.3 炸药污染土壤的植物修复效果评价

本节从文献报道的炸药污染土壤修复植物和常见的其他污染物修复植物中，筛选了香根草（*Vetiver zizanioides* (L.) Nash）、紫羊茅（*Festuca rubra* L.）、红三叶（*Trifolium pratense* L.）、黑麦草（*Lolium perenne* L.）、狗尾草（*Setaria viridis* (L.) Beauv.）、苜蓿（*Medicago*）、苋菜（*Amaranthus tricolor* L.）、菊苣（*Cichorium intybus* L.）、向日葵

（*Helianthus annuus* L.）、高羊茅（*Festuca elata* Keng ex E. Alexeev）、高丹草（*Sorghum hybrid sudangrass*）、狗牙根（*Cynodon dactylon* (L.) Pers.）作为修复植物，采用盆栽实验评价了炸药污染对植物的影响及其修复效果。

5.3.1　TNT 和 RDX 复合污染土壤的修复

TNT 和 RDX 复合污染土壤的修复实验（见图 5.6），设计 0 mg/kg、20 mg/kg、40 mg/kg、60 mg/kg、80 mg/kg、100 mg/kg 共 6 个炸药污染浓度，每个浓度条件下分别加入相应含量的 TNT 和 RDX 模拟复合污染土壤。在盆内加入处理的供试土壤搅拌均匀，调节土壤含水量为 50%～70%。对供试植物种子进行饱满度筛选，按 1～1.5 cm 的播种深度均匀播种供试植物种子。及时测量土壤含水量，对植物进行定量浇水，以保持生长环境的一致性。播种后 20 d 内保持盆内土壤深度 5 cm 处土壤含水量为 50%～70%；播种 20 d 后，对向日葵、高丹草进行剔苗处理，每盆留苗 25 株，保持盆内土壤深度 5 cm 处土壤含水量为 30%～40%。以破土出苗作为种子发芽的标准来统计种子发芽率，计数时间为 20 d。播种后 45 d 采用丙酮提取-紫外分光光度法测定土壤中 TNT、RDX 的残留量，评估植物对土壤中炸药化合物复合污染的修复效果；测量供试植物地上部分的最大高度和鲜重，评估炸药化合物复合污染对植物生长发育的影响。

图5.6　TNT和RDX复合污染土壤的植物修复实验

5.3.1.1　TNT 和 RDX 复合污染对植物生理的影响

1. 对种子萌发率的影响

许多研究都证实，TNT 影响种子萌发。Peterson 等[36]指出，高羊茅在 0～60 mg/

kg 的 TNT 无营养琼脂中的种子萌发率随着 TNT 浓度的增加而线性下降，而当 TNT 浓度超过 30 mg/kg、4-ADNT 浓度超过 7.5 mg/kg 时就会大大延缓高羊茅幼苗的发育。生长在受污染和未受污染的土壤混合物中，随着 TNT 浓度的增加，无芒雀麦（Smooth bromegrass）和高羊茅的种子萌发率都出现下降[37]。Gong 等测试的 TNT 对水芹（Lepidium sativum L.）、萝卜（Brassica rapa Metzg.）、燕麦（Acena sativa L.）和小麦累积种子萌发率的最低可观察不良反应浓度（LOAEC）为 50 mg/kg[38]。但显然不同物种的种子萌发率对炸药的敏感性存在很大差异。Via 等[39]研究了 TNT 和 RDX 对美国大西洋沿岸轰炸机靶场常见灌木树种蜡杨梅（Morella cerifera）的影响，发现所有浓度的 RDX（0～1500 mg/kg）都对种子的萌发产生抑制，而所有浓度的 TNT（0～900 mg/kg）都没有对种子萌发率产生影响；随着污染物浓度的增加，RDX 存在时幼苗形态损伤显著增加，而 TNT 在任何浓度下均不影响幼苗形态。因此，炸药污染还可能影响植物种群的演替。

受种子自身条件的影响，在未污染对照土壤中（TNT/RDX 污染浓度为 0 mg/kg），不同的供试植物种子萌发率存在较大的差异，香根草、紫羊茅、黑麦草、狗尾草、苋菜的种子萌发率较高，均达到 85% 以上；高丹草的种子萌发率最低，仅为 $80.2\% \pm 1.5\%$。随着土壤中 TNT 和 RDX 浓度的增加，各供试植物种子萌发率均呈现不同程度的下降趋势（见图 5.7），证明炸药对供试植物种子萌发有抑制作用。从种子萌发的抑制程度来看，100 mg/kg 的炸药污染物浓度对菊苣种子萌发的抑制最为显著，种子萌发率相比对照土壤中的下降了将近 50%，其次是苋菜、向日葵、高羊茅（见图 5.7），因此，这些植物难以作为高浓度炸药污染的修复植物。炸药污染物对香根草、紫羊茅、红三叶、黑麦草种子萌发率的影响相对较小。

2. 对供试植物株高和鲜重的影响

植物株高、鲜重是常用的污染物植物毒理终点指标。对冷季无芒雀麦（Bromus inermus L.）、高羊茅及暖季禾本科大须芒草（Andropogon gerardii Vitman）、柳枝稷（Panicum virgatum L.）的比较发现，植物对 TNT 污染的响应与其温度适应性模式有关联，暖季禾本科植物的种子萌发率、株高对 TNT 浓度增加更敏感，而较低浓度的 TNT 就会导致冷季禾本科植物地上部和根部生长程度大大降低[40]。无芒雀麦和高羊茅的株高随着 TNT 浓度的增加而降低，分别能在浓度低于 24 mg/kg 和 31 mg/kg 的 TNT 污染土壤中发芽和生长[37]。12 种植物播种后 45 d 时测量的株高（见图 5.8）、鲜重（见图5.9）显示，供试植物株高、鲜重随污染物浓度的增加而降低，显示植物的生长受到了抑制，但供试植物并未停止生长的事实说明植物对土壤中的炸药污染物具有一定的抗逆性。在12种植物中，香根草、黑麦草受影响比较小，显示了相对其他植物其具有更强的耐受性，具有用于植物修复TNT/RDX复合污染土壤的潜力。

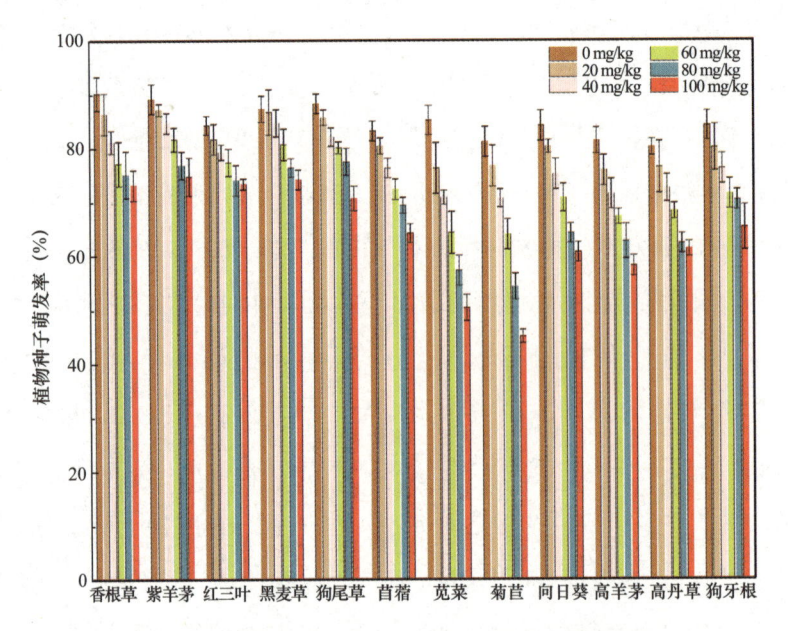

图5.7 TNT和RDX复合污染下的植物种子萌发率

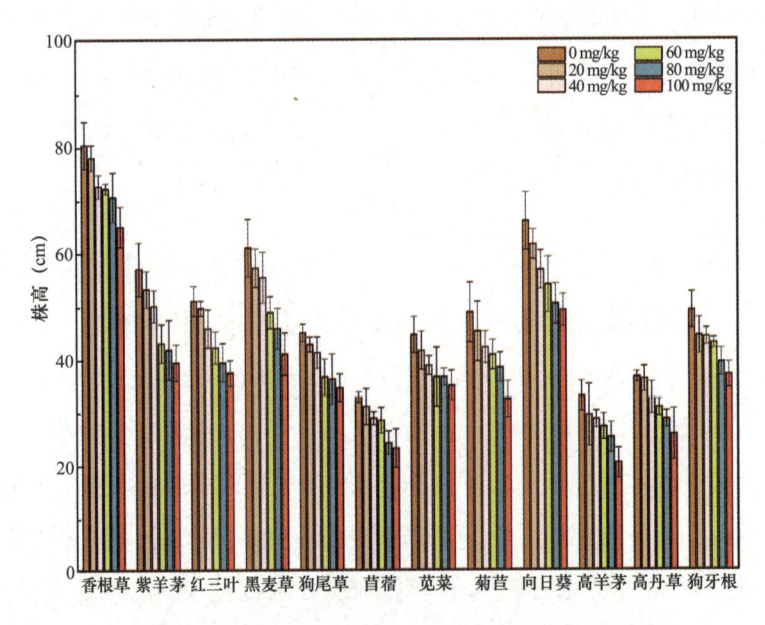

图5.8 TNT和RDX复合污染对植物株高的影响

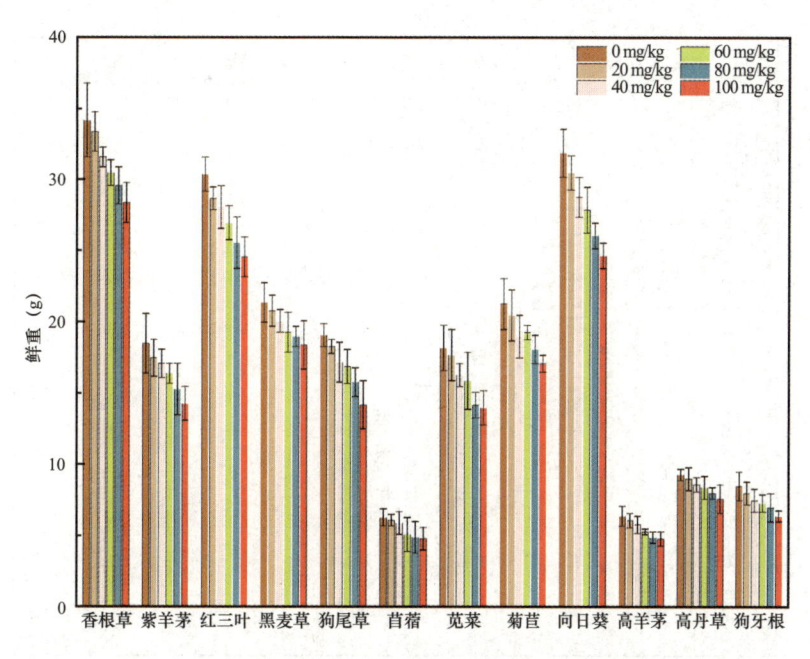

图5.9　TNT和RDX复合污染对植株鲜重的影响

5.3.1.2　复合污染土壤的修复效果

1. 对 TNT 的修复效果

播种 45 d 后测量供试植物对土壤 TNT 的去除率，结果如图 5.10 所示。同种植物，随着 TNT 初始浓度的不断增加，TNT 的去除率整体降低，但个别植物如紫羊茅、苜蓿等在 40～60 mg/kg 的初始浓度下对 TNT 有最好的去除效果。植物对污染物的去除率随污染物初始浓度的变化，可能与污染物对植物的毒性效应有关，高浓度的 TNT 有可能导致植物生长受到抑制、生物量减少，对炸药污染物的吸收和降解都会随之减少。供试植物对土壤 TNT 去除率种间差异显著，在 100 mg/kg TNT 污染浓度下，去除率由高到低为香根草（74.4%）＞红三叶（68.3%）＞狗尾草（65.8%）＞黑麦草（60.3%）＞苜蓿（48.6%）＞紫羊茅（40.6%）＞苋菜（32.1%）＞向日葵（29.3%）＞菊苣（22.6%）＞狗牙根（21.3%）＞高丹草（17.6%）＞高羊茅（15.8%）。

香根草[27]、黑麦草[26]都是文献报道的 TNT 高效吸收和降解植物，在实验栽培条件下对 TNT 表现了良好的去除率。虽然向日葵、苋菜、高羊茅等也被报道具有生物修复 TNT 污染土壤的潜力，但在实验条件下对 TNT 的去除率都在 40% 以下。

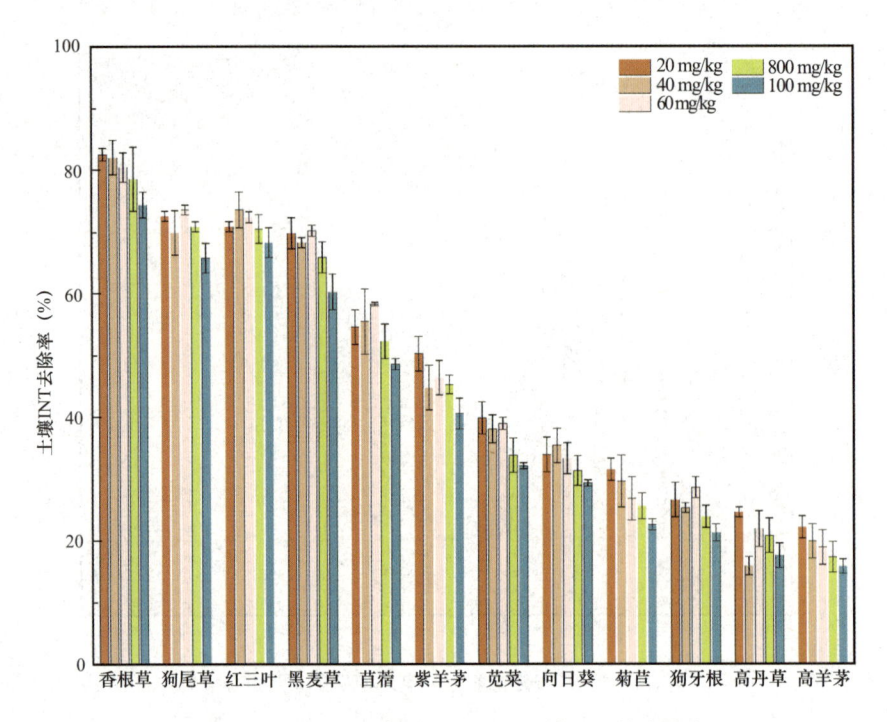

图5.10 供试植物播种45 d后对土壤TNT的去除率

2. 对RDX的修复效果

植物对盆栽土壤中的RDX有明显的去除效果（见图5.11），但不同种植物在土壤RDX去除率方面差异显著，在100 mg/kg的RDX污染浓度下，去除率由高到低为紫羊茅（68.5%）＞黑麦草（64.3%）＞红三叶（62.3%）＞狗尾草（61.8%）＞香根草（55.5%）＞苜蓿（53.6%）＞苋菜（42.1%）＞菊苣（33.9%）＞向日葵（31%）＞高羊茅（28.9%）＞狗牙根（26.8%）＞高丹草（25.6%）。同种植物，随着RDX浓度的增加，其对RDX的去除率没有明显的变化规律，但紫羊茅、红三叶、黑麦草、狗尾草、苜蓿等对RDX去除率比较高的物种，普遍在40～60 mg/kg的RDX污染浓度下有最大的RDX去除率；苋菜、菊苣、向日葵、高羊茅、高丹草、狗牙根等RDX去除率相对较低的物种，在20 mg/kg的RDX污染浓度下有最大的去除率，随着RDX浓度增加其去除率呈现波动中下降的趋势。

一般认为，硝铵类炸药对大多数植物没有显著的毒性[14]，与土壤有机质、矿物的结合也没有像TNT那样强烈。因此，植物对土壤中RDX的去除率，取决于植物本身的吸收和转化能力。对 RDX 吸收能力相对较弱的植物，随着 RDX 浓度的增加，其吸收能力逐渐饱和，因此对 RDX 的去除率逐渐下降。紫羊茅、红三叶、黑麦草等对 RDX 的吸收和转化能力强，对 RDX 的吸收能力阈值相对较高，对 RDX 的去除率随 RDX 的浓度增加先上升后下降。

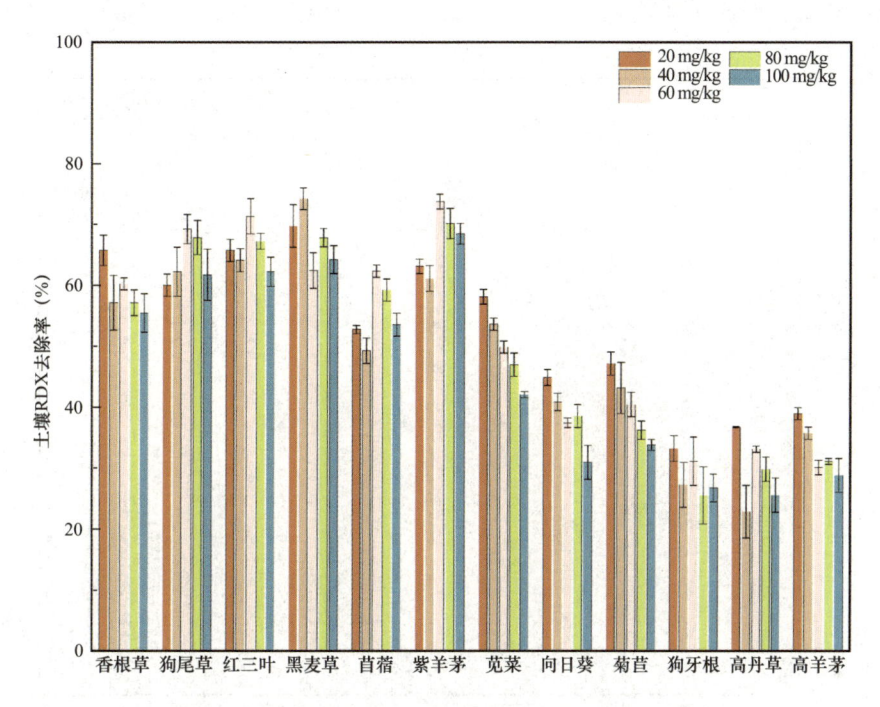

图 5.11　供试植物播种 45 d 后对土壤中 RDX 的去除率

5.3.2　HMX 污染土壤的修复效果

本节按照与 TNT、RDX 复合污染土壤暴露测试相同的程序开展了 HMX 污染土壤的植物修复效果评价。实验设计 0 mg/kg、20 mg/kg、40 mg/kg、60 mg/kg、80 mg/kg、100 mg/kg 共 6 个 HMX 污染浓度。在播种后 45 d 时测量植物修复实验土壤中 HMX 的残留量，评价植物对炸药化合物 HMX 污染土壤的修复效果。各植物对盆栽土壤中 HMX 的去除率与对 RDX 的去除率基本相当（见图 5.12），供试植物对土壤中 HMX 去除率种间差异显著，在 100 mg/kg 的 HMX 污染浓度下，去除率由高到低为香根草（70.9%）＞苜蓿（68.7%）＞黑麦草（66.4%）＞紫羊茅（65.2%）＞狗尾草（62.4%）＞红三叶（59.3%）＞苋菜（40.1%）>菊苣（31.1%）>高羊茅（29.4%）>高丹草（27.8%）>狗牙根（28.5%）>向日葵（22.8%）。与RDX相似，香根草、苜蓿、黑麦草、紫羊茅、狗尾草、红三叶对HMX的去除率超过了50%，并且对HMX的去除率随着HMX浓度的增加而增加；苋菜、菊苣、向日葵、高羊茅、高丹草、狗牙根对HMX的去除率相对较低，并且去除率随着HMX浓度的增加而降低。

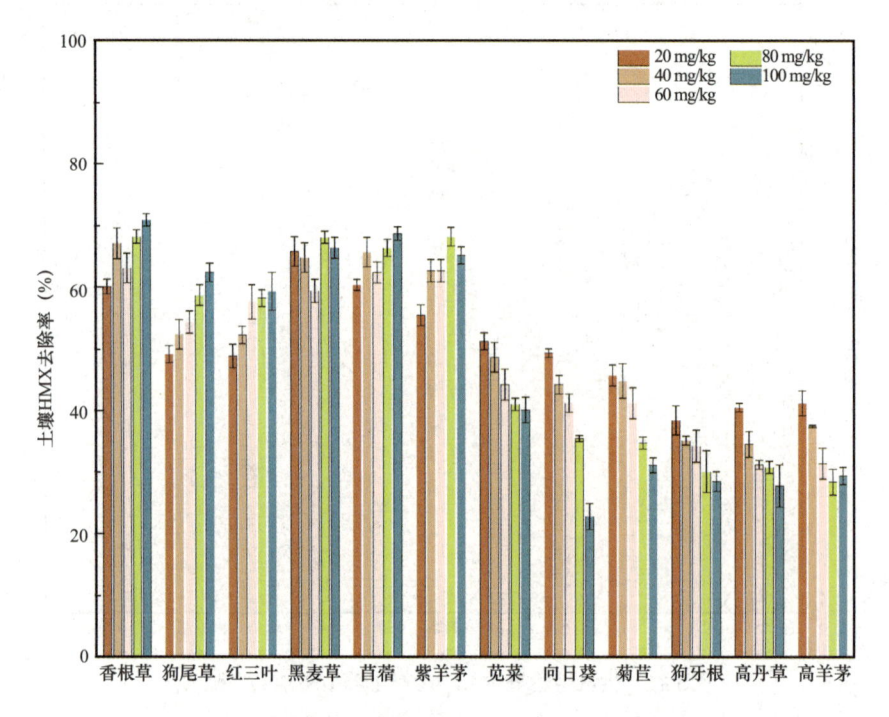

图5.12 供试植物播种45 d后对土壤中HMX的去除率

迄今为止，已报道能累积和降解硝铵类炸药HMX的水生植物和陆生植物种类较少。Groom等评估了土著陆地植物和一些农作物对反坦克射击场HMX污染土壤的修复效果[19]，在苜蓿、菜豆、小麦、黑麦草等植物体内HMX的累积浓度可以达到450 mg/kg（干重）以上，小麦和黑麦草在HMX存在条件下快速生长，是潜在的HMX污染修复植物。Lamichhane等[24]一项为期15周的实验发现，糖蜜和大黍（*Panicum maximum*）结合能够有效降解RDX，但是HMX的浓度没有明显降低。紫花苜蓿分泌的水解酶可以降解HMX[41]，在水培条件下紫花苜蓿对HMX的降解率为18.4%。

5.4 炸药化合物对苜蓿的毒害效应

苜蓿是一种多年生开花植物，世界各地均有分布，对各种非生物胁迫具有广泛的抵抗力，是常用的植物抗逆研究模式物种，也是报道的潜在的炸药污染修复物种[18]。以苜蓿为模式物种，通过水培实验，本节研究了 TNT、RDX、HMX 这 3 种炸药化合物对苜蓿的毒害效应。

5.4.1 炸药暴露对苜蓿生长的影响

在根系暴露实验中，苜蓿种子放入装有 Hoagland 营养液的植物组织培养瓶中，在人工气候箱中培育后植物生长良好，50 d 后将不同炸药添加至营养液中，暴露处理 72 h，在 TNT 暴露及混合（炸药）暴露条件下植株根部颜色相比对照组显著加深，在 RDX 和 HMX 暴露条件下植株根部颜色变化较小［见图 5.13（a）］。在萌芽实验中，随机抽取的苜蓿种子摆放在内置两层滤纸的培养皿中，注入炸药溶液，在人工气候箱中培育 3 d 后检测种子萌芽势，7 d 后检测种子萌芽率。与对照组相比，苜蓿种子萌芽率和萌芽势受到抑制，其中以 TNT 及混合炸药处理组最为显著［见图 5.13（b）、图 5.13（c）］。

TNT 溶液暴露处理后，植株去除了 26.8% 的 TNT；单一 RDX 处理后，植株去除了 20.4% 的 RDX；单一 HMX 处理后，植株去除了 18.4% 的 HMX；3 种炸药混合处理后，植株分别去除了 22.2% 的 TNT、12.3% 的 RDX、10.9% 的 HMX［见图 5.13（d）］。同时，单一 HMX 处理后，根部 HMX 及其氮类转化产物开始转移至叶片中［见图 5.13（e）］。扫描电镜结果显示，与对照组相比，TNT 暴露显著改变了根表面的微结构，RDX 和 HMX 暴露处理后的根系受毒害程度较低［见图 5.13（f）～图 5.13（j）］，这与根系外部的观察结果一致。

种子萌发对周围环境高度敏感，苜蓿种子萌芽率、萌芽势显著降低，植株根系微观形貌受到损伤，反映了炸药对苜蓿具有显著毒害效应。Vila 等的研究[42]也表明，炸药暴露后，稻谷种子萌芽率显著下降。TNT 对大多数植物有很强的毒害作用，而 HMX、RDX 对黑麦草几乎没有毒害作用[14]，这可能是 TNT 及混合炸药处理组（含 TNT）对苜蓿毒害作用最显著的原因。被植物吸收后，大部分 HMX 将随蒸腾作用转移累积在叶片中[19]，这导致苜蓿叶片中氮含量升高。

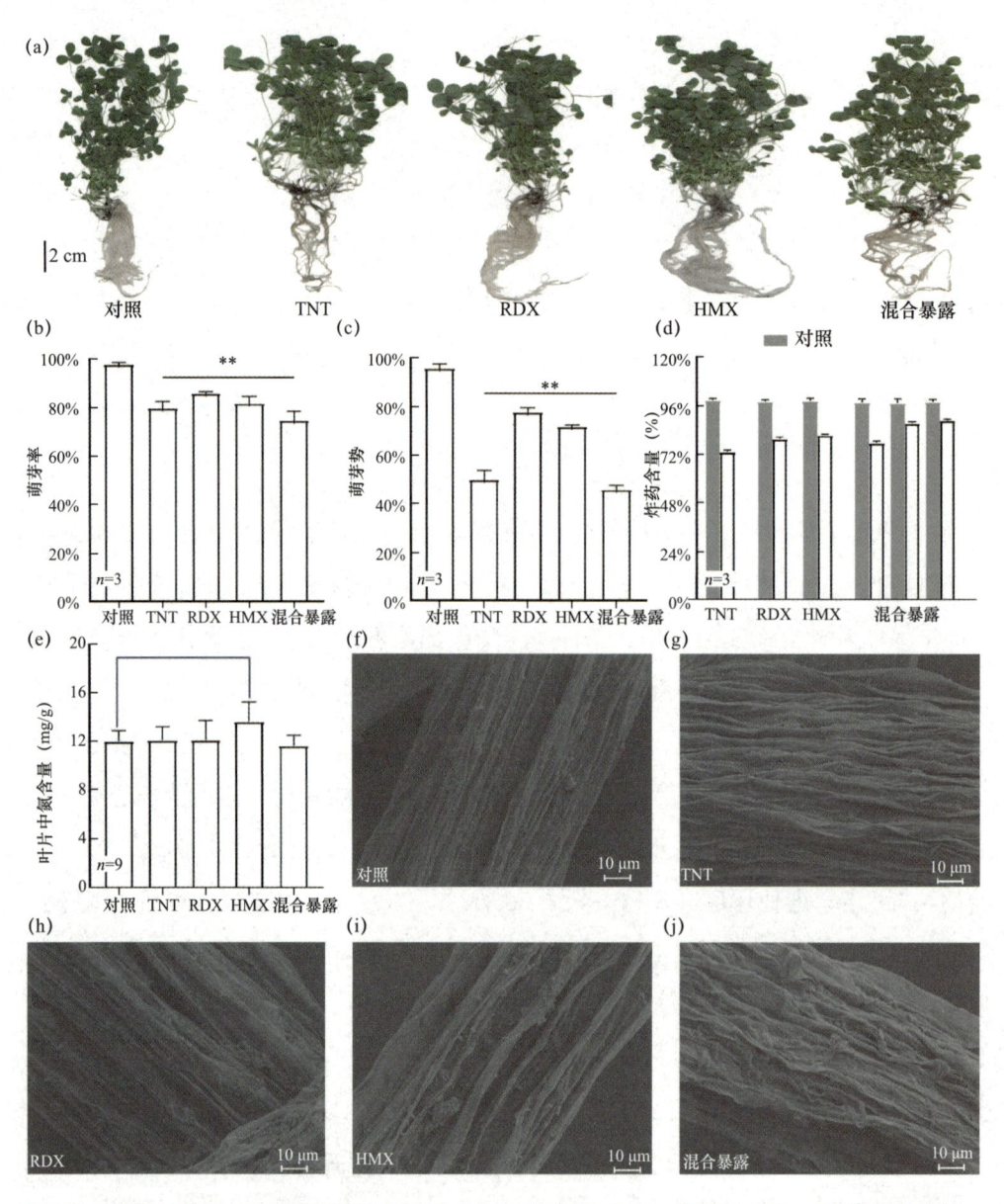

图5.13 TNT、RDX、HMX暴露对植物根系（a）、萌芽率（b）、萌芽势（c）、炸药含量（d）、叶片中氮含量（e）及根系形貌（f）～（j）的影响

5.4.2 炸药暴露对苜蓿光合特性的影响

与对照组相比，TNT暴露和混合暴露条件下植株中叶绿素a的含量分别显著降低7.4%和9.0%（$p<0.05$），RDX暴露条件下植株中叶绿素a的含量无显著变化，HMX

暴露条件下植株中叶绿素 a 的含量则有所增加 [见图 5.14（a）]；HMX 处理组叶绿素 b 含量上升，混合暴露条件下叶绿素 b 含量显著下降 12.2% [见图 5.14（b）]。TNT 暴露和混合暴露条件下最大光化学量子产量（Fv/Fm）分别显著抑制 4.2% 和 7.4%，非光化学荧光淬灭系数（qN）分别显著上升至对照组的 1.84 倍和 2.08 倍，非光化学淬灭系数（NPQ）分别显著上升至对照组的 2.09 倍和 2.64 倍 [见图 5.14（c）、图 5.14（d）、图 5.14（g）]。同时，在混合暴露条件下，有效量子产量（Y(Ⅱ)）显著降低 11.4%，光化学淬灭系数（qL）显著上升至对照组的 1.53 倍 [见图 5.14（e）、图 5.14（i）]。光化学荧光淬灭系数（qP）各组无显著差异，表观电子传递速率（ETR）各组无显著差异 [见图 5.14（f）、图 5.14（h）]。

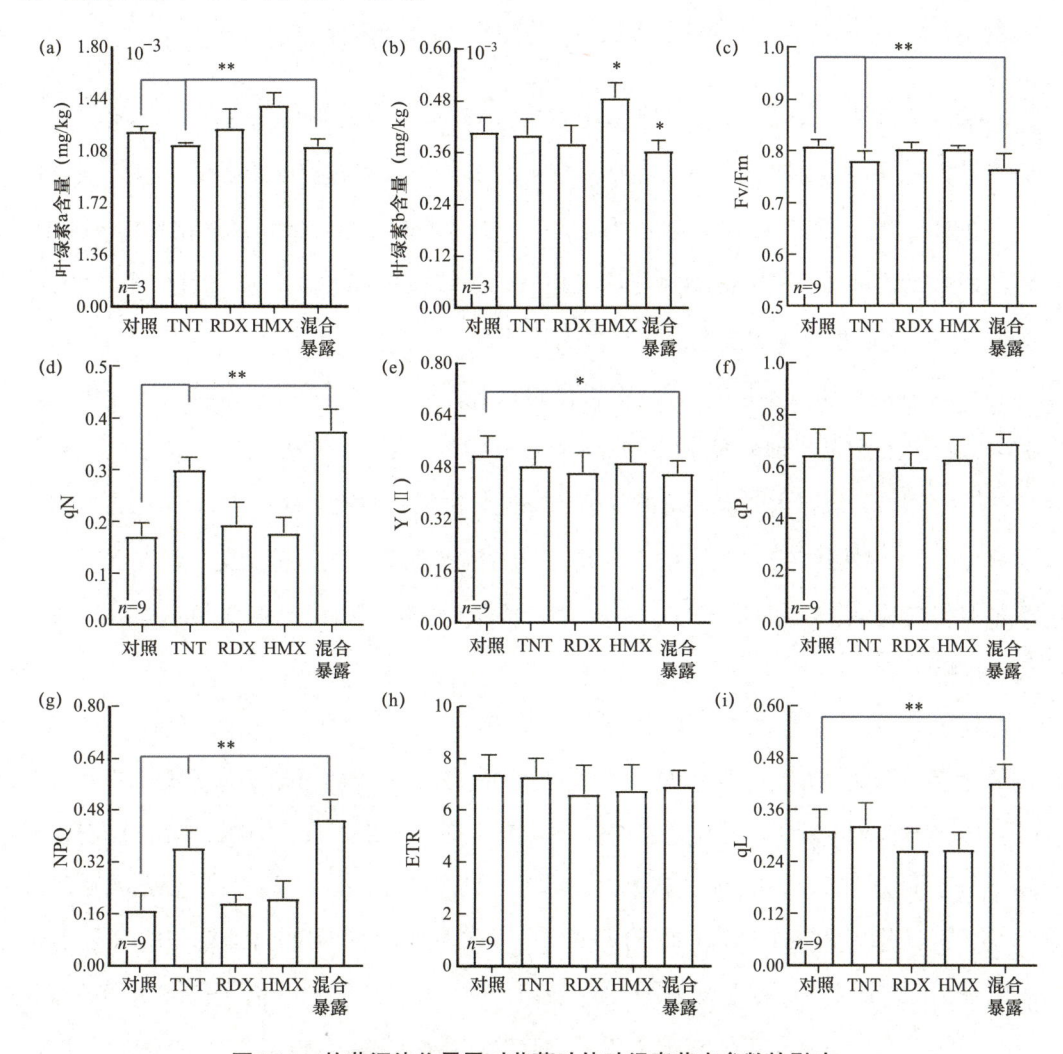

图 5.14　炸药污染物暴露对苜蓿叶片叶绿素荧光参数的影响

叶绿素荧光参数能反映植物受到炸药化合物毒害时光合作用的变化。当苜蓿暴露在 32～1000 mg/kg 浓度的 TNT 下时，叶片光合系统Ⅱ反应中心显著失活[43]。植物 Fv/Fm 下降，反映植物叶片健康状况变差，光合作用减弱；qN 和 NPQ 的升高反映与氧化应激缓解密切相关的能量耗散机制被激活[44]。在单一 RDX 和 HMX 暴露处理后，苜蓿叶片光合系统无显著变化，表明苜蓿叶片光合系统对 RDX、HMX 具有一定的耐受性[45]。总之，植物光合特性分析显示，TNT 暴露对植株荧光生理参数造成了显著影响，而 RDX 暴露和 HMX 暴露对植株荧光生理参数无显著影响，这与文献[14]中关于 TNT、RDX 和 HMX 的植物毒性研究结论是一致的。

5.4.3　炸药暴露对苜蓿根系抗氧化酶系统的影响

线粒体的单脱氢抗坏血酸还原酶 6（MDHAR6）介导的氧化损伤是 TNT 植物毒性的主要机制[4]。植物抗氧化酶系统是植物抵御氧化损伤的保护系统，可维持活性氧稳态，并参与植物对环境胁迫的适应反应中活性氧依赖的信号转导。过氧化物酶（POD）是植物酶促防御系统的关键酶之一，与超氧化物歧化酶（SOD）、过氧化氢酶（CAT）协同作用，清除植物体内过剩的氧自由基，从而提高植物的抗逆性。

与对照组相比，不同处理组超氧化物歧化酶的活性显著被抑制，TNT、RDX、HMX 及混合暴露分别降低其活性 38.8%、33.4%、30.4%、39.4%[见图 5.15（a）]，反映了植物清除氧自由基保护机体的能力降低。过氧化物酶活性在 TNT、RDX 暴露下显著提高（至对照组的 1.23 倍和 1.20 倍），在 HMX 暴露下无显著变化，但在混合暴露下被显著抑制 41.1%[见图 5.15（b）]。拟南芥根对 TNT 和 RDX 采取了不同的抗逆性反应策略[46]。

在 TNT 暴露下，过氧化氢酶的活性无显著变化；在 RDX、HMX 及混合暴露下，过氧化氢酶的活性相比对照组分别显著降低 10.9%、21.8%、39.5%[见图 5.15（c）]。脯氨酸（PRO）含量在炸药化合物暴露下均显著降低，在 TNT、RDX、HMX、混合暴露下分别降低 36.7%、46.9%、47.2%、60.1%[见图 5.15（d）]。丙二醛（MDA）含量反映了毒性作用和保护作用的综合平衡[47]，MDA 含量在 TNT、RDX、HMX 及混合暴露下相比对照组分别显著增多了 1.24 倍、1.17 倍、1.17 倍、1.30 倍[见图 5.15（e）]，反映植物机体内抗氧化系统整体出现了损伤[48]。活性氧（ROS）含量在 TNT、RDX、

HMX 及混合暴露下相比对照组分别显著增多 1.73 倍、1.35 倍、1.80 倍、2.16 倍[见图 5.15（f）]，表明炸药化合物暴露导致的氧化损伤超过了植物抗逆性反应机制的代偿能力，活性氧水平升高，过氧化损伤风险加大，并由此导致根部出现了中毒损伤状况。

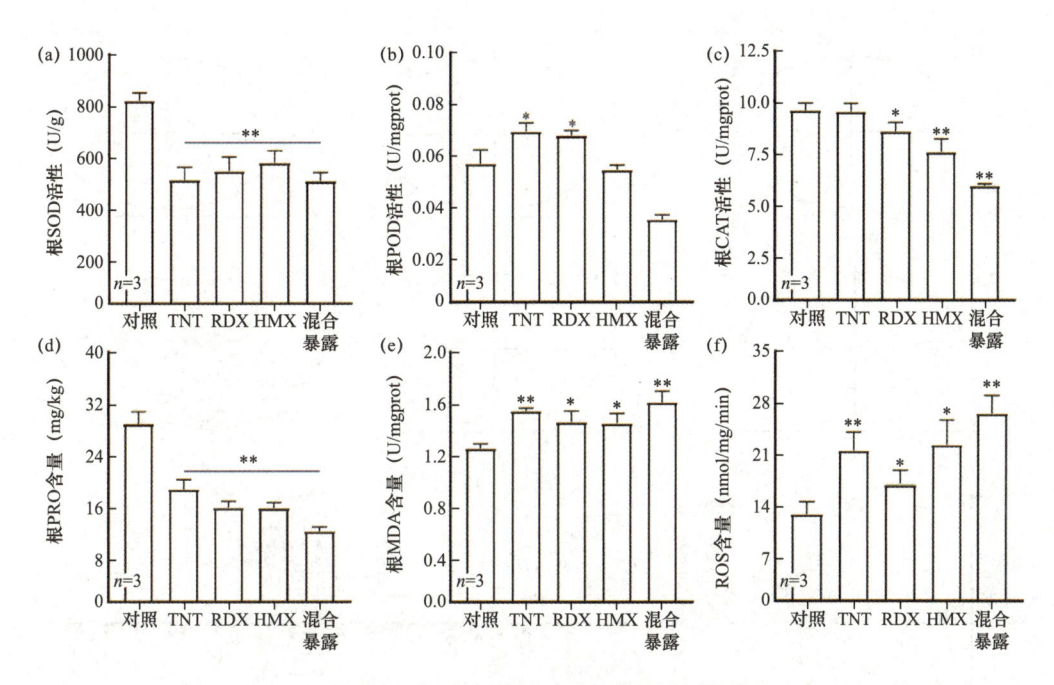

图5.15　苜蓿根系抗氧化酶系统对炸药污染物暴露的响应

5.4.4　炸药暴露对苜蓿根系代谢的影响

采用非靶向代谢组学分析方法，从根尖提取物中共鉴定出 6185 个代谢物。与对照组相比，TNT 暴露和混合暴露代谢谱聚集位置明显改变，但 RDX 暴露和 HMX 暴露代谢谱聚集位置变化较小 [见图 5.16（a）]。通过 OPLS-DA 模型将组间变异可视化，相较于对照组，TNT 暴露产生了 609 个差异代谢物（上调 189 个，下调 420 个）；RDX 暴露产生了 197 个差异代谢物（上调 155 个，下调 42 个）；HMX 暴露产生了 234 个差异代谢物（上调 132 个，下调 102 个）；混合暴露则产生了 512 个差异代谢物（上调 176 个，下调 336 个）[见图 5.16（b）～图 5.16（e）]。其中，12 个代谢物在不同炸药化合物处理后共表达，可作为潜在的生物标记物 [见图 5.16（f）]，M1（3-氨基-

1,4-二甲基-5-氢-吡啶并(4,3-b)吲哚，2.03～4.79倍)、M2(去甲胆酸C，0.28～0.74倍)、M3(氟米曲霉素，5.09～8.15倍)等代谢物显著上调，M5(脯氨酸甜菜碱，0.33～1.47倍)、M6(异戊烯基葡萄糖苷，0.62～5.22倍)、M7(顺反式红内酯，1.30～34.73倍)等代谢物受到显著抑制[见图5.16(g)]。

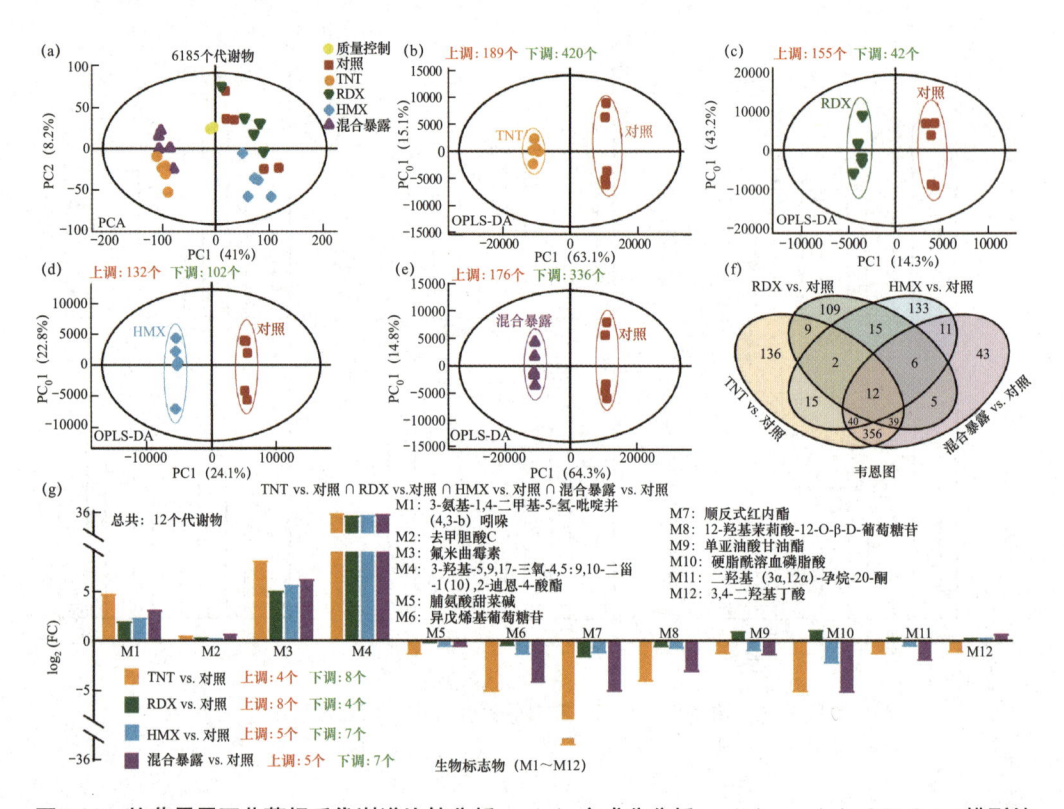

图5.16 炸药暴露下苜蓿根系代谢谱比较分析。(a) 主成分分析；(b)～(e) OPLS-DA模型结果；(f) 不同处理组差异代谢物；(g) 不同处理组共表达差异代谢物分析

代谢组学能够揭示生物体受胁迫后内源性物质变化水平及分子毒理机制。植物对TNT、RDX、HMX暴露的响应策略整体一致，主要差异代谢物为脂质和类脂分子、有机酸及其衍生物、有机氧化合物等[见图5.17(a)]，反映了植物脂质代谢、碳代谢失衡，可能是一种潜在的植物毒害机制。在TNT暴露和混合暴露下，谷胱甘肽含量受到显著的抑制，谷胱甘肽的消耗可能主要来自TNT及其细胞内还原产物与谷胱甘肽的结合[7]，而RDX和HMX通常不具备这种结合能力，因此RDX、HMX能够向上转运至叶片中。此外，在共表达的差异代谢物中，Trp-P-1的表达显著上调[见图5.17(b)]，Trp-P-1被证明具有强烈的致突变作用，表明炸药化合物暴露诱导植

物突变潜势增强[49]。脯氨酸甜菜碱（Proline Betaine）是一种优良的渗透压保护剂，炸药化合物暴露导致其表达下降，反映了植物根系渗透压调节能力被破坏[50]。

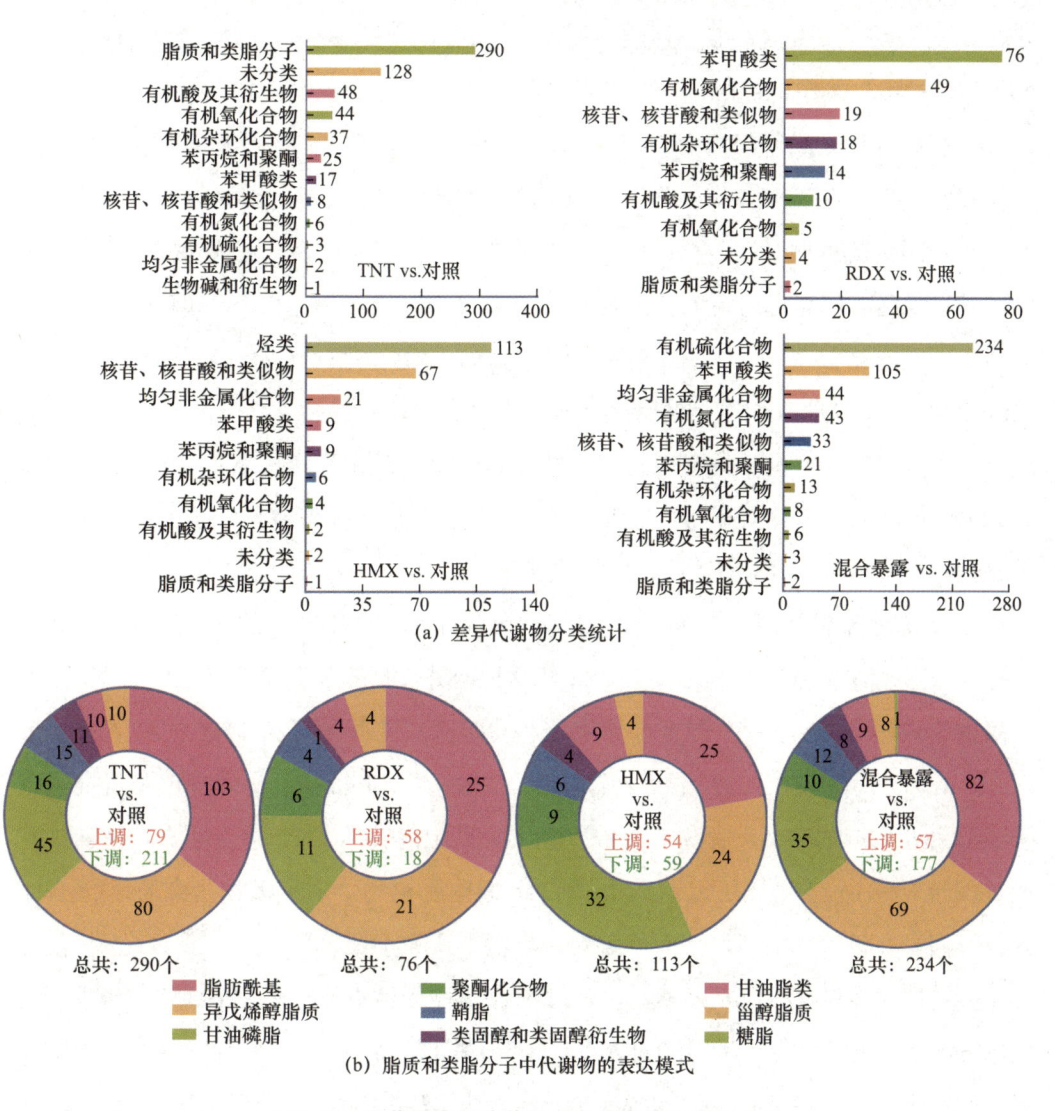

(a) 差异代谢物分类统计

(b) 脂质和类脂分子中代谢物的表达模式

图5.17 炸药暴露下苜蓿根系差异表达代谢物分析

5.5 炸药污染土壤的转基因植物修复

研究证明，大多数炸药化合物可以被不同种类的植物吸收，但提高污染物的植物修复效率和安全彻底性，还需要对炸药化合物的植物毒性、代谢机制等有深入的了解，并获得具有更强耐受性、更高修复效率的修复植物物种。1999年以来，转基因植物被用于炸药污染土壤的修复[51]。首个报道的TNT污染修复转基因植物是烟草（*Nicotiana tabacum*），引入季戊四醇四硝酸酯（PETN）还原酶基因后提高了其对TNT的耐受性，烟草种子能够在含有0.05 mM TNT的溶液中萌芽和生长[52]。

在微生物中发现硝基还原酶（如NfsA、NfsB、NfsI和PnrA）、黄酮类硝基还原酶可以催化还原TNT为氨基衍生物后，硝基还原酶基因也成为转基因修复植物的操作对象。转入阴沟肠杆菌（*E. cloacae*）的NfsI硝基还原酶基因后，烟草对TNT的耐受性进一步提高，能够将初始浓度为0.25～0.5 mM的TNT完全转化，烟草对TNT的解毒作用明显增强[53, 54]。拟南芥转入大肠杆菌的NfsA硝酸还原酶基因后，对TNT的耐受性大大增强，对TNT的吸收能力比野生型拟南芥提高了7～8倍，并表现出了野生型拟南芥所不具备的组织间三硝基甲苯还原能力[55]。当土壤中TNT浓度达到50 mg/kg时，野生型拟南芥的生长就会受到严重影响，但转入阴沟肠杆菌的NfsI硝酸还原酶基因后，转基因拟南芥可在TNT浓度高达250 mg/kg的污染土壤上生长[56]。朱波等将反硝化硫单胞菌（*Sulfurimonas denitrificans* DSM1251）的NAD(P)H-黄素硝基还原酶（NfsB）基因转入拟南芥，转基因拟南芥表现出显著增强的TNT耐受性和更高的TNT去除能力[57]，野生型拟南芥和转基因拟南芥的最高TNT去除率分别为1.219 mL/g（鲜重）·h和2.297 mL/g（鲜重）·h。2015年，Johnston等发现单脱氢抗坏血酸还原酶6（MDHAR6）表达缺失可以大大提高拟南芥的TNT耐受性[4]，这意味着通过编辑MDHAR6基因可以制造出TNT超级耐受植物，用来吸收污染场地的TNT并将其储存在该植物根部，从而有效地从环境中清除TNT。

针对植物吸收但不降解RDX，以及对TNT的耐受性不足问题，2017年，华盛顿大学的Strand研究组成员[10]利用Xpl A酶、Xpl B酶和硝基还原酶基因编码构建了载体，将根癌农杆菌（*Agrobacterium tumefaciens*）作为载体转基因禾本科植物柳枝稷（*Panicum virgatum*）和匍匐翦股颖（*Agrostis stolonifera*）。与野生型植株相比，转基因禾本科植物从水培液中去除的RDX量明显增多，而叶组织中残留的RDX量明显减少。土柱实验显示，柳枝稷能够防止0.5 m深度根区RDX的淋失，从而防止地下水污染。Strand研究组成员还开发了NfsI转基因烟草（*Nicotiana tabacum* L.），来减小花粉传播的转基因污染风险，当在固体或液体培养基中生长时，表达NfsI的转基因烟草对TNT的耐受性比未转基因的植株对TNT的耐受性显著提高，生物量有所增加，并能从培养基中去除更多的TNT[9]。2018年，Strand研究组成员[11]又将硝基还原酶基因转入多年生西部麦草（*Pascopyrum smithii*），并开展了野外实验（见图5.18）。西部麦草是一种美军常用的绿化草种，与野生型西部麦草相比，转基因西部麦草对TNT毒害的抗性更强，对TNT的解毒能力更强。

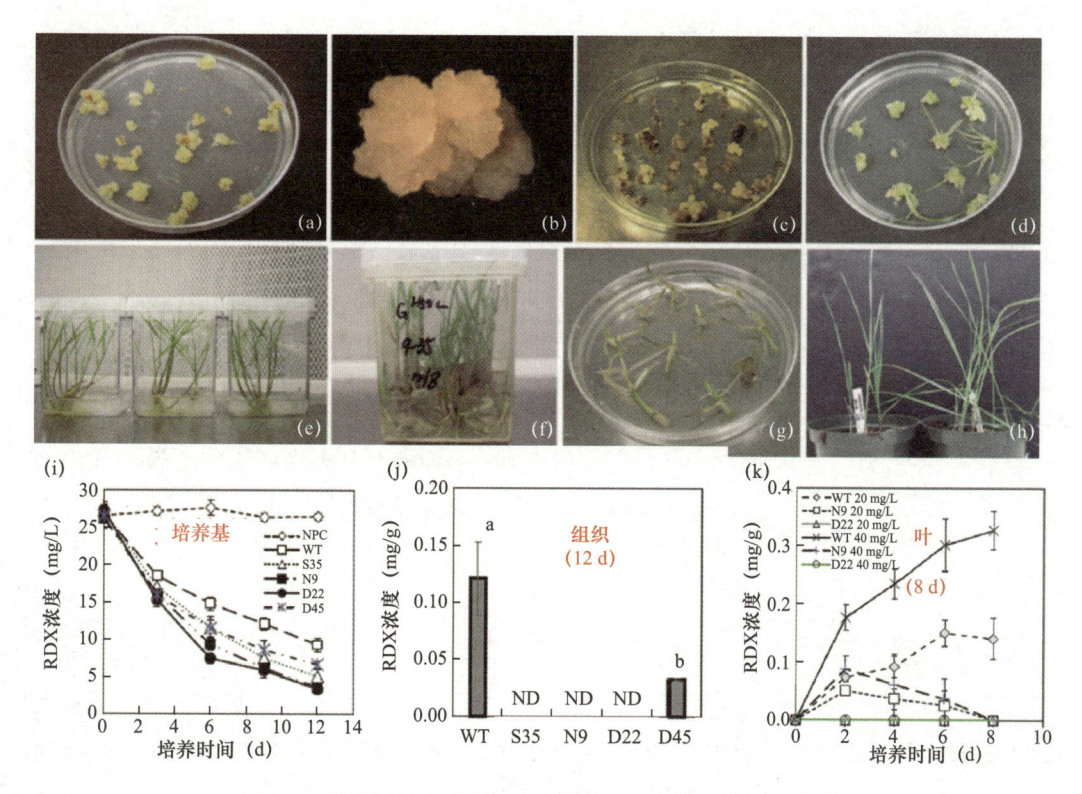

图5.18 转基因西部麦草组织培养过程及其对RDX的降解[11]

5.6 小结

植物吸收和降解是行之有效的炸药污染土壤修复手段。速生树种杨树、柳树，农作物玉米、印度芥菜，常用修复植物黑麦草、拟南芥等，都是炸药污染土壤可选的修复植物。评估发现，香根草、紫羊茅、红三叶、黑麦草、狗尾草、苜蓿对土壤中低浓度（0～100 mg/kg）的TNT、RDX、HMX有较强的耐受性、较高的吸收和转化能力，并且生命力强、不怕践踏、繁殖迅速、蔓延快、成片生长生物量大、适应粗放型种植和管理、经济成本较低，是具有应用前景的炸药污染土壤修复植物。以苜蓿为模式植物，发现 TNT 对植物有很强的毒性，氧化损伤超过根系抗逆性反应机制代偿能力导致活性氧失衡是其主要毒害机制，而 RDX、HMX 对植物萌发、生长、光合作用的影响要小得多；从基因组学的角度发现，植物对 TNT、RDX、HMX 暴露的响应策略整体一致，主要差异代谢物为脂质和类脂分子、有机酸及其衍生物、有机氧化合物等，反映了植物脂质代谢、碳代谢失衡。

受炸药的植物毒性和植物酶系统的制约，野生型植株通常只能应用于中低浓度炸药污染土壤的生物修复，并存在污染物降解不彻底的风险。随着对炸药的植物毒性和代谢机制的深入揭示，人们开发了具有高浓度炸药耐受性、硝基化合物高效还原转化功能的烟草、拟南芥、柳枝稷、西部麦草等转基因植物，植物修复在炸药污染土壤修复中可能会发挥更大的作用。

西南科技大学：张宇，赖金龙
军事科学院防化研究院：杨旭，赵三平，韩梦薇，王东博

参考文献

[1] VIA S M. Phytoremediation of Explosives [M]. In: SHMAEFSKY B R. Phytoremediation: In-situ Applications. Springer International Publishing, 2020: 261-284.

[2] RYLOTT E L, BRUCE N C. Plants disarm soil: Engineering plants for the phytoremediation of explosives [J]. Trends in Biotechnology, 2009, 27(2): 73-81.

[3] SINGH S N. Biological Remediation of Explosive Residues [M]. Springer, 2014.

[4] JOHNSTON E J, RYLOTT E L, BEYNON E, et al. Monodehydroascorbate reductase mediates TNT toxicity in plants [J]. Science, 2015, 349(6252): 1072-1075.

[5] DAS P, SARKAR D, DATTA R. Kinetics of nitroreductase-mediated phytotransformation of TNT in vetiver grass [J]. International Journal of Environmental Science and Technology, 2017, 14(1): 187-192.

[6] TORRALBA-SANCHEZ T L. Bioconcentration of munitions compounds in plants and worms: Experiments and modeling [D]. University of Delaware, 2016.

[7] RYLOTT E L, BRUCE N C. Right on target: Using plants and microbes to remediate explosives [J]. International Journal of Phytoremediation, 2019, 21(11): 1051-1064.

[8]   ADAMIA G, GHOGHOBERIDZE M, GRAVES D, et al. Absorption, distribution, and transformation of TNT in higher plants [J]. Ecotoxicology and Environmental Safety, 2006, 64(2): 136-145.

[9]   ZHANG L, RYLOTT E L, BRUCE N C, et al. Phytodetoxification of TNT by transplastomic tobacco (*Nicotiana tabacum*) expressing a bacterial nitroreductase [J]. Plant Molecular Biology, 2017, 95(1-2): 99-109.

[10] ZHANG L, ROUTSONG R, NGUYEN Q, et al. Expression in grasses of multiple transgenes for degradation of munitions compounds on live-fire training ranges [J]. Plant Biotechnology Journal, 2017, 15(5): 624-633.

[11] ZHANG L, RYLOTT E L, BRUCE N C, et al. Genetic modification of western wheatgrass (*Pascopyrum smithii*) for the phytoremediation of RDX and TNT [J]. Planta, 2019, 249(4): 1007-1015.

[12] TZAFESTAS K, RAZALAN M M, GYULEV I, et al. Expression of a Drosophila glutathione transferase in Arabidopsis confers the ability to detoxify the environmental pollutant, and explosive 2,4,6-trinitrotoluene [J]. New Phytologist, 2017, 214(1): 294-303.

[13] NISAR N, CHEEMA K J, POWELL G, et al. Reduced metabolites of nitroaromatics are distributed in the environment via the food chain [J]. Journal of Hazardous Materials, 2018, 355: 170-179.

[14] ROCHELEAU S, LACHANCE B, KUPERMAN R G, et al. Toxicity and uptake of cyclic nitramine explosives in ryegrass Lolium perenne [J]. Environmental Pollution, 2008, 156(1): 199-206.

[15] VILA M, LORBER-PASCAL S, LAURENT F. Fate of RDX and TNT in agronomic plants [J]. Environmental Pollution, 2007, 148(1): 148-154.

[16] VAN AKEN B, YOON J M, JUST C L, et al. Metabolism and Mineralization of Hexahydro-1,3,5-trinitro-1,3,5-triazine Inside Poplar Tissues (Populus deltoides × nigra DN-34) [J]. Environmental Science & Technology, 2004, 38(17): 4572-4579.

[17] SINGH S N, MISHRA S. Phytoremediation of TNT and RDX [M]. In: SINGH S N. Biological Remediation of Explosive Residues. Springer International Publishing, 2014, 371-392.

[18] FELLOWS R J, DRIVER C R, CATALDO D A, et al. Bioavailability of hexahydro-1,3,5-trinitro-1,3,5-triazine (RDX) to the prairie vole (Microtus ochrogaster) [J]. Environmental Toxicology and Chemistry, 2006, 25(7): 1881-1886.

[19] GROOM C A, HALASZ A, PAQUET L, et al. Accumulation of HMX (octahydro-1,3,5,7-tetranitro-1,3,5,7-tetrazocine) in indigenous and agricultural plants grown in HMX-contaminated anti-tank firing-range soil [J]. Environmental Science & Technology, 2002, 36(1): 112-118.

[20] YOON J M, OH B-T, JUST C L, et al. Uptake and Leaching of Octahydro-1,3,5,7-tetranitro-1,3,5,7-tetrazocine by Hybrid Poplar Trees [J]. Environmental Science & Technology, 2002, 36(21):

4649-4655.

[21] BHADRA R, WAYMENT D G, WILLIAMS R K, et al. Studies on plant-mediated fate of the explosives RDX and HMX [J]. Chemosphere, 2001, 44(5): 1259-1264.

[22] VAN AKEN B, YOON J M, SCHNOOR J L. Biodegradation of nitro-substituted explosives 2,4,6-trinitrotoluene, hexahydro-1,3,5-trinitro-1,3,5-triazine, and octahydro-1,3,5,7-tetranitro-1,3,5-tetrazocine by a phytosymbiotic Methylobacterium sp. associated with poplar tissues (Populus deltoides x nigra DN34) [J]. Applied and Environmental Microbiology, 2004, 70(1): 508-517.

[23] HECKENROTH A, RABIER J, DUTOIT T, et al. Selection of native plants with phytoremediation potential for highly contaminated Mediterranean soil restoration: Tools for a non-destructive and integrative approach [J]. Journal of Environmental Management, 2016, 183: 850-863.

[24] LAMICHHANE K M, BABCOCK R W, TURNBULL S J, et al. Molasses enhanced phyto and bioremediation treatability study of explosives contaminated Hawaiian soils [J]. Journal of Hazardous Materials, 2012, 243: 334-339.

[25] HOODA L, CELIN S M, SINGH S. Phytoremediation of 2,4,6-Trinitrotoluene (TNT) by Tagetes patula [J]. European Journal of Advances in Engineering and Technology, 2016, 3(3): 60-63.

[26] DURINGER J M, MORRIE CRAIG A, SMITH D J, et al. Uptake and transformation of soil [^{14}C]-trinitrotoluene by cool-season grasses [J]. Environmental Science & Technology, 2010, 44(16): 6325-6330.

[27] DAS P, DATTA R, MAKRIS K C, et al. Vetiver grass is capable of removing TNT from soil in the presence of urea [J]. Environmental Pollution, 2010, 158(5): 1980-1983.

[28] SCHNOOR J. Phytoremediation for the containment and treatment of energetic and propellant material releases on testing and training ranges [R]. University of Iowa, 2011.

[29] CHEN D, LIU Z L, BANWART W. Concentration-dependent RDX uptake and remediation by crop plants [J]. Environmental Science and Pollution Research, 2011, 18(6): 908-917.

[30] WONG M H, GIRALDO J P, KWAK S-Y, et al. Nitroaromatic detection and infrared communication from wild-type plants using plant nanobionics [J]. Nature Materials, 2017, 16(2): 264-272.

[31] MANLEY I I, PAUL V. Plant functional trait and hyperspectral reflectance responses to Comp B exposure: Efficacy of plants as landmine detectors [D]. Virginia Commonwealth University, 2016.

[32] 钟亮，钱家炜，储学远，等. 利用高光谱遥感技术监测小麦土壤重金属污染 [J]. 农业工程学报，2023，39(05)：265-270.

[33] 关丽，刘湘南，程承旗. 土壤镉污染环境下水稻叶片叶绿素含量监测的高光谱遥感信息参数 [J]. 光谱学与光谱分析，2009，29(10)：2713-2716.

[34] NAUMANN J C, ANDERSON J E, YOUNG D R. Remote detection of plant physiological responses to TNT soil contamination [J]. Plant and Soil, 2010, 329(1-2): 239-248.

[35] PANZ K, MIKSCH K. Phytoremediation of Soil Contaminated with Explosive Compounds [M]. In: SINGH S N. Biological Remediation of Explosive Residues. Springer International Publishing, 2014, 235-257.

[36] PETERSON M M, HORST G L, SHEA P J, et al. TNT and 4-amino-2,6-dinitrotoluene influence on germination and early seedling development of tall fescue [J]. Environmental Pollution, 1996, 93(1): 57-62.

[37] KRISHNAN G, HORST G L, DARNELL S, et al. Growth and development of smooth bromegrass and tall fescue in TNT-contaminated soil [J]. Environmental Pollution, 2000, 107(1): 109-116.

[38] GONG P, MWILKE B M, FLEISCHMANN S. Soil-Based Phytotoxicity of 2,4,6-Trinitrotoluene (TNT) to Terrestrial Higher Plants [J]. Archive of Environmental Contamination and Toxicology, 1999, 36: 152-157.

[39] VIA S M, ZINNERT J C, YOUNG D R. Differential effects of two explosive compounds on seed germination and seedling morphology of a woody shrub, Morella cerifera [J]. Ecotoxicology, 2015, 24(1): 194-201.

[40] KRISHNAN G, HORST G L, SHEA P J. Differential Tolerance of Cool- and Warm-Season Grasses to TNT-Contaminated Soil [J]. International Journal of Phytoremediation, 2000, 2(4): 369-382.

[41] YANG X, ZHANG Y, LAI J-L, et al. Analysis of the biodegradation and phytotoxicity mechanism of TNT, RDX, HMX in alfalfa (Medicago sativa) [J]. Chemosphere, 2021, 281: 130842.

[42] VILA M, LORBER-PASCAL S, LAURENT F. Phytotoxicity to and uptake of TNT by rice [J]. Environmental Geochemistry and Health, 2008, 30: 5.

[43] ALI N A, DEWEZ D, ROBIDOUX P Y, et al. Photosynthetic parameters as indicators of trinitrotoluene (TNT) inhibitory effect: Change in chlorophyll a fluorescence induction upon exposure of lactuca sativa to TNT [J]. Ecotoxicology, 2006.

[44] ZHANG J, WANG L, LI M, et al. Effects of bisphenol A on chlorophyll fluorescence in five plants [J]. Environmental Science and Pollution Research, 2015.

[45] PANZ K, MIKSCH K, SóJKA T. Synergetic toxic effect of an explosive material mixture in soil [J]. Bulletin of Environmental Contamination and Toxicology, 2013.

[46] EKMAN D R, WOLFE N L, DEAN J F D. Gene expression changes in Arabidopsis thaliana seedling roots exposed to the munition hexahydro-1,3,5-trinitro-1,3,5-triazine [J]. Environmental Science & Technology, 2005, 39(16): 6313-6320.

[47] BRESSANO M, CURETTI M, GIACHERO L, et al. Mycorrhizal fungi symbiosis as a strategy against oxidative stress in soybean plants [J]. Journal of Plant Physiology, 2010, 167(18): 1622-1626.

[48] LIN S, CHEN Y, BAI Y, et al. Effect of Tea Saponin-Treated Host Plants on Activities of Antioxidant Enzymes in Larvae of the Diamondback Moth Plutella xylostella (Lepidoptera: Plutellidae) [J]. Environmental Entomology, 2018, 47(3): 749-754.

[49] BRESSANO M, CURETTI M, GIACHERO L, et al. Mycorrhizal fungi symbiosis as a strategy against oxidative stress in soybean plants [J]. Journal of Plant Physiology, 2010, 167(18): 1622-1626.

[50] SERRANO-GONZáLEZ M Y, CHANDRA R, CASTILLO-ZACARIAS C, et al. Biotransformation and degradation of 2,4,6-trinitrotoluene by microbial metabolism and their interaction [J]. Defence Technology, 2018, 14(2): 151-164.

[51] BASHIR A, HOFFMANN T, KEMPF B, et al. Plant-derived compatible solutes proline betaine and betonicine confer enhanced osmotic and temperature stress tolerance to Bacillus subtilis [J]. Microbiology, 2014, 160(10): 2283-2294.

[52] CHANDRA J, XALXO R, PANDEY N, et al. Chapter 42-Biodegradation of explosives by transgenic plants [M]. In: HASANUZZAMAN M, PRASAD M N V. Handbook of Bioremediation. Academic Press, 2021, 657-675.

[53] FRENCH C E, ROSSER S J, DAVIES G J, et al. Biodegradation of explosives by transgenic plants expressing pentaerythritol tetranitrate reductase [J]. Nature Biotechnology, 1999, 17(5): 491-494.

[54] HANNINK N, ROSSER S J, FRENCH C E, et al. Phytodetoxification of TNT by transgenic plants expressing a bacterial nitroreductase [J]. Nature Biotechnology, 2001, 19(12): 1168-1172.

[55] HANNINK N K, SUBRAMANIAN M, ROSSER S J, et al. Enhanced Transformation of TNT by Tobacco Plants Expressing a Bacterial Nitroreductase [J]. International Journal of Phytoremediation, 2007, 9(5): 385-401.

[56] KURUMATA M, TAKAHASHI M, SAKAMOTOA A, et al. Tolerance to, and uptake and degradation of 2,4,6-trinitrotoluene (TNT) are enhanced by the expression of a bacterial nitroreductase gene in Arabidopsis thaliana [J]. Zeitschrift für Naturforschung C, 2005, 60(3-4): 272-278.

[57] STRAND S, DOTY S, BRUCE N. Engineering Transgenic Plants for the Sustained Containment and In Situ Treatment of Energetic Materials [R]. University of Washington Seattle, 2009.

[58] ZHU B, HAN H J, FU X Y, et al. Degradation of trinitrotoluene by transgenic nitroreductase in Arabidopsis plants [J]. Plant Soil and Environment, 2018, 64(8): 379-385.

第 6 章
炸药污染土壤的植物-微生物联合修复

6.1 引言

炸药污染场地植物修复的主要挑战是 TNT 的高植物毒性及其非常低的转化率。TNT 被植物吸收后,在线粒体单脱氢抗坏血酸还原酶 6(MDHAR6)的作用下产生硝基自由基;硝基自由基又能与氧气分子作用,产生超氧阴离子自由基($\cdot O_2^-$),从而造成细胞氧化损伤,导致 TNT 具有很强的植物毒性[1,2],抑制植物生长甚至导致其死亡。在 TNT 浓度为 25~50 mg/kg 的土壤中,草类很难形成根系[3]。炸药毒性、干旱胁迫和养分限制的叠加,严重影响炸药污染场地上植物的生长。因此,单独的植物修复适用于炸药化合物浓度较低的污染土壤,而且单独的植物修复效率相对较低、周期相对较长,对炸药污染物的降解也不彻底[4,5]。微生物对炸药污染物的耐受性高,单独的微生物修复虽然在实验室取得了较好的效果,但即便是经过筛选的功能微生物,在实际场地的应用效果往往也比较差[6,7]。在许多情况下,转基因根瘤菌修复与植物修复(使用土著植物)的效果之间没有统计学差异[8]。微生物修复需要严格的应用条件,因为功能微生物易受自然环境因素的限制,在与土著微生物的竞争中往往处于劣势,无法长期稳定地存在于环境中。某些炸药污染的贫营养土壤,难以为微生物提供良好的生存、增殖条件,也难以单独采用微生物技术进行修复。此外,有机炸药污染土壤中往往存在铅(Pb)、铜(Cu)、锑(Sb)、汞(Hg)、钴(Co)等重金属污染[9,10],单独的微生物修复则难以实现对重金属污染的去除,而重金属能抑制功能微生物的降解活性。

协同两种或两种以上修复技术,形成联合修复技术,不仅可以提高污染土壤的修复速率和修复效率,而且可以克服单项修复技术的局限性,实现对多种污染物复合污染土壤的修复。不同修复技术的联合,在炸药和重金属污染土壤的修复中有广阔的应用前景[11]。污染土壤的植物-微生物联合修复技术,不仅能弥补单一修复技术的缺陷,还能显著提高修复效率。尽管许多炸药污染土壤的修复研究中仅提到了植物修复，但其中微生物的作用是不容忽视的。事实上，单独的土壤植物修复技术是不存在的，因为土壤–植物体系中微生物的参与不可或缺。在污染土壤中，植物与微生物组成天然的联盟关系，两者以互惠互利关系为主，共同增强修复效果。

近年来，人们开展了植物生长促进（Plant Growth-Promoting，PGP）细菌改善生物修复/植物修复难降解有机物污染土壤效果的研究，但少有研究描述 PGP 细菌对植物修复炸药污染土壤的影响。针对不同浓度的炸药污染土壤，本章开展了炸药污染土壤的植物–微生物联合修复研究，优选修复植物–微生物组合，优化了协同修复环境条件，进一步提高了对土壤中 TNT 等炸药污染物的修复效率，并从根际微生物–植物相互作用角度，对炸药污染土壤的植物–微生物联合修复原理进行了探讨。

6.2 污染土壤的植物–微生物联合修复原理

6.2.1 有机污染的植物–微生物联合修复原理

植物–微生物联合修复技术，是利用植物–微生物组成的联合修复体系富集、固定、降解土壤中有机污染物的技术，植物与微生物互惠互利，共同增强修复效果。一方面，植物根系附近的微生物能将土壤中的有机质、植物根系分泌物转化成自身可吸收的小分子物质，同时通过分泌有机酸、铁载体等物质改变环境中有机污染物的赋存状态或氧化还原状态，降低有机污染物的毒性，减少有机污染物对植物本身的毒害，提高植物对有机污染物的耐受性，促进植物对有机污染物的吸收、转化、富集[12]。另一方面，植物促进了根区微生物的活性，提高了微生物修复有机污染物的能力。首先，植物为微生物提供了良好的生存场所，通过转移氧气使根区微生物的好氧呼吸作用能够正常进行。其次，植物根系可以延伸到土壤的不同深度，使附着在根系附近的降解菌能够分布在不同土层中，从而使深土层中的有机污染物也能被降解。最后，植物根系能释放出多种有利于有机污染物降解的化学物质，如蛋白质、糖类、氨基酸、脂肪酸、有机酸等，这些化学物质增加了根际土壤中有机质的含量，可以改变根际土壤对有机污染物的吸附能力，从而间接促进了有机污染物的根际微生物降解。植物根际微生物活性的提高又反作用于植物根际，影响植物根系的代谢活动和细胞膜的通透性，并改变根际养分的生物有效性，促进根际分泌物的释放（见图6.1）[13, 14]。

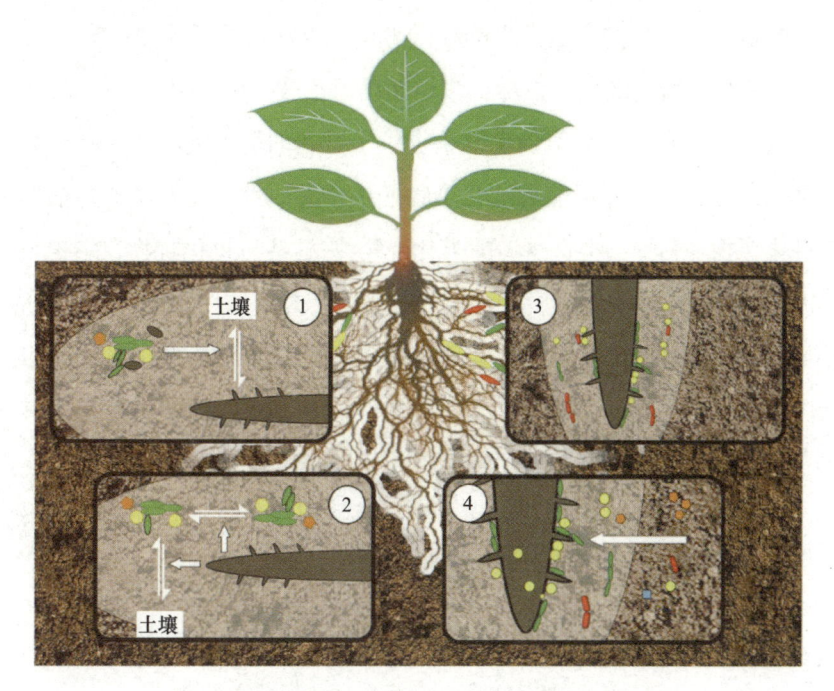

图6.1 植物根系根–土壤–微生物相互作用示意图[13]

注：①土壤微生物积极参与根–土壤相互作用；②根介导根际微生物与土壤微生物的相互作用；③直接的根–微生物相互作用涉及广泛的信号传递；④根–土壤–微生物相互作用的整体观点。

根据微生物与植物根系的位置关系，微生物–植物关系有两种。

1. 内生菌–植物根系协同

内生菌（Endophyte）在植物内部组织中定殖，而不会对宿主植物造成严重后果。事实上，所有植物都有内生菌，内生菌存在于根、茎、叶、花和种子等多种植物组织中。内生菌在根皮层、木质层中普遍存在，并具有降解和矿化有机污染物的能力。内生菌对其宿主植物表现出有益作用，它们通过磷溶解吸收营养物质并合成铁载体，还通过合成植物激素来促进植物生长。Ryan 等[15]总结了操作内生菌改善植物修复效果的优势：①对细菌的基因操作比对植物的基因操作更容易；②通过对内生菌基因表达的分析来评估生物修复的效果；③内生菌的降解作用降低了污染物对植物的毒性，也减小了污染物随食物链传递的风险。

2. 根际微生物–植物根系协同

根际（Rhizospheric）作为根部周围的微生境，通常指根部周围 1～2 mm 的区域。一般来说，有植被土壤的微生物数量和多样性比无植被土壤高 10～100 倍[16]。植物根部通过分泌有机化合物，为吸引趋化细菌提供了有利的微生境。这些有机化合物还可能改变土壤的理化性质，并可能增加污染物的生物有效性。此外，植物根部可以分泌特定的有机化合物（萜烯、类黄酮、酚类化合物），这些有机化合物在结构上类似于石油烃等有机污染物，可以诱导降解功能基因的表达，并增加相关根际微生物的丰度[17]。植物和根际微生物的联合使用，可以有效提高对有机污染物的降解。例如，紫花苜蓿与荧光假单胞菌属（*Pseudomonas fluorescens* sp. F113）[18]、拟南芥与恶臭假单胞菌（*Pseudomonas putida*）[19] 的联合使用均增强了多氯联苯的降解。

6.2.2　植物–微生物对炸药的协同降解

1. 植物和微生物降解效应的联合

许多微生物能够降解 TNT，如假单胞菌属、肠杆菌属、红球菌属、分枝杆菌属、梭状芽孢杆菌属和脱硫弧菌属的细菌，人们对其代谢途径已有较清晰的认识[12]。TNT 还原产生的氨基二硝基甲苯（ADNT）、羟氨基二硝基甲苯（HADNT）等，水溶性更强，更易被植物吸收进入细胞，与谷氨酸（Glu）结合形成 4-HADNT-Glu 络合物，在植物根细胞的细胞壁中固化。进入根际的 TNT，在硝基还原酶等还原酶的作用下，被还原为硝基苯胺类，还原产物在细胞外与多糖结合生成多糖-TNT 共轭物（Conjugate），形成结合态残留，失去了生物活性和毒性；或者在细胞质内与谷胱甘肽（GSH）结合形成 GSH-TNT 络合物，并在谷胱甘肽转移酶的作用下隔离在液泡中（见图 6.2），不再对线粒体呼吸作用造成氧化损伤[20]。

2. 根际微生物对植物生长的改良

近年来，植物生长促进（PGP）细菌改善生物修复/植物修复有机物污染土壤效果及机制的研究越来越多，但关于 PGP 细菌对生物修复炸药污染土壤效果影响的研究还很少。Makris 等针对植物修复 TNT 污染场地适用性的问题，将植物修复与添加营养物质（氮肥和其他肥料）或离液剂（尿素）的土著微生物刺激相结合，使微生物和植物都受益，从而协同促进土壤中 TNT 的降解[8]。将 2,4-DNT 降解功能菌恶臭假单胞菌（*Pseudomonas putida*）接种到烟草幼苗后，在受 2,4-DNT 污染的土壤中，烟草干重和湿重都提高至接种前的近 3 倍，能有效改善对 2,4-DNT 污染土壤的修复效果[21]。整合了 2,4-DNT 降解基因的野生型恶臭假单胞菌，与拟南芥的体外相互作用增强了侧根和根毛的形成，提高了根部的干重，有利于 2,4-DNT 污染土壤降解效率的提高[22]。

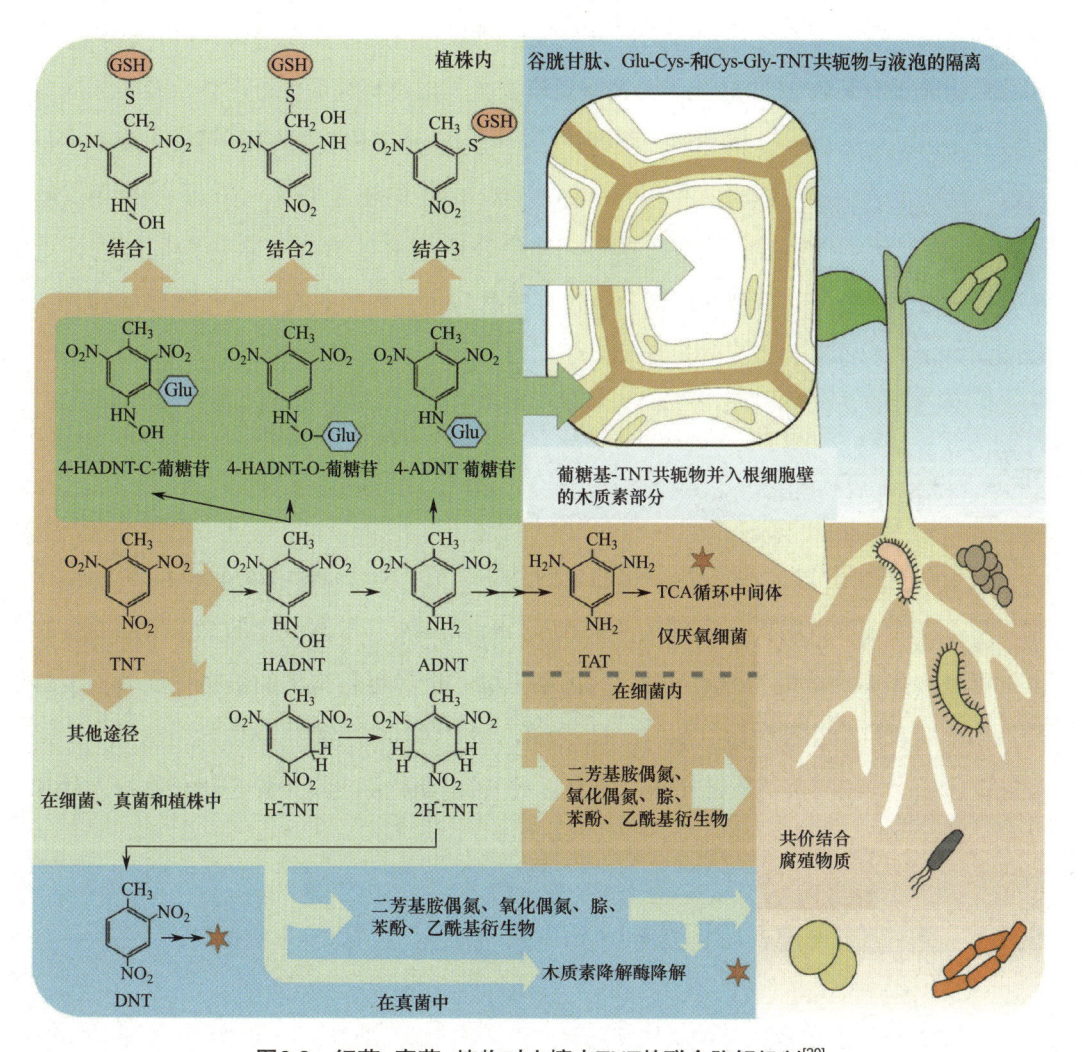

图6.2　细菌–真菌–植物对土壤中TNT的联合降解机制[20]

Thijs 等[23]采集了比利时东北部一个军事训练区受 2,4-DNT 污染的土壤样品及临近的草原土壤样品,通过选择性富集鉴定出新的耐 2,4-DNT 菌株,并研究了其抗干旱胁迫、耐寒、耐营养匮乏和促植物生长等特征,通过选择多种有益的植物生长促进菌株和非生物抗逆菌株,组成了高效的 2,4-DNT 污染复合修复菌剂。接种之后,在 2,4-DNT 胁迫下,由伯克霍尔德菌属(*Burkholderia*)、多嗜菌属(*Variovorax*)、芽孢杆菌属(*Bacillus*)、假单胞菌属(*Pseudomonas*)7 种微生物组成的复合修复菌剂,能够成功增加拟南芥的根长,9 d 后观察到主根长度增加 1 倍,表明炸药污染环境中的植物生长促进菌株具有改善植物生长和缓解 2,4-DNT 胁迫的潜力。Thijs 等[3]还从 TNT 污染地点生长的槭树根际、根系内层和叶内层分离表征了多种植物生长促进菌株,并选取这些菌株混合成具有高效 TNT 转化能力及有益植物生长促进特性的混合菌种,浸染细弱剪股颖(*Grostis capillaris*)根部后,植物在 25~50 mg/kg 浓度的 TNT 污染土壤中生长良好,证明混合菌种在细弱剪股颖根际发挥了对 TNT 的解毒作用。Xu 等[24]采用"解吸附-生物刺激-生物强化-植物修复"一体化处理技术对 TNT 红水污染场地进行处理,经过 2 年的修复,苜蓿和芦苇种植地点的总硝基芳香烃平均去除率分别为 99.88% 和 90.47%。

6.3 中低浓度炸药污染土壤的联合修复

复合微生物菌剂由前期分离驯化的变栖克雷伯菌(*Klebsiella variicola*)、克雷伯氏菌(*Klebsiella* sp.)、阿氏芽孢杆菌(*Bacillus aryabhatta*)和商业化的 EM 菌剂混合制成。配制炸药初始浓度为 100 mg/kg 的污染土壤,选择籽粒饱满的植物种子播种至炸药污染土壤表层,在播种后 0 d、15 d、30 d、45 d 添加复合微生物菌剂至土壤中,接种菌液体积(mL):土壤质量(kg)为 5%,然后定期检测土壤中炸药化合物的含量和土壤的理化性质。

6.3.1 对中低浓度炸药污染土壤的联合修复效果

1. TNT 污染土壤的修复效果

初始 TNT 浓度为 100 mg/kg 的土壤样品,在未播种植物、未添加菌剂的对照情况下，60 d 后 TNT 残留率为 83% 左右，这与土壤中 TNT 的老化和自然衰减有关。生物修复期间，TNT 浓度持续下降，从植物修复、微生物修复、植物-微生物联合修复的效果比较来看，单独使用菌剂修复的效果一般优于单独使用植物修复的效果，而植物-微生物联合修复的效果要优于单独使用菌剂修复的效果。在植物-微生物联合修复中，不同植物与菌剂的联合修复效果存在一定差异，修复实验 15 d 后，香根草、紫羊茅、红三叶、黑麦草、紫花苜蓿辅以微生物菌剂，土壤中 TNT 残留率分别为 40.8%、55.2%、45.8%、42.8%、47.4%，其中，香根草修复效果最优；修复实验 30 d 后，土壤中 TNT 残留率分别为 21.8%、23.6%、18.6%、21.0%、23.8%；修复实验 60 d 后，土壤中 TNT 残留率分别为 6.24%、10.54%、13.89%、15.74%、19.05%，而未添加菌剂的植物修复实验组，TNT 残留率为 16%～37%（见图 6.3）。

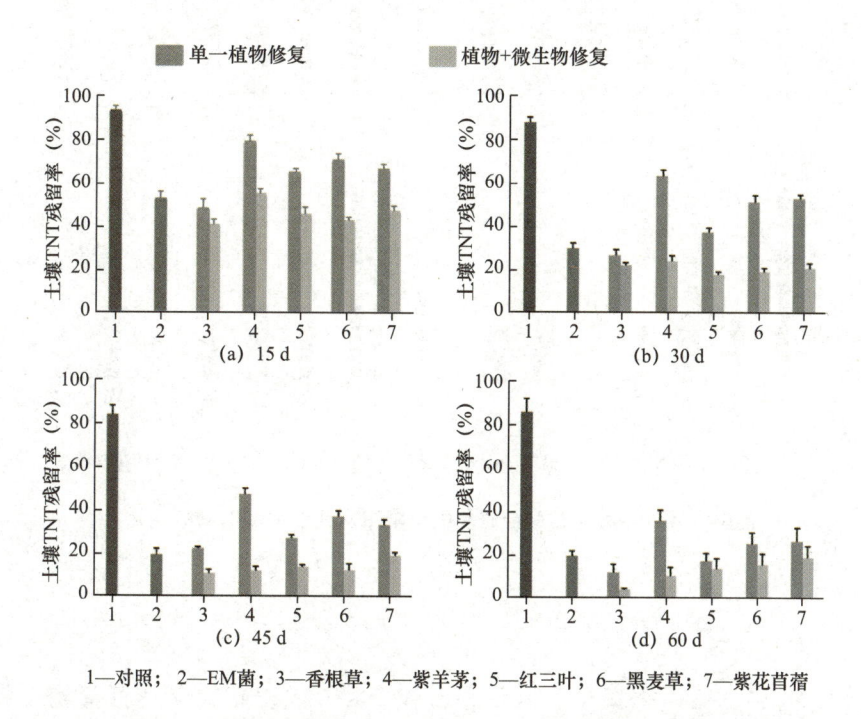

1—对照；2—EM菌；3—香根草；4—紫羊茅；5—红三叶；6—黑麦草；7—紫花苜蓿

图6.3 植物-微生物联合修复中土壤TNT残留率随时间的变化

2. RDX 污染土壤的修复效果

初始 RDX 浓度为 100 mg/kg 的土壤样品，在未播种植物、未添加菌剂的对照情况下，60 d 后 RDX 残留率为 80% 左右。修复实验 15 d 后，香根草、紫羊茅、红三叶、黑麦草、紫花苜蓿辅以微生物菌剂，土壤中 RDX 残留率分别为 73.5%、76.9%、77.0%、71.6%、72.2%；修复实验 30 d 后，土壤中 RDX 残留率分别为 54.0%、35.3%、55.6%、44.4%、58.7%；修复实验 60 d 后，红三叶与菌剂联合修复组对 RDX 的去除率最高，达到了 87%（见图 6.4）。与 TNT 不同，相对单一的植物修复，植物–微生物联合修复对 RDX 的去除效果没有明显的改善，甚至在修复 60 d 后个别的去除率要低于单独的植物修复。

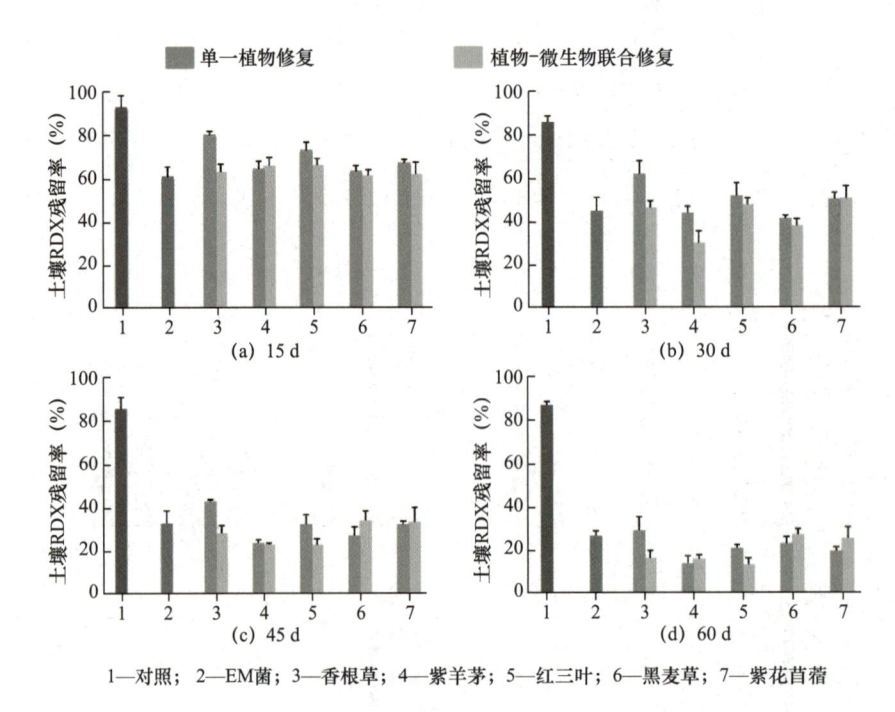

1—对照；2—EM菌；3—香根草；4—紫羊茅；5—红三叶；6—黑麦草；7—紫花苜蓿

图6.4 植物–微生物联合修复中土壤RDX残留率随时间的变化

3. HMX 污染土壤的修复效果

修复实验 15 d 后，香根草、紫羊茅、红三叶、黑麦草、紫花苜蓿辅以微生物菌剂，土壤中 HMX 残留率分别为 76.8%、85.2%、81.0%、73.6%、79.6%；修复实验 60 d 后，土壤中 HMX 残留率分别为 17.8%、21.2%、21.4%、24.9%、21.6%（见图 6.5）。HMX 的残留率在 TNT、RDX 和 HMX 这 3 种炸药中是相对最高的，表明生物修复对 HMX 的去除效果较差。从修复效果来看，植物–微生物联合修复效果略优于单独的植物修复，其 HMX 残留率也比单独的菌剂修复的 HMX 残留率略低。虽然植物修复或植物-微生物联合修复都取得了较好的修复效果,但几种植物、植物-微生物菌剂联合修复对 HMX 的去除率没有明显的差别,这表明对 HMX 的降解可能主要来自微生物的贡献,不同种类的植物生长对其降解贡献并不大。

从中低浓度(约 100 mg/kg)炸药污染土壤的修复效果来看,相对于单一的植物修复,植物-微生物联合修复对 TNT、HMX 的去除率有明显的提高;但对 RDX 而言,植物-微生物联合修复对其去除率则没有明显的改善。

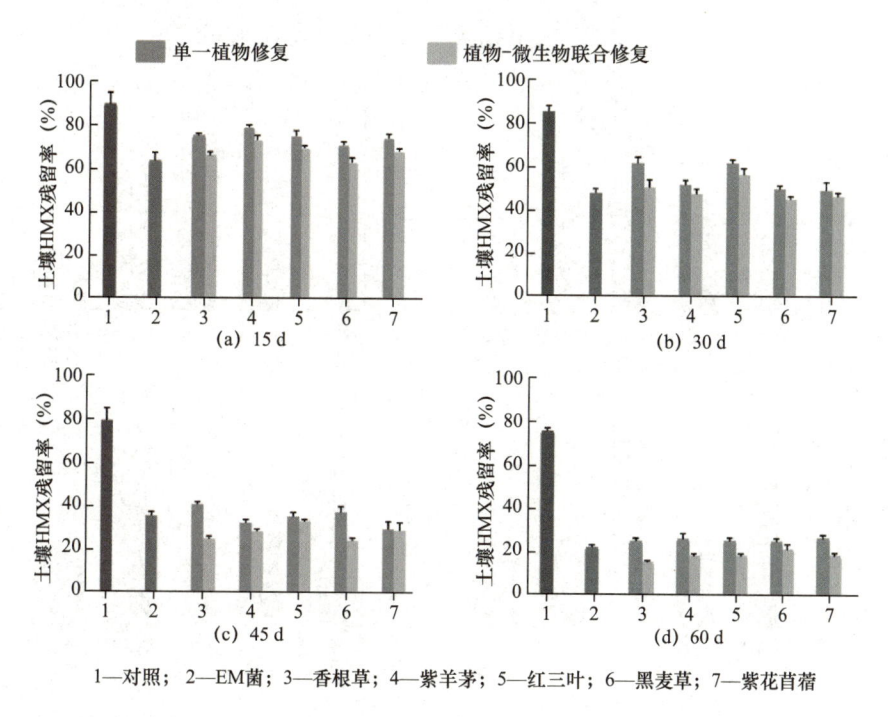

1—对照; 2—EM菌; 3—香根草; 4—紫羊茅; 5—红三叶; 6—黑麦草; 7—紫花苜蓿

图6.5 植物-微生物联合修复中土壤HMX残留率随时间的变化

6.3.2 植物对中低浓度炸药污染的耐受性

TNT 的植物毒性很强,TNT 浓度为 25~50 mg/kg 的土壤,草类很难在其中形成根系[3]。阻断 TNT 对植物的毒性,是植物生长促进(PGP)细菌协同降解炸药类污染物的重要作用[23, 25]。在中低浓度炸药污染下(TNT、RDX 和 HMX 的浓度均为 100 mg/kg),香根草、紫羊茅、红三叶、黑麦草、紫花苜蓿 5 种植物基本正常生长,表明它们对炸药污染均具有较高的耐受性。实验进行 60 d 后检测植物的基本生理指标，植物–微生物联合修复后，紫羊茅的叶绿素 a 含量显著上升 1.17 倍；在单一植物修复和植物–微生物联合修复条件下，黑麦草的叶绿素 a 含量分别显著上升 1.31 倍和 1.93 倍，叶绿素 b 含量分别显著上升 1.43 倍和 1.93 倍［见图 6.6（a）、图 6.6（b）］。在植物–微生物联合修复条件下，香根草的生物量显著上升 1.37 倍，株高显著提高 1.22 倍；黑麦草的生物量显著上升 1.37 倍，株高提高 1.15 倍［见图 6.6（c）、图 6.6（d）］。这表明微生物的参与增强了代谢作用，有利于修复植物的生长。

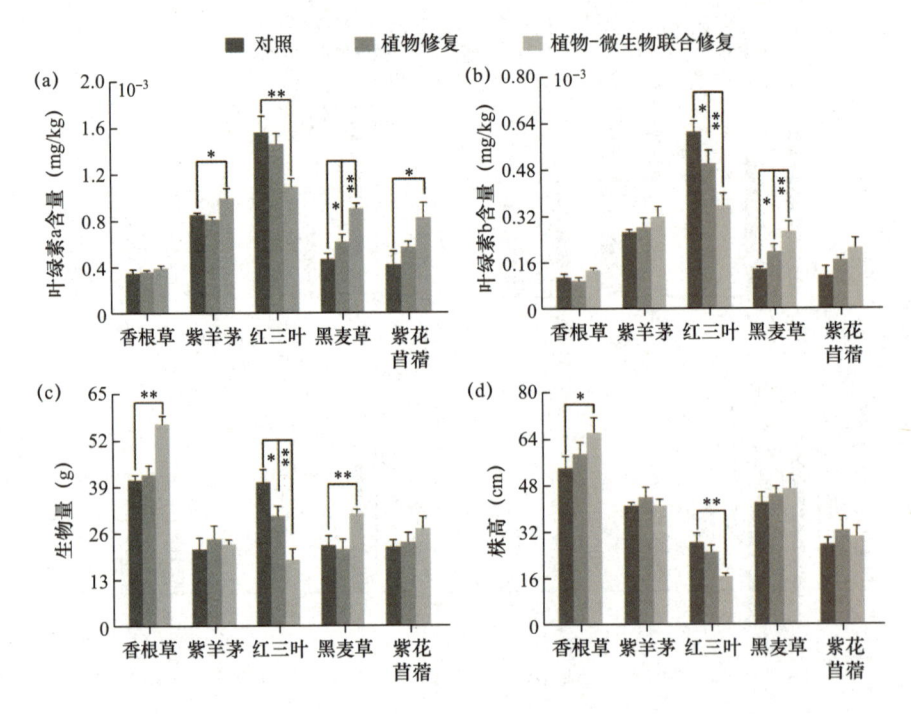

图 6.6　植物–微生物联合修复中低浓度炸药污染土壤时植物生理参数的变化

对于中低浓度的炸药污染，微生物混合菌剂的使用，在一定程度上提高了香根草、紫羊茅、黑麦草和紫花苜蓿对炸药污染物的耐受性，但是红三叶的叶绿素 a 含量、叶绿素 b 含量、生物量和株高，在植物-微生物联合修复下反而比单独的植物修复要小。红三叶是典型的重金属耐受植物，在低浓度的重金属刺激下，其反而会出现生长兴奋现象[26]。相对单独的植物修复，接种菌剂后红三叶的生物量、株高、叶绿素 a 含量、叶绿素 b 含量降低，可能是菌剂中含有的营养元素（如氮、磷、钾等）投加到土壤后，与红三叶正常生长发育所需的营养物质匹配度较低，导致红三叶植株生长显著被抑制。另外，混合微生物菌剂与豆科植物红三叶的根际微生物可能形成了拮抗，导致促进根际营养物质吸收与转运的微生物丰度降低，从而对红三叶植株生长产生了负面影响。因此，对于不同的修复植物来说，功能菌种菌剂的选择至关重要。

6.4 高浓度炸药污染土壤的联合修复

6.4.1 高浓度RDX污染土壤的联合修复

低浓度植物–微生物联合修复实验发现，植物–微生物联合修复对RDX污染土壤的修复效果没有明显改善。为评估植物–微生物联合修复对高浓度RDX污染土壤的修复效果，人工配制RDX初始浓度为1092 mg/kg的污染土壤，并采用盆栽法进行了植物–微生物联合修复效果评估（见图6.7）。

图6.7 高浓度RDX污染土壤的植物–微生物联合修复实验

对照土壤样品在未添加外源微生物菌剂、未种植植物的情况下，存放60 d后RDX去除率为38%，这源自土壤土著微生物和其他非生物因子的作用。添加了混合微生物菌剂后，RDX的去除率从38%提高至65%，这显然是外源微生物添加导致土壤代谢活性增强的结果。相对单独的微生物修复，植物–微生物联合修复对高浓度RDX污染土壤的修复效果有了明显提升，修复实验60 d后，RDX的去除率从65%提升至89%～92%，显示了植物在RDX修复中的作用。RDX的去除主要是在前30 d完成的，植物修复或植物–微生物联合修复，前30 d对RDX的去除超过80%，随着土壤中 RDX 浓度的降低，RDX 的去除速度越来越慢。不同植物和菌剂联合修复实验显示，60 d 修复实验后 RDX 的残留率为 8% ~ 11%（见图 6.8）。

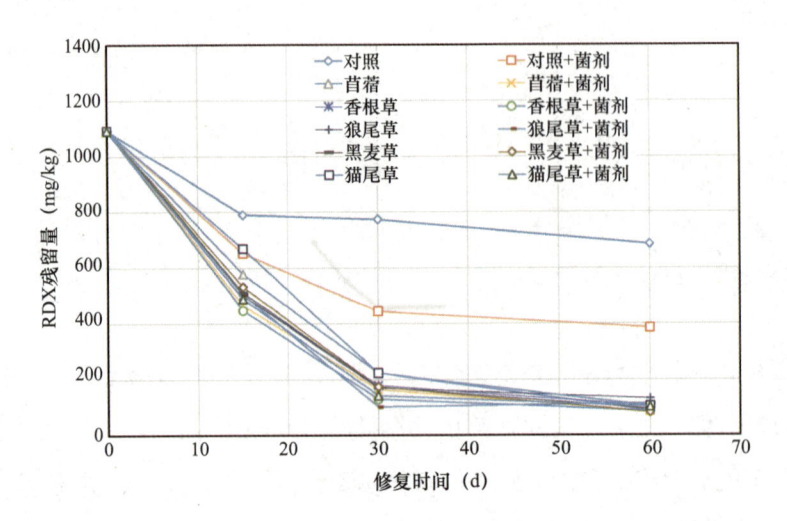

图 6.8　植物–微生物联合修复对高浓度 RDX 污染土壤的修复效果

6.4.2　高浓度 TNT 污染土壤的联合修复

1. TNT 污染土壤的联合修复效果

某弹药销毁场土壤炸药污染以 TNT 为主，最高浓度达 $8×10^4$ mg/kg。将在该销毁场采集的污染土壤混匀后，采用异地盆栽法对污染土壤进行植物–微生物联合修复实验（见图 6.7）。实验中混合菌剂的配方与中低浓度炸药污染土壤修复实验相同，菌剂添加量为 200 mL/ 盆（10 kg 土），定期浇水以保持土壤含水量，温室大棚温度保持在 20 ~ 25℃。TNT 初始浓度为 1430 mg/kg，实验进行 60 d 后，未加菌剂、未种植物的对照组中 TNT 浓度下降至 801 mg/kg；经 5 种植物与微生物联合修复后，土壤中 TNT 浓度为 69 ~ 125 mg/kg（见图 6.9）。

在高浓度 TNT 污染土壤中，虽然 5 种植物均能萌芽、生长并形成一定的生物量，但即使有菌剂的参与，高浓度 TNT 还是对植物产生了明显的毒害效应，其生长状况明显较在中低浓度 TNT 污染土壤中的生长状况差，其中，香根草中毒效应明显，生长中后期叶片上出现白色斑块，生长期缩短（见图 6.10）。

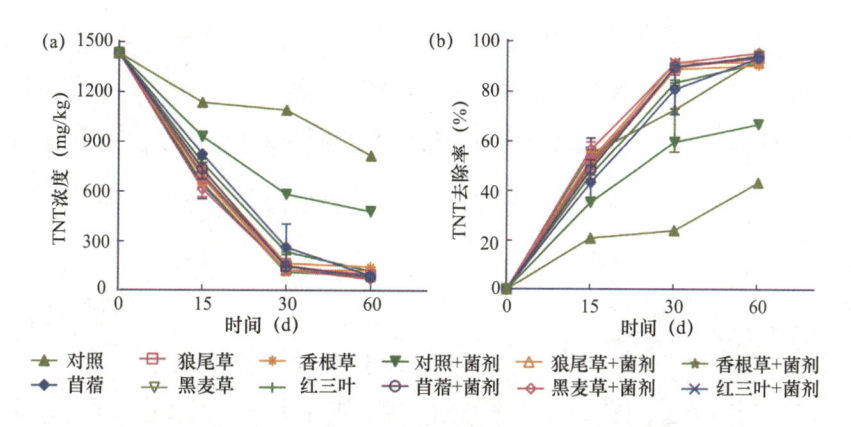

图6.9 植物–微生物联合修复对高浓度TNT污染土壤的修复效果

图6.10 植物–微生物联合修复高浓度TNT污染土壤过程中植物的生长状况

2. 土壤性质对植物–微生物联合修复的响应

1）土壤理化性质的响应

与对照组相比,植物–微生物联合修复对土壤pH没有产生明显的影响,但不同修复组土壤的导电率、盐度、可溶性固体含量产生了显著差异。紫花苜蓿与微生物菌剂联合修复组,土壤的导电率、盐度、可溶性固体含量显著高于对照组;香根草与微生物菌剂联合修复组，土壤的导电率、盐度、可溶性固体含量显著低于其他修复组；与自然衰减的对照组相比，植物-微生物联合修复组土壤的碳含量显著降低了 3%～28%，显示植物-微生物联合修复土壤中存在活跃的代谢作用（见图6.11）。

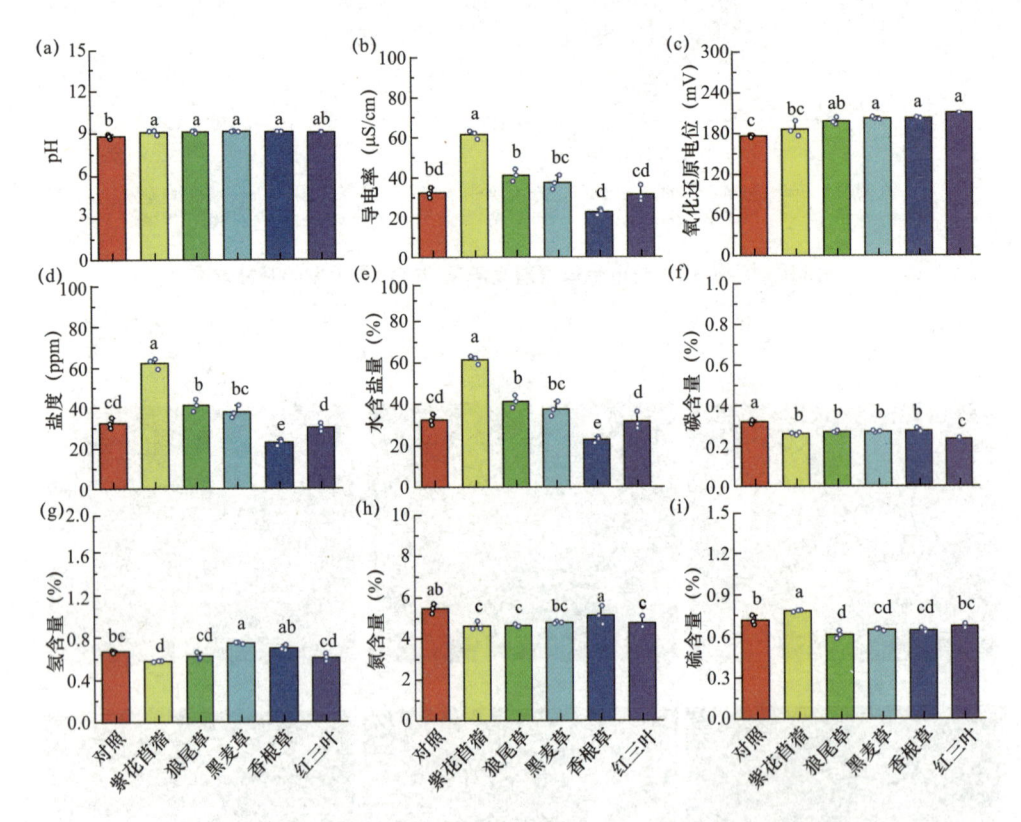

图6.11　植物-微生物联合修复对高浓度TNT污染土壤理化性质的影响

2）土壤磷、氮代谢的响应

在植物-微生物联合修复实验中，除黑麦草与微生物菌剂联合修复组外，各修复组土壤总磷含量明显低于对照组，狼尾草、黑麦草、香根草、红三叶修复组无机磷含量降低了 24%～83%，这是植物生长和吸收的结果，但各修复组之间土壤有效磷含量无明显差异［见图6.12（a）～图6.12（c）］。植物-微生物联合修复诱导土壤酸性磷酸酶活性提高了 1.07～1.5 倍，而在黑麦草修复组中，土壤中性磷酸酶和碱性磷酸酶活性显著低于其他修复组，仅为 0.98 μmol/d/g（S-NP）和 4.76 μmol/d/g（S-AKP/ALP）［见图6.12（d）～图6.12（f）］。各修复组之间土壤有效态氮浓度无明显差异［见图6.12（g）］，但与对照组比较，联合修复组土壤铵态氮浓度降低了 61%～68%［见图6.12（h）］，这可能是植物吸收的结果。土壤硝态氮浓度在不同修复组之间存在差异：在黑麦草修复组中，硝态氮浓度达到 107 mg/kg，是自然衰减组的 1.42 倍［见图 6.12（i）］。与对照组对比，联合修复组中土壤脲酶（S-UE）和硝酸还原酶（S-NR）活性呈现下降趋势［见图 6.12（j）、图 6.12（k）］。在紫花苜蓿、狼尾草、黑麦草修复组中，亚硝酸还原酶（S-NiR）活性是对照组的 1.82～4.04 倍，TNT 在碱性水解过程中产生亚硝酸根，可能会刺激土壤中亚硝酸还原酶活性的增强；但在红三叶修复组中，亚硝酸还原酶活性仅为 0.10 μmol/d/kg，显著低于其他修复组［见图 6.12（l）］。

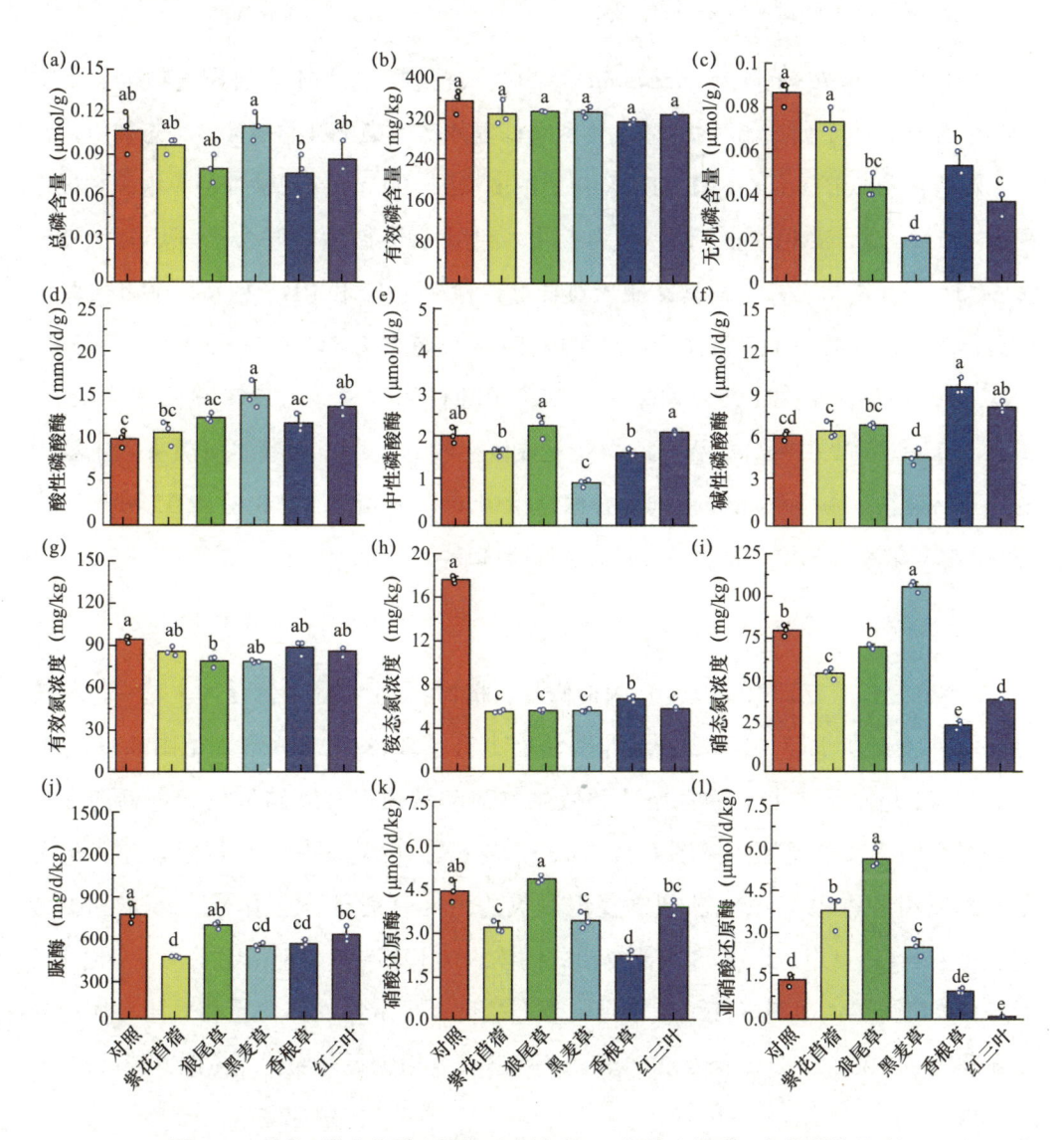

图6.12　植物-微生物联合修复对高浓度TNT污染土壤磷、氮代谢的影响

6.5 联合修复的根际微生态效应——多组学视角

6.5.1 修复效果及土壤理化性质响应

1. 炸药污染土壤修复过程与效果

以香根草（*Chrysopogon zizanioides*）为模式植物，以 EM 菌剂为植物生长促进（PGP）细菌，本节研究了植物-微生物联合修复炸药污染土壤的根际微生态效应。营养土颗粒直径≤10 mm，TNT、RDX 初始浓度均为 100 mg/kg，播种籽粒饱满香根草种子 100 粒/盆，EM 菌剂接种周期为 15 d，利用植物-微生物联合修复炸药污染土壤 60 d。采用随机多点采样法采集土壤样品，检测 TNT 和 RDX 残留。60 d 实验结束后，对照组土壤中 TNT 残留率为 85%，RDX 残留率为 81%；单独使用菌剂修复，TNT 残留率为 19%，RDX 残留率为 25%；单独使用香根草，TNT 残留率为 12%，RDX 残留率为 27.92%，即单一植物修复或微生物修复可以快速、有效去除土壤中的炸药污染物。香根草-EM 菌剂联合修复组中 TNT 残留率为 4.3%，RDX 残留率为 15%，修复效果优于单一植物修复或单一菌剂修复。

2. 土壤酶活性变化

3 种修复模式，即植物修复、菌剂修复、植物-微生物联合修复，土壤中过氧化氢酶活性上升了 1.43～1.62 倍，脲酶活性上升了 2.18～3.36 倍［见图 6.13（a）、图 6.13（b）］，反映了土壤氮循环和微生物活动增强。酸性磷酸酶、蔗糖酶活性在修复组间无显著差异［见图 6.13（c）～图 6.13（e）］。相对对照组，单独的香根草修复组和香根草-EM 菌剂修复组脱氢酶活性分别显著上升了 1.25 倍和 1.29 倍［见图 6.13（d）］。此外，3 种修复模式的体积含水率与对照组相比无显著变化［见图 6.13（f）］，EM 菌剂修复组土壤导电率、盐度及可溶性固体含量相较于对照组分别显著增加 2.33 倍、2.52 倍及 2.60 倍，其余各修复组无显著变化［见图 6.13（g）～图 6.13（i）］。

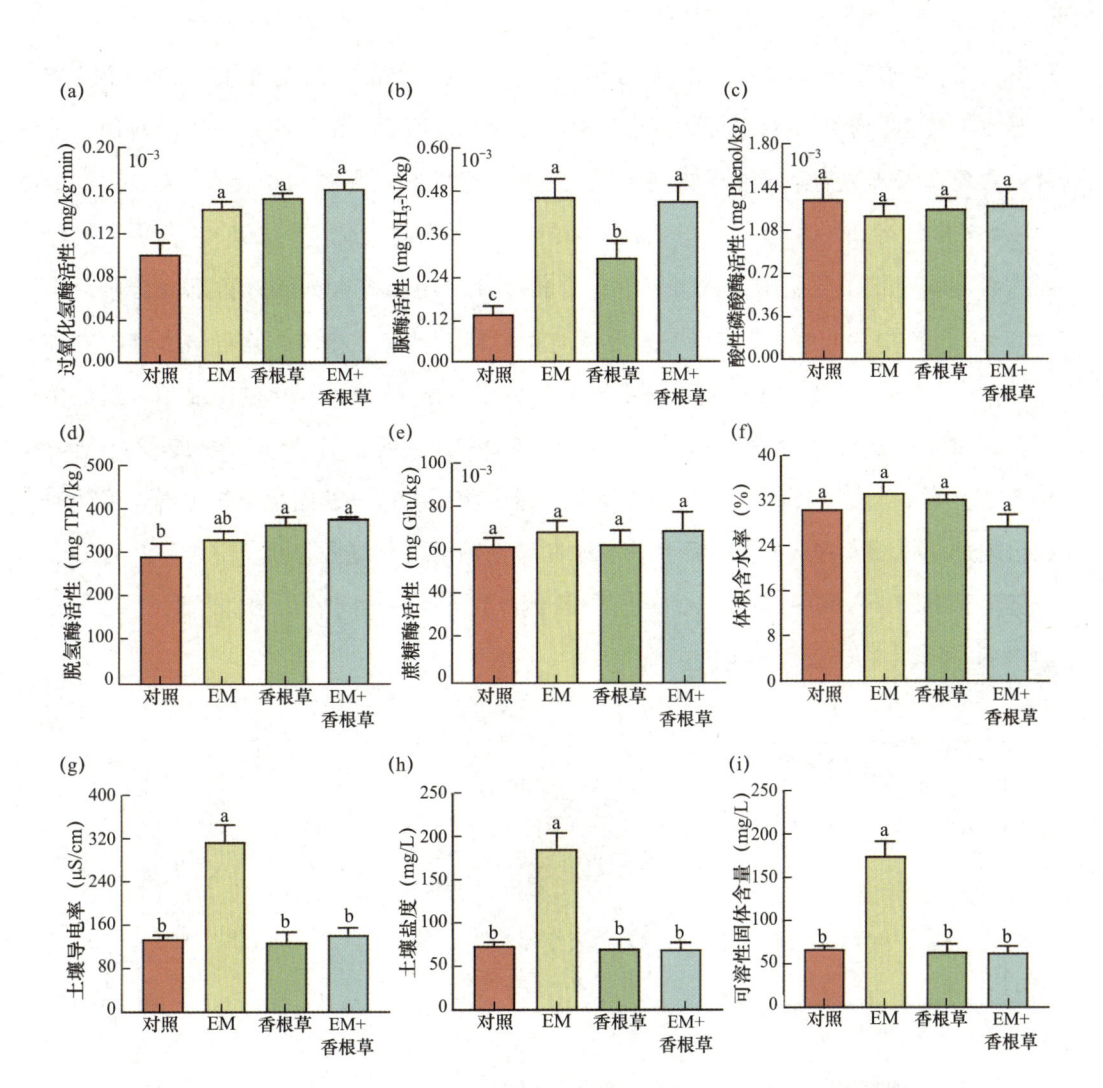

图6.13 香根草–EM菌剂联合修复对TNT和RDX混合污染土壤酶活性等的影响

6.5.2 根际微生物生态响应

1. 土壤微生物群落结构分析

生物修复实验结束后，取植物根际土进行微生物多样性分析。不同修复组微生物群落结构如图6.14所示。物种累积曲线显示了采样量的充分性 [见图6.14（a）]。聚类分析花瓣图展示了种下单元（Operational Taxonomic Units，OTUs）个数分别为2636个（对照）、2575个（EM菌剂）、2744个（香根草）、2534个（香根草–EM菌剂联合）[见图6.14（b）]。主成分分析（PCA）显示香根草修复组和香根草-EM菌剂联合修复组聚集位置较对照组显著变化，EM菌剂修复组的置信度椭圆与对照组的部分重叠，表明植物修复显著影响土壤微生物群落结构[见图6.14（c）]。

α多样性分析结果显示，各组间Chao1指数无显著变化（$p<0.05$），表明生物修复没有影响土壤微生物群落的多样性；香根草修复组和香根草-EM菌剂联合修复组Shannon指数和Simpson指数升高，表明香根草修复诱导土壤微生物群落多样性增加[见图6.14（d）～图6.14（f）]。门水平下物种丰度前15位可视化圈图显示，蛋白菌门（54.3%～65.8%）、拟杆菌门（11.6%～15.1%）、放线菌门（5.6%～17.3%）等物种占据土壤生态位，同时3种生物修复模式蛋白菌门和拟杆菌门微生物菌群丰度较对照组增加[见图6.14（g）]；纲水平下样本与物种可视化圈图显示[见图6.17（h）]，α-变形菌纲（36.2%～43.4%）、α-变形菌纲（16.6%～24.6%）、细菌纲（11.3%～14.7%）等微生物丰度位居上游。

(a) 物种累积曲线

(b) 花瓣图

(c) 主成分分析

(d) α多样性分析（Chao1指数）

(e) α多样性分析（Shannon指数）

(f) α多样性分析（Simpson指数）

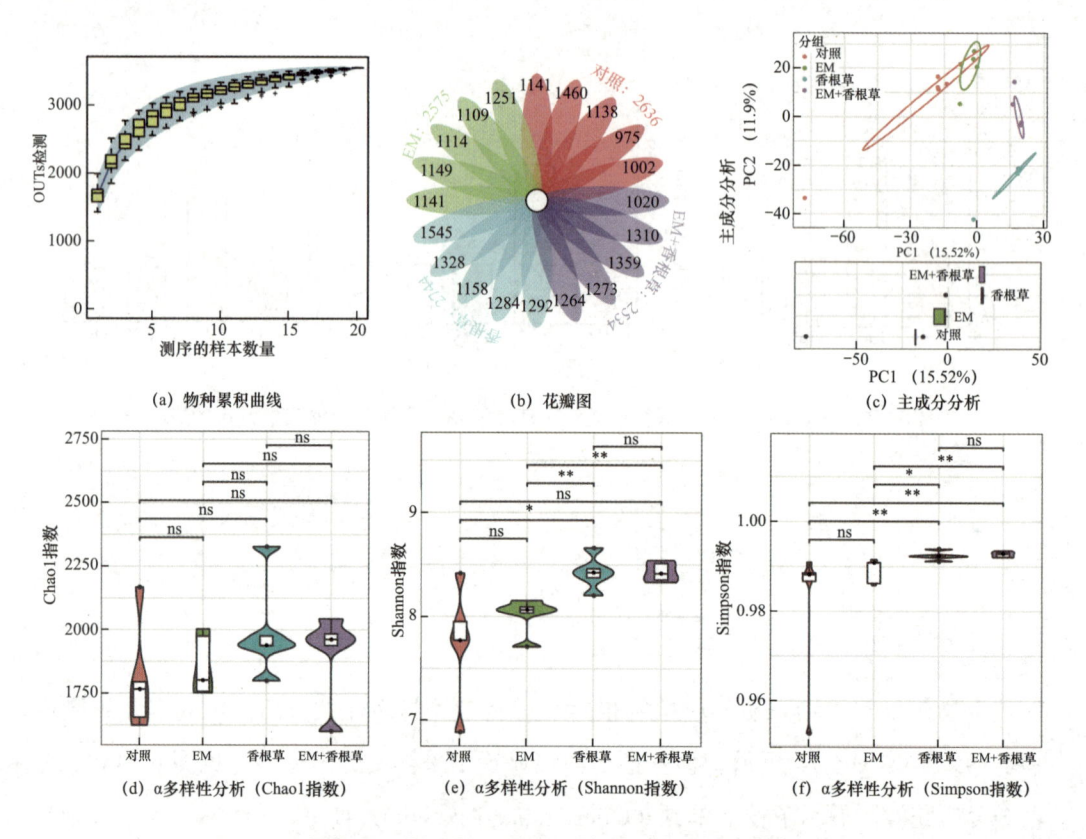

图6.14　香根草-EM菌剂联合修复污染土壤微生物群落结构剖面分析

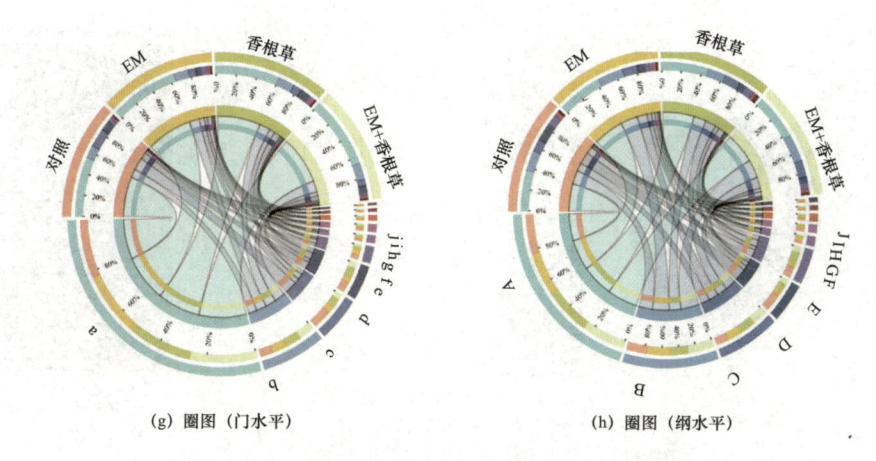

(g) 圈图（门水平）　　　　　　　(h) 圈图（纲水平）

图6.14　香根草-EM菌剂联合修复污染土壤微生物群落结构剖面分析（续）

注：在（d）～（f）中，*代表组间在 0.05 水平存在显著差异，**代表组间在 0.01 水平存在极显著差异。在（g）中，a（变形菌门）、b（拟杆菌门）、c（放线菌门）、d（酸杆菌门）、e（厚壁菌门）、f（黏球菌门）、g（芽单胞菌门）、h（弧菌门）、i（螺旋体门）、j（骸骨细菌门）。在（h）中，A（α-变形菌纲）、B（γ-变形菌纲）、C（拟杆菌纲）、D（放线菌纲）、E（酸杆菌纲）、F（芽孢杆菌纲）、G（梭状芽孢杆菌纲）、H（芽单胞菌纲）、I（黏菌纲）、J（嗜热链球菌）。

2. 微生物多元变量统计分析

线性判别分析（Linear Discriminant Analysis Effect Size，LEfSe）是一种用于发现和解释高维度数据生物标识（基因、途径和分类单元等）的分析工具，可以进行两个或多个分组的比较，它强调统计意义和生物相关性，能够在组与组之间寻找具有统计学差异的生物标识物（Biomarker）。LEfSe 差异物种标注分支示例图如图 6.15（a）所示，其中包含 27 种差异物种。差异贡献度大小可视化分析显示，对照组中主要的细菌分支为放线菌门和放线菌纲，EM 菌剂修复组中主要的细菌分支为鞘氨醇球菌科和芽孢杆菌，香根草修复组中富含小单胞菌科和微蛋白菌目等物种，香根草-EM 菌剂联合修复组中高丰度细菌分支为蛋白菌和变形菌［见图 6.15（b）］。物种相关性网络图显示，外来根瘤菌-新根瘤菌-副根瘤菌-根瘤菌、卟啉杆菌、茎菌属等物种占据网络的中心［见图 6.15（c）］。随机森林分析结果如图 6.15（d）所示，其中，中间根瘤菌、外来根瘤菌-新根瘤菌-副根瘤菌-根瘤菌、茎菌属物种是微生物群落样本中的关键成分。因此，生物修复后土壤微生物群落结构显著改变，多种微生物菌群响应变化。

(a) 差异物种标注分支示例图

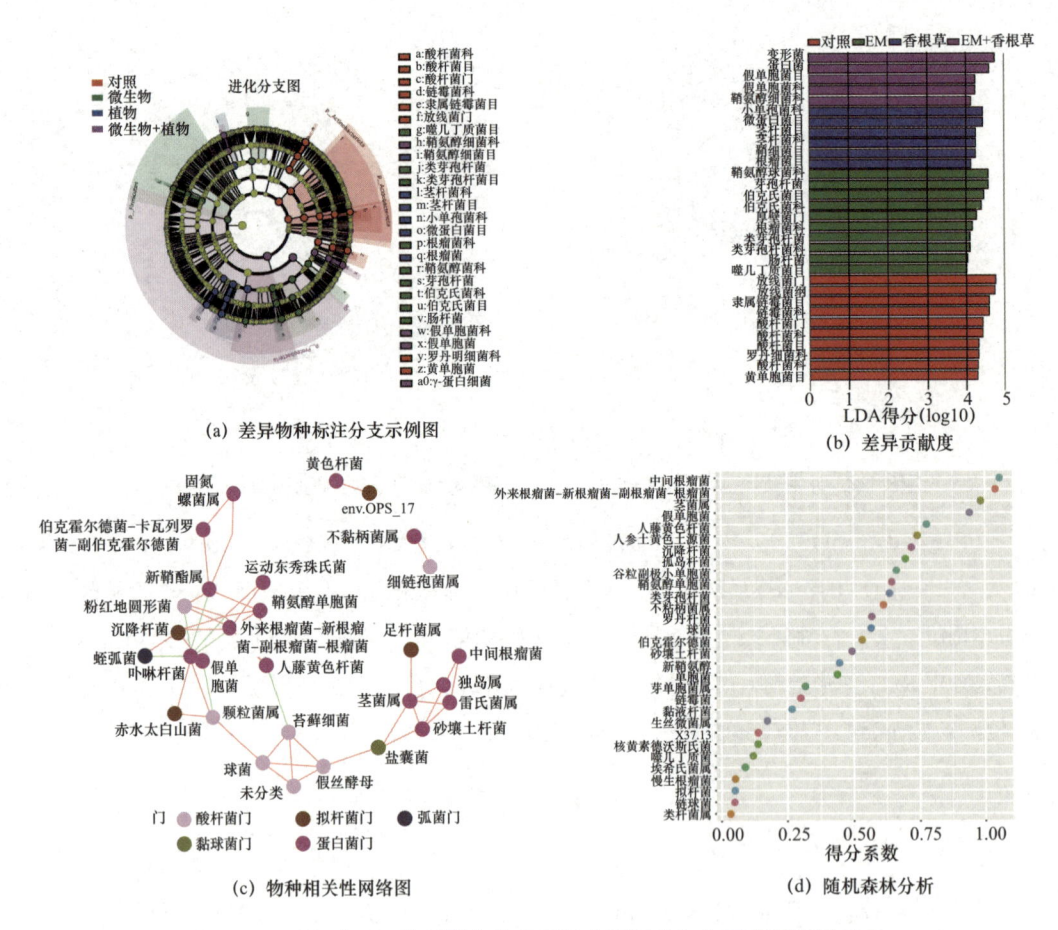

(b) 差异贡献度

(c) 物种相关性网络图

(d) 随机森林分析

图6.15　香根草-EM菌剂联合修复污染土壤微生物多元变量统计分析

注：在（a）中，节点由内到外为门－属；在（c）中，红色线条代表节点之间成正相关，绿色线条代表节点之间成负相关。

3. 对土壤代谢谱影响分析

修复后的根际土壤，研磨提取后通过超高效液相色谱-串联超高分辨质谱仪（UPLC-UMS）检测代谢物，共检测出6912个代谢物。主成分分析（7次循环交叉验证）结果如图6.16（a）所示，质量控制样本（QC）稳定性较好，3种生物修复模式样本分布与对照组明显分离。OPLS-DA模型用于解析组间差异，EM菌剂修复组相对对照组产生682个差异代谢物（上调：258个，下调：424个）；香根草修复组相对对照组产生245个差异代谢物（上调：197个，下调：48个），香根草-EM菌剂联合修复组相对对照组产生388个差异代谢物（上调：276个，下调：112个）[见图6.16（b）～

图6.16（d）]。韦恩图可视化分析结果显示，生物修复组产生99个生物标记物［见图6.16（e）］，主要归类为脂质和类脂质分子（26个）、有机氧化合物（15个）、有机酸及其衍生物（12个）［见图6.16（f）］。不同对比组前50个差异代谢物中包含19个共表达代谢物，果聚糖（2.89～5.49倍）、糊精（2.67～4.50倍）、D-半乳糖（2.19～3.34倍）代谢上调，甲基磷酸盐（-1.92～-1.24倍）代谢下调［见图6.16（g）］。

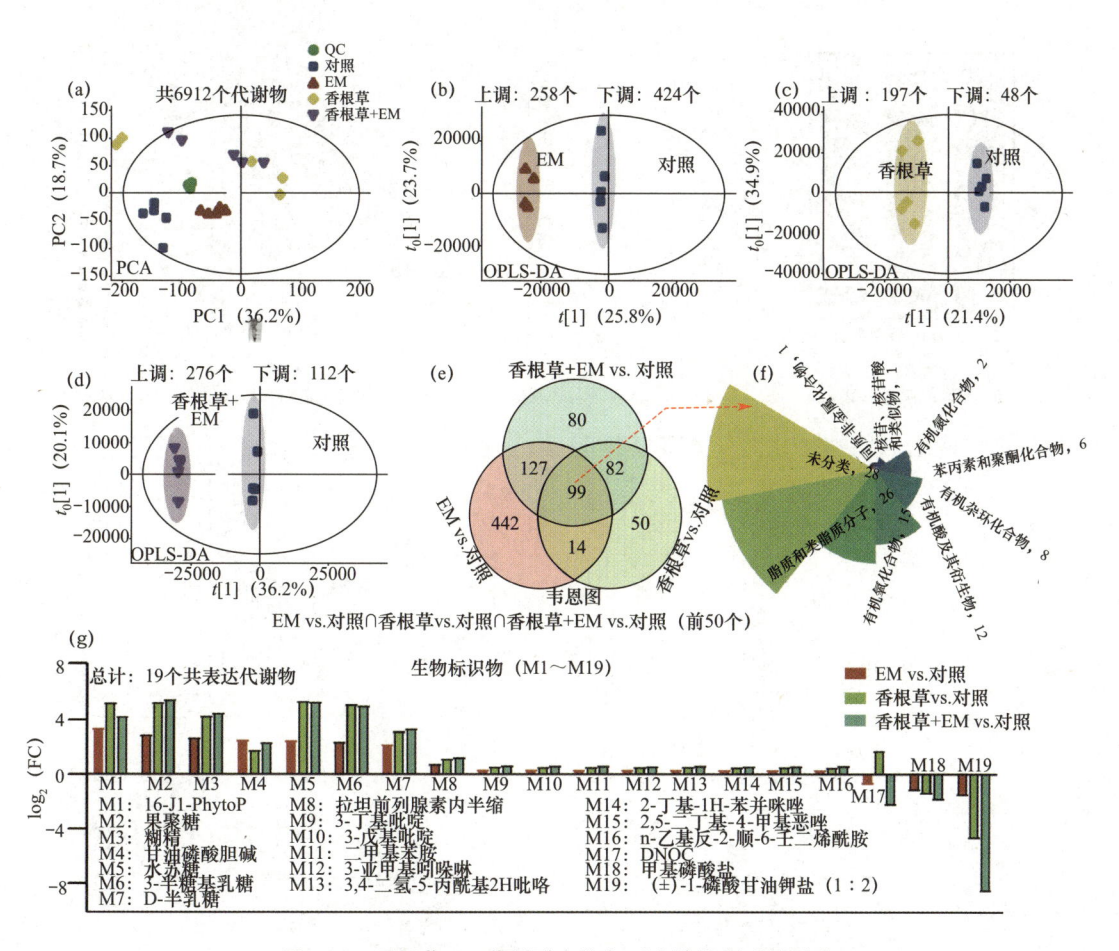

图6.16 香根草-EM菌剂联合修复对土壤代谢谱的影响

动态堆叠图结果显示，EM菌剂修复组 vs. 对照组中差异代谢物主要为脂质和类脂质分子（22.9%）、有机氧化合物（10.6%）苯丙烷和聚酮（10.6%）；香根草修复组 vs. 对照组，以及香根草-EM菌剂联合修复组 vs. 对照组中差异代谢物主要为脂质和类脂质分子（25.7%～26.0%）、有机氧化合物（15.5%～16.7%）、有机酸及其衍生物（11.8%～12.9%）［见图6.17（a）］。前20个代谢通路气泡图显示，EM菌剂修复组 vs. 对照组中差异代谢物显著富集途径为半乳糖代谢和癌症中的中枢碳代谢［见图6.17（b）］，香根草修复组 vs. 对照组，以及香根草-EM 菌剂联合修复组 vs. 对照组中差异代谢物显著富集途径为半乳糖代谢和 ABC 转运体［见图 6.17（c）、图 6.17（d）］。韦恩图显示共有 14 个（20.3%）代谢途径共表达［见图 6.17（e）］，如半乳糖代谢（ko00052）、癌症中的中枢碳代谢（ko05230）、嘧啶代谢（ko00240）等［见图 6.17（f）］。

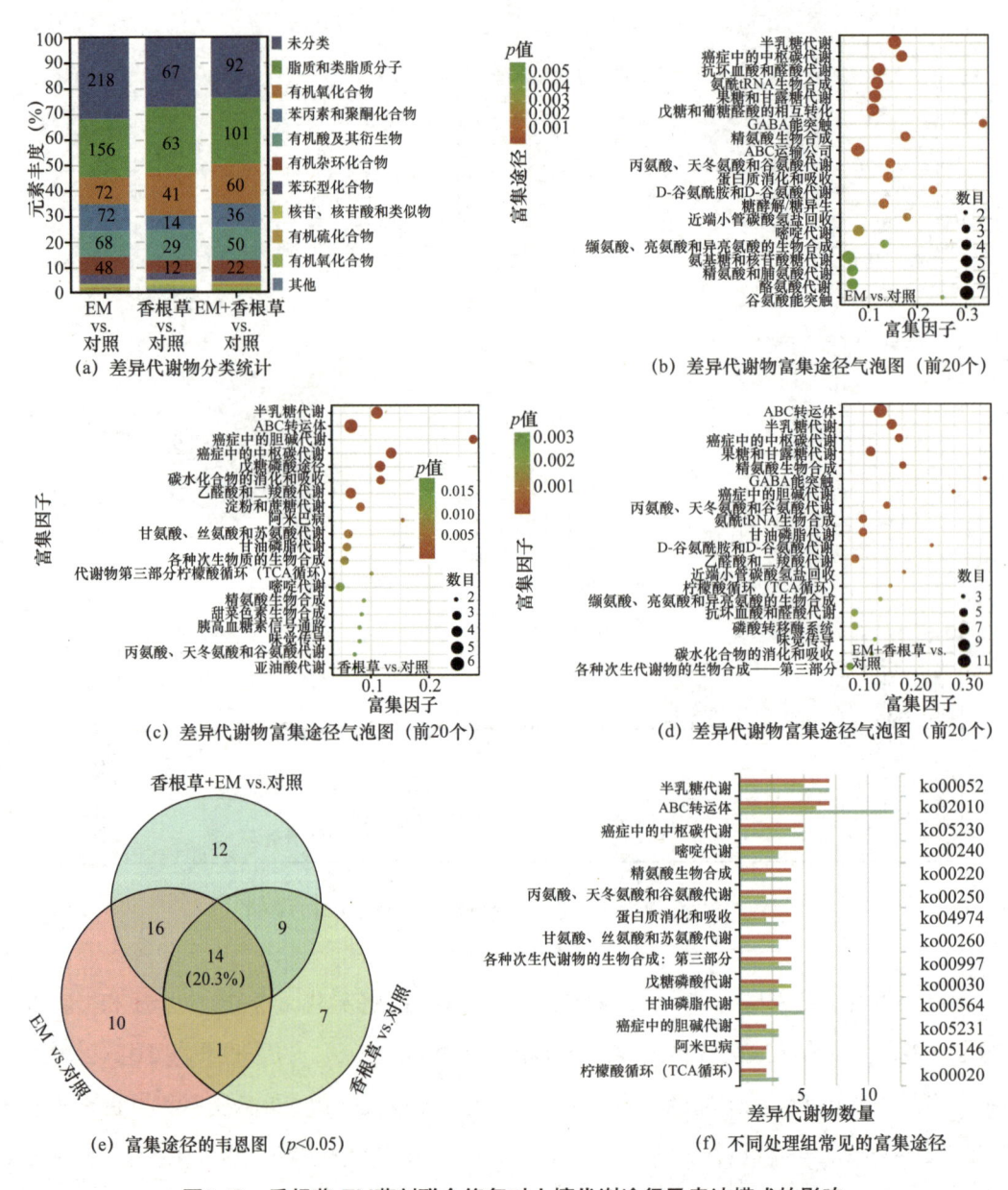

(a) 差异代谢物分类统计

(b) 差异代谢物富集途径气泡图（前20个）

(c) 差异代谢物富集途径气泡图（前20个）

(d) 差异代谢物富集途径气泡图（前20个）

(e) 富集途径的韦恩图（$p<0.05$）

(f) 不同处理组常见的富集途径

图6.17　香根草-EM菌剂联合修复对土壤代谢途径及表达模式的影响

如图 6.18 所示，3 种生物修复模式均显著增强了半乳糖代谢的富集途径，EM 菌剂修复组、香根草修复组，以及香根草-EM 菌剂联合修复组相较于对照组分别产生 7 个（上调：7 个，下调：0 个）、5 个（上调：5 个，下调：0 个）及 7 个（上调：7 个，下调：0 个）差异代谢物。例如，3 种生物修复模式均造成 D-半乳糖代谢（2.19～3.34 倍）和水苏糖代谢（2.47～5.37 倍）上调，香根草修复组、香根草-EM 菌剂联合修复组中蔗糖代谢（1.70～1.84 倍）和肌醇代谢（2.43～2.73 倍）上调。此外，该代谢途径辐射 5 个相关富集途径，氨基糖和核苷酸糖代谢、果糖和甘露糖代谢、戊糖磷酸代谢等途径整体增强。

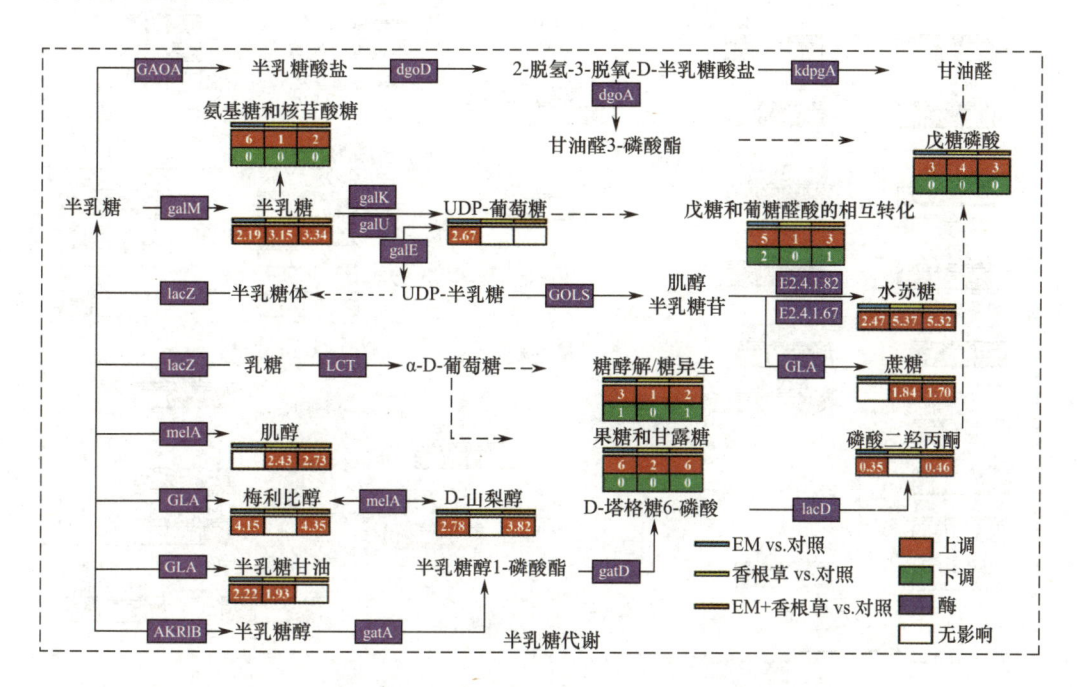

图6.18　香根草-EM菌剂联合修复对土壤半乳糖代谢的影响

注：虚线代表相连接的其他途径。

4. 土壤基础代谢网络分析

土壤基础代谢网络可视化分析结果如图 6.19 所示。在碳水化合物代谢中，3 种生物修复模式均引起土壤中 D-葡萄糖（2.33～4.57 倍）、葡萄糖酸（1.82～4.40 倍）、D-半乳糖（2.19～3.34 倍）、水苏糖（2.47～5.32 倍）等代谢物显著上调。在脂肪酸代谢中，9,10,13-三聚体（1.79～3.20 倍）、2-羟基-2-乙基琥珀酸（1.02～2.09 倍）等代谢物在3种生物修复模式中显著上调。在氨基酸代谢中，3种生物修复模式显著上调 L-精氨酸代谢（2.56～3.64倍）；EM菌剂修复组、香根草-EM菌剂联合修复组相较于对照组显著上调 L-缬氨酸（1.00～1.07倍）、L-异亮氨酸（0.86～1.39倍）等氨基酸代谢。此外，在3羧酸循环（TCA）中，3种生物修复模式均引起酮戊二酸代谢上调（1.90～6.59倍）。综合可得，3种生物修复模式土壤基础代谢网络上调，香根草-EM菌剂联合修复代谢网络上调水平优于单一香根草修复组或单一EM菌剂修复组。

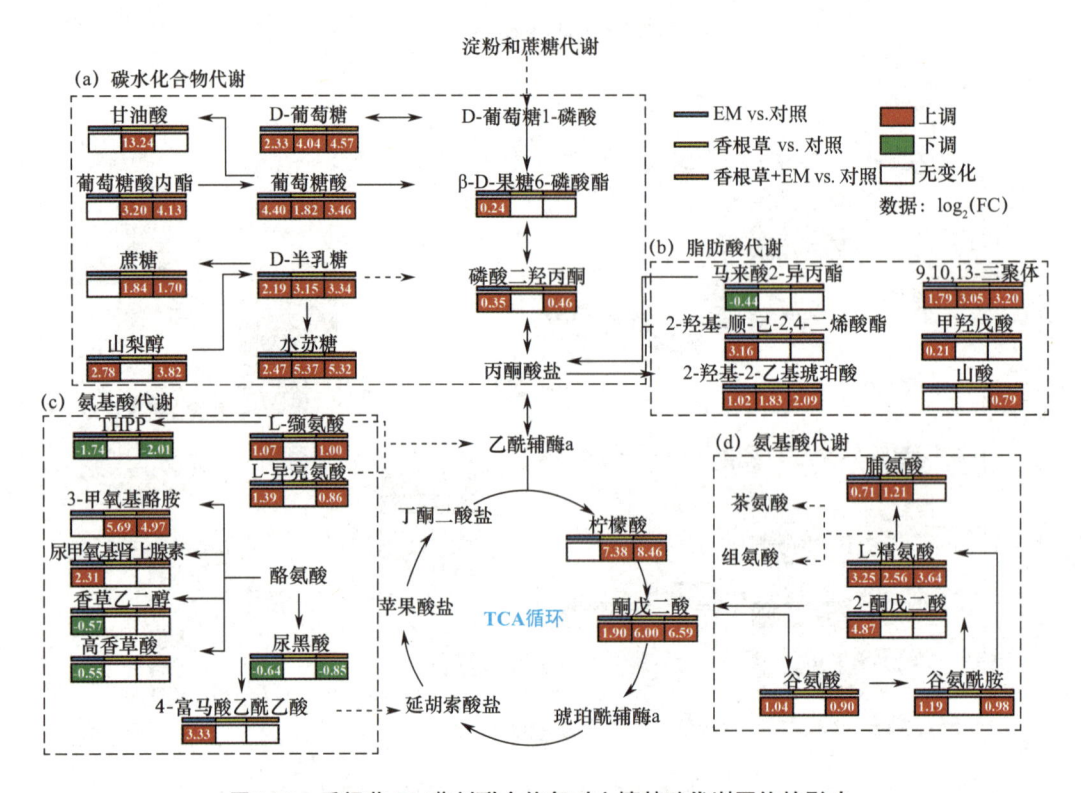

图6.19 香根草-EM菌剂联合修复对土壤基础代谢网络的影响

注：代谢途径标识注释基于 KEGG 数据库。

5. RDA 及相关性网络分析

冗余分析（Re-Dundancy Analysis，RDA）是一种响应变量矩阵与解释变量之间多元多重线性回归的拟合值矩阵的主成分分析。通过 RDA 可以将样本及其对应的环境因素映射在同一个图中，以揭示环境因子是否对样本分布或样本微生物群落结构等造成影响。

土壤环境因子与16S微生物多样性冗余分析结果显示，土壤盐度和土壤导电率是影响微生物多样性的重要驱动力［见图6.20（a）］。土壤离子组代谢与16S微生物多样性的RDA表明，Rb、Mg、V、Ni元素是微生物多样性的重要影响因子［见图6.20（b）］。差异代谢物与16S微生物多样性的加权网络分析结果显示［见图6.20（c）］，在EM菌剂修复组vs.对照组中，谷氨酸、邻苯二甲酸单乙基己酯等代谢物占据网络中心，类芽孢杆菌和假单胞菌等微生物与差异代谢物强烈共生；在香根草修复组vs.对照组中，果聚糖、蔗糖、糊精等代谢物是网络关键影响因子，罗丹杆菌和茎杆菌等微生物种类高度响应；在EM-香根草联合修复组vs.对照组中，3-O-乙酰环甘露糖苷、蔗糖、3-丁基吡啶等代谢物，以及链霉菌属和罗丹杆菌属微生物是网络中的主导。

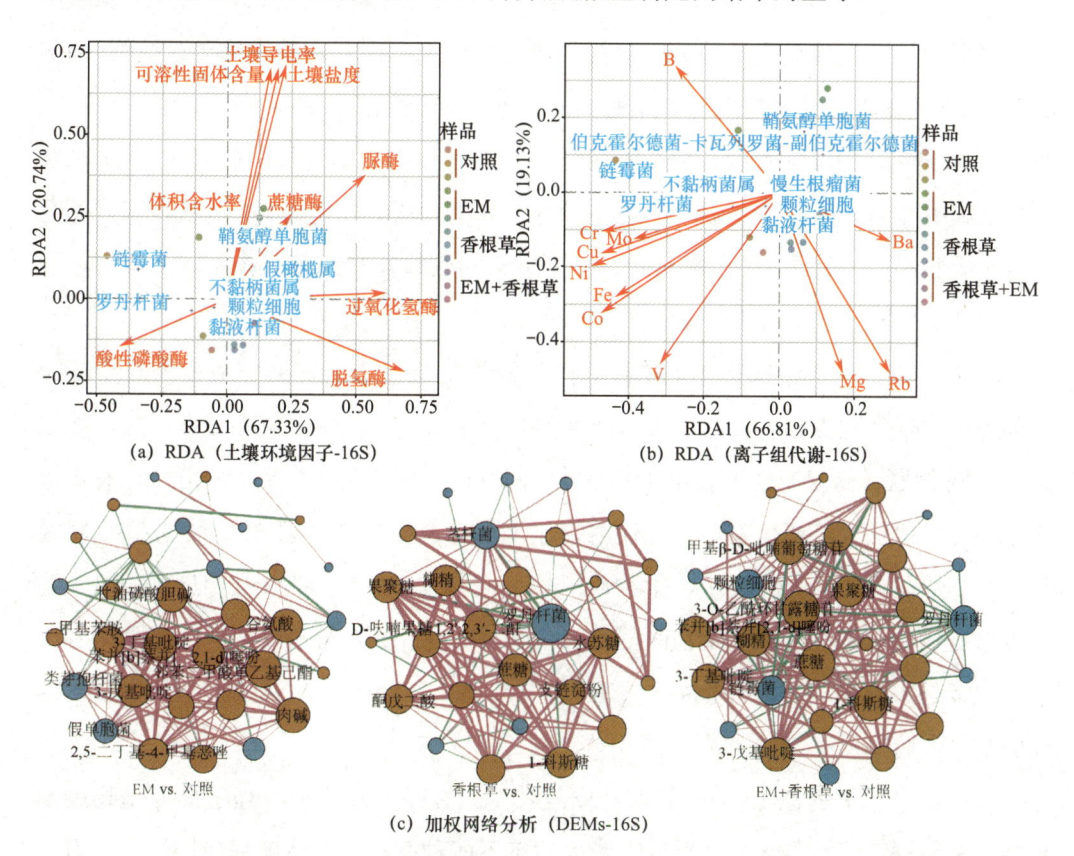

图6.20 香根草–EM菌剂联合修复土壤环境因子、离子组代谢、差异代谢物和16S微生物多样性的RDA及加权网络分析

注：在（c）中，黄色节点代表差异代谢物，蓝色节点代表微生物，红色线代表节点间成正相关，绿色线代表节点间成负相关；加权网络分析选取属水平丰度前15位的物种和前20位的差异代谢物。

6.6 小结

本章筛选了香根草、紫羊茅、红三叶、黑麦草、紫花苜蓿共5种炸药污染耐受和降解植物，与混合菌剂联合开展了炸药污染土壤的植物-微生物联合修复研究。对于中低浓度炸药污染土壤，生物修复对TNT的修复效果较好，在实验的不同阶段，使用植物-微生物联合修复，对TNT的去除率优于单独的植物修复或菌剂修复，植物-微生物联合修复效果显著；相对单独的植物修复，植物-微生物联合修复对RDX的去除率没有明显的改善，无显著的联合修复效果；从HMX的修复效果来看，植物-微生物联合修复效果要明显优于单独的植物修复或菌剂修复，但几种植物修复、植物-菌剂联合修复对HMX的去除率没有产生明显的改善。对于高浓度TNT污染土壤，TNT对植物产生了明显的毒害效应，但5种植物仍能在污染土壤中生长，植物-微生物联合修复土壤中TNT残留率显著低于自然衰减样品和单一菌剂修复土壤中的残留率；炸药污染土壤经植物-微生物联合修复后，相对单独的植物修复或菌剂修复，土壤酶活性水平上升，反映土壤氮循环和微生物活动增强。

本章从多组学视角探索了EM菌剂作为植物生长促进剂辅助香根草修复土壤中炸药污染的根际微生态效应。香根草修复诱导土壤微生物群落多样性显著增加，香根草-EM菌剂联合修复产生了近400个差异代谢物，主要为脂质和类脂质分子、有机氧化合物、有机酸及其衍生物，差异代谢物显著富集途径为D-半乳糖代谢和ABC转运体。在三羧酸（TCA）循环中，生物修复均引起酮戊二酸代谢上调，但植物-微生物联合修复上调水平优于单一植物修复或单一菌剂修复。冗余分析表明，土壤盐度和土壤导电率是影响微生物多样性的重要驱动力，而Rb、Mg、V、Ni元素是微生物多样性的重要影响因子。

炸药污染土壤的植物-微生物联合修复技术，在一定程度上提高了修复植物的耐受性，显著提高了污染土壤修复效率，但对于不同种类、不同浓度的炸药污染，可能具有不同的联合修复效果。在开展实际场地炸药污染土壤的治理修复时，需要根据场地的气候、土壤理化性质、炸药污染物种类和浓度，优化设计植物-菌剂联合方案，适时调整农艺措施，切实提高联合修复效果。采用植物-微生物联合修复技术修复炸药和重金属复合污染土壤时，重金属对炸药污染修复效果的影响，以及植物–微生物联合修复技术对重金属污染的修复效果有待深入研究。

军事科学院防化研究院：韩梦薇，杨旭，赵三平，赖金龙

参考文献

[1] PANZ K, MIKSCH K. Phytoremediation of Soil Contaminated with Explosive Compounds [M]// SINGH S N. Biological Remediation of Explosive Residues. Springer International Publishing, 2014: 235-257.

[2] JOHNSTON E J, RYLOTT E L, BEYNON E, et al. Monodehydroascorbate reductase mediates TNT toxicity in plants [J]. Science, 2015, 349(6252): 1072-1075.

[3] THIJS S, VAN DILLEWIJN P, SILLEN W, et al. Exploring the rhizospheric and endophytic bacterial communities of Acer pseudoplatanus growing on a TNT-contaminated soil: towards the development of a rhizocompetent TNT-detoxifying plant growth promoting consortium [J]. Plant and Soil, 2014, 385(1-2): 15-36.

[4] KALSI A, CELIN S M, BHANOT P, et al. Microbial remediation approaches for explosive contaminated soil: Critical assessment of available technologies, Recent innovations and Future prospects [J]. Environmental Technology & Innovation, 2020, 18: 100721.

[5] PANZ K, MIKSCH K. Phytoremediation of explosives (TNT, RDX, HMX) by wild-type and transgenic plants [J]. Journal of Environmental Management, 2012, 113(113C): 85-92.

[6] CHATTERJEE S, DEB U, DATTA S, et al. Common explosives (TNT, RDX, HMX) and their fate in the environment: Emphasizing bioremediation [J]. Chemosphere, 2017, 184: 14.

[7] CRAIG H, SISK W, NELSON M, et al. Bioremediation of explosives-contaminated soils: A status review[C]. Proceedings of the 10th Annual Conference on Hazardous Waste Research, Manhattan, Kans, F, 1995.

[8] MAKRIS K C, SARKAR D, DATTA R. Coupling indigenous biostimulation and phytoremediation for the restoration of 2,4,6-trinitrotoluene-contaminated sites [J]. Journal of Environmental Monitoring, 2010, 12(2): 399-403.

[9] FAYIGA A O. Remediation of inorganic and organic contaminants in military ranges [J]. Environ-

mental Chemistry, 2019, 16(2): 81-91.

[10] SAVARD K, BERTHELOT Y, AUROY A, et al. Effects of HMX - Lead mixtures on reproduction of the earthworm Eisenia andrei [J]. Archives of Environmental Contamination and Toxicology, 2007, 53(3): 351-358.

[11] TAUQEER H M, KARCZEWSKA A, LEWIŃSKA K, et al. Environmental concerns associated with explosives (HMX, TNT, and RDX), heavy metals and metalloids from shooting range soils: Prevailing issues, leading management practices, and future perspectives [M]//HASANUZZAMAN M, PRASAD M N V. Handbook of Bioremediation. Academic Press, 2021: 569-590.

[12] 张慧君，朱勇兵，赵三平，等．炸药的多相界面环境行为与归趋研究进展 [J]．含能材料，2019，27(07)：569-586.

[13] ZHANG R F, VIVANCO J M, SHEN Q R. The unseen rhizosphere root-soil-microbe interactions for crop production [J]. Current Opinion in Microbiology, 2017, 37: 8-14.

[14] 卢晋晶，邰春花，武雪萍，等．植物－微生物联合修复技术在 Cd 污染土壤中的研究进展 [J]．山西农业科学，2019，47(06)：1115-1120.

[15] RYAN R P, GERMAINE K, FRANKS A, et al. Bacterial endophytes: Recent developments and applications [J]. Fems Microbiology Letters, 2008, 278(1): 1-9.

[16] WENZEL W W. Rhizosphere processes and management in plant-assisted bioremediation (phytoremediation) of soils [J]. Plant and Soil, 2009, 321(1): 385-408.

[17] XUN F, XIE B, LIU S, et al. Effect of plant growth-promoting bacteria (PGPR) and arbuscular mycorrhizal fungi (AMF) inoculation on oats in saline-alkali soil contaminated by petroleum to enhance phytoremediation [J]. Environmental Science and Pollution Research, 2015, 22(1): 598-608.

[18] VILLACIEROS M, WHELAN C, MACKOVA M, et al. Polychlorinated biphenyl rhizoremediation by Pseudomonas fluorescens F113 derivatives, using a Sinorhizobium meliloti nod system to drive bph gene expression [J]. Applied and Environmental Microbiology, 2005, 71(5): 2687-94.

[19] NARASIMHAN K, BASHEER C, BAJIC V B, et al. Enhancement of Plant-Microbe Interactions Using a Rhizosphere Metabolomics-Driven Approach and Its Application in the Removal of Polychlorinated Biphenyls [J]. Plant Physiology, 2003, 132(1): 146-53.

[20] RYLOTT E L, BRUCE N C. Right on target: using plants and microbes to remediate explosives [J]. International Journal of Phytoremediation, 2019, 21(11): 1051-64.

[21] AKKAYA Ö. Nicotiana tabacum associated bioengineered Pseudomonas putida can enhance rhizoremediation of soil containing 2,4-dinitrotoluene [J]. 3 Biotech, 2020, 10(9).

[22] AKKAYA Ö, ARSLAN E. Biotransformation of 2,4-dinitrotoluene by the beneficial association of

engineered Pseudomonas putida with Arabidopsis thaliana [J]. 3 Biotech, 2019, 9(11): 9.

[23] THIJS S, WEYENS N, SILLEN W, et al. Potential for plant growth promotion by a consortium of stress-tolerant 2,4-dinitrotoluene-degrading bacteria: Isolation and characterization of a military soil [J]. Microbial Biotechnology, 2014, 7(4): 294-306.

[24] XU W, ZHAO Q, YE Z. In Situ Remediation of TNT Red Water Contaminated Soil: Field Demonstration [J]. Soil and Sediment Contamination: An International Journal, 2023, 32(8): 941-953.

[25] THIJS S, SILLEN W, RINEAU F, et al. Towards an Enhanced Understanding of Plant-Microbiome Interactions to Improve Phytoremediation: Engineering the Metaorganism [J]. Front Microbiol, 2016, 7.

[26] MO F, LI H, LI Y, et al. Exploration of defense and tolerance mechanisms in dominant species of mining area - Trifolium pratense L. upon exposure to silver [J]. Science of The Total Environment, 2022, 811: 151380.

[27] CHAE Y, CUI R, WOONG KIM S, et al. Exoenzyme activity in contaminated soils before and after soil washing: ß-glucosidase activity as a biological indicator of soil health [J]. Ecotoxicology and Environmental Safety, 2017, 135: 368-374.

第 7 章
炸药污染土壤的生物堆修复

7.1 引言

生物堆（Biopiling）是一种可持续利用、绿色、低成本且比较有效的污染土壤修复技术。从 20 世纪 90 年代中期开始，生物堆技术被大量应用于有机污染土壤的修复工程，在美国、加拿大、澳大利亚、比利时、英国、法国等国家和地区均有广泛应用，主要应用于多环芳烃（PAHs）、石油烃（TPH）、氯代溶剂类及有机胺类污染场地土壤修复，修复效果良好，修复成本低廉，污染物去除率普遍可达到 75%～95%，处理周期为 3 个月～2 年，处理成本为 35～80 美元/吨。近年来，生物堆技术在国内已广泛应用于石油烃类、多环芳烃类等易生物降解污染土壤的修复，在苯并 (a) 芘、二苯并 (a,h) 蒽等多环芳烃类[1]及苯胺类有机污染场地均有成功应用。

经过多年的应用实践，生物堆技术已经形成较成熟的工艺系统，如美国海军工程服务中心 1996 年编制的《生物堆修复技术设计和施工手册》¹（Biopile Design and Construction Manual）、《生物堆修复技术操作和维护手册》（Biopile Oprations and Maintenance Manual），以及美国环境保护署 2004 年编制的《地下储油罐污染场地的可行治理技术评价方法导则》（How to Evaluate Alternative Cleanup Technologies for Underground Storage Tank Sites）第四篇生物堆技术（EPA 510-B-16-005）。我国生态环境部于 2023 年 2 月 1 日批准发布了《污染土壤修复工程技术规范 生物堆》（HJ 1283—2023），自 2023 年 5 月 1 日开始实施。

生物堆技术在炸药污染土壤的修复中也得到了应用。在 20 世纪 90 年代中期以来美国开展的炸药污染土壤修复实践中，堆肥处理被证明是可以替代土壤焚烧技术的高

---

1 相关文件原文请扫一扫二维码获取。

效、绿色的炸药污染土壤修复技术。为评估生物堆技术对炸药污染土壤修复的适用性，优化修复工艺流程和控制参数，本章开展了炸药污染土壤的生物堆修复工程实践和修复效果评估。

7.2 污染土壤的生物堆修复技术原理及应用

7.2.1 生物堆修复技术原理

7.2.1.1 生物堆修复技术

污染土壤的生物堆修复技术，是将污染土壤挖出来并堆积于建设了渗滤液收集系统的防渗区域，提供适量的水分和养分，并采用强制通风系统补充氧气，利用土壤中好氧微生物的呼吸作用将有机污染物转化为 CO_2 和水，从而去除污染物的技术。生物堆堆体系统通常由主体工程、二次污染防治设施、辅助工程和配套设施等组成（见图7.1）[2]。生物堆修复技术对污染物的去除主要取决于两种效应。一是通风，在抽气装置的作用下，新鲜空气不断进入堆体内，并与含有目标污染物的土壤气进行对流传质，之后被抽气管网收集并排出堆体，经过尾气处理设施去除。二是微生物降解，通过调整抽风系统的抽风量及添加外源性营养物质和水分，使堆体系统进入生物降解阶段，利用土壤中土著微生物或所添加的微生物菌剂等对污染物的降解功能，将可生物降解的目标污染物降解为 CO_2 和水。

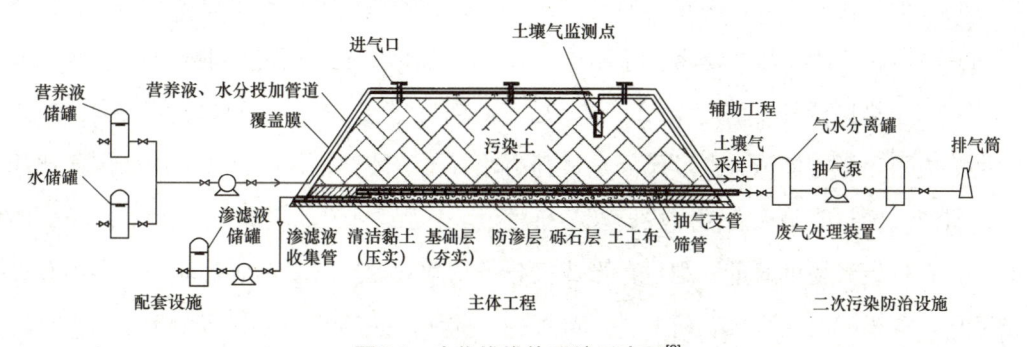

图7.1 生物堆堆体系统示意图[2]

生物堆中降解微生物的种类和数量、电子受体的类型及污染土壤的理化性质等均会影响最终的修复效果[3]。对关键参数进行优化，根据实时监测数据调整相关因子，能进一步提高生物堆对污染土壤的修复效率。在工程上，需要将待处理的污染土壤堆成形状规则、长条形的土堆，不能将土壤压实，要保证土堆比较蓬松。土堆内部或底部预埋管道与气体抽取设备相连接，土堆上部铺设药剂投加管线与药剂输送设备连接。通过覆膜将土堆表面封闭，在土堆上部安装通气设施。开启风机后，空气会通过通气设施进入土堆中，为微生物的活动提供足够的氧气；微生物活动产生的气体经缓冲设备后进入吸附设备，其中的污染物会被活性炭吸附；极少量的液体经过间断式人工收集后，进入投加溶液配置系统用于配置生物堆滴灌的溶液。大部分低沸点、易挥发的有机物直接随空气一起抽出；那些高沸点的组分主要在微生物的作用下被降解成无毒物质，甚至彻底转化为CO_2和H_2O。在抽提过程中不断加入的新鲜氧，有助于降解土壤中残余的有机污染物。

生物堆修复过程中的二次污染主要包括：土壤预处理和修复过程中产生的废气，其中主要污染物可能包括土壤中的目标污染物及其降解产物，土壤中除目标污染物外的挥发性有机物（VOCs）及半挥发性有机物（SVOCs）等；生物堆运行过程中产生的渗滤液，其中主要污染物包括土壤中目标污染物及其降解产物、氨氮和总磷等；在预处理过程中产生的建筑垃圾、石块等非土壤物质，以及在运行过程中采用活性炭吸附等废气处理工艺产生的饱和废弃活性炭等。

7.2.1.2 堆肥处理技术

堆肥处理（Composting）是利用自然界广泛存在的微生物，有控制地促进固体废物中可降解有机物转化为稳定的腐殖质的生物化学过程。堆肥处理的原材料由各种有机废物（如农作物秸秆、杂草、树叶、泥炭、有机生活垃圾、餐厨垃圾、污泥、人畜粪尿、酒糟、菌糠及其他废弃物等），加上泥土和矿物质混合而成。堆肥可以分为一般堆肥和高温堆肥两种，前者温度较低，后者前期发酵温度较高，可以达到70℃以上，后期一般采用压实措施。在堆肥处理过程中，有机碳被微生物呼吸代谢因而碳氮比降低，所产生的热能杀灭病菌、虫卵及杂草种子。堆肥本质上是一种将有机质腐殖化的方法，有机废弃物可通过堆肥过程形成大分子胡敏酸，且随着形成官能团类型和数量的不同，胡敏酸的结构也有所变化，可根据不同胡敏酸的特性将其应用于不同类型污染土壤的修复及修复效果提升[4]。在堆肥处理过程中，除了天然的有机废物，还可以通过添加营养元素等外在条件激活土壤和堆肥材料中原有的土著微生物的作用，或者直接向堆体中接种特殊微生物来达到修复效果。

作为古老的生物处理方法，从污染土壤修复的角度，堆肥处理技术可以视为生物堆修复技术的雏形和简化版，但其作用机制都是通过堆肥中的微生物对有机物进行降解和转化，进而实现土壤污染物的无害化和稳定化。堆肥处理主要用于石油烃、多环芳烃、农药等有机污染土壤的修复，以及土壤中重金属的固化/稳定化。生物质废物的堆肥产品含有大量的腐殖酸，也可以作为土壤改良剂使用。

7.2.2　生物堆修复技术在炸药污染土壤修复中的应用

生物堆修复技术或堆肥处理技术在有机污染土壤的修复方面有良好的应用潜力，在炸药污染土壤的修复中也得到了应用。美国是土壤炸药污染最突出的国家，在20世纪90年代中期以来开展的炸药污染土壤修复实践中，堆肥处理技术被证明是可以替代土壤焚烧技术的高效、绿色的炸药污染土壤修复技术。

美国环境保护署第10区将堆肥处理技术评估为适用于降解土壤中硝基芳烃和硝胺类化合物的异位固相生物技术。在美国两个国家重点名录场地——俄勒冈州赫米斯顿尤马蒂拉（Umatilla）的美国陆军仓储场地、华盛顿州班戈的美国海军潜艇基地——的适用性研究证明，堆肥处理可以替代焚烧，用于修复炸药污染的土壤。堆肥处理技术在尤马蒂拉的美国陆军仓储场地处理了11000 t被TNT、RDX污染的土壤，在班戈的美国海军潜艇基地则处理了2.2 t的TNT。

堆肥处理混合了天然有机固体废物，如粪便、木屑、苜蓿和蔬菜加工残余等，其中污染土壤占比30%左右，并加水至污染土壤持水能力的50%。堆肥处理利用了天然好氧嗜热微生物，不需要接种，在嗜温（30～35℃）和嗜热（50～55℃）条件下运行，其中嗜热条件最佳。堆肥处理还添加了外来物质作为嗜热菌的碳/氮源，通过共代谢反应降解炸药化合物。堆肥处理不会排放化学气体，无渗滤液，并且在处理完成后不需要脱水处理。与焚烧灰烬或土壤需要固化/稳定化处理不同，堆肥处理的残留物可直接用于植物种植，土壤的最终体积增加50%～100%。

尤马蒂拉的美国陆军仓储场地土壤主要是砂砾质土壤，1950—1965年，该场地向无防渗的潟湖中排放了320000 m³炸药废水，该场地受到严重污染。在中试规模的研究中，科研人员对约23 m³的土壤进行了两种不同的处理，一种为强制曝气，一种为未曝气。处理 40 d 后，TNT 浓度从 1574 mg/kg 降低为 4 mg/kg，RDX 浓度从 944 mg/kg 降低为 2 mg/kg，HMX 浓度从 159 mg/kg 降低为 5 mg/kg；TNT 去除率为 99.7%；RDX 去除率为 99.8%；HMX 去除率为 96.9%。堆肥处理技术还降解了 TNT 生物降解的关键中间产物 2-氨基-4,6-二硝基甲苯（2-ADNT）和 4-氨基-2,6-二硝基甲苯（4-ADNT）。毒理学和浸出毒性测试表明，处理后渗滤液对杜比亚蚤（Ceriodaphnia dubia）的毒性降低 87%～92%，Ames 实验（沙门氏菌回复突变实验）的致突变性降低了 99.3%～99.6%。用堆肥残余物经口喂养大鼠，没有导致大鼠死亡。使用浸出毒性程序测试，结果显示可浸出 TNT 的浓度大于 99.6%，可浸出 RDX 的浓度大于 98.6%，可浸出 HMX 的浓度大于 97.3%。在班戈的美国海军潜艇基地，土壤因 1946—1965 年弹药的露天处置而受到污染。从基地的 3 个区域，即 1 个废水处理泻湖、2 个军械露天处理场地取样进行适用性测试。处理 60 d 后，土壤中 TNT 浓度从 822 mg/kg 降低为 8 mg/kg，去除率为 99.5%。研究估计，堆肥处理的成本为 206～766 美元/吨，比 1200～30000 吨规模的焚烧设施的处理成本低 40%～50%。堆肥处理适用于土壤和污泥，对土壤类型不敏感。适量的污染废水可以用土壤处理，因为堆肥处理过程会以一定的速度消耗水，每天单位立方米土壤消耗水约 5 L。污染岩石和碎屑可以破碎后与土壤一并处理。

在伊朗某场地，由 35% 的 TNT 污染土壤、5%（w/w）的牛粪、5%（v/w）的微生物悬浮液组成的生物堆，在好氧条件下处理 15 d，结果显示模拟的 TNT 污染土壤（TNT 初始浓度为 5×10^4 mg/kg）中 TNT 的去除率可达 99.99%[5]。

国内开展了利用生物堆修复炸药类似物——硝基苯类污染土壤的探索。张磊等[6]在自制实验装置中模拟生物堆修复技术修复二氯苯、硝基苯和邻（对）硝基氯化苯污染土壤，结果表明，添加适量秸秆和菇渣作为生物堆土壤改良剂，可明显提高生物堆有机质含量和通气性，进而提高二氯苯、硝基苯和邻（对）硝基氯化苯的去除率；添加高浓度微生物菌剂未能有效提高二氯苯和硝基苯类化合物的去除率。添加 1% 的秸秆、2% 的菇渣，当处理 40 d 时，二氯苯、硝基苯和邻（对）硝基氯化苯的去除率分别达 95.4%、91.7% 和 72.6%。

使用生物堆（堆肥）修复技术代替传统焚烧技术，成本大大降低，并且保护了土壤结构和功能。进一步延长堆肥处理技术的使用时间，土壤中的炸药化合物浓度甚至最终可以降至低于仪器检出限，并使污染物降解中间产物被破坏或者与土壤矿物、腐殖质形成结合态残留，进而失去生物活性，不再产生毒害效应。

7.3 炸药污染土壤修复的生物堆设计

7.3.1 污染场地简介

某弹药销毁场位于东北地区,属中温带冷凉气候区,平均海拔 756 m,年平均气温 2.9℃,年平均降雨量 550～630 mm。该弹药销毁场已有近 70 年的常规弹药销毁历史。该弹药销毁场位于乡村,距离城市中心约 15 km。该弹药销毁场位于高程差约 70 m 的低缓山坡顶,弹药销毁主要以露天焚烧方式进行,其中,拆毁的弹药布放、引燃、燃烧均在没有防渗硬化的地面上进行。在弹药的布放、引燃、燃烧过程中,火炸药直接进入土壤,不完全燃烧的散落火炸药也会残留在土壤中[7-9]。降雨形成地表径流,还会将污染物带到地势较低的下游,或者渗入包气带中,甚至进入地下水中。调查表明,该弹药销毁场采样点表层土壤中炸药污染物浓度在销毁点和焚烧点附近出现高值,其中,TNT 浓度可达 $3.4×10^4$ mg/kg;0.5 m 深土壤处 TNT 浓度可达 $1.62×10^3$ mg/kg,0～5 m 内随着深度加深,炸药污染物浓度逐渐降低,5 m 深度处炸药污染物浓度为 0.3～4 mg/kg(见图 7.2)[10]。

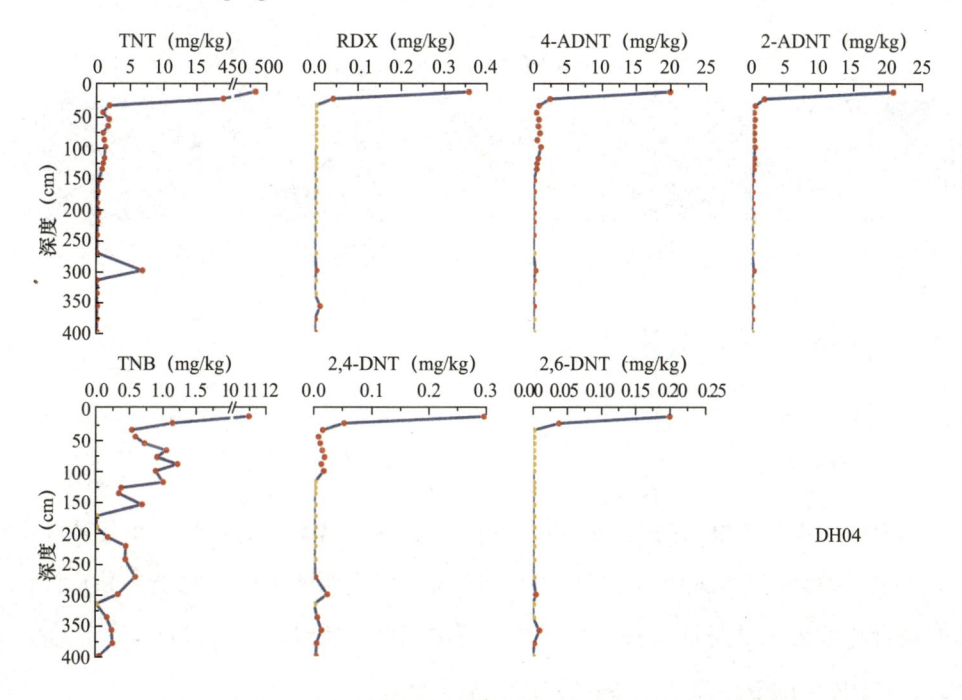

图 7.2 弹药销毁场炸药污染物浓度的垂直分布[10]

勘探结果显示，地表以下 26.50 m 范围内分布 1 层地下水，赋存在标高 24.83～48.42 m 的第四纪砾砂层中。勘探期间，该层地下水的稳定水位埋深为 −0.06～13.06 m，稳定水位标高为 27.10～47.58 m。

7.3.2 修复目标值的确定

我国目前还没有制定针对 TNT 等炸药污染物的土壤修复目标值，因此地块土壤修复目标值的确定需要考虑计算得到的风险控制目标，同时需要综合国内外的相关指导值、修复技术的可行性、土壤中污染物分析检出限等因素，进而最终确定本地块的土壤修复目标值。作为生物堆修复技术在火炸药污染土壤修复方面的技术探索项目，修复目标值的确定要综合考虑经济性、技术可行性。以 TNT 为目标污染物，根据前期地块调查结果确定实验所用污染物浓度分级：高浓度，TNT 污染物浓度为 1000 mg/kg；中浓度，TNT 污染物浓度为 300 mg/kg；低浓度，TNT 污染物浓度为 100 mg/kg。根据不同的污染物浓度分级，设定不同的修复目标值。针对土壤 TNT 污染，国外的相关指导值如表 7.1 所示。确定生物堆修复高浓度、中浓度 TNT 污染土壤的修复目标值为 96 mg/kg，低浓度 TNT 污染土壤的修复目标值为 7.2 mg/kg。

表 7.1 美国 TNT 污染土壤的指导值

污染物	美国环境保护署指导值[11] (mg/kg)		美国宾夕法尼亚州指导值[12] (mg/kg)		美国北卡罗来纳州指导值[13] (mg/kg)	
	居住用地	工业用地	居住用地	工业用地	居住用地	工业用地
TNT	21	96	110	1600	7.2	96

7.3.3 生物堆工艺参数设计

7.3.3.1 总体设计

根据土壤污染物浓度，将污染土壤分为高浓度污染土壤、中浓度污染土壤和低浓度污染土壤 3 种级别，每种浓度设计 3 种不同添加物比例的实验生物堆，并且设计 1 组背景条件生物堆，共设计 12 个异位好氧-厌氧间歇生物堆，另外设计 4 个异位厌氧生物堆、1 个原位厌氧生物堆，即共设计 17 个生物堆（见表 7.2）。

表 7.2　实验生物堆设计基本情况

配　　方		低浓度（D）	中浓度（Z）	高浓度（G）
异位好氧–厌氧间歇生物堆（H）	A配比添加剂	1-DHA*	5-ZHA	9-GHA
	B配比添加剂	2-DHB	6-ZHB	10-GHB
	C配比添加剂	3-DHC	7-ZHC	11-GHC
	N无添加剂	4-DHN	8-ZHN	12-GHN
异位厌氧生物堆（Y）	A配比添加剂	—	14-ZYA	—
	C配比添加剂	13-DYC	—	—
	D配比添加剂	—	—	16-GYD
	N无添加剂	—	15-ZYN	—
原位厌氧生物堆（Y）	A配比添加剂	—	17-ZYA	—

注：* 生物堆根据"浓度–好氧/厌氧–配方"的组合编号。

异位好氧–厌氧间歇生物堆和异位厌氧生物堆的规模尺寸一致，为梯形棱台结构，单个堆体的下底尺寸为 4 m × 10 m，上底尺寸为 1 m × 7 m，高度为 1.5 m，侧面坡度为 1∶1，体积为 32 m³（见图 7.3）。异位生物堆依据污染程度和成分配比的不同，在预处理阶段加入生活污水处理厂活性污泥、猪粪、牛粪、玉米秸秆、尿素、有机肥等固态添加剂，与污染土壤按一定比例搅拌混合，并在生物堆体建设阶段同步喷洒包含糖蜜、尿素、亚硫酸盐、月桂基磷酸酯等添加剂的溶液，使生物堆体结构和营养成分满足微生物的生存需求。

图7.3　污染土壤异位好氧–厌氧间歇生物堆及异位厌氧生物堆整体设计

在生物堆体建设阶段，在生物堆体内部配置温度、湿度监测设备及土壤气监测探头。生物堆体上部覆盖高密度聚乙烯（HDPE）膜并压实，保持生物堆体内部的密封状态，生物堆体顶部预留 3 个柱状进气管道，并缠绕伴热带。在好氧模式期间开启进气管道阀门，在空气均匀进入生物堆体的同时，伴热带可以通过进气管道对气体进行加热，以保障进气温度。异位好氧-厌氧间歇生物堆体还需要在底部布设抽气通风管网，在顶部布设营养液滴灌管道，并在生物堆体外配备储水罐、配置罐、缓冲罐、气泵和废气处理设备。

原位厌氧生物堆采用矩形结构，堆体深度为 1.5 m，长和宽均为 5 m，设计厌氧反应土方量为 38 m^3。原位厌氧生物堆采用 A 配比，堆体污染土壤在预处理过程中添加固相药剂和液相药剂，待药剂与土壤拌和均匀后，回填至预挖的坑体内。生物堆体内布设土壤气监测井及温度、湿度传感器，生物堆体表面使用保温棉板和高密度聚乙烯（HDPE）膜进行覆盖，并使用混凝土对其四周进行压实密封。原位厌氧生物堆表面预留土壤取样口，取样口顶部安装管帽密封，并且仅在取样期间开启，以保持内部的密封状态。

7.3.3.2 生物堆体成分配比

生物堆体的主要成分包括污染土壤，以及碳源、氮源、疏松物和其他营养元素。这些成分的形式多种多样，不仅在质量上要满足实验要求，还应具备可获得性、经济性和安全性。不同成分配比合理，才能为微生物提供最佳的生长环境。

1）碳、氮、磷等营养物质

生物堆常用的微生物营养物质包括化学药剂类和有机废物类。常用的微生物碳源包括：化学药剂类碳源，如葡萄糖、琥珀酸、丙酮酸等；工业副产物，如糖蜜。糖蜜价格低廉，总糖和蔗糖含量均很高，一般含糖量为 40%～56%，不仅能作为微生物发酵所需的碳源来生产细菌纤维及酶（葡糖淀粉酶、谷氨酰胺转移酶）、功能性糖醇（表多糖、丁醇、甘露醇）、有机酸（丙酸、琥珀酸等）等，而且能提供无机盐等营养物质，以及少量的生长因子。因此，人们通常选择糖蜜作为微生物的碳源。

常用的微生物氮源包括尿素（CH_4N_2O）、氯化铵（NH_4Cl）、硝酸钾（KNO_3）等。人们通常选择尿素作为微生物的氮源，其含氮量高，并且除碳、氮、氢、氧以外，其不会向待修复土壤中引入其他元素。

常用的微生物磷源包括磷酸二氢钾（KH_2PO_4）和磷酸二氢钠（NaH_2PO_4）。钾盐和钠盐效果上无明显差异，可以根据药剂成本进行选择。

碳、氮、磷含量的比值控制在 100∶10∶1～100∶5∶1。

畜禽粪便除了为微生物提供碳、氮、磷及其他微量元素，还能提供有机酸、纤维素、无机盐等。选择鸡粪和猪粪两种畜禽粪便，可以使微生物营养来源多样化。

2）堆体 pH

可采用石灰提高土壤 pH，可采用硫磺、硫酸铵、硫酸铝、亚硫酸铝降低土壤 pH。pH 应控制在 6～9。在生物堆系统运行开始前，对污染土壤 pH 进行测定，若 pH 过高或过低，则添加调节剂调节土壤 pH。

3）污染物溶解性

考虑到炸药化合物的疏水性质，使用表面活性剂来增加其在微生物中的生物可利用率。国外学者研究了阴离子、阳离子和非离子表面活性剂对 TNT 降解的影响，证实在 0.1%～1.0% 浓度范围内，阴离子表面活性剂效果更好。选择十二烷基苯磺酸钠（SDBS）作为表面活性剂增强溶解效果，并添加十二烷基硫酸钠（SDS）增加硫含量。

4）电子供体

微生物在好氧/厌氧环境下对 TNT 的降解是一系列复杂的生化反应，需要利用土壤中的还原性物质通过电子转移实现对 TNT 的降解。土壤中天然还原性物质含量有限，可人为添加还原性物质组分为微生物反应提供电子供体。人们通常选择还原铁粉（直径 < 100 μm）作为电子供体。

根据对场地 TNT 污染的调查结果，将污染土壤划分为高浓度污染土壤、中浓度污染土壤、低浓度污染土壤 3 级。对于不同的污染物浓度，最适宜的成分配比也有所差别。本节设计了 7 种不同基础组分和比例的配比模式（见表 7.3），以污染土壤、牲畜粪便、秸秆、干草、麦麸、稻皮、豆荚皮、还原铁粉、有机肥等固相物为基础，将其破碎、混合后作为堆体的主要基底；配置包含碳源、氮源、磷源、硫源等营养物质的液相添加剂，在组堆过程中同时喷洒，并均匀混合。

A 配比模式以一次处理大量污染土壤为目的，固相组分以污染土壤为主，几乎不添加生活污水处理厂污泥、牲畜粪便、农林废物等，碳源、氮源、磷源等营养物质通过液相添加剂的方式补充。

B 配比模式以污染土壤、生活污水处理厂污泥、牲畜粪便、农林废物等固相组分适量搭配，混合均匀组成生物堆体的基础，污染土壤占比适中。

C 配比模式以牲畜粪便取代生活污水处理厂污泥，验证生活污水处理厂污泥与牲畜粪便对 TNT 降解是否存在明显差异，污染土壤占比适中。

D 配比模式污染土壤占比较小，营养物质、农林废物占比较大，该配比模式主要验证对高浓度污染土壤的降解效果。

表 7.3　生物堆体成分配比模式

类别	密度 (t/m³)	用量（t）			
		A配比	B配比	C配比	D配比
污染土壤	1.5	48	20	20	15
生活污水处理厂污泥（体积含水率70%）	0.95	—	12	—	—
猪粪	0.95	—	5	17	20
牛粪	0.9	—	1	0.5	—
粉碎秸秆	0.07	—	1	1	2
麦麸	0.25	—	3	3	4
还原铁粉（直径<100 μm）	2.5	0.3	0.1	0.1	0.1
有机肥	0.7	1	—	—	—
糖蜜	1.02	5	0.02	0.6	0.6
KH_2PO_4	2.2	0.01	0.005	0.005	0.005
尿素	1.3	0.2	0.02	0.001	0.001
氯化钾	1.2	0.003	—	—	—
硫化钠	1.28	0.1	0.1	0.1	0.1
硫代硫酸钠	1.6	0.1	—	—	—
硫酸亚铁（$FeSO_4$）	1.8	0.1	0.1	0.1	0.1
月桂基磷酸酯	0.9	0.005	—	—	—
大豆油	0.9	0.07	0.005	0.005	0.005
磷脂粉	0.8	0.005	—	—	—
十二烷基硫酸钠（SDS）	1	0.01	—	—	—
十二烷基苯磺酸钠（SDBS）	1	0.04	0.05	0.05	—

7.3.3.3 异位生物堆配置

1）系统组成

设置 16 个异位生物堆实验组，堆体系统包括防渗地面、生物堆主体、抽气通风管网、保温系统、营养液配置及滴灌管网、监测系统、废气处理系统几个主要部分。以异位好氧–厌氧间歇生物堆体系统为例，其结构示意图如图 7.4 所示。

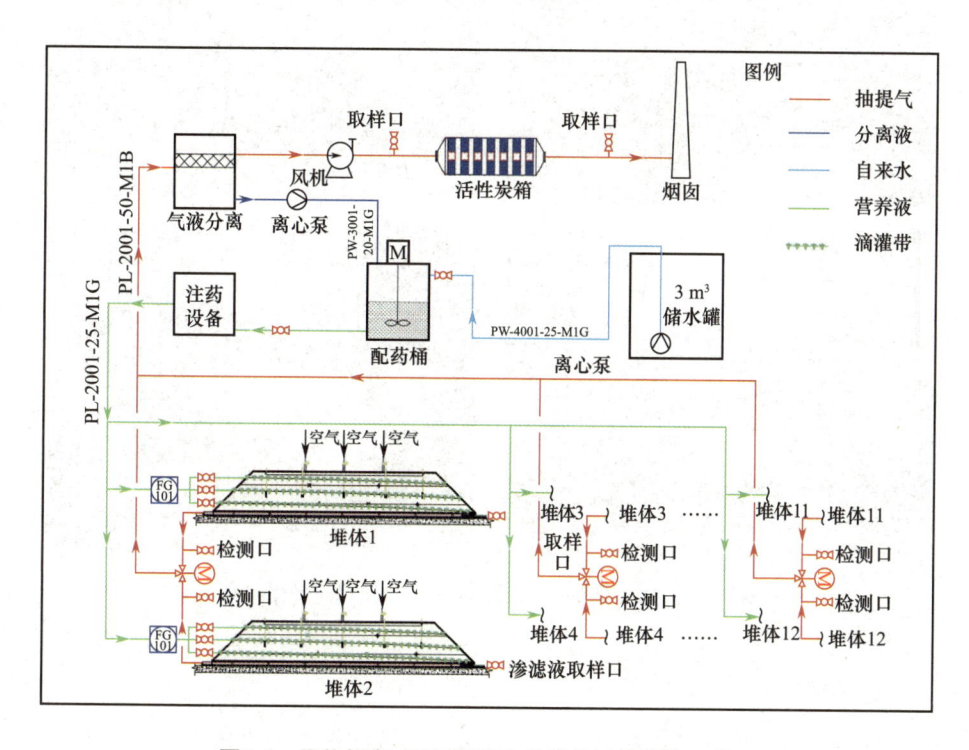

图 7.4 异位好氧–厌氧间歇生物堆体系统结构示意图

2）污染土壤预处理

（1）处理流程。

污染土壤清挖后转运至预处理临时用地暂存，以前期调查报告为初步依据，不同污染程度分区的土壤分别堆放，避免交叉污染；待现场采样并获得检测结果后，根据异位生物堆体对污染土壤用量和污染程度的需求，对暂存土壤分别进行破碎筛分，首先去除石块、建筑垃圾等非土壤物质，再对大粒径土块进行破碎；依据生物堆体成分配比将生活污水处理厂污泥/禽畜粪便、秸秆/干草、麦麸/稻皮/豆荚皮、还原铁粉、有机肥等固相添加剂加入污染土壤中,在添加过程中不断用破碎筛分设备进行混匀(见图7.5)。充分混合后的土壤即可运至处理区建堆。异位生物堆的堆体体积均为32 m³,因为成分配比有所不同,各堆体中的污染土方量也有所差别。

图7.5 污染土壤的挖掘-运输-混匀-加料前处理过程

(2)处理要求。

采用生物堆修复技术进行修复的污染土壤,先按照高、中、低污染浓度分堆堆放,对土壤的 pH、含水率、微生物数量和污染物浓度等指标进行检测,然后开展以下预处理工作:①采用筛分设备去除石块、建筑垃圾等非土壤物质,采用破碎设备对大粒径土块进行破碎;②根据 pH 测试结果,采用石灰提高土壤 pH,或者采用硫磺、硫酸铵、硫酸铝、亚硫酸铝降低土壤 pH;③添加切碎后适宜粒径大小的农林废物等调理剂,增大土壤孔隙度;④添加碳、氮、磷等微生物营养物质及水分,采用雾化喷灌工艺将其以溶液形式添加至筛分破碎后的土壤中。

通过预处理,将土壤的理化性质调理至满足以下条件:①土质均一,不含石块、建筑垃圾等非土壤物质;②质量含水率为 5%~30%;③ pH 为 6~9;④微生物数量 ≥ 1000CFU/g 干重;⑤重金属含量 ≤ 2500 mg/kg。

3）地面防渗

为防止污染土壤对修复施工区域造成二次污染，对生物堆运行区进行地面防渗处理。依据地面防渗系统的渗透系数不低于 1×10^{-7} cm/s 的防渗要求，采用"两布一膜"+混凝土的方式进行建设处理（见图7.6），其中，土工布规格为 300 g/m^2，HDPE 膜厚度为 2 mm，混凝土厚度为 250 mm。

土工布铺设　　　　　　　　　　HDPE膜铺设

混凝土浇筑　　　　　　　　　　混凝土厚度测量

图7.6　现场地面防渗建设处理

4）抽气通风管网

运行异位好氧-厌氧间歇生物堆，需要建设堆体抽气通风管网，包括堆体顶部通风管道、砾石导气层和抽气管网。

（1）堆体顶部通风管道。

异位好氧-厌氧间歇生物堆需在好氧运行期间进行通气，为形成通风好氧环境，在生物堆体顶部留有通风管道，并配有阀门。在好氧运行期间，打开通风阀门进行通气；在厌氧运行期间，关闭通风阀门形成密闭环境。

（2）砾石导气层。

在异位好氧-厌氧间歇生物堆体区域，在建设完成的防渗地面上铺设多孔材料铺垫层，作为堆体的底部基础，以在堆体下方形成良好通风环境。铺垫层选用粒径约 5 mm 的砾石作为原料，设计厚度为 20 cm。为避免土堆中的细小颗粒在抽气作用下进入砾石导气层进而堵塞抽气支管的抽气缝，在抽气管道外面刷防锈漆，并包裹不锈钢筛网。

（3）抽气管网。

抽气管网由割缝抽气支管（见图 7.7）、抽气干管及阀门等管道连接件构成。割缝抽气支管布置于砾石导气层内。每个生物堆设置 7 根割缝抽气支管，割缝抽气支管之间距离设计为 1.4 m，为避免在抽气过程中造成短路，割缝抽气支管距离堆体边缘 80 cm。割缝抽气支管的管径为 50 mm，通过法兰与抽气干管连接，割缝抽气支管的割缝宽度为 3 mm，按 22.5° 中心角分布。在抽气管网外面刷防锈漆，并用不锈钢筛网包裹，防止管道堵塞。抽气干管的管径为 100 mm，通过法兰与抽气设备连接。在抽气干管上设置气流量调节阀门和在线计量装置，用于调节和控制气流量。在抽气干管上设置气体取样口，方便在堆体运行阶段对土壤气进行采样监测。

图7.7　抽气管网采用的割缝抽气支管示意图

5）保温系统

项目运行期正值秋冬季，根据往年气象记录，运行期的气温可能长期持续在 0℃ 以下，因此需要对生物堆体进行保温。在每个堆体表面铺设一条电伴热带，通过温控器控制温度，使热量循环流动并自堆体表面传导至堆体中（见图 7.8）。电伴热带提供的热量可使堆体温度保持在 40～50℃。为确保生物堆体的保温效果，在生物堆体堆砌完成后,在堆体外表层布置一层保温棉板,以在外部冷空气和内部加温堆体之间形成一层传热阻隔。

图7.8 电伴热带及滴灌管网安装

6) 营养液配置系统及滴灌管网

异位好氧-厌氧间歇生物堆,需要在运行期间对堆体进行营养液补充。在建堆阶段,需要配套建设营养液配置系统及滴灌管网(见表7.4)。在生物堆建堆过程中,将营养液喷洒到土壤中添加碳源、氮源、磷源和表面活性剂成分;在后期运行过程中,以滴灌的方式补充添加含碳、氮、磷等物质的营养液及水分。将营养基质溶解在水中,依据生物堆含水率控制水量补充标准为10%～30%,对营养物质进行计量配置。生物堆顶部安装滴灌管网系统,包括输送管道、雾化喷灌投加管、调节阀等。生物堆在运行过程中,通过生物堆顶配置的滴灌管网系统对营养液和水分以合适的添加速率添加到生物堆中。

表7.4 营养液配制系统组成

序号	名称	数量	规格	备注
1	营养液配制罐	2个	1 t,PE材质	配制、存储营养液
2	储水罐	2个	3 t,PE材质	存储实验用水
3	水泵	2个	—	营养液配制/泵送
4	药剂搅拌系统	2个	—	营养液混合

7) 监测系统

异位生物堆需要预埋监测系统,以实现对运行过程中运行工况和修复进度的掌握。

监测系统包括土壤样本监测、温湿度监测和土壤气监测3部分。每个堆体设置6个土壤取样口、3个温湿度监测点,温湿度传感器在堆体主体建设时预埋入堆体,只保留温湿度传感器的接线出露。每个异位生物堆设置2个土壤气监测点,沿堆体长度方向依次设置,通气滤头埋深均为自堆体顶部向下760 mm,从堆体侧面接出。土壤气取样管与堆体主体同期建设,顶部密封,在抽气取样时打开。

8)覆盖层

生物堆体内部结构安装建设完成后,需要在堆体外表面安装覆盖层进行整体覆盖。覆盖层的主要作用是:保持堆体与外部空气隔绝;保持水分和保温;防止雨水浸入;防止堆体灰尘和污染物散逸。各堆体所用覆盖膜选用2 mm厚的HDPE膜,在覆盖前对堆顶进行平整,剔除尖锐物,防止覆盖膜被刺穿。覆盖膜应沿堆体侧面一直铺设至堆体底部,以实现对堆体的完全覆盖。沿堆体底部四周,用黏土对覆盖膜进行密封固定,并在黏土上再覆盖一层混凝土,以保持堆体与外部空气的隔绝状态。

9)废气处理系统

采用2套一体化土壤气相抽提(SVE)设备(见图7.9),设备内包含2台气液分离器、1台管壳式热交换器、1台气体加热器、1台袋式过滤器、1台多相液体分离器、2台液体活性炭过滤器、1台风机、1台水泵、1台空压机。活性炭作为废气处理的吸附剂,具有优异的吸附能力。选择颗粒活性炭,规格为D4 × 3 mm,活性炭碘值为1000,四氯化碳吸附率 ≥ 70%,堆积密度为450 ~ 550 kg/m^3,水分含量 ≤ 5%,pH为7左右。

图7.9 一体化土壤气相抽提设备的外观和内部结构

7.3.3.4 原位生物堆配置

1) 总体配置

设计了 1 处原位厌氧生物堆,将液相添加剂和固相添加剂以拌和的方式添加到污染土壤中,涉及修复土方量 38 m³。所设计的添加剂为 A 配比,以糖蜜为主要成分。原位生物堆设计尺寸为 5 m × 5 m × 1.52 m,并设置监测系统、覆盖层和保温系统。

原位厌氧生物堆采用 A 配比,污染土壤进行开挖预处理后,对原位坑体进行回填,涉及修复土方量为 38 m³。对原位厌氧生物堆进行保温处理,即在修复区域表面覆盖 30 mm 厚的保温棉板。

2) 监测系统

原位厌氧生物堆需要预埋监测系统,以实现对运行过程中运行工况和修复进度的掌握。监测系统包括温湿度传感器、土壤气监测设备,以及土壤样本监测设备(见图 7.10)。

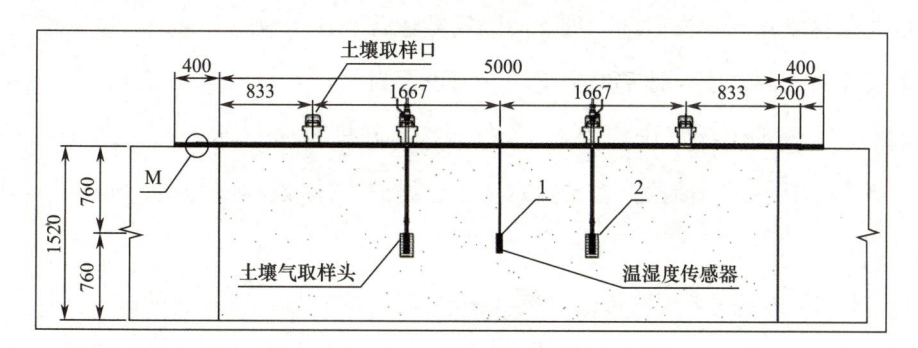

图 7.10 原位厌氧生物堆监测系统

为了监测生物堆中的土壤温度和水分含量,在原位厌氧生物堆建设过程中进行温湿度传感器建设。该原位厌氧生物堆设置 3 个温湿度监测点,监测点沿生物堆对角线分布,温湿度传感器埋深为 760 mm。

为了监测该原位厌氧生物堆中的 O_2、CO_2、目标污染物浓度及挥发性有机物含量,在原位厌氧生物堆建设过程中进行土壤气监测管道和监测探头布设。生物堆体设置 2 个土壤气监测点,通气滤头埋深为 760 mm。土壤气监测管道外径为 20 mm,内径为 15 mm,取样管顶部密封,只在抽气取样时打开。

生物堆体主体建设完成后,施工人员在原位厌氧生物堆表面开孔作为土壤取样口,并添加管帽,该取样口在取样时打开。土壤取样口的口径应为 63 mm,每个堆体设置

6个土壤取样口。

3）覆盖层

选用 2 mm 厚的 HDPE 膜对原位厌氧生物堆区域进行覆盖。覆盖膜平铺于生物堆体表面，并且外延至原位厌氧生物堆体外，以实现对生物堆体的完全覆盖。覆盖膜四周边缘处用混凝土密封压实，以实现对覆盖膜的固定。

7.4 生物堆运行与监控

7.4.1 生物堆运行控制

对于异位好氧-缺氧间歇生物堆，在建堆完成后，先在厌氧条件下运行一段时间，再在好氧条件下运行一段时间，如此间隔反复运行。在厌氧运行期间，生物堆上方覆盖层需要保持密封状态，顶部的覆盖层开窗也要封闭，并每天检查密封情况。在好氧运行期间，生物堆顶部打开通风阀门，气泵按照开机 30 min 然后关机 30 min 的方式循环运行。在好氧运行阶段，需要通过滴灌管网向生物堆喷洒营养液，以调节堆体内部环境。

异位好氧-厌氧间歇生物堆的好氧-厌氧阶段时间安排，以及通风量、营养液添加量的设计如表 7.5 所示。异位厌氧生物堆和原位厌氧生物堆在 30 d 的运行期内保持密闭状态，不添加营养液。

表 7.5 异位好氧-厌氧间歇生物堆的运行参数

运行阶段	阶段名称	阶段时长（d）	通风量（m^3/h）	营养液添加量（m^3/d）	备 注
1	厌氧	10	0	0	生物堆顶部通风阀门关闭，其他覆盖层也严格密封，并每天检查密封状态
2	好氧1	2	100	0.2	生物堆顶部通风阀门打开，气泵按照开机30 min然后关机30 min的方式循环运行
2	好氧2	2	200	0.3	
2	好氧3	1	100	0.5	
3	厌氧	10	0	0	生物堆顶部通风阀门关闭，其他覆盖层也严格密封，并每天检查密封状态

（续表）

运行阶段	阶段名称	阶段时长（d）	通风量（m³/h）	营养液添加量（m³/d）	备 注
4	好氧1	2	100	0.1	生物堆顶部通风阀门打开，气泵按照开机30 min然后关机30 min的方式循环运行
	好氧2	2	200	0.1	
	好氧3	1	100	0.1	

在异位好氧–厌氧间歇生物堆运行期间，需要通过滴灌管网（见图7.11）对堆体补充营养液，调节生物堆体内湿度和pH，并补充微生物所需要的营养物质（见表7.6）。另外，在实验期间，应根据含水率等过程监测数据，对基础配比进行适当调整。

图7.11　抽风管道及两位三通阀实物照片

表7.6　营养液基础配比

序　号	名　称	水投加量（g/m³）
1	葡萄糖	200
2	过磷酸钙	50
3	尿素	20
4	氯化钾	20
5	粉碎微生物有机肥过滤后的上清液	200
6	硫代硫酸钠	100
7	硫酸亚铁	100
8	醋酸丁酯	100
9	月桂基磷酸酯	20
10	鼠李糖脂	200
11	十二烷基硫酸钠	100
12	十二烷基苯磺酸钠	50

7.4.2 生物堆系统监测

7.4.2.1 在线监测

生物堆系统在运行过程中,通过预埋设在生物堆里的温湿度传感器、气体取样滤头和通风系统的测量仪表进行堆体工艺参数监测。直接监测指标包括风量、水量(见表7.7),以及温度、湿度、氧气、一氧化碳、二氧化碳、氮氧化物(NO_x)、甲烷、氧化还原电位等(见表7.8)。风量通过手持风速仪进行测量,水量通过水表进行控制。温度和湿度由同一台仪器监测,在监测时将仪器与预埋在生物堆中的温湿度传感器连接进行测量;氧气、一氧化碳、NO_x、二氧化碳、甲烷的测量,可通过手持测量仪器在生物堆上与生物堆中预留的气体取样口进行抽气测量;在测量氧化还原电位时,将探头直接插入生物堆中测量插入点的电位。

表 7.7 生物堆运行阶段风量和水量工艺参数监测频率

指 标	监测频率	
	第2阶段(第11~15天)	第4阶段(第26~30天)
风量	4次/每改变一次风量	4次/每改变一次风量
水量	4次/每改变一次水量	4次/每改变一次水量

表 7.8 生物堆运行阶段工艺参数监测频率

指 标	监测频率	
	第0~15天	第15~30天
温度	1次/天	1次/天
湿度	1次/天	1次/天
氧气	1次/天	1次/天
二氧化碳	1次/天	1次/天
甲烷	1次/天	1次/天
一氧化碳	1次/天	1次/天
氮氧化物	1次/天	1次/天
氧化还原电位	1次/天	1次/天

7.4.2.2 土壤采样监测

利用土壤取样钻在生物堆中钻取,取样后土壤取样口重新严密封闭。土壤气样品需要分别在废气处理设施之前和之后的取样口进行采集。土壤监测项目包括 TNT 浓度、pH、微生物菌群基因参数、重金属和无机物含量、挥发性有机物含量、半挥发性有机物含量和石油烃含量等,监测频率根据实验进程进行调整,土壤样品的保存按相关技术规范进行(见表 7.9、图 7.12)。

表 7.9 生物堆土壤污染物监测指标及频率

土壤监测指标	监测频率和样品数量		
	运行前	运行期间	运行结束
TNT浓度	1次	1次/5天 混合样5个/堆	1次
pH	1次 5个/堆	1次/月 5个/堆	1次 5个/堆
微生物菌群基因参数(细菌总数、微生物宏基因组)	1次 5个/堆	1次/月 5个/堆	1次 5个/堆
重金属和无机物含量 基本项目7项:砷、镉、六价铬、铜、铅、汞、镍 其他项目4项:锑、铍、钴、钒	1次 5个/堆	0次/月	1次 5个/堆
挥发性有机物含量 基本项目:四氯化碳、氯仿、氯甲烷、1,1-二氯乙烷、1,2-二氯乙烷、1,1-二氯乙烯、顺-1,2-二氯乙烯、反-1,2-二氯乙烯、二氯甲烷、1,2-二氯丙烷、1,1,1,2-四氯乙烷、1,1,2,2-四氯乙烷、四氯乙烯、1,1,1-三氯乙烷、1,1,2-三氯乙烷、三氯乙烯、1,2,3-三氯丙烷、氯乙烯、苯、氯苯、1,2-二氯苯、1,4-二氯苯、乙苯、苯乙烯、甲苯、间二甲苯+对二甲苯、邻二甲苯 其他项目:一溴二氯甲烷、溴仿、二溴氯甲烷、1,2-二溴乙烷	1次 5个/堆	0次/月	1次 5个/堆
半挥发性有机物含量 基本项目:硝基苯、苯胺、2-氯酚、苯并(a)蒽、苯并(a)芘、苯并(b)荧蒽、苯并(k)荧蒽、䓛、二苯并(a,h)蒽、茚并(1,2,3-cd)芘、萘 其他项目:六氯环戊二烯、2,4-二硝基甲苯、2,4-二氯酚、2,4,6-三氯酚、2,4-二硝基酚、五氯酚、邻苯二甲酸二(2-乙基己基)酯、邻苯二甲酸丁苄酯、邻苯二甲酸二正辛酯、3,3-二氯联苯胺	1次 5个/堆	0次/月	1次 5个/堆
石油烃含量(C10~C40)	1次 5个/堆	0次/月	1次 5个/堆

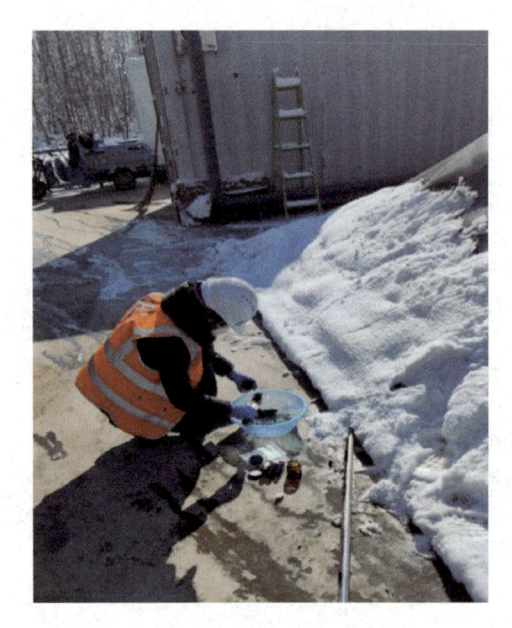

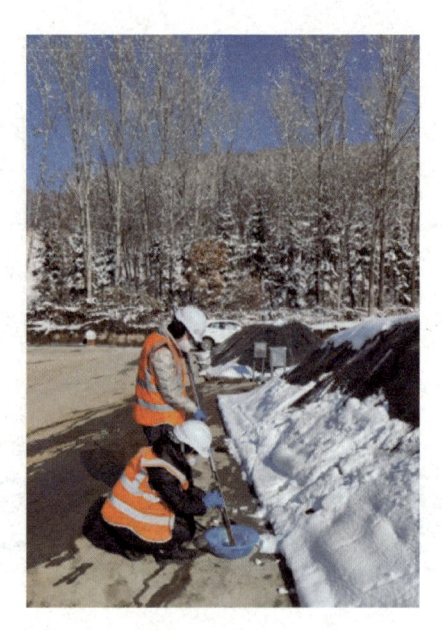

图7.12 炸药污染土壤的生物堆修复中试试验

7.4.2.3 土壤气监测

土壤气监测项目为挥发性有机物和半挥发性有机物，包括 TNT、硝基苯、苯胺、苯、甲苯、二甲苯和非甲烷总烃，监测频率为 1 次 / 月。对同一个生物堆体，应在一次土壤气监测中分别采集进入废气处理设施之前和之后的气体样品。进入废气处理设施之前的气体样品在抽气干管上的取样口采集，进入废气处理设施之后的气体样品在废气排放烟筒的取样口采集。

7.4.3 生物堆运行数据分析

7.4.3.1 低浓度污染土生物堆实验组

低浓度污染土生物堆实验组堆体 2-DHB、3-DHC 的温度在生物堆运行第 1～11 天升高明显，堆体 2-DHB 温度在运行第 11 天达到最高温度 41.6℃之后，呈现轻微降低趋势，并在 40℃上下浮动。堆体 3-DHC 的温度，在运行第 1～10 天呈现显著升高趋势，在运行第 10 天后升高速度放缓，并在运行第 22 天达到最高温度 54℃；运行 22 天后，堆体温度稳定在 50℃内浮动。堆体 1-DHA、4-DHN 的温度无明显变化，堆体 1-DHA 的温度在 11.23～15.53℃内浮动，堆体 4-DHN 的温度在 7.87～13.07℃内浮动。异位厌氧生物堆体 13-DYC 的温度整体呈现逐步升高达到峰值后缓慢降低趋势，并在区间内小幅波动（见图 7.13）。

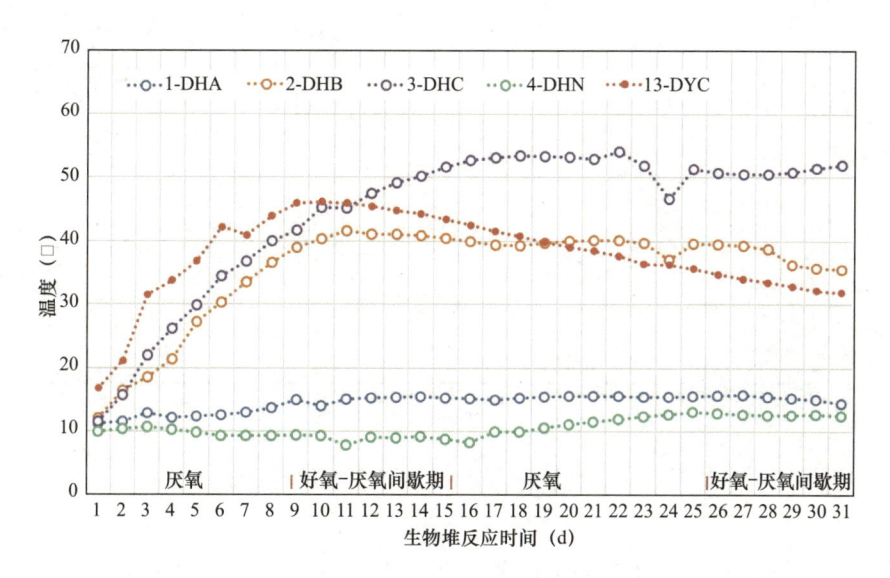

图7.13　低浓度污染土生物堆实验组温度变化

异位好氧-厌氧间歇生物堆 2-DHB、3-DHC 的温度在开始运行后有明显升高，可以推测第 1 个厌氧运行阶段堆体内部发生反应，并明显放热；运行第 11～15 天处于好氧运行阶段，对堆体抽气并添加营养液，期间受通风和营养液添加影响，3-DHC 堆体温度升高速度减缓，2-DHB 堆体温度轻微降低。厌氧实验组 13-DYC 堆体温度在运行第 1～10 天超过 20℃之后，始终保持高于 20℃；堆体加热系统自动化控制，当堆体温度低于 20℃时自动开启，当堆体温度超过 20℃时自动关闭。堆体 2-DHB、3-DHC、13-DYC 的温度长期明显高于 20℃，且现场气温在运行期间已低于 20℃。因此，堆体温度变化主要来源于内部反应放热，推测堆体 2-DHB、3-DHC、13-DYC 在运行周期内始终有活跃的微生物活动。

低浓度污染土生物堆实验组的湿度呈现基本稳定略有波动的趋势（见图 7.14）。在异位好氧-厌氧间歇运行条件下，堆体 3-DHC、2-DHB 的湿度在前期小幅度浮动后，维持在 100% 左右；堆体 1-DHA 的湿度除极值外，在 48%～64% 小幅度浮动；无添加的生物堆 4-DHN 的湿度维持在 28%～35%。异位厌氧生物堆 13-DYC 的湿度稳定在96%~100%内浮动。

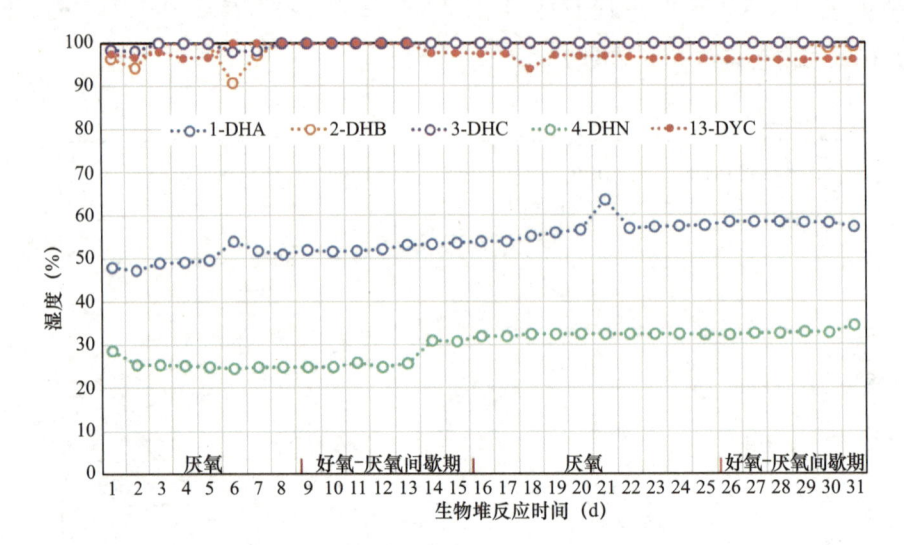

图7.14 低浓度污染土生物堆实验组湿度变化

低浓度污染土生物堆实验组关注污染物TNT的浓度在堆体1-DHA、2-DHB、3-DHC、4-DHN、13-DYC中均呈现整体下降趋势（见图7.15），个别点位的TNT浓度后期超过初始浓度，这可能与污染分布不均匀有关。

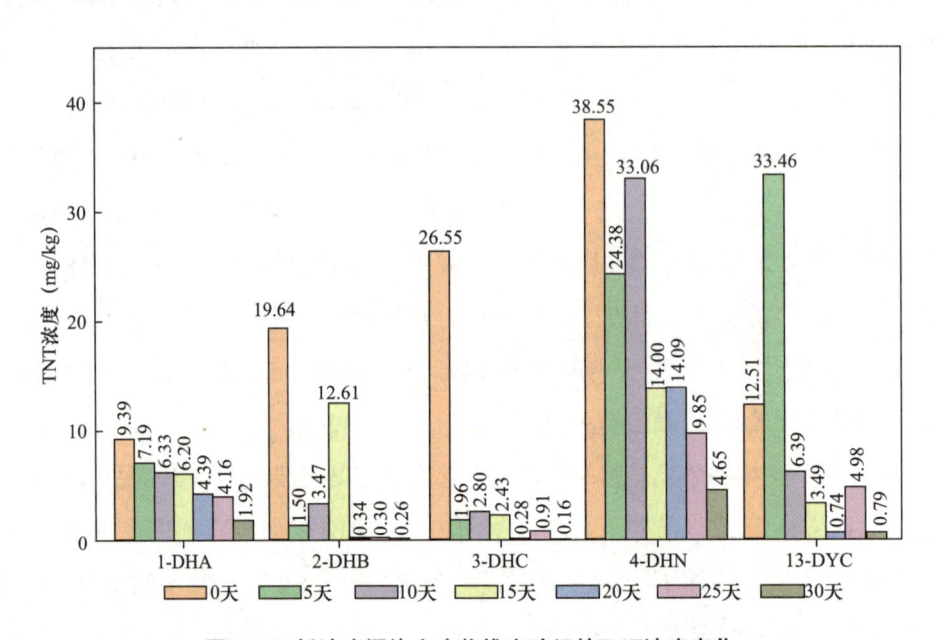

图7.15 低浓度污染土生物堆实验组的TNT浓度变化

关注污染物 TNT 的去除率为 79.48%～99.38%（见表 7.10）。低浓度污染土生物堆实验组中 C 配比生物堆，在好氧-厌氧间歇运行条件（3-DHC）和厌氧运行条件下（13-DYC）均具有较高的污染物 TNT 去除率，在好氧-厌氧间歇运行条件下 TNT 去除率高达 99.38%，在厌氧运行条件下 TNT 去除率约为 93.70%，异位好氧-厌氧间歇生物堆 C 配比的 TNT 去除率优于厌氧生物堆。B 配比生物堆（2-DHB）的 TNT 去除率约为 98.67%。在好氧-厌氧间歇运行条件下，A 配比生物堆（1-DHA）的 TNT 去除率约为 79.48%。

表 7.10 低浓度污染土生物堆实验组 TNT 的去除率

生物堆编号	1-DHA	2-DHB	3-DHC	4-DHN	13-DYC
TNT 去除率	79.48%	98.67%	99.38%	87.93%	93.70%

7.4.3.2 中浓度污染土生物堆实验组

在中浓度污染土生物堆实验组中，堆体 5-ZHA 的温度在第 1～10 天逐步升高，运行第 10 天温度轻微降低后继续升高，最终在运行第 20 天时达到最高温度 34℃。堆体 6-ZHB、7-ZHC 的温度在运行第 1～11 天升高明显。堆体 6-ZHB 的温度于运行第 11 天开始升高放缓，并于运行第 17 天左右达到最高温度 56.5℃，之后呈现下降趋势。堆体 7-ZHC 的温度于运行第 7 天开始升高放缓。堆体 8-ZHN 的温度呈现平稳下降趋势，在 12～16℃范围内上下浮动。异位厌氧生物堆体 14-ZYA、15-ZYN 的温度呈现缓慢上升趋势并小幅度波动。在厌氧运行条件下，原位生物堆体 17-ZYA 的温度整体在 4～10℃范围内波动（见图 7.16）。

通过中浓度污染土生物堆体温度变化可判断，堆体 5-ZHA、6-ZHB 和 7-ZHC 自运行第 1 天厌氧周期开始就发生反应并产生热量，其中，堆体 6-ZHB、7-ZHC 温度升高更为明显，发生反应的程度较堆体 5-ZHA 更强烈。此外，堆体 5-ZHA、6-ZHB、7-ZHC 在运行第 10 天左右出现温度降低或升高趋势放缓等现象，与好氧运行期间的抽气通风和营养液添加有关，其中，堆体 7-ZHC 受好氧运行阶段抽风通气的影响较为明显。堆体 14-ZYA 的温度自运行第 16 天起超过 20℃并稳步升高，表明该堆体内部发生了生物反应但并不强烈。堆体 15-ZYN 的温度在 10～17℃范围内小幅度浮动并呈现上升趋势，表明堆体内部状态较为稳定。在厌氧运行条件下，原位生物堆体 17-ZYA 的温度整体在 4～10℃范围内波动，表明堆体内部的生物活动不明显。

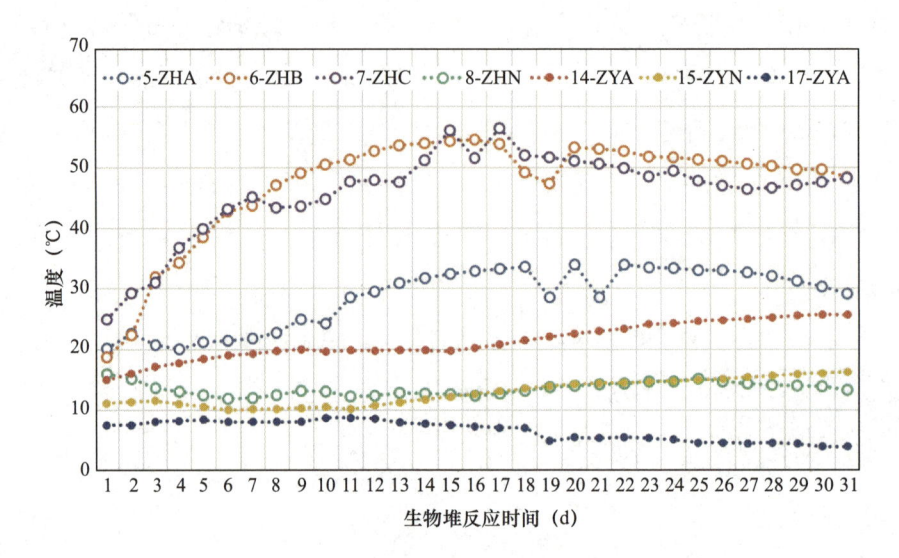

图7.16　中浓度污染土生物堆实验组温度变化

中浓度污染土生物堆实验组的湿度在实验期间基本稳定而略有波动。在好氧-厌氧间歇运行条件下，堆体 5-ZHA 湿度呈现稳定上升趋势后有轻微下降；堆体 6-ZHB 的湿度在运行期间保持在 100%；堆体 7-ZHC 的湿度增大至 100% 后，在运行第 15 天开始下降。堆体 8-ZHN 的湿度于运行 12 天后上升，在运行第 17 天左右下降，与堆体好氧运行阶段的加水周期吻合。在异位厌氧运行条件下，堆体 14-ZYA 的湿度呈现波动上升趋势，自 76.4% 上升至 92.07%。堆体 15-ZYN 的湿度在运行第 1～28 天在 23%～30% 内波动，在运行第 29～31 天上升至约 39.27%。在厌氧运行条件下，原位生物堆体 17-ZYA 的湿度从 42% 缓慢下降到 35.7%（见图 7.17）。中浓度污染土生物堆实验组，关注污染物 TNT 浓度在堆体 5-ZHA、6-ZHB、7-ZH、8-ZHN、14-ZYA、15-ZYN 中均呈现下降趋势（见图 7.18）。

在中浓度污染土生物堆实验组中，TNT 去除率为 31.80%～98.70%（见表 7.11）。C 配比生物堆的 TNT 去除率最高，为 98.70%。B 配比生物堆的 TNT 去除率为 97.49%。在 A 配比异位好氧-厌氧间歇生物堆中，污染物 TNT 的去除率为 91.37%；在厌氧运行条件下，A 配比生物堆中污染物 TNT 的去除率为 80.09%；异位好氧-厌氧间歇生物堆的 TNT 去除率要优于厌氧生物堆。

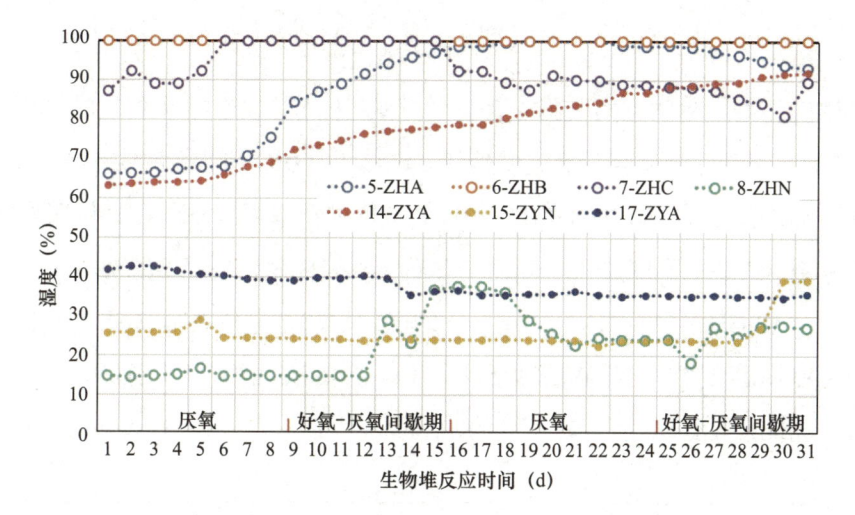

图7.17 中浓度污染土生物堆实验组湿度变化

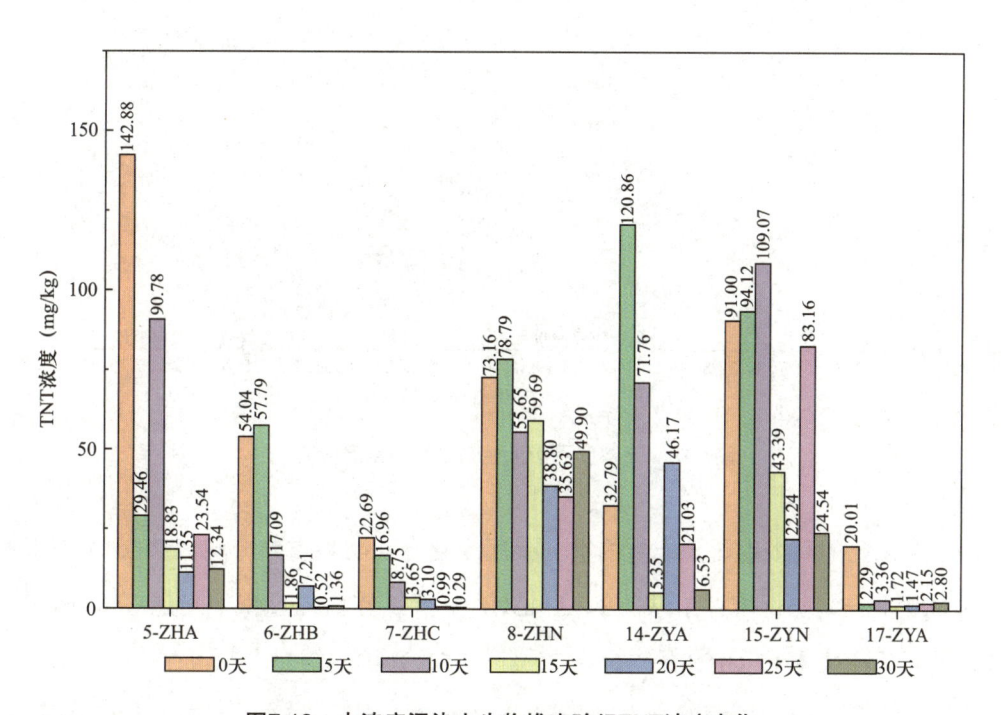

图7.18 中浓度污染土生物堆实验组TNT浓度变化

表7.11 中浓度污染土生物堆实验组去除率

生物堆编号	5-ZHA	6-ZHB	7-ZHC	8-ZHN	14-ZYA	15-ZYN
TNT去除率	91.37%	97.49%	98.70%	31.80%	80.09%	73.04%

7.4.3.3　高浓度污染土生物堆实验组

在高浓度污染土生物堆实验组中，异位好氧–厌氧间歇生物堆 9-GHA、10-GHB、11-GHC 的温度呈现逐步升高后稳定的趋势。堆体 11-GHC 的温度曲线变化较为明显。堆体 12-GHN 的温度在运行期间在 12～14℃范围内小幅度波动。在异位厌氧运行条件下，堆体 16-GYD 的温度整体呈现逐步升高达到峰值后缓慢降低趋势（见图 7.19）。堆体 9-GHA、10-GHB、11-GHC、16-GYD 的温度均超过电伴热带关闭温度 20℃，这表明 4 个堆体在运行过程中生物活动活跃。堆体 11-GHC 的温度波动最为明显，说明其堆体内反应最为强烈。

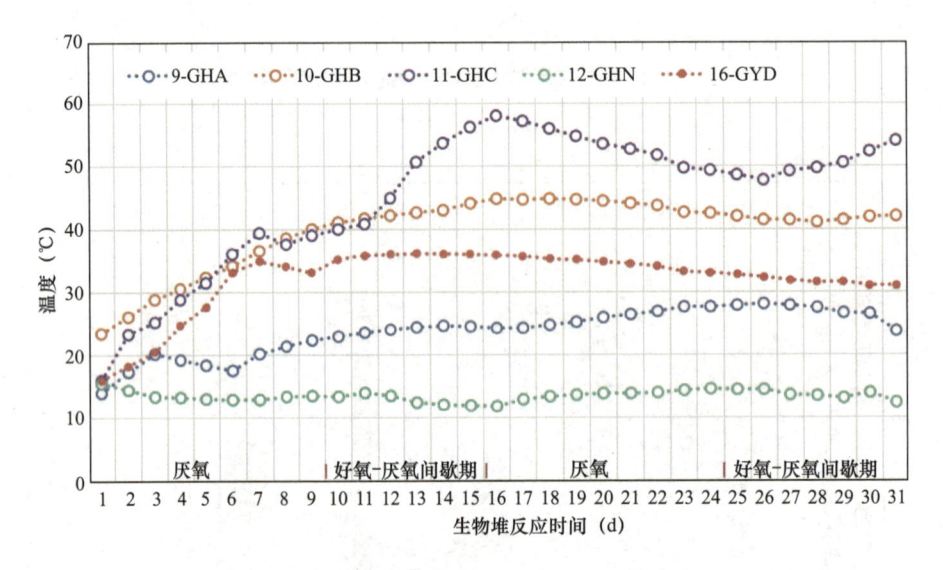

图7.19　高浓度污染土生物堆实验组温度变化

不同配比的高浓度污染土生物堆的湿度变化存在明显差异。堆体 9-GHA 的湿度整体呈现上升趋势；堆体 10-GHB、11-GHC 的湿度在监测过程中稳定在 100%，仅有轻微波动；堆体 12-GHN 的湿度在 20%～25% 范围内缓慢上升。在异位厌氧运行条件下，堆体 16-GYD 的湿度自开始运行的 76.4% 上升至 95% 左右，并保持稳定；自第 22 天开始，堆体 16-GYD 的湿度呈现轻微下降趋势（见图 7.20）。

在高浓度污染土生物堆实验组中，关注污染物 TNT 的浓度在堆体 9-GHA、10-GHB、11-GHC 中均呈现下降趋势，而堆体 12-GHN、16-GYD 中的 TNT 浓度呈现先下降后略上升趋势（见图 7.21）。TNT 去除率介于 29.00%～66.35%（见表 7.12）。在高浓

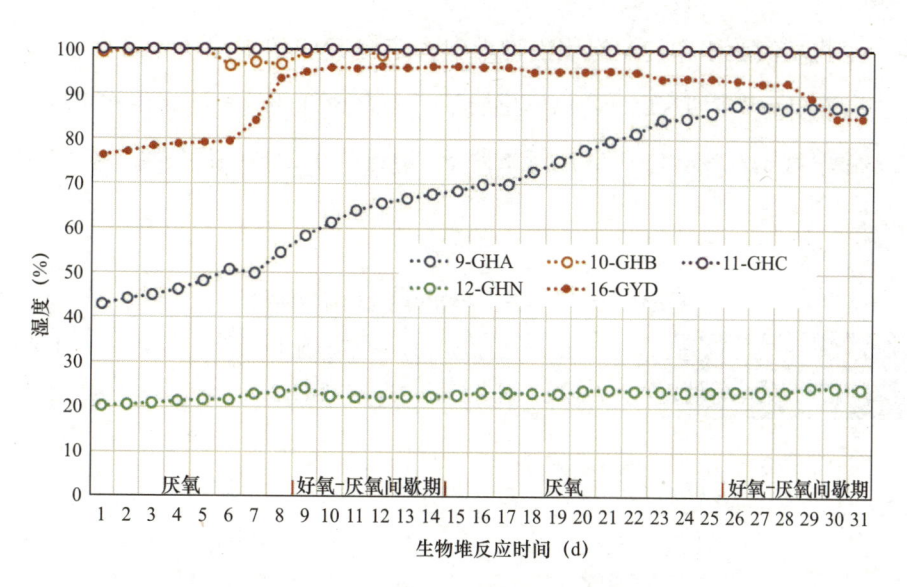

图7.20　高浓度污染土生物堆实验组湿度变化

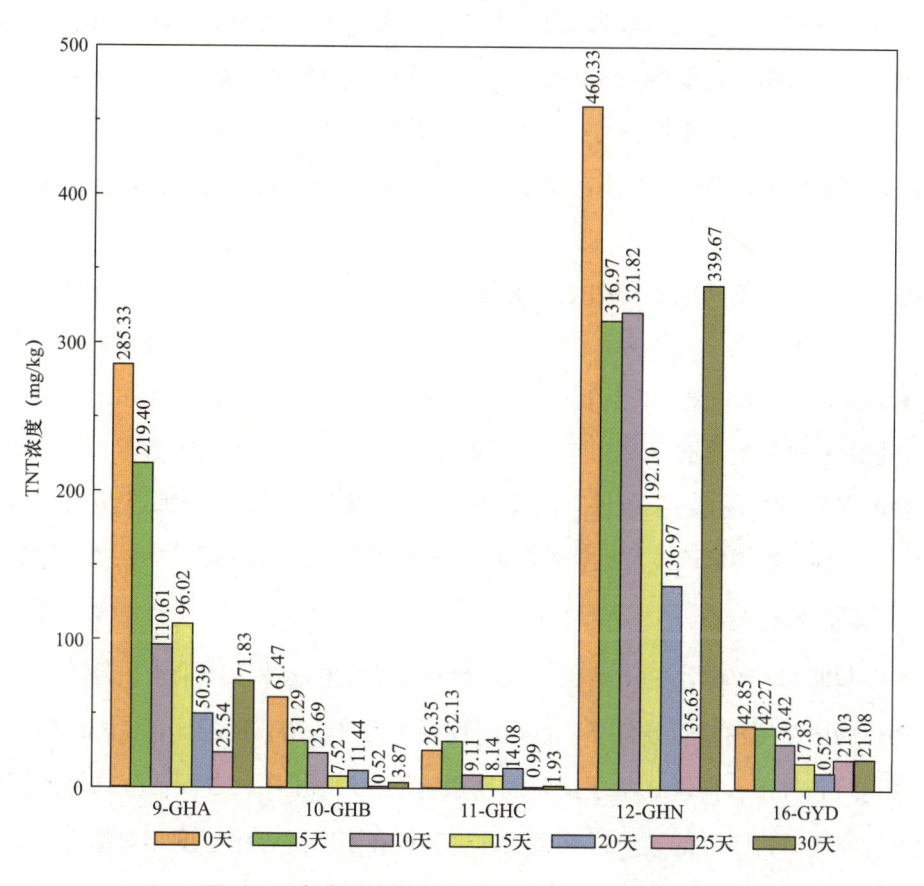

图7.21　高浓度污染土生物堆实验组TNT浓度变化

度污染土生物堆实验组中，A 配比生物堆中污染物 TNT 的去除率最高，为 66.35%；C 配比生物堆中污染物 TNT 的去除率位居第二，为 65.43%；B 配比生物堆中污染物 TNT 的去除率为 61.47%。在厌氧运行条件下，D 配比生物堆中污染物 TNT 的去除率为 29.00%。

表 7.12　高浓度污染土生物堆实验组 TNT 去除率

生物堆编号	9-GHA	10-GHB	11-GHC	12-GHN	16-GYD
TNT 去除率	66.35%	61.47%	65.43%	36.21%	29.00%

7.4.3.4　总体对比分析

1）温度对比分析

在设计的 16 个生物堆中，12 个为异位好氧-厌氧间歇生物堆，4 个为厌氧生物堆。在 16 个生物堆中，4 个生物堆未添加生物质和化学药剂。添加了生物质和化学药剂的生物堆，在运行期间温度整呈现升高趋势；B 配比生物堆和 C 配比生物堆的温度均呈现先升高达到峰值后稳定的趋势；A 配比生物堆在低浓度好氧运行条件下和厌氧运行条件下，温度处于较为稳定状态。未添加生物质和化学药剂的生物堆温度均保持稳定，无明显波动。

生物堆在运行期间配置自动化控制电伴热带进行堆体加热、保温。当堆体温度低于 20℃时，电伴热带自动开启；当堆体温度高于 20℃时，电伴热带自动关闭。通过温度监测结果可知，B 配比、C 配比、D 配比的高、中、低 3 种浓度的污染土好氧-厌氧间歇生物堆和厌氧生物堆均发生较为强烈的反应。在好氧-厌氧间歇运行条件下，A 配比生物堆在高、中浓度污染条件下的反应较在低浓度污染条件下的反应更为强烈。原位生物堆的温度整体低于异位生物堆，并且波动幅度较小，说明其生物活性较低。

2）湿度对比分析

在实验期间，A 配比生物堆在好氧运行的中浓度和高浓度污染土条件下，以及在厌氧运行的中浓度污染土条件下，湿度呈现逐步上升趋势；B 配比、C 配比的生物堆在不同运行条件下，湿度在整个运行周期稳定于 100% 上下；D 配比生物堆的湿度呈现上升稳定之后再下降的趋势；无添加的生物堆在运行过程中湿度相对稳定，仅伴随轻微波动，这与加水有关。影响堆体湿度的过程包括好氧运行阶段营养液的添加和抽气通风,以及生物堆内的微生物代谢。

3) TNT 去除效果对比分析

在 A、B、C 配比和无添加的生物堆中,经过运行 TNT 浓度均呈现下降趋势。C 配比生物堆在低浓度、中浓度污染土实验组中 TNT 去除率均最高,但在高浓度污染土实验组中 TNT 去除率略低于 A 配比生物堆。B 配比生物堆在低浓度和中浓度污染土实验组中,污染物 TNT 去除率仅次于 C 配比生物堆,居第二位;在高浓度污染土实验组中,B 配比生物堆的 TNT 去除率低于 A 配比生物堆和 C 配比生物堆的 TNT 去除率。A 配比生物堆在不同污染浓度的污染土实验组中 TNT 去除率差异较大。在低浓度污染土实验组中,A 配比生物堆的 TNT 去除率低于其他所有配比生物堆。在高浓度污染土实验组中,A 配比生物堆的 TNT 去除率最高,A 配比生物堆对 TNT 的去除潜力较大。在高浓度污染土实验组中,D 配比生物堆的 TNT 去除率最低,修复效果较差。C 配比、A 配比生物堆在同浓度污染条件下,在好氧-厌氧间歇运行条件下的 TNT 去除率高于在厌氧运行条件下的 TNT 去除率。

7.5 生物堆修复效果评估

7.5.1 修复效果评估方法

根据《污染地块风险管控与土壤修复效果评估技术导则》(HJ 25.5—2018)[14] 的原则和技术要求,采用逐一对比和统计分析的方法对土壤修复效果进行评估。

(1) 评估单个生物堆的修复效果,将该生物堆的土样检测值与修复目标值逐个对比:①若土样检测值低于或等于修复目标值,则认为达到修复效果;②若土样检测值高于修复目标值,则认为未达到修复效果。

(2) 评估曝气方式、污染物浓度、堆体成分配比模式下的污染物去除效果,当相应的土样数量≥8 个时,可采用统计分析方法进行修复效果评估。一般采用土样检测均值的 95% 置信上限与修复目标值进行比较,下述条件全部符合方可认为达到修复效果:①土样检测均值的 95% 置信上限小于等于修复目标值;②土样中污染物浓度最大值不超过修复目标值的 2 倍。

7.5.2　修复效果评估数据分析

7.5.2.1　污染土壤修复效果评估

（1）在低浓度异位好氧–厌氧间歇生物堆实验组中，第 0 天时 TNT 污染物浓度均高于修复目标值（7.2 mg/kg），A 配比生物堆（1-DHA）、C 配比生物堆（3-DHC）在第 15 天开始即可满足低浓度 TNT 污染物修复目标值 7.2 mg/kg；B 配比生物堆（2-DHB）在第 15 天仍不能满足低浓度 TNT 污染物修复目标值；第 30 天，A、B、C 配比生物堆中 TNT 污染物浓度均可达到修复目标值；对照组 N（4-DHN）在第 15 天不满足低浓度 TNT 污染物修复目标值，但在第 30 天时可满足低浓度 TNT 污染物修复目标值。从第 30 天的最终修复效率来看，TNT 去除率依次为 3-DHC > 2-DHB > 1-DHA > 4-DHN。

（2）在中浓度异位好氧–厌氧间歇生物堆实验组中，B 配比生物堆（6-ZHB）、C 配比生物堆（7-ZHC）实验组在第 15 天均可满足低浓度 TNT 污染物修复目标值 7.2 mg/kg；A 配比生物堆（5-ZHA）实验组在第 15 天可满足中浓度 TNT 污染物修复目标值（79 mg/kg），但不能满足低浓度 TNT 污染物修复目标值。第 30 天，A、B、C 配比生物堆均可达到相应的修复目标值，对照组 N（8-ZHN）第 30 天仍未达到相应的修复目标值。从第 30 天的最终修复效率来看，TNT 去除率依次为 7-ZHC > 6-ZHB > 5-ZHA > 8-ZHN。

（3）在高浓度异位好氧–厌氧间歇生物堆实验组中，B 配比生物堆（10-GHB）、C 配比生物堆（11-GHC）实验组在第 15 天不满足低浓度 TNT 污染物修复目标值，但在第 30 天可以达到低浓度 TNT 污染物的修复目标值 7.2 mg/kg；A 配比生物堆（9-GHA）实验组在第 15 天达到了高浓度 TNT 污染物的修复目标值（79 mg/kg）；第 30 天，A、B、C 配比生物堆均可达到修复目标值，而对照组 N（12-GHN）难以达到高浓度 TNT 污染物的修复目标值。从第 30 天的最终修复效率来看，TNT 去除率依次为 11-GHC > 10-GHB > 9-GHA > 12-GHN。

（4）在异位厌氧生物堆处理组中，C 配比生物堆（13-DYC）第 15 天可满足低浓度 TNT 污染物的修复目标值，而 A 配比生物堆（14-ZYA）实验组在第 30 天仍无法达到低浓度 TNT 污染物的修复目标值，而无添加剂的对照组（15-ZYN）在第 30 天时未达到中浓度 TNT 污染物的修复目标值；D 配比生物堆（16-GYD）实验组在第 30 天时不满足低浓度 TNT 污染物的修复目标值。在原位厌氧生物堆（17-ZYA）实验组中，第 15 天即可达到低浓度 TNT 污染物的修复目标值。从第 30 天的最终修复效率来看，TNT 去除率从高到低依次为 13-DYC > 17-ZYA > 14-ZYA > 15-ZYN（见表 7.13）。

表 7.13 污染土壤生物堆修复后 TNT 去除效果评估

生物堆编号	TNT（mg/kg）			修复目标值	去除率	评价结论
	第 0 天	第 15 天	第 30 天			
1-DHA	10.57	5.387	1.844	7.2 mg/kg	82.55%	P
2-DHB	16.61	10.576	0.278		98.32%	P
3-DHC	24.59	2.864	0.175		99.28%	P
4-DHN	37.97	13.998	6.523		82.8%	P
5-ZHA	122.24	16.133	10.727	79 mg/kg	91.22%	P
6-ZHB	46.49	1.748	1.301	7.2 mg/kg	97.2%	P
7-ZHC	94.44	3.145	0.311		99.67%	P
8-ZHN	93.02	57.461	45.28		51.32%	O
9-GHA	242.28	92.688	62.59	79 mg/kg	74.16%	P
10-GHB	60.23	11.51	5.334	7.2 mg/kg	91.14%	P
11-GHC	42	13.183	2.276		94.58%	P
12-GHN	471.53	175.967	506.8	79 mg/kg	—	O
13-DYC	11.33	3.068	0.907	7.2 mg/kg	91.99%	P
14-ZYA	29.05	10.549	8.18		71.84%	O
15-ZYN	88.47	38.151	26.1		70.5%	O
16-GYD	44.77	18.197	18.95		57.67%	O
17-ZYA	17.895	1.608	2.566		85.66%	P

（5）参考《军事污染场地风险评估技术导则》，2,6-DNT、2,4-DNT、4-ADNT、2-ADNT、RDX 的筛选值分别为 1.5 mg/kg、7.4 mg/kg、110 mg/kg、110 mg/kg、38 mg/kg。根据检测结果，2,6-DNT、2,4-DNT 及 RDX 炸药污染物含量均未超过各自的筛选值（见表 7.14），环境风险和人体健康风险较低，符合修复效果验收要求。

表 7.14　污染土壤生物堆修复后其他炸药化合物去除效果评估

生物堆编号	2,6-DNT（mg/kg）	2,4-DNT（mg/kg）	4-ADNT（mg/kg）	2-ADNT（mg/kg）	RDX（mg/kg）
修复筛选值	1.5	7.4	110	110	38
1-DHA	0.05	0.07	0.72	0.87	4.28
2-DHB	0.04	0.07	0.25	0.27	1.84
3-DHC	0.08	0.10	0.19	0.20	1.81
4-DHN	0.05	0.10	2.70	3.28	8.18
5-ZHA	0.05	0.08	4.99	19.47	3.43
6-ZHB	0.10	0.10	0.85	1.33	1.53
7-ZHC	0.08	0.11	0.34	0.34	2.79
8-ZHN	0.09	0.35	24.81	36.57	7.41
9-GHA	0.05	0.09	14.69	33.75	36.89
10-GHB	0.10	0.07	2.01	3.69	7.27
11-GHC	0.23	0.08	1.66	2.72	6.09
12-GHN	0.22	0.73	17.38	26.07	16.61
13-DYC	0.91	0.15	0.80	0.95	2.74
14-ZYA	0.06	0.09	2.08	5.27	3.91
15-ZYN	0.09	0.22	10.92	15.24	28.08
16-GYD	0.26	0.27	19.96	34.57	5.30
17-ZYA	0.04	0.05	2.49	5.86	8.16

7.5.2.2　渗滤液效果评估

对比《污水综合排放标准》(GB 8978—1996) 三级标准和《地表水环境质量标准》(GB 3838—2002) V类水质标准，污染土壤生物堆修复30天后，渗滤液中铜、汞、镉、铬、铅、锰等重金属含量均超过对应的国家标准（见表7.15）。弹药销毁场土壤中往往存在严重的重金属污染，因为弹药销毁场内常年处理炸药，所以生物堆渗滤液中重金属超标。

表 7.15　污染土壤生物堆修复30天后渗滤液中重金属含量

生物堆编号	铜（mg/L）	铅（mg/L）	镉（mg/L）	铬（mg/L）	锰（mg/L）	锑（mg/L）	镁（mg/L）	汞（mg/L）
1-DHA	38.84	14.13	0.12	1.53	32.38	18.45	196	0.0049
2-DHB	36	2.64	0.24	0.63	27.16	2.15	195	0.00156
3-DHC	39.11	18.83	0.39	2.99	25.15	15.11	758	0.00209
4-DHN	34.52	2.57	0.17	1.01	26.47	2.56	826	0.00215
5-ZHA	37.03	0.15	0.32	1.45	32.37	0.29	1.63×10^3	0.00053

（续表）

生物堆编号	铜(mg/L)	铅(mg/L)	镉(mg/L)	铬(mg/L)	锰(mg/L)	锑(mg/L)	镁(mg/L)	汞(mg/L)
6-ZHB	36.42	12.25	0.33	1.34	29.79	16.49	939	0.0019
7-ZHC	41.38	0.11	0.18	1.52	29.71	0.2	719	0.00175
8-ZHN	29.78	2.24	0.12	0.44	29.47	1.36	736	0.0018
9-GHA	35.17	0.23	0.13	1.3	26.37	0.12	882	0.00234
10-GHB	29.75	12.73	0.33	1.77	31.55	13.42	559	0.00319
11-GHC	42.76	17.28	0.15	1.53	26.22	11.41	992	0.00309
12-GHN	35.65	0.12	0.24	0.63	28.14	0.19	217	0.00153
13-DYC	31.03	0.14	0.2	1.93	32.78	0.14	197	0.0021
14-ZYA	31.18	0.26	0.36	1.77	31.56	0.21	141	0.00325
15-ZYN	30.28	0.63	0.31	1.44	29.25	0.61	771	0.00221
16-GYD	23.15	0.66	0.29	0.63	27.95	0.72	400	0.00492
17-ZYA	29.5	1.12	0.29	1.06	23	3.2	910	0.00154
GB 8978—1996（三级标准）	2.0	1.0	0.1	1.5	5.0	—	—	0.05
GB 3838—2002（Ⅴ类）	1.0	0.1	0.01	0.1	0.1	—	—	0.001

7.5.2.3 废气效果评估数据分析

以《大气污染物综合排放标准》（GB 16297—1996）中规定的非甲烷总烃排放标准150 mg/m³为限值，对比分析结果表明异位好氧–厌氧间歇生物堆尾气中的总挥发性有机物（TVOCs）均未超过排放标准（见表7.16），不会对周边环境产生不利影响。

表7.16 异位好氧–厌氧间歇生物堆尾气中的总挥发性有机物（TVOCs）的排放浓度

生物堆编号	第0天（mg/m³）	第15天（mg/m³）	
1-DHA	10.3	14.5	
2-DHB	13	13.3	
3-DHC	14.8	13.2	
4-DHN	—	—	
5-ZHA	8.16	9.29	《大气污染物综合排放标准》（GB 16297—1996）中非甲烷总烃排放标准150 mg/m³
6-ZHB	10.2	12.3	
7-ZHC	20.4	12.5	
8-ZHN	11.5	—	
9-GHA	8.43	9.5	
10-GHB	8.88	15.5	
11-GHC	22.1	23.5	

7.5.3 修复效果评估结论

在低浓度异位好氧–厌氧间歇生物堆实验组中，第 0 天时 TNT 污染物的浓度均高于修复目标值 7.2 mg/kg，A 配比、C 配比生物堆（1-DHA、3-DHC）第 15 天开始即可满足修复目标值，B 配比生物堆（2-DHB）第 15 天仍不满足低浓度 TNT 污染物修复目标值，第 30 天 A、B、C 配比生物堆均可达到修复目标值。对照组 N（4-DHN）第 15 天不满足低浓度 TNT 污染物修复目标值，但在第 30 天时可满足低浓度 TNT 污染物修复目标值 7.2 mg/kg。在中浓度异位好氧–厌氧间歇生物堆实验组中，B 配比生物堆（6-ZHB）、C 配比生物堆（7-ZHC）第 15 天均可满足低浓度 TNT 污染物修复目标值 7.2 mg/kg，A 配比生物堆（5-ZHA）实验组第 15 天可满足中浓度 TNT 污染物修复目标值 79 mg/kg，第 30 天 A、B、C 配比生物堆均可达到相应的修复目标值，而对照组 N（8-ZHN）第 30 天仍未达到相应的修复目标值。在高浓度异位好氧–厌氧间歇生物堆实验组中，B 配比生物堆（10-ZHB）、C 配比生物堆（11-ZHC）实验组第 15 天不满足低浓度 TNT 污染物修复目标值，但第 30 天可以达到修复目标值 7.2 mg/kg；A 配比生物堆（9-ZHA）实验组第 15 天可满足高浓度 TNT 污染物修复目标值 79 mg/kg；第 30 天，A、B、C 配比生物堆均可达到 TNT 污染物修复目标值，而对照组 N（12-GHN）难以达到高浓度 TNT 污染物的修复目标值 79 mg/kg。从第 30 天的最终修复效率来看，异位好氧–厌氧间歇生物堆修复效率从高到低为 C 配比 > B 配比 > A 配比 > 对照组。

在异位厌氧生物堆实验组中，C 配比生物堆（13-DYC）实验组第 15 天可满足低浓度 TNT 污染物修复目标值 7.2 mg/kg，而 A 配比生物堆（14-ZYA）实验组在第 30 天仍无法达到低浓度 TNT 污染物修复目标值 7.2 mg/kg，无添加剂的对照组（15-ZYN）在第 30 天时未达到中浓度 TNT 污染物修复目标值 79 mg/kg，D 配比生物堆（16-GYD）第 30 天未达到低浓度 TNT 污染物修复目标值 7.2 mg/kg。在原位厌氧生物堆（17-ZYA）处理组中，第 15 天即可达到低浓度 TNT 污染物修复目标值 7.2 mg/kg。从第 30 天的最终修复效率来看，各实验组修复效率从高到低依次为 C 配比 > A 配比（原位）> A 配比（异位）> 对照组 > D 配比。

参考《军事污染场地风险评估技术规范》中的土壤筛选值，生物堆修复后 2,6-DNT、2,4-DNT、4-ADNT、2-ADNT、RDX 含量均未超过各自筛选值，环境风险和人体健康风险较低，满足修复效果验收要求。

渗滤液中铜、汞、镉、铬、铅、锰等重金属含量超过对应国家标准，与弹药销毁场重金属污染有关，但在实验过程中大部分生物堆体产生的渗滤液极少，即使产生了渗滤液，因为生物堆在建设过程采用"两布一膜"+混凝土的方式进行了防渗处理，并对少量渗滤液进行了定向定时收集和处置，所以对环境的影响较小。

在炸药污染土壤的生物堆修复过程中，废气中总挥发性有机物的排放符合国家相关标准，未对周边环境产生不利影响。

7.6 小结

本章设计了包括防渗地面、生物堆主体、抽气通风管网、保温系统、营养液配置及滴灌管网、监测系统、废气处理系统的生物堆修复系统，以生活污水处理厂污泥、猪粪、牛粪、玉米秸秆、尿素、有机肥等固相添加剂为原材料，开展了炸药污染土壤的生物堆修复技术验证与工艺优化。针对不同浓度的炸药污染土壤，控制生物堆的配比和工艺参数、反应时间，可稳定实现对土壤中 TNT、RDX 等多种炸药污染物及其中间降解产物的修复效果达标；对渗滤液、尾气进行有效处置，未对环境产生不利影响。炸药污染土壤的生物堆修复成本低，对污染物种类和浓度适应性强、效果可靠，处理土方量大，修复周期相对较短，对土壤结构和功能破坏小，工程化运营技术成熟，在炸药和其他含能化合物污染土壤的修复中有良好的应用前景。

军事科学院防化研究院：朱勇兵、董彬、聂果、赵三平
中环循环境技术有限责任公司：李东明
森特士兴环保科技有限公司：刘晶晶、邹惠
北京市科学技术研究院资源环境研究所：郭鹏

参考文献

[1] 姜林，钟茂生，夏天翔，等. 工业化规模生物堆修复焦化类 PAHs 污染土壤的效果 [J]. 环境工程学报，2012，6(05)：1669-1676.

[2] 中华人民共和国生态环境部. 污染土壤修复工程技术规范 生物堆（HJ 1283—2023）[S]. 2023.

[3] 王翔，王世杰，张玉，等. 生物堆修复石油污染土壤的研究进展 [J]. 环境科学与技术，2012，35(06)：94-99.

[4] 张传严，席北斗，张强，等. 堆肥在土壤修复与质量提升的应用现状与展望 [J]. 环境工程，2021，39(09)：176-186.

[5] REZAEI M R, ABDOLI M A, KARBASSI A R, et al. Bioremediation of TNT Contaminated Soil by Composting with Municipal Solid Wastes [J]. Soil Sediment Contamination, 2010, 19(4): 504-514.

[6] 张磊，张栋，展漫军，等. 模拟生物堆法处理硝基苯等有机污染土壤的研究 [J]. 环境科技，2015，28(06)：53-55.

[7] 孟欢，朱勇兵，王晴，等. 吉林某弹药销毁场土壤炸药污染调查及其赋存状态研究 [J]. 中国无机分析化学，2022，12(03)：31-39.

[8] ZHANG H, ZHU Y, WANG S, et al. Contamination characteristics of energetic compounds in soils of two different types of military demolition range in China [J]. Environmental Pollution, 2022, 295: 118654.

[9] 王哲. 典型地区土壤和沉积物有机污染物来源与分布特征 [D]. 合肥：中国科学技术大学，2015.

[10] ZHANG H, ZHU Y, WANG S, et al. Spatial-vertical variations of energetic compounds and microbial community response in soils from an ammunition demolition site in China [J]. Science of the Total Environment, 2023, 875: 162553.

[11] USEPA. Regional Screening Levels (RSLs) - Generic Tables [Z]. 2023.

[12] PROTECTION P D E. Soil Statewide Health Standard-MSCs for Organic Regulated Substances in Soil: Direct Contact Values [Z]. 2023.

[13] QUALITY N C D O E. Preliminary Soil Remediation Goals (PSRG) [Z]. 2023.

[14] 中华人民共和国生态环境部. 污染地块风险管控与土壤修复效果评估技术导则（HJ 25.5—2018）[S]. 2018.

名词和缩略语

A
暗场显微散射成像 / Dark-Field Microscopic Scattering Imaging

B
半数效应浓度 / Median Effective Concentration，EC_{50}
半数致死剂量 / Median Lethal Dose，LD_{50}
半数致死浓度 / Median Lethal Concentration，LC_{50}
半抑制浓度 / Median Inhibitory Concentration，IC_{50}
被动采样装置 / Passive Sampling Devices，PSD
不可提取态残留 / Non-Extractable Residue，NER
表面等离子共振 / Surface Plasmon Resonance，SPR
半挥发性有机物 / Semi-Volatile Organic Compounds，SVOCs

C
参考剂量 / Reference Dose，Rfd
差异表达基因 / Differentially Expressed Genes，DEGs
差异代谢物 / Differentially Expressed Metabolites，DEMs
超临界流体萃取 / Supercritical Fluid Extraction，SFE
超氧化物歧化酶 / Super-Oxide Dismutase，SOD
超氧阴离子 / Super-Oxide Anion，$\cdot O_2^-$

D

代谢组学 /Metabonomics

单脱氢抗坏血酸还原酶 6/ Monodehydroascorbate Reductase 6，MDHAR6

电感耦合等离子体–质谱仪 /Inductively Coupled Plasma Mass Spectrometry，ICP-MS

电子捕获检测器 / Electron Capture Detector，ECD

堆肥处理 /Composting

钝感炸药 /Insensitive Explosive

多环芳烃 / Polycyclic Aromatic Hydrocarbons，PAHs

多氯联苯 / Polychlorinated Biphenyls，PCBs

E

2,4,6-三氨基甲苯 /2,4,6-Triaminotoluene，2,4,6-TAT

2,4,6-三硝基苯甲硝胺 / 特屈儿 /2,4,6-Trinitrophenylmethylnitramine，Tetryl

2,4,6-三硝基甲苯 / 梯恩梯 /Trinitrotoluene，TNT

2,4-二氨基-6-硝基甲苯 /2,4-Diaminino-6-Nitrotoluene，2,4-DANT

2,4-二硝基苯甲醚 /2,4-Dinitroanisole，DNAN

2,4-二硝基苯 /2,4-Dinitrotoluene，2,4-DNT

2,6-二硝基苯 /2,6-Dinitrotoluene，2,6-DNT

20% 效应浓度 / The 20% Effect Concentration，EC_{20}

2-氨基-4,6-二硝基甲苯 /2-Amino-4,6-Dinitrotoluene，2-ADNT

2-羟氨基-4,6-二硝基甲苯 /2-Hydroxyamino-4,6-Dinitrotoluene，2-HADNT

二磷酸腺苷 / Adenosine Diphosphate，ADP

二硝基甲苯 / Dinitrotoluene，DNT

二硝基甲苯磺酸盐 / 2,4-Dinitrobenzenesulfonic Acid Sodium Salt，DNTs

二硝酰胺铵 / Ammonium Dinitroamide，$DNi-NH_4^+$

F

发光细菌毒性测试 /Microtox

分类操作单元 /Operational Taxonomic Unit，OUT

芬顿试剂 /Fenton Reagents

赋存状态 /Speciation

富集途径 / Enrichment Pathway

G

高级氧化 /Advanced Oxidation

高密度聚乙烯 / High-Density Polyethylene，HDPE
根际微生物 / Rhizospheric Microorganism
谷胱甘肽 / Glutathione，GSH
谷氨酸 / Glutamate
固相萃取 / Solid Phase Extraction，SPE
固相微萃取 / Solid Phase Microextraction，SPME
过氧化氢酶 / Catalase，CAT
过氧化物酶 / Peroxidase，POD
共轭物 / Conjugates

H

还原态烟酰胺腺嘌呤二核苷酸（NADH）脱氢酶 /Reducing Nicotinamide Adenine Dinucleotide (NADH) Dehydrogenase，NADH Dehydrogenase
烟酰胺腺嘌呤二核苷酸磷酸（NADPH）氧化酶 / Nicotinamide Adenine Dinucleotide Oxidase，NADPH Oxidase
含能材料 /Energetic Materials
含能化合物 /Energetic Compounds，ECs
亨利定律常数 / Henry's Law Constant，K_H
合成生物学 / Synthetic Biology
合成生态学 / Synthetic Ecology
宏基因组 /Metagenomes
环三亚甲基三硝铵 / 黑索金 /Cyclotrimethylene-Trinitramine，RDX
环四亚甲基四硝胺 / 奥克托金 /Cyclotetramethylenete-Tranitramine，HMX
挥发性有机物 / Volatile Organic Compounds，VOCs

J

基础代谢网络分析 /Basal Metabolic Network Analysis
季戊四醇四硝酸酯 / 太安 /Pentaerythritol Tetranitrate，PETN
加速溶剂萃取 /Accelerated Solvent Extraction，ASE
加压流体萃取 /Pressurized Liquid Extraction，PLE
结合态残留 /Bound Residue
京都基因和基因组数据库 /Kyoto Encyclopedia of Genes and Genomes，KEGG
决策单元–多点增量采样 /Decision-unit Multi-Increment Sampling，Du.-MIS

K

颗粒有机物 /Particulate Organic Matter，POM

可交换阳离子量 / Cation Exchange Capacity，CEC

L

老化 /Aging

临界胶束浓度 / Critical Micelle Concentration，CMC

零价铁 / Zero Valent Iron，ZVI，Fe^0

600 纳米波长光密度 / Optical Density at 600 nm，OD_{600}

六硝基六氮杂异伍兹烷 /Hexanitrohexaazaisowurtzitane，HNIW/CL-20

M

梅森海默络合物 /Meisenheimer Complex

美国环境保护署 / The US Environmental Protection Agency，USEPA

米氏散射 /Mie Scattering

美国毒物和疾病登记署 / Agency for Toxic Substances and Disease Registry，ATSDR

N

纳米零价铁 / Nano Zero Valant Iron，nZVI

N-甲基对硝基苯胺 / N-Methylamino-Nitrobenzene，nMNA

内生菌 /Endophyte

Q

气相色谱–微电子捕获检测 /GC-μECD

羟丙基-β-环糊精 / Hydroxypropyl-β-Cyclodextrin，HPβCD

蚯蚓积累因子 / Earthworm-Soil Accumulation Factor，ESAF

潜在缓冲容量 / Potential Buffering Capacity，PBC

R

热重–傅里叶变换红外联用分析 / Thermogravimetric-Fourier Transform Infrared Spectroscopy，TG-FTIR

人工湿地 / Constructed Wetlands

溶解态有机质 / Dissolved Organic Matter，DOM

冗余分析 /Re-Dundancy Analysis，RDA

瑞利散射 /Rayleigh Scattering

S

3-氨丙基三乙氧基硅烷 / 3-Aminopropyl Triethoxyssilane，APTES

3-硝基-1,2,4-三唑-5-酮/3-Nitro-1,2,4-Triazol-5-One，NTO

4-氨基-2,6-二硝基甲苯/4-Amino-2,6-Dinitrotoluene，4-ADNT

4-羟氨基-2,6-二硝基甲苯/4-Hydroxylamino-2,6-Dinitrotoluene，4-HADNT

三磷酸腺苷/Adenosine Triphosphate，ATP

三氨基甲苯/Toluene-2,4,6-Triyltriamine，2,4,6-TAT

四氯化碳吸附值/Carbon Tetrachloride Adsorption，CTA

三原色/Red Green Blue，RGB

烧失量/Loss on Ignition，LOI

生物标记物/Biomarker

生物刺激/Biostimulation

生物堆/Biopiling

生物富集因子/Bioconcentration Factors，BCF

生物泥浆反应器/Bio-slurry Reactor

生物强化/Bioaugmentation

生物修复/Biological Remediation

生物有效性/Bioavailability

生物可利用度/Bioavailability

十二烷基硫酸钠/Sodium Dodecylsulphate，SDS

十二烷基苯磺酸钠/Sodium Dodecyl Benzene Sulfonate，SDBS

水分散性黏土/Water Dispersible Clay，WDC

沙门氏菌回复突变实验/Salmonella Typhimurium Reverse Mutation Assay，Ames实验

渗透性反应墙/Permeable Reactive Barrier，PRB

T

土耕法/Land Farming

土壤有机质/Soil Organic Matter，SOM

土壤气相抽提/Soil Vapor Extraction，SVE

土–水分配系数/Soil-Water Distribution Coefficient，K_d

W

微波辅助萃取/Microwave-Assisted Extraction，MAE

微生物修复/Microbial Remediation

未爆弹药/Unexploded Ordnance，UXO

污染羽/Pollution Plume

无可观察效应浓度 / No Observed Effect Concentration，NOEC

5 日生化需氧量 / Five-Day Biochemical Oxygen Demand，BOD_5

X

吸附系数 / Adsorption Index，K_f

线性差异分析 / Linear Discriminant Analysis Effect Size，LEfSe

硝基胍 / Nitroguanidine，NQ

辛醇-水分配系数 / Octanol-Water Partition Coefficient，$logK_{ow}$

硝基自由基 / Nitro Radicals，$·NO_2^-$

Y

氧不敏感型 I 型硝基还原酶 / Oxygen-Insensitive Type I Nitroreductase，NfnA

氧化还原电位 / Oxidation-Reduction Potential，Eh

氧敏感型 II 型硝基还原酶 / Oxygen-Sensitive Type II Nitroreductase，NfnB

异位修复 / Ex Situ Remediation

有机碳 / Organic Carbon，OC

原位修复 / In Situ Remediation

阳离子交换容量 / Cation Exchange Capacity，CEC

Z

炸药 / Explosive

植物钝化 / Phytostabilization

植物挥发 / Phytovolatilization

植物降解 / Phytodegradation

植物生长促进 / Plant Growth-Promoting，PGP

植物提取 / Phytoextraction

植物修复 / Phytoremediation

（致癌）斜率因子 / Slope Factor，SF

主成分分析 / Principal Component Analysis，PCA

自然衰减 / Natural Attenuation

最低可观察效应浓度 / Lowest Observed Effect Concentration，LOEC

总石油烃 / Total Petroleum Hydrocarbons，TPH

种下单元 / Operational Taxonomic Units，OTUs

后记

近10年来，军事科学院防化研究院联合西南科技大学、中国科学技术大学团队在炸药污染场地的调查、风险评估和生物/生态修复方面开展了系列工作，并结合项目研究开展了关键技术的应用示范，有望在军工特殊用途场地实践推广。火炸药产业是国家安全和国民经济发展的战略性支撑产业，火炸药污染的源头和治理需求将长期存在，军工特殊用途场地土壤和地下水中炸药污染修复及风险管控任重而道远。

（一）发展火炸药绿色生产和销毁技术，从源头上减少炸药污染的产生

火炸药产业是国防工业的支柱，在采矿、建筑等领域也有大量的应用。近年来，地区冲突不断，这进一步刺激了火炸药产能及产能利用率的提高。统计数据显示，2022年全球TNT、RDX、HMX、CL-20的产量分别为782500 t、5400 t、7600 t、2400 t，预测2029年其全球产量将分别增长至1100000 t、8900 t、11400 t、5790 t。作为使用最广泛的单质炸药，同时是炸药污染土壤中最主要的污染因子，TNT在军用弹药和民用爆炸器材中应用广泛，其需求呈现不断扩大之势，全球平均每天生产2000 t以上TNT，每天有20000 m³以上的弹药废水被排放到环境中。

要消除火炸药的污染影响，首先应考虑从源头消除或减少炸药污染的产生。炸药和含能化合物的制造是以硝化反应为主，辅以其他单元操作，配以先进反应设备的典型精细化工过程。每生产100000 t传统炸药，就会产生3000000 t以上废酸。因此，绿

色硝化技术对于军工领域环境保护具有重要的意义。NO_2-O_3 硝化体系是取代传统硝化工艺的极有前景的一种硝化方法；绿色硝化剂 N_2O_5 在有机合成方面将有更加广阔的前景。新型绿色硝化催化剂、离子液体、全氟溶剂、分子印迹聚合物在硝化反应中的应用大大提高了硝化效率，减少了污染物的产生。弹药工厂生产工艺的现代化改造也是减少污染、提高产能和满足新型弹药生产要求的有效途径。美国雷德福陆军弹药厂投资 1.1 亿美元于 2010 年 10 月竣工的新型硝酸/硫酸浓缩车间，能提供优质硝化纤维产品。

TNT 被广泛用于装填各种炮弹、航空炸弹、火箭弹、导弹、地雷、手榴弹及爆破器材。目前，在考虑了安全、质量、成本、环境保护等的前提下，业界形成了混酸法釜式连续硝化、改性亚硫酸钠法釜式连续精制的工业化生产工艺，硝烟吸收主体设备改为吸收塔，吸收液选用净水或酸性水，以生化法代替焚烧法处理废水，减少了有机物蒸气排放对大气环境的影响。目前，我国火工品生产企业都采用直接硝解法制备 RDX，主要原材料为乌洛托品和浓硝酸，在生产过程中产生大量硝烟和工艺废水，生产工艺中采用热风干燥技术、压力煮洗、集散型控制系统以减少污染物的产生，硝烟通过水或稀酸稀碱吸收处理，废水经球形活性炭吸附去除 RDX 后再经中和、曝气处理至中性排放。HMX 的制备方法有乙酸酐法、硝基脲法、小分子缩合法等，其工艺的绿色化改进在于控制原料乙酸的含水量，保证硝酸的浓度，缩短或取消一段保温期，减少硝酸铵、乙酐用量，使用超重力方法回收废气中的乙酸，使用再结晶回收处理提取溶剂得到 RDX，并将其用于工业用途。

在弹药维修、销毁中使用新工艺并控制污染物排放，以及杜绝露天焚烧等污染严重的处理方式是减少炸药污染的途径之一。在不影响炸药存储和爆炸性能的前提下，将炸药降解细菌或孢子掺杂到炸药中，炸药爆炸之后，残留在炸药中的降解细菌或孢子接触水和空气，微生物快速繁殖从而将残留炸药降解——所谓的自清洁炸药，也是减少火炸药残留污染的有益尝试。

（二）生物修复仍是炸药污染土壤修复的最佳选择

生物修复成本低，对土壤结构和功能破坏小，目前被认为是炸药污染土壤的最佳修复方式。在生物修复作用下，炸药降解中间产物部分矿化，但大部分有机中间产物对生态环境仍然有一定的毒性，并且我们对炸药降解中间产物的矿化机制还知之甚少。

因此，在未来研究中，我们要综合运用稳定同位素示踪、环境分子诊断等技术加深对炸药降解中间产物矿化机制的认识。另外，我们要建立完善的生物修复进程和效果诊断技术体系，以解析炸药在降解过程中存在的毒性增强现象，并且需要注意的是生物修复过程的诊断不能以目标污染物浓度的下降为唯一指标。

炸药是土壤污染物也是营养源，将炸药转化为生物能够利用的氮源，有利于污染土壤的功能恢复。炸药污染土壤的受监控自然衰减实际上包括了生物、物理、化学等多种修复因素。炸药特别是新型炸药污染场地修复过程的诊断与评估，修复过程中功能植物/微生物、共生微生物种群的变化，以及污染土壤的物质循环与能量传递变化等，需要进行深入的研究，并且需要通过系统调控以实现修复效率的最优。生物与化学氧化工艺的有机结合，有可能在成本合理的范围内实现炸药污染土壤修复高效、环境友好等要求的统一。

（三）合成生物学技术的发展为炸药污染土壤的修复提供了新的机遇

基因编辑、生物组学等合成生物学技术的快速发展，实现了生物学从"发现"到"创造"的变革，使按照特定目的设计和合成新的生物物种成为可能，也为环境污染的生物修复提供了新的机遇，在炸药和爆炸物的检测、污染控制方面也有突出的应用潜力。在炸药的检测方面，2017年以色列希伯来大学将能够与土壤中TNT的降解产物发生特异荧光反应的基因转入大肠杆菌，制备出可播撒的地雷探测生物菌剂，并结合荧光成像技术在20 m的距离内成功实现了对塑料地雷的遥测定位。在炸药化合物的生物降解方面，欧美国家的研究人员将研究重点从高效降解新菌种的发现转向降解功能基因的利用与开发。自1999年以来，转基因植物被用于炸药污染土壤的修复。近年来，美国华盛顿大学、英国约克大学的学者在炸药降解功能转基因植物方面合作开展了大量工作。2015年，英国约克大学的Neil Bruce等发现，单脱氢抗坏血酸还原酶6（MDHAR6）是导致植物受到TNT毒害的关键酶，而MDHAR6表达缺失可以大大提高拟南芥的TNT耐受性，这意味着通过基因编辑产生缺失MDHAR6的植物可以制造出TNT超级耐受植物。

2022年10月，美国国防高级研究计划局（Defense Advanced Research Projects Agency，DARPA）启动克瑞斯（CERES）项目。该项目以古罗马掌管农业、粮食作物、生育力和母性关系的女神Ceres命名，重点是利用植物与微生物的相互作用来促进高效、经济的土壤生物修复，以及开发先进的生物技术以支持可持续农业、环境发展等更广泛的使命。CERES 项目演示验证了两种应用：一是开发利用固有的植物根际微生物群落，通过设计合成微生物群落来提高群落效率，以实现对土壤中 JP-8 燃料和 TNT 的自主高效生物修复，达到美国环境保护署批准的水平且不产生有毒有害副产物；二是开发互补的植物-微生物合成群落，提供明显的信号（如花朵变色）以实时显示污染物降解进程。预计 CERS 项目结束时，承研团队将在美国东部林地、大平原和地中海周边进行温室规模条件下的测试，以进行被爆炸物和燃料污染的土壤修复。

CERS 项目为期四年半，研究内容包括：分离或组装功能性植物-微生物群落，通过生物和生态工程将群落优化为合成群落，开发控制措施使合成群落能够在生物修复后轻松移除，并模仿现场条件进行合成群落优化和测试。合成群落是经过设计和优化以在受污染土壤中执行特定生物修复功能的植物-微生物群落。合成生物学和合成生态学的进步将用于组装和优化这些复杂的合成群落。在 CERES 项目背景下，合成生态学技术可用于设计针对生物修复优化的合成微生物群落，或者设计植物-微生物相互作用以增强生物修复活力。这些合成生态学技术可能包括引入特定的微生物物种或菌株，它们可以与植物协同以分解或解毒污染物；或者操纵植物-微生物信号通路以增强生物修复过程。

军事科学院防化研究院：赵三平、朱勇兵、杨旭